走向平衡系列丛书

知行合一

平衡建筑的实践

董丹申 李宁 著

中国建筑工业出版社

图书在版编目（CIP）数据

知行合一：平衡建筑的实践 / 董丹申，李宁著. —北京：中国建筑工业出版社，2021.8
（走向平衡系列丛书）
ISBN 978-7-112-26270-0

Ⅰ. ①知… Ⅱ. ①董… ②李… Ⅲ. ①建筑科学—研究 Ⅳ. ①TU

中国版本图书馆CIP数据核字（2021）第 126480 号

平衡建筑追求在建筑创作中践行平衡的建筑之道，其思想基础源于传统哲学“知行合一”的思辨。建筑从设计到落成的过程，正是建筑从虚拟走向现实的过程；从“人（业主、设计、施工、管理等多方主体）”的主体动作角度来分析，有“讲理、求变、共生”等三个方面的着力；从“物（建筑、基地）”的客体实现角度来分析，则有“人性化、创造性、包容性”等三重内涵的呈现；彼此交错，气象万千，在永恒的矛盾变化中把握相对的动态平衡，则是万变之宗。本书围绕平衡建筑的实践模式通过一系列建筑实例有针对性地对此加以辨析，对平衡建筑理论如何体现在设计、施工乃至建筑生命的全周期进行讨论，从中也验证了平衡建筑从理论到实践正是一个知行合一的过程。本书适用于建筑学及相关专业研究生、本科生的课程教学，也可作为住房和城乡建设领域的设计、施工、管理及相关人员的参考资料。

责任编辑：吴　绫　　唐　旭　　贺　伟
文字编辑：李东禧
责任校对：赵　菲

走向平衡系列丛书
知行合一　平衡建筑的实践
董丹申　李宁　著

*
中国建筑工业出版社出版、发行（北京海淀三里河路9号）
各地新华书店、建筑书店经销
北京雅昌艺术印刷有限公司印刷
*
开本：850毫米×1168毫米　1/16　印张：10　字数：278千字
2021年8月第一版　2021年8月第一次印刷
定价：138.00元
ISBN 978-7-112-26270-0
（37885）

文章写到极处，无有他奇，只是恰好；
建筑做到极处，无有他异，只是平衡。

自 序

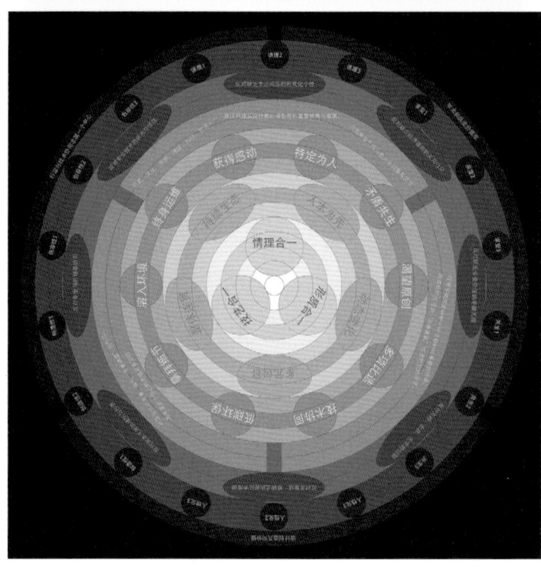

图 0-1 平衡建筑研究模型及其剖面[1]

---

1 本书所有插图除注明外，均为作者自绘、自摄。

一、什么是平衡建筑？怎么想到这个名称的？

说到怎么提出“平衡建筑”这个话题，这就要说到 2013 年浙江大学建筑设计研究院有限公司建院 60 周年庆祝活动。当时大家企盼我们的作品展览能有一个主题，以总结浙大院 60 年的创作活动源于怎样一个学术理念。大家各抒己见，人人均从一个角度与侧面，道出了浙大院几十年来在创作、技术、质量、管理中所追求的一些理念：理性与感性、人文与技术、多元与包容、协同与共赢、本土与国际化等等。其实，这一系列的设计理念与浙大院的企业气质，最后都不约而同地指向一个词：“平衡”。我们也似乎找到了一个家园、一个具有共同价值特质的大家园。

概而言之，“平衡建筑”包括三大核心价值、五大特质、十大原则、三点说明、反八风倡议以及实践模式等。“平衡建筑”不是一种设计风格，而是一种理念与学术追求，一种对待建筑设计在各个环节中的一系列态度。

这几年，随着大家的共同挖掘与感悟，目前从世界观、价值观与方法论上逐渐形成了与阳明心学的承接关系，借此，我们努力使之作为传统哲学智慧“知行合一”在建筑设计实践中的发扬光大。

二、说到团队的“学术追求”，这给团队带来怎么样的不同？或者说，跟通常的建筑设计团队会有什么不同？

通过把“平衡建筑”研究作为我们团队的学术追求，不光志在引导全体成员遵守共同的专业价值，同时也是在宣扬自己的团队精神。

首先，弘扬团队有其独特而鲜明的学术和执业价值观，努力使“平衡建筑”与现代管理学相融合，增强团队运行的学术尊严。其次，希望借此学术导向增强团队的核心价值观“设计创造共同价值”的凝聚力，激发每个成员的职业价值思考。最后，以学术为纽带培育优秀人才、创造优质作品、获取体面效益。

我们不仅希望今后能构建更系统的学术理论体系，更希望其能真正成为我们这个设计团队整体的职业观念，把设计做得更学术一些，执业更体面一些。“一家子”搭伙安身立命，总得讲究个家园情怀。高举“平衡建筑”的大旗，追寻“知行合一”的真谛，我们也在论文发表、课题深化、专著出版等方面有所积累；当然，这是一个永无止境的修养过程。

三、从平衡建筑的角度看，其他单位设计的建筑是否“平衡”？古今中外的那些经典建筑是否“平衡”？

我们认为，关于历史与文化、传统与地域、科技与艺术等内容，是任何一个项目的设计都必须要思考的基本背景与要素；正是因为不同的侧重与角度，才能体现出不同的审美个性与差异化。

同时，任何不同历史时期、不同风格的经典作品，其实我们均可作为对“平衡建筑”历史时空的印证与研究，这体现了“平衡建筑”的开放与包容。

另外，从漫长的历史长河来看，契合于“平衡建筑”观的作品，其审美的个性必然是极其丰富与多元的，比如，一道平衡健康的美食，即使食材一样，也一定会是千姿百态、风味各异。

四、谈到平衡建筑扎根于传统哲学智慧，能否说得具体些？

传统哲学智慧通常从这几个方面得以体现：第一，宇宙领悟上，崇尚天人合一，即天地之间的万事万物之间永远处在一种彼此依存的互动状态之中；第二，行为准则上，崇尚执中兼蓄；第三，人格修养上，崇尚内圣外王，讲究和而不同、己所不欲则勿施于人；第四，社会价值上，崇尚经世济物。

相应地，“人心惟危，道心惟微，惟精惟一，允执厥中”则是古代圣贤一脉相传的智慧心法，而“知行合一”则是“允执厥中”的不二途径。同时，从人类生产、生活实践中，我们本身可以感知、了解到，这个世界平衡是无处不在的。宇宙→世界→自然→生命→国家、社会、人居、建筑……从唯物辩证法来说，世界万物充满了矛盾与平衡，而从传统哲学思辨上寻源，正契合了“知行合一”在各领域中的认知与实践。

在历史上，“知行”关系作为哲学命题虽出现较晚，但“知行合一”的思想一直贯穿于始终。王阳明先生则是集知行学说之大成者，将“知行合一”逐渐发展成完备的哲学体系，使之既是一种识知与践行的“功夫”，更是安心立命的哲学“本体”。

近几年来，平衡建筑主动溶入“知行合一”的哲学范畴，深入研究、挖掘其世界观、价值观与方法论，这对设计团队来说具有深远的指导意义。

五、说到“知行合一”，这是个很深入人心的话题，也是各行各业都在强调的；那么，为什么说“平衡建筑是知行合一在建筑设计领域的践行”？

“知行合一”确实是很深入人心的话题。《尚书》说“非知之艰，行之惟艰”，《左传》说“非知之实难，将在行之”。这些古老的经典文献，均论及知行关系的问题，且都认为知行必须统一，并将此看作是为人、为学之根本，否则就谈不上“善”。

这也是无论在什么时候提倡“知行合一”都会获得广泛认同的原因。但若说对“知行合一”学说的探究之深入、思辨之完备、运用之精微、影响之广大，则唯有王守仁（阳明先生）一人可以担当。这也是现在大家一提到“知行合一”就直接与阳明先生相关联的缘由。

基于阳明心学的思辨与领悟，针对建筑设计领域的“知行合一”，平衡建筑在“道、法、器”这三个层面上分解为 “情理合一、技艺合一、形质合一”三大核心纲领。同时，平衡建筑的五大特质、十大原则、反八种风潮、实践模式等，就是“知行合一”在建筑设计领域的进一步细化，相当于具体的“实施细则”。没有这些细目，光搬出“知行合一”的口号，终究会流于空谈。

从根本上说，“知行合一”与“平衡建筑”的关切核心，均以“人”为本源，这个“人”就是形形色色具体的人；人情与人性、欲念与天理，无不以“人”为宗旨。设计中，我们遵循万法皆轻、惟重其人，这就是一种信念，因此它具有普世价值和现实意义。

同样我们也深刻认识到，“知行合一”的理论体系与当下建筑实践的结合，必须经过专业的创造性转化与创新性发展，才能更好地指导我们的工程实践，回归设计的“源点”，致“建筑良知”，突显每个专业人士的价值和尊严。

六、月印万川，随器取量

建筑从设计开始到落成及交付使用的过程，正是建筑从虚拟走向现实的过程。从“人（开发、设计、施工、使用等多方主体）”的主体动作角度来分析，有“讲理、求变、共生”等三个方面的着力；相应地，从“物（建筑、基地）”的客体实现角度来分析，则有“人性化、创造性、包容性”等三重内涵的呈现；彼此交错，气象万千，把握其中的动态平衡，则是万变之宗。

本书通过一系列建筑实例有针对性地对此加以辨析，对平衡建筑理论如何体现在设计、施工乃至建筑生命的全周期进行分析讨论，从中也验证了平衡建筑从理论到实践正是一个知行合一的循环相生的过程。正如阳明先生所说的：知是行之始，行是知之成；知是行的主张，行是知的功夫。

本书围绕平衡建筑的具体实践模式进行阐述，呈现的正是我们不断走向平衡的一些足迹。

辛丑年春于浙江大学西溪校区

图 0-2 惊涛骇浪中的平衡[1]

1 平衡，并非都是四平八稳、风平浪静的状态。在很多情况下，还是会遇到激流险滩、惊涛骇浪的；这时候的平衡，更需要智慧与勇气来应对，往往会以一种通常看来非常不平衡的样态来应对无时无刻不在变化的环境，方能取得总体上的平衡态。或许，这才是建筑设计要应对的常态。

目 录

第 一 章
概 论

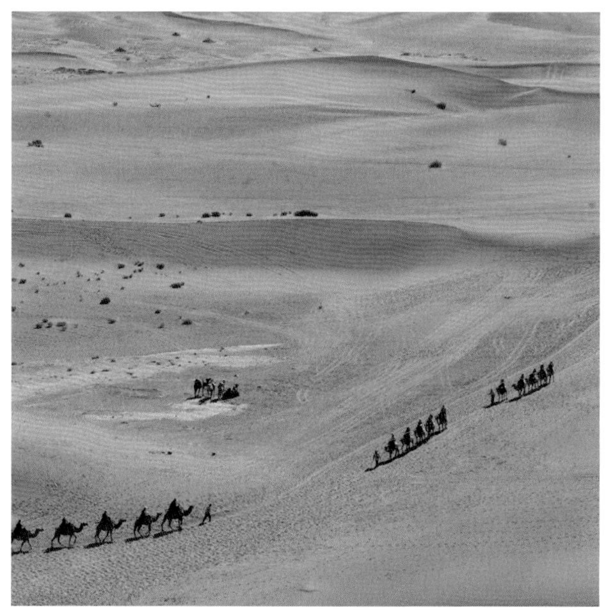

图 1-1 时空之中，知行无疆

建筑“知行”是“一体”之两面；知是行之始，行是知之成；知是行的主张，行是知的功夫。建筑设计团队是“知行合一”的践行者，追寻着情与理、技与艺、形与质之间微妙平衡。

1.1 时空之中，知行无疆

平衡，是一切事物美妙的归宿，也是下一个惊艳的开始。

宇宙洪荒，因平衡而奇妙；世界之大，因平衡而和谐；自然之妙，因平衡而美丽；生命之树，因平衡而健康；国家战略，因平衡而强大；社会万象，因平衡而精彩；人与万物，因平衡而亲切；建筑之美，因平衡而经典；人居与自然，因平衡而共存；设计之梦，因平衡而温暖[1]。

而这个世界却因失衡而经历磨难。让我们一起来构筑“平衡”（图 1-1）。

1.1.1 平衡建筑与知行合一

平衡建筑的思想基础源自于“知行合一”的传统哲学思辨。在中国历史上，“知行”关系作为哲学命题虽出现较晚，但“知行合一”[2]的思想一直贯穿于儒学之始终。王守仁（阳明先生）集知行学说之大成，将“知行合一”发展成完备的哲学体系，使之既是一种识知与践行的功夫，更是安身立命的哲学本体[3]。近几年来，平衡建筑研究基于“知行合一”进行理论探索和实践转化，这对建筑设计团队来说具有深远的历史与现实意义。

在建筑领域的知行合一，包括“情理合一、技艺合一、形质合一”等三个层面：即在“道”的层面，倡导情感与学理相统一的“情理合一”；在“法”的层面，追求艺术与技术相融合的“技艺合一”；在“器”的层面，着重形态与品质相匹配的“形质合一”。

平衡建筑的特质包含“人本为先、动态变化、多元包容、整体连惯、持续生态”等五个方面，设计原则概括为“特定为人、矛盾共生、渴望原创、多项比选、技术协同、低碳环保、摹拜细节、溶于环境、终身运维、获得感动”等十项要旨。这些年来完成的建筑项目类型各异，学术论文阐述的角度也各自不同，但贯穿其间的总体学术纽带是一致的。

1.1.2 当下建筑环境的时空背景

今天的中国建筑总体环境，正处于错综复杂的多元现实矛盾之中：在横向的时空上，世界共置于全球化的时代，城市化一直在波澜壮阔地开展，建筑的发展需要回应当代全球性的共识；以历史纵向进程而言，将转向内涵集约式存量型为主与增量结构调整并存的高质量发展模式，还是处在物质基础建设为主体的高速城市化的阶段之内；另外，在当下的经济形态上，改革在不断地深化，探索性的转变还在进行中。

作为发展中国家，发展确实被认为是我国关乎生存的第一要务。也许是因为曾经落后所埋下的心理恐慌，快速增长的需求呈现强大的惯性，甚至没机会做调整，我们已经改变了自己和身边的世界。然而同时，也因为非均衡发展付出了可观的代价。

在相当长的一段时间里，非均衡发展的状态涵盖了社会经济的各个层面，因此失衡也无所不在。城市与建筑，作为增长最具标志性的存在之一，在最近几十年以狂飙的规模与方式演进。在建筑界，这是一个大时代；对设计者，这是一个大机遇。然而回过头来看，我们当时并没有为此做好准备，仓猝之下，辉煌与遗憾并存[4]。“居住改变中国”不仅仅是房地产商的宣传，还是全民参与的行动；传统与现代、城市与乡村、经济与生态……冲突无

---

1 面对越来越多的挑战，建筑师应该主动展示我们的创意和诚意，表达我们的工作状态与心态；我们需要更好地认识建筑师这一角色的延展与新涵义，更好地与业主合作、与使用者沟通；让人们从我们的创作中能选择到符合自己理想的使用空间，更深刻地理解建筑与人的辩证关系。参见：董丹申，李宁. 在秩序与诗意之间——建筑师与业主合作共创城市山水环境[J]. 建筑学报，2001(8):55-58.

2 中华民族自古就是重视践行的民族，“知行合一”的思想始终贯穿于我们民族的血脉之中；虽然各家各派有其侧重，但都认为知行必须统一，并将此看作是为人为学的根本。这也是无论在什么时候提倡“知行合一”都会获得广泛认同的原因。

3 就文辞方面的具体考证而言，知行关系问题的讨论在先秦已肇其端；到了宋元明时期，已升至热议。宋元之际金履祥所著《论语集注考证》写道“圣贤先觉之人，知而能之，知行合一，后觉所以效之”。稍早于王阳明的明代学者谢复，则明确提出“知行合一，学之要也”。儒学特别关切知行关系，是因为儒学崇尚入世，要“明明德”于天下，这就不能仅是理念，必须见诸事功。但若说对“知行合一”学说的探究之深入、思辨之完备、运用之精微、影响之广大，则唯有王守仁（阳明先生）一人可以担当；这也是现在大家一提到“知行合一”就直接与他相关联的缘由。

4 伴随着城市的建设与发展，有越来越多的矛盾与冲突摆在我们面前。政府对城市发展的设想被指责为长官意志（虽然确实存在好大喜功的长官意志，但并不全是）；开发商则是导致城市形象泯灭的替罪羊；公众的利益又常常被认为是阻碍城市发展的绊脚石；设计的成果被认为不切实际、无法实施。参见：张昊哲. 基于多元利益主体价值观的城市规划再认识[J]. 城市规划，2008（6）：84-87.

处不在，争议被搁置，速度裹挟了一切。很多时候，高速增长的背后是巨大的浪费，以建设的名义进行的反而是破坏[1]。而问题的核心，还是失衡。

规模宏大的实践本应是建筑思想最丰厚的土壤，建筑学本应成为建筑业高歌猛进的旗帜。而实际的情况是，因为没有足够的认识与理论准备，繁忙的设计市场让建筑师们几乎没时间停下来思考，很多时候，实用主义与拿来主义占据了主导地位。受商业化洪流的冲击，这些年的建筑学时常为政治与经济所左右，未能昭示自身独立的价值，却迅速以功利的态度对待自己的传统和西方的经验，模仿成为主流，而基于实际问题的探索却缺少系统的总结。实践的盲目与理论的失语，从某种角度而言，依然可以理解为失衡。

在很多时期，建筑创作思想被社会浪潮严重裹挟。即使有才华和能力的建筑师，也都在东张西望、察言观色，结果大量的作品越来越走向媚俗化。多数流行，都会走向因袭和拼凑；这种现象，古今中外皆然。这个话题，就涉及建筑设计个体、设计团队的建筑修养；换言之，我们坚持：平衡建筑更是一种建筑修养之道。

平衡建筑认为，建筑设计要处理的就是诸多“不平衡”。要处理这诸多的不平衡，不能套用教条与程式，只能以“知行合一”的方式进行动态的权衡把握，并在这过程中不断总结“自得于心”的平衡之道。“不平衡”是绝对的，“平衡”是相对的；平衡建筑就是努力在绝对的“不平衡”中把握相对的“平衡”。

历史地看，当代中国在历经长期的非均衡发展之后，已经逐渐开始走向均衡发展的道路，各种相互冲突的因素也在碰撞中寻找自己的定位，慢慢趋于相互共生的状态[2]。所以有理由说，在传统和未来之间，是走向平衡的建筑设计。

1.1.3 从实践到理论，再到实践

中国建筑有绵长、丰厚而成熟的传统，具有高度程式化与制度化的特征，在相当长的历史时期内十分稳定，并一直是周边地区学习与模仿的对象。在传统上，以工匠主导的营造学是中国建筑的核心，现代建筑学科本身是舶来品，故此建筑思想与建筑理论的传统相对薄弱。受大背景的制约，建筑理论界最有价值的成就主要集中在两个方面：一是对中国建筑传统的梳理与总结，一是对西方建筑理论与作品的引荐，而“民族形式”始终占据建筑界话语的核心[3]。对更靠近建筑本体的现代建筑理论的兴趣，大多局限于技术层面，居于从属的地位。

近年来，“民族形式”的讨论渐趋式微，取而代之的是“本土设计”[4]“本原建筑”“关联设计”“相容建筑”“适宜建筑”等诸多探索。设计师不再计较于形象上的继承、融合或创新，转而致力于从地域与文化上挖掘建筑中具有根源和本体性的元素。这些当下的思考，在实践上与地域主义和乡土建筑有某种手法上的相似，理论上则与多元主义有精神上的联系。与“民族形式”相比，“本土设计”等以空间维度代替时间维度，以地域性与全球化视野重新解读传统与现实的冲突。其核心策略在于，不再以族群文化的历史性差异去为建筑形式或手法贴标签，只要是具有先进性的设计理念都可以加以借鉴，如此则将建筑从传统中解放出来，为设计创新扫清道路；同时，又有意识地强调地域的空间差异对设计的辐射，并以此作为设计创新的源点。这些当下的建筑探索，在空间上向“内”看、而在时间上向“前”看，意图走出

---

1 快速改变的各个层级的空间环境，会让人们几乎连昨天都记不起，来往的人们在四处寻找、试图寻找精神的家园，却在城市空间中迷失，那里不再有我们熟知的街道和嬉戏的场地，也许他们仅仅只在寻找能慰藉他们心灵的空间图式。参见：苏学军，王颖．空间图式——基于共同认知结构的城市外部空间地域特色的解析[J]．华中建筑，2009(6)：58-62.

2 参见：董丹申．走向平衡[M]．杭州：浙江大学出版社，2019，7：6.

3 讨论“民族形式”问题，就关联到建筑理论中的一些基本问题，如构成建筑的基本要素——功能、材料、结构、艺术形象及其相互之间的关系，建筑中形式与内容的问题、传统与革新的问题。参见：梁思成．从“适用、经济、在可能的情况下注意美观”谈到传统与革新[J]．建筑学报，1959(6)：1-4；刘敦桢．中国建筑艺术的继承与革新[J]．建筑学报，1959(6)：5-6；张绍桂．提倡“神形兼备”[J]．建筑学报，1981(4)：38；张开济．维护故都风貌，发扬中华文化[J]．建筑学报，1987(1)：30-33；陈谋德．“中而新”“新而中”辨——关于我国建筑创作方向的探讨[J]．建筑学报，1994(3)：27-33.

4 作为“本土设计”研究的代表，崔愷院士说：取名“本土设计”，主要是表达设计应立足土地，建筑要接地气的意思；当然，这里所指的土地不仅仅是作为自然资源的大地，也泛指饱含人文历史信息的文化沃土；回顾自己过往这些年的作品，之所以有些特色，都是因为那里的自然和人文环境有特色。参见：崔愷．关于本土[J]．世界建筑，2013(10)：18-19.

一条重本体、重创新的道路。从兼顾继承与发展的角度看，这是一条趋向于中正冲和的道路[1]。

事物总是在从平衡到不平衡，再由不平衡到新平衡的循环中发展的。当代建筑除了关心功能、形式与文化等内容之外，更应强调可持续发展的视野。只有将建筑所涉及的生活、生产和社会性全方面统合为一，才有可能取得整合的可持续发展，这样才能反映建筑全生命周期的需求。这样的可持续的视野，一定是整体的，也是平衡的。这样才能始终把握设计的平衡点，即把握设计的源点，这正是平衡建筑的枢纽。

回顾我们近期项目创作与论文梳理的过程，平衡建筑的脉络既贯穿于愿景定位这些“知”的层面，也体现在操作实践这些“行”的层面，两者正是一体之两面。而设计团队则是“知行合一”的践行者，不断追寻着情与理、技与艺、形与质之间微妙的平衡。通过平衡建筑的不断研究与实践，也是在弘扬整个团队的学术和执业价值观；增强团队运行的学术尊严和设计创造共同价值的凝聚力，激发每个成员的职业价值思考；并以学术为纽带培育优秀人才、创造优质作品、获取体面效益。

平衡建筑的研究，不只是为了推出一些最终的建筑作品、发表一些论文，更是为了让团队在这永无止境的建筑修养过程中不断提升，不断探索“建筑知行合一于时空方圆之中”，在不断的“认识新需求，突破旧平衡，构建新平衡，应对再发展”过程中能够动态地把握好每一个处在特定“时空方圆之中”的建筑所对应的设计源点。“方圆”之意，既可上升到“天圆地方”的世界宇宙之道，且可对应为“方圆并举”的价值取舍之法，亦可物化成“规矩方圆”的空间构成之器。

关于平衡建筑的探索和思考，我们还在不断积累和发展；如何通过建筑平衡来实现平衡建筑，我们还在不断尝试和总结。我们当下不是要建构大而全的准则模式，而是以一种开放的结构和方式归纳出一些特征与规律，以期对当前与今后的建筑设计有所指导和帮助。

1.2 平衡建筑的实践模式

1.2.1 讲理、求变、共生

世界上的事物都是以时间和空间为其存在形式的，从时间和空间这两个不同层面观察世界，统一的事物就表现为过程与系统这两种基本形态[2]。过程，以时间为主线，体现了事物发展的前后联系以及变化的方式；而系统，则以空间为主线，体现了事物内外的有机联系以及保持其实质的状态特征。

事物的发展即可看作过程的系统集合，时间、空间两条线决定了事物的发展。故而，平衡建筑实践研究不仅须对不同建筑在不同环境空间中的应对情况进行比较，而且须研究建筑的生成与发展过程；即不仅要对建筑空间发展的横断面进行共时态的静态观测，还须进行历时态的追踪考察，从建筑的发生、发展过程中去分析其动态变化。

在探索“平衡建筑”内涵与外延的过程中，“讲理”“求变”“共生”这三个关键词一直引导着我们一路走来。建筑从设计到落成的过程，正是建筑从虚拟走向现实的过程；从“人（业主、设计、施工、管理等多方主体）”的主体行动角度来分析，正是在“讲理、求变、共生”等三个方面下功夫。

首先，是“讲理”的环节，这是建筑从无到有的起点，是后续所有步骤的准备和基础。“讲理”的核心就是梳理出与各方需求相适应的“设计源点”，并判断该“设计源点”是否成立。通过梳理基地的地形、山势、水源以及植被等自然环境状况，结合建筑需求中交织着的社会、人文、功能、经济等诸多环境因素，必然形成独特并适合建筑发展的综合情境。其中涉及梳理过程中所把握的敏感性程度、分析视角的新颖性程度和匹配理念的适宜

---

1 深入挖掘我们脚下这片沃土中积极、善良、和谐、务实的文化传统，创作出值得后代认同和珍惜的建筑，仍然是我们建筑师不能推脱的历史责任；对领导或业主的一些价值观和心态，要积极主动地引导而不是简单地迎合、追随；这里面有一个建筑伦理的问题。参见：崔愷．本土设计 II[M]．北京：知识产权出版社，2016，5：3.

2 辩证唯物主义认为，我们的世界是物质的世界，而物质又是运动的，运动着的物质世界的存在形式就是时间和空间。时间和空间二者是统一的，但又有区别，因此，从这两个不同的侧面观察世界，世界上的各种事物就必然呈现出两种不同的基本形态，这就是过程与系统。参见：韩民青．论过程与系统[J]．东岳论丛，1980(2)：49-55.

性程度；这些都是在头脑构思等虚拟态中进行的，并与内部设计团队、外部各方主体进行不断地沟通，进而向分析草图、概念框架图表等过渡。

其次，是“求变”的环节，是根据“讲理”环节得出的相关信息对“建筑解答”进行搜索的过程，是通过“求变”的方式来发现最佳的可能性。进一步说，“求变”就是在图纸、模型、计算机模拟等虚拟态中，能够在建筑与需求之间建立起连接的最大相互适应程度，即在经验库中找到，或组合出与“设计源点”相适应的建筑解答。

设想的建筑在虚拟态中不断地变化、调整、适应，从而与“设计源点”的啮合状态逐步改善。从基地综合环境中寻求真实的“设计源点”，将构想的建筑置于基地环境整体中加以考虑，方能使之真实表达基地环境脉络[1]。

最后，是“共生”的环节，是建筑落成于基地后的结果，即产生了“共生”的建筑共同体，也就是基地环境出现扰动后上升到新的平衡与发展状态。

这是建筑从“虚拟态”变成“现实存在”的过程，是指建筑构成上体现其所处环境的发展逻辑和发展方向，能够适应环境的发展需要，具有持续调整的可能，并通过整合促进这个新的建筑共同体有机生长。

1.2.2 人性化、创造性、包容性

平衡建筑的实践，从“物（建筑、基地）”的客体实现角度来分析，则有“人性化、创造性、包容性”等三重内涵的呈现，这是与“讲理、求变、共生”等三个方面主体行动相对应的。

“人性化”体现了充满慈悲大爱的人本情怀。寻常大众不必去找特定建筑的高深莫测的解释，建筑贯穿于人类生存始终，就是要本身应负载哲理于直观之中。建筑设计中的接纳与传承、改革与创造、人情与人性、欲念与天理，无不以“人”为宗旨。

“创造性”是指不断打破旧窠臼，并寻求新的平衡点。当代的建筑追求也更多地呈现出动态平衡特征，与时俱进使其更具开放性和创新性。动态，是指新的平衡不断取代旧的平衡，是基于传统但又不囿于传统的思维模式，其核心就是“创造性”。

“包容性”即寻求多元、共享的平衡。多元平衡的格局是建筑存在和发展的立足点，建筑设计的创造性必须考虑其空间能否实现求同存异、 多领域协作的诉求。与时俱进、植根本土、有源创新等设计努力，必须落实到或实或虚的空间感受上，最终回归至各层级使用者的情境体验中[2]。

在平衡建筑的实践模式中，“讲理中的人性化、求变中的创造性、共生中的包容性”是“人（业主、设计、施工、管理等多方主体）”的主体行动与“物（建筑、基地）”的客体实现之间的直接互动。相互间的间接关联则表现为：求变中的人性化；共生中的人性化；讲理中的创造性；共生中的创造性；讲理中的包容性；求变中的包容性。这些模式每一条均隐含着巨大而深远的研究策略，我们希望通过有代表性的案例来进行阐述，也希望这些实践模式将成为追求职业精神的门径。

1.2.3 设计创造共同价值

建筑的生命周期，远远跨越了个人、一代人甚至几代人的生命周期，建筑的价值从本质上讲是一种超越性的生命价值，即通过将人类个体在有限生命中的创造，与超过设计者寿命的更久远的时间相关联而获得更加长远的意义；正是针对时间延续，设计就需要考虑更多的变量因素。设计绝非建筑师个人的精神宣泄，形式与个性源于对生活的深刻体验和对公共精神的遵守[3]。

1 建筑创作总体上是一个不断探索的历史过程，它要探悟形而上的建筑之“意”，又要落笔于形而下的建筑之“物”，这些都离不开历史形成的政策环境、社会提供的物质条件和行业本身所具有的技术水准。参见：宋春华．精思巧构创新意 宏建伟筑六十载——中国建筑学会新中国成立60周年建筑创作大奖评选综述与感怀[J]．建筑学报，2009(9)：1-5.

2 比如，对城市中一个有历史积淀的区域，移动网络与虚拟社交被个人带入公共空间后对其中的社交活力会产生影响；从设计的角度看，场所营造到场景生成的相关推测就有了不同的模拟与推敲。参见：徐苗，陈芯洁，郝恩琦，万山霖．移动网络对公共空间社交生活的影响与启示[J]．建筑学报，2021(2)：22-27.

3 越来越多的设计者在致力于探讨普通民众在公共空间创造和生产过程中所扮演的角色，辨析“公共空间由谁定义?又为谁而生?民众如何可以真正参与到空间‘公共性’的建构中来?”等相关问题。参见：何志森．从人民公园到人民的公园[J]．建筑学报，2020(11)：31-38.

物质决定意识，任何项目的成本与控制是项目实践全过程细节中的核心依据。平衡不代表平淡、平庸、无味、无趣，“有趣”应成为建筑设计工作的一种崇高的境界，避免出现设计理念很飘逸、现场实存却很简陋的现象[1]。建筑设计的创新不同于创造发明，平衡建筑实践倡导的是一种扎根于本源的别样独特的视角和解决问题的方式。技术是建筑生命系统中的重要组成和支撑，须知不是为技术而技术，让技术充满诗意与人性，才是技术的归宿；平衡建筑强调每一个专业技术的存在价值取决于它在建筑平衡体系中的符合度与协同度。

设计团队职业精神与执业态度的正确与否，是平衡建筑能走多远的见证。“协同设计”是当代建筑设计信息技术共享发展的重要标志，也是实现平衡建筑的唯一通道。从方法论上讲，“协同”就是共享，就是“平衡”，就是博弈的过程；协同的结果就是让全专业真正做到各就各位、“无缝依存”，心里装着别的专业是协同技术的核心。对于任何一种技术而言，找到“得体”“合适”“恰如其分”“高性价比”“适可而止”的表达方式是各专业孜孜以求的职业追求。

关于历史与文化、传统与地域、科技与艺术等，是任何一个项目的设计都必须要思考的基本背景与要素，正是因为不同的侧重与角度，才能体现出不同的审美个性与差异化。因此，建筑设计本质上应当是一种带有超越性的工作，设计所着眼的，除了当下的功利价值局限之外，还应延伸到更为深远的时空视阈之中；唯有如此，设计团队的工作才可能突破个体生命的有限时空，而获得超越现世生存利害的文化意义与恒久价值。

1.3 建筑方圆，情理相生

1.3.1 建筑情理

建筑评判总是有一些基本价值标准，中国历朝历代都有经典建筑备受推崇，包括当代也有很多优秀的建筑。当然，我们更需要把中国建筑放到国际的大舞台上，从价值的本源去谈中国的建筑延续与传承；中国建筑离不开我们的一方水土，评判建筑也一定会崇尚专业的价值取向。

第一，要有人本精神，无论是中国建筑还是国际上任何一个地区的建筑，人本精神是首先要被遵循的最基本的核心价值；第二，建筑的有些评判标准也会因为时代的变化，需要不断地与时俱进，建筑的生长过程不是固定不变的，是动态的；第三，建筑非常重要的一点是整体连贯性，它不是一个局部的概念，它会涉及各个专业及各个方面的整体配合、整体协同，只有是整体的才真正能够上升到艺术的好建筑[2]；第四，普遍获得认同的建筑必然走向生态，与环境“溶”为一体，这是一个非常重要的评价标准；第五，建筑在全生命周期里面应能够不断地成长，在全生命的运营过程中能够不断提升其价值与活力。

同时，有一个核心理念就是建筑所隐含的“情”与“理”之间的关系。要使得建筑“合情合理”，就要“通情达理”地去设计这样的项目，最后使建筑体现出一种“情理合一”的境界，这同时就是“技术”与“艺术”的合一、“形态”与“品质”的合一，这几大价值对评判建筑或者成就建筑尤为重要。建筑本身就是充满着情理、充满着方方面面矛盾的整体，这些矛盾须在“某个、某段、某片、某块、某种”范围达到了一定程度的平衡，才能成为平衡建筑。建筑就像是一个生命体，比如，人体中各方面都取得平衡才能够体现人的最佳状态，建筑也一样。

在实施的过程中，建筑的策划、规划、设计、施工、材料以及各阶层的关注（包括社会的、学术的、审美的等），这些都是促成建筑平衡的重要组成部分。还有如何确立更公正、更科学的建筑方案决策机制，这实际上也是能否创造更多优秀建筑一个非常重要的基础。情理不能分，也不能只取其一，要合而为一才是

---

1 从2010年到2019年，“中国十大丑陋建筑评选”已举办了10届，且已从最初同行公议成长为具有广泛社会影响力的年度建筑传播事件。这一始于非专业网络媒体倡导、略带调侃意味的民间评选，也逐渐生发出严肃的学术意义，并积累起相当重要的历史价值。参见：周榕．再造文明认同——“中国十大丑陋建筑评选”的多维价值[J]．建筑学报，2020(8)：1-4.

2 比如，以建筑设备空间表达为研究范畴，以设备“本性”与“特性”的本体辨析作为思考的起点，通过建构性视角将建筑与设备一体化设计中空间表达的多重可能归纳为介入、抽离和隐喻三种界面维度，这是对设备建构性美学特征解析非常有意义的探索。参见：李晓宇，孟建民．建筑与设备一体化设计美学研究初探[J]．建筑学报，2020(Z1)：149-157.

目标；让技术升华为艺术，才能真正地完成它的使命；形是质之始、质是形之成，质是形的主张、形是质的功夫。

建筑设计的成功远不是建筑生命的最终实现，还必须考察以现场为中心的施工完成度；施工完成也不是建筑生命的最终实现，还必须考察建筑使用者的接受状态[1]；使用者的接受状态仍不是建筑生命的最终实现，还必须追踪社会大众离开建筑后对其进行自发传播的社会广度[2]；一时的社会传播面还不够，还须进一步考察在历史过程中延续的长度。建筑是一种以建筑设计为起点的系统行为，必须以社会性的共同心理与生理体验为依归。这样一个思维构架也就包容了平衡建筑实践的研究范畴。

1.3.2 情理相生的三个环节

“情理相生”关系，实质上是一种相互依存、相互作用的运动关系。这是一种建立在对中国传统文化理解之上的世界观思辨，它以情感为基础、以学理为指导，以实现合情合理的平衡建筑为目标，且在这种情与理的交织中化解了常规概念上的理性与感性的对立冲突，而达到了一种中庸的理想境界。它就是中国文化特征下的情理观，也是平衡建筑理论的核心。

“情理相生”包含了“情境匹配、原创应答、整合包容”等三个环节。“情境匹配”就是通过“讲理”来构筑情理相生的起点；“原创应答”是情理相生的展开，是以“求变”的方式来发现最佳的可能性；“整合生长”则是通过“共生”来获得情理相生的实现与成长。

“情境匹配”的核心是“人性化”；感性中的情怀与诗意和理性中的规则与需求是相互依存的两个方面，世上没有无缘无故的情，也没有无缘无故的理；从设计团队到与建筑密切相关的使用、关联者，是形形色色而又实实在在的“人”，这些“人”以建筑为纽带关联在一起，正是“情与理”的生发者与感受者。

“原创应答”的关键是“创造性”；原创正是指建筑与基地环境在虚拟态中相互适应的过程在原始创新方面所达到的程度。原创并非指凭空想象的标新立异，而是基于独特环境，在对历史与发展有充分认识的基础上做出“合情合理”的应答，进而指导下一步的建筑实体生成及其与基地的共生。原创的过程也是基地环境个性再诠释的过程，没有通用的范式。

“整合生长”的重点在于“包容性”；在建筑不断生长的过程中，使用者也会根据自己的场景意象来演绎他们的故事，并将他们的影响渐渐融入其中；生长的过程实际上是环境潜质累积的过程，从历史、现在再到未来，将不断遇到新的情况与问题，逐步演变的状态就是建筑在基地环境中生长并将历史信息传承下去的历程[3]。

“情境匹配、原创应答、整合包容”是一组动态的、循环相生的过程，以“人性化”激发“创造性”，以“创造性”生发“包容性”，以“包容性”孕育“人性化”，三者形成一个首尾呼应的环，体现出“情理相生”的起始、发展与实现，贯穿了建筑生命的始终。

---

[1] 接受者与建筑作品之间的交流之所以得以完成，审美主体与审美对象之间的距离之所以能够接近，主要是由于在接收者的审美心理结构与建筑作品的审美反映图式之间具有同构的关系，也就是说接收者总是会用自己的心灵与经验去体会、捕捉与自己的审美要求相一致的对象，这就是期待视野的作用。参见：鲍英华，张伶伶，任斌. 建筑作品认知过程中的补白[J]. 华中建筑，2009(2)：4-6+13.

[2] 公众导向型建筑评论在建筑评论谱系中有着独特的地位。参见：宋科. 面向公众的建筑评论：英美经验与中国探索[J]. 建筑学报，2020(11)：6-12.

[3] 建筑具有明显的媒介特征；建筑的使用者、审美者就组成了媒介的“受众”，决策者、业主和设计者就构成了“信息组织和传播者”；建筑所蕴含的审美信息，包括建筑形象和空间所表达的精神氛围、文化情调、风格特征等，自建筑诞生之日起就源源不断地溢于言表。参见：冒亚龙. 独创性与可理解性——基于信息论美学的建筑创作[J]. 建筑学报，2009(11)：18-20.

第　二　章

讲理中的人性化

图 2-1 北京天坛：天人之际

讲理中的人性化，就是以人的复杂性和独特的视角来构筑对建筑相关使用者的关心和爱护。面对形形色色的人，建筑师要平衡好围绕特定建筑的不同人之间的需求。

平衡建筑实践的起点，就是“讲理”，其中包含了两方面的内容：一是梳理，二是沟通。从建筑设计的根本而言，只有使建筑保持与各方需求的高度一致性，才能找到其生成与持续存在的缘由。“讲理”就是一个将自然、社会、人文、功能、经济等诸多需求进行梳理并与各方主体进行沟通的过程。

“讲理”的目的，是为了梳理出与各方需求相适应的建筑“设计源点”，并判断该“设计源点”是否成立，其核心要素就是“人性化”。讲理中的人性化就是以“人”的复杂性和独特的视角来构筑对建筑相关使用者的关心和爱护；就是要平衡好建筑师个人与使用者的关系、使用者与社会大众的关系[1]。

2.1 跟谁讲理与如何讲理

在建筑设计领域倡导“人性化”，体现的是对建筑各方面关联者的关怀；只有满足特定的“人”需求的建筑，才是适合的建筑。这种论调在现如今愈发强调“存在感”“个性化”和“网红化”的创作背景中似乎显得有些“陈旧过时”，但若放在历史长河中打量，不难发现个性与流行转瞬即逝，经典建筑之所以成为经典，必然有其背后闪现的人性光芒。

关于建筑的评判，都会涉及价值的权衡。“价值”这个概念是从人们对待满足他们“需要”的外界物的关系中产生的；而“需要”从来就是“主体”的需要，“价值”就是主体对客体的需求关系。针对建筑对方主体的人性化考量越充分，越能体现出建筑需求得以满足的价值。

2.1.1 多方主体分析

讨论“讲理中的人性化”，需要确立讨论的主体，即“跟谁讲理”。在建筑设计、建造和使用的各个阶段中，涉及的主体有很多，他们的需求都是设计需要尊重和研究的对象，这也就是“讲理中的人性化”的基点。

第一，是建筑的“使用关联者”，包括建筑的使用者及运营维护者，这是建筑之所以要建设的缘由，服务于使用者是建筑设计的初衷与存在的意义。比如校园中的“师生”、居住区中的“住户”、医院中的“病人与医生”，等等；若考虑到建筑存在的时间性，使用者需求会随时间而变化。同时，运营维护者是确保建筑内各项活动能够顺利展开的保障人群，建筑只有充分满足他们的需求，建筑的使用和发展才是可持续的。

第二，是建筑的“建设关联者”。包括开发、施工、监理以及建设主管部门等。在很多情况下，建筑师是根据开发商的任务要求来进行设计，开发商甚至决定了是否采用该设计方案；施工单位则是真正把设计虚拟生成为建筑实存的；监理单位则对建设的安全、质量、投资和工期等进行全面监督；主管部门通过审批的方式对项目进行制约。这些关联者共同决定了建筑的落实。

第三，是建筑的“社会关联者”，包括周边居民、路人，甚至新闻媒体等各种人群，建筑对他们的生活及社会活动必然会产生或多或少的影响，他们的态度与参与度也影响着建筑的生长。

这里只讨论了建筑最普遍的主体情况。而在实际项目中，建筑师需要面对的还会有各种动态变量，所有人众的需求只能结合具体项目具体分析[2]。面对形形色色的人，建筑设计的基础工作就是要平衡好不同“人”需求之间的关系。

2.1.2 人的要求的复合性

建筑师须坚定地站在使用者的角度出发去考虑建筑设计，充

---

1 在平衡建筑总体框架中，平衡建筑五大特质的第一条就是“人本为先”，十大原则的第一条就是“特定为人”；围绕建筑展开的人情与人性、欲念与天理，无不以“人”为宗旨。参见：董丹申. 对话董丹申：什么是平衡建筑[J]. 当代建筑，2021(1)：24-25.

2 在不同的“人”的眼中，或者甚至只是开发商使用了不同的技术、为不同的市场服务，对相关问题的评判结果将完全不同，可能每一种看法都是正确的；而这些则是设计所要面对的。参见：凯文•林奇. 城市形态[M]. 林庆怡，等译. 北京：华夏出版社，2001，6：32.

分研究使用者的行为习惯与心理感受，结合未来的发展需求，让建筑不仅在当下，也能在其生命周期内具备满足不同使用者需求的可持续性。失去动态变化可能性的建筑，也就失去了本身存在的价值。

如何讲理，就需要重新思考人的本质需求以及构建建筑与人的和谐关系。建筑不是一个刻板的器物或符号，而是生活的载体和背景——是充满人性情理的故事载体，并与人的多样化的需求密切联系[1]。

从“讲理中的人性化”角度来推敲，须认识到人的需求是有层级的[2]。生理需求是维持生存的最基本要求，是建筑存在的初始意义；安全需求在生理需求的基础上，进一步满足了人对于安全感的追求；归属与爱的需求是人们在生活与交往过程中的感情需要；尊重需求是人们尊重他人及被他人尊重的需求，建筑师与各类人群接触沟通的过程中，保持谦逊的态度，积极听取来自各方的意见，即使不能及时满足也需要给予回应，在交往合作的过程中往往会事半功倍；自我实现需求即对问题解决能力、道德、公正度、创造力、自觉性以及接受现实能力的需求，这是人类最高层次的需要，其实现需要全体参与者的共同努力，但可以肯定的是，当人们在某个建筑中获得参与感和被尊重的体验时，他们会发自内心地为建筑感到骄傲，热爱并维护它。

设计除了关注气候条件、历史传统、文化沿革、建筑风格、材料工法等已被广泛接受的方面之外，更要注重当下正在发生的、活生生的人文风貌、社会习俗、生活状态、人际组织、行为模式、生态构成等地方要件。心情放松不预设自我立场，尊重当地并谨慎介入，相对克制地在设计中进行表达，才能发现最适合这个场所与这群人的解决方案[3]。

当建筑师放下“我执”、真正服务于人时，听取不同的声音就变得简单和自然，进而在建筑中得到相应的体现，可以满足各类人群的尊重需求甚至达到自我实现需求的高度。听取不同的声音并不意味着否认建筑师的主观能动性，而是让建筑与人们的诉求更好地结合到一起。

2.1.3 物质与精神要求的平衡

从设计本质而言，感性中的“感觉、知觉、表象”和理性中的“概念、判断、推理”是一个事物中相互依存的两个方面，情理是相互存在的依据，也是相互转化的基础。

空间因为有了情感的融合而生机盎然、富有灵气；场所、材质、能量、温度、湿度、光线、影像、气味这些碎片全部找到了具象的载体[4]。建筑应该跟文学作品或者诗和音乐一样，都能说出人性深处的精彩故事；很多历史遗存，即便残旧，却正因此而蕴含了岁月所赋予的感染力（图 2-1）。

建筑的生命周期中，绝大部分的时间是陪伴着它的直接使用者的；因此，使用者的需求应被更加仔细地考量。每个使用者群体都有各自的行为习惯和心理特征，为不同群体量身定做适合于他们使用和生活的建筑，是建筑师的责任。

没有无缘无故的情，也没有无缘无故的理。只有充分结合使用者的特点和需求做出的设计举措，才能做到让建筑真正合情合理、情理相生，给人以功能满足与精神慰藉。

---

1 场所并非生硬地将建筑与人毫不相干地联系起来，而是将它们有机地融合进一个生动有趣的内容框架之下，从而形成具有故事情节的统一整体。参见：李欣，程世丹．创意场所的情节营造[J]．华中建筑，2009(8)：96-98.

2 心理学家亚伯拉罕•马斯洛将人的需求从低到高依次分为：生理需求、安全需求、归属和爱的需求、尊重需求和自我实现需求。参见：吴震陵，董丹申．惟学无际——中小学校园策划与设计实践[M]．北京：中国建筑工业出版社，2020，6：13.

3 建筑师希望从来没有忘记居民们每一个小小的托付，暂时做不到的，也留在心里等待；这是一种诚挚的用心设计。参见：黄声远．十四年来，罗东文化工场教给我们的事[J]．建筑学报，2013(4)：68-69.

4 感觉是人对事物颜色、形状、声音等个别特征的直观反映，是认识的起点；知觉是在大脑中把具体事物的感觉组合在一起而形成的整体感性形象；表象则是大脑对过去知觉形象的回忆，是概念、判断、推理的基础。参见：李宁．建筑聚落介入基地环境的适宜性研究[M]．南京：东南大学出版社，2009，7：23-25.

2.2 多方主体的轻与重

【象山丹城基督教堂案例分析】

图 2-2 教堂室内效果分析图

图 2-3 教堂透视图

图 2-4 巴黎圣母院及其玫瑰窗

象山丹城基督教堂总建筑面积 6700㎡，位于浙江宁波象山县。教堂作为一种"舶来"的建筑类型，在国内建筑界相对而言缺少系统的研究。

时代的、文化的、宗教的、地域的、经济的、情感的等诸多问题，以及几乎所有关乎和不关乎建筑设计本身的矛盾，似乎都在从各个方面拉扯着设计思路。

从接手这个项目到施工图完成，教堂的形象一直在"摇摆"，一直在虚拟的状态中、极力地寻找设计的平衡点。"摇摆"这个词能够生动地反映出设计"讲理"的动态特征（图 2-2、图 2-3）。

2.2.1 在成规与变革之间

第一次与业主见面，他们便展示了所期望的教堂方案：高高的钟塔，长条的尖券窗，强烈的哥特复兴式的要素在图纸上拼贴、跳跃。业主的意思不言自明，这就是他们心目中蓝图。于是，设计开始随着心中的教堂开始了"摇摆"——传统的？现代的？

教堂是教会举行礼拜和重要宗教仪式的场所，在圣经《旧约》记载了第一座教堂的出现：约在公元前 1450 年，犹太人在摩西的带领下逃出埃及，"用皂荚木镶金叶，棚用毡皮精饰"，众人修了一座圣帐棚以敬上帝[1]。公元 392 年，基督教被罗马帝国宣布为国教，圣索菲亚教堂就在这个时代诞生了，"阳光由四周的窗户透入，仿佛天空悬挂的一顶金冠"，圣索菲亚教堂集中体现了当时拜占庭建筑的特点；哥特时期的完美代表作品——巴黎圣母院，高高的双塔成为哥特式的象征（图 2-4）；文艺复兴时期，艺术、哲学、宗教诸领域的巨大进步和无数天才艺术家的创作，这才有了辉煌的罗马圣彼得大教堂。第二次世界大战以后，教堂建设空前繁荣，宗教空间受到新的审视，勒·柯布西耶的朗香教堂吹响了现代主义宗教建筑改革的号角，众多大师开始以教堂为平台实践自己的建筑理念，结构主义、表现主义、简朴主义等多样化的形式在多元化的国际背景下油然而生。在教堂发展史中，每个时期的教堂都充满着那个时代的鲜明烙印，镌刻着变革的印记[2]。

---

1 教堂建筑的起源与主要形制变化，与基督教的历史与发展是直接关联的。基督教发轫于犹太教，由耶稣创建于巴勒斯坦；摩西带领犹太人修建的圣帐篷也叫移动堂，长 10m、宽 3.3m、高 3.3m。参见：张厚斌.教堂的起源及演进[J].重庆建筑大学学报，1998(4)：64-67.

2 中国当代基督教发展迅速，尤其是改革开放以后，教堂建设的现实需求巨大。但在中国当代大量的基督教建筑建设仍以仿哥特式风格为主，这不仅不符合中国当代的时代性，而且也不利于中国基督教的"本色化"发展。相比而言，中国当代基督教建筑发展有一定的滞后性。参见：朱友利，李浈.论中国当代基督教建筑的现代性[J].华中建筑，2019(5)：15-18.

图 2-5 教堂主入口空间（赵强 摄）

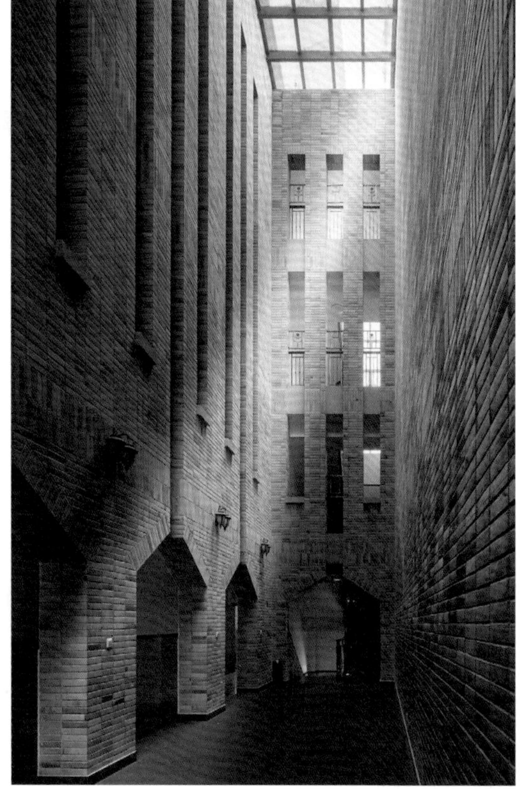

图 2-6　中庭光廊（赵强 摄）

在摇摆中，设计初步定下了“现代的外征，传统的内涵”的大体平衡的思路，并在形体处理时，也分别体现出这种理念。主堂部分采用传统形态贴近精神需要，外围部分采用现代手法，与周边环境协调（图 2-5）。开放的牧师们接受了这个建议，并说服了教会内持有固有观念的兄弟姊妹。

2.2.2 在神性与人性之间

何为教堂，有两种说法：一为神的居所；二为信徒受教、冥想的聚会空间。但在建筑师眼里，这两种说法包含了两种使用者不同特质的空间。在同一空间，要体现两类空间特征，定会有偏重，那么是体现神性多一点？还是体现人性多一点？何处又是神性和人性的交汇点？

这个问题经过梳理，也就渐渐读懂了关乎基督教发展史上的一个重要的教义分歧。15 世纪后期，随着西欧封建制度的解体并经历了文艺复兴的思想洗礼，罗马教廷的权威被大大削弱，新教这一新的基督教形式从天主教中分化出来[1]，他们反对教皇的权威，反对个人崇拜，淡化了神职人员与普通信徒之间的差别，强调个

[1] 新教(Protestantism)，即不承认罗马主教教皇地位的基督新教，与天主教、东正教并称为基督教三大流派。在我国“基督教”常单指新教，民间常称为耶稣教。参见：乐峰. 谈谈基督教三大派系的区别[J]. 世界宗教文化，2004 (1):34-36.

人的修道、冥悟，并在婚姻、洗礼、文字等具体圣事上和天主教具有诸多不同，有路德宗、长老宗、卫斯理宗、圣公宗、浸礼宗、公理宗等分支。象山丹城基督教堂即属于新教。

教义和精神追求上的分歧带来了建筑空间上的不同。传统的天主教堂作为一种神权的象征，表现的是一种超能力的空间形象，可以没有采光，可以没有自然通风，个体被遗忘了，其中是纯粹的神性空间[1]。相反地，强调人性解放的新教，其建筑空间更加自由，正因为可以通过个人内心的虔诚，在耶稣基督的指引下得到救赎，所以人与神是一种更加亲切、亲密的关系。

象山丹城基督教堂的旧堂前所悬挂的“神爱世人”匾幅正是这种“人性化”理念的集中体现。所以新教的教堂可以更加开放、可以更加谦逊，摒弃复杂的装饰、具象的神与天国的图案造型。人在这个空间里的地位得到了尊重，这与如今建筑领域强调人性化的设计思路不谋而合[2]，设计力求神性与人性在教堂这个实体空间中达到某种平衡。光环境设计一方面考虑了教堂神性空间的特质，圣经讲到“神就是光”，这点非常符合新教放弃具象崇拜的教义，同时也有利于用建筑手法进行表现[3]（图 2-6）。

主堂上条形天窗和圣台上方的巨大的光塔投下的光影、圣廊和主入口灰空间上方的玻璃天棚，动态连贯并强调着光的圣洁。光的明暗、冷暖、宽窄等对比与组合，以及光与特定空间界面的结合可为建筑空间带来预期的氛围感染力（图 2-7、图 2-8）。

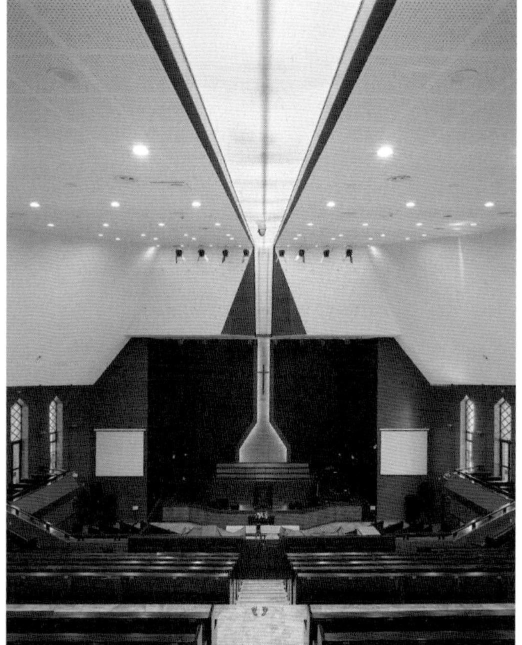

图 2-7 教堂条形天窗光影（赵强 摄）

1 人性与神性是艺术领域永恒的话题。回归到西方中世纪艺术的本身，弱化人的个性特征与人的情感，强调神的绝对权威性，这是和当时的历史条件分不开的，其艺术特点是神性远远大于人性。这些关于神性和人性的讨论影响到了艺术的发展史，由此产生的流派和风格影响到了 19 世纪后半叶到 21 世纪，甚至当代的艺术作品当中依然能够闪现中世纪绘画的影子。参见：顾翔. 西方中世纪绘画的人性和神性及其产生的影响[J]. 文化月刊, 2018（5）:148-150.

2 有研究者认为，中国设计思想一直体现着自己的特性，具有自然主义、伦理主义和审美主义倾向。参见：杨春时. 论设计的物性、人性和神性——兼论中国设计思想的特性[J]. 学术研究, 2020（1）:149-158+178.

3 建筑中的色彩可借由物质固有色以及有色光线来呈现，这些色彩以不同的方式表现从而产生了细腻的空间差别效果。参见：井浩淼. 建筑中光影的视觉艺术效果[J]. 中南大学学报（社会科学版）, 2012（5）:22-27.

图2-8 静谧（赵强 摄）

图2-9 教堂东侧外观（黄海 摄）

图2-10 教堂东北侧外观（赵强 摄）

另一方面，也从人的角度给个人以精神和生理上的关怀，包括入口三个十字架分别代表着“爱”（空的十字架）、“救赎”（光的十字架），乃至登上天梯到达50多米高的“胜利”（顶十字架），这也是信徒一生所追求的精神之路；还设计了残疾人坡道、母婴室与各种交流空间等人性化场所，使教堂不仅是受教之所，更是人的活动、交往之地[1]（图2-9~图2-11）。正如《圣经》的解释，“真正的神的居所就是信徒们的聚会”。

在教堂中，通过对不同的光进行组合运用，有效地呈现出不同的材料质感，进而影响人们对教堂空间的感受。同时，阴影也是光的一种表现形式，赋予空间明暗的交叠，使有限的空间呈现出丰富的层级变化。

2.2.3 在独立与交融之间

所谓独立和交融，是指建筑的地域性而言。在保持宗教的相对排外性与强调建筑所处地域的特征之间的取舍，也一度困扰着设计。讨论这个问题也必须从教堂和地域两方面来比较。

就位于本土的传统教堂而言，文化和权力的完全强势使得教堂可以保持一种凛然于其他建筑形态甚至意识形态之上的姿态，一般都选址在城市或乡村的中心、人群聚集的场所；都希望以一种标准的，可识别的统一形象来体现宗教在人们生活中的重要地位，同时加强了符号认同感。基督教一直以来非常具有传教意识。自从在20世纪越来越广泛地在中国传播后，不可避免地受到当时社会文化和宗教界的抵触；除了政治军事的因素，教堂建筑本身的特异也是一个重要原因。

在日趋全球化的今天，加上基督教教义的改革，越来越世俗化成为教堂的发展特征，这促使教堂吸收地域化的建筑语言和文化表达，来贴近当地教徒的文化认同和情感寄托[2]。在丹城堂的设计中，仍然采用双塔和十字架的造型，突出基督教向上的精神和对传统形象的抽象，具有鲜明的可识别性，同时又把塔楼往后移，体现相对谦虚的姿态。

---

1 在我国各地教堂平面形制演变中，通常会针对基地的不同情况进行调整，以协调功能与形式的矛盾，并呈现出地域化的教堂特征。参见：周进．近代上海教堂建筑平面形制的演变与模式[J]．新建筑，2014(4)：112-115.

2 比如弱化原本较重要的广场空间，其主体建筑的内部空间尺度和比例均有不同程度的弱化，在建筑立面上简化了西式教堂常见的雕塑、门窗细部、尖顶等构造要素，并采用本土建筑装饰艺术形式的构造细部等等。参见：李旭，李泽宇．长沙近代教堂建筑的本土化特征[J]．新建筑，2017(4)：105-109.

图 2-11 教堂的光影（赵强 摄）

图 2-12 教堂北侧临水外观（赵强 摄）

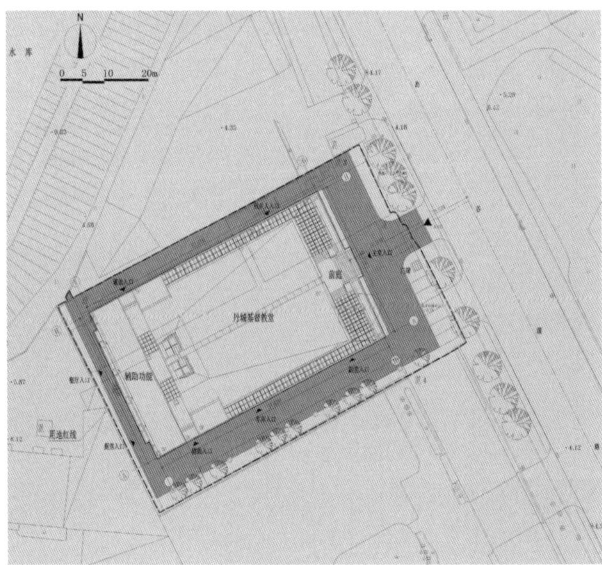

图 2-13 教堂总平面图

在建筑意象上，利用架空的建筑形象来象征象山作为渔港的"船"的地域特征，同时又隐喻"圣经"中关于"诺亚方舟"的描述，赢得当地教徒的文化和教义的双重认同（图 2-12）。

另外，建筑采用象山当地传统的青砖和石材等材料，用现代的表皮与周边的城市建筑相协调[1]。

2.2.4 在形制与创作之间

建筑设计最后都落实到建筑形态，而教堂本身具有深厚的形制传统。"摇摆"在尊重形制与建筑创新之间，"批判地继承，合理地创新"应该是设计最佳的平衡点。

第一，总平面布置。西方教堂主入口一般朝向圣地耶路撒冷，主入口前是宏大的广场，有利于烘托教堂高耸和坚定的形象。20 世纪以后新建的教堂不再拘泥于这些，有经费上的限制，同时也是教义发展的趋势。丹城堂用地紧张，又位于城市主城边缘，入口前考虑了尺度亲切、功能性的疏散广场（图 2-13）。

第二，主堂平面布置。以圣保罗大教堂为代表的巴西利卡式应该是最早成熟的教堂平面形制，瘦长形空间和理性的柱廊体现了石构建筑工艺特点，之后教堂流行了希腊"十"字形和拉丁"十"字形平面，由于其寓意（基督的身体）和功能布置的相对合理性，成为教堂的主要平面形制。与几百人规模的教堂不同，丹城堂一方面要容纳 1900 人的聚会；另一方面新教强调上帝面前人人平等的理念和现代舞台的演出要求，瘦长的主堂空间无法满足每个座位的良好视线，以及和圣台的关系。

---

1 快速改变的各个层级的空间环境，会让人们几乎连昨天都记不起，来往的人们在城市空间中迷失，那里不再有我们熟知的街道和嬉戏的场地，也许他们仅仅只在寻找能慰藉他们心灵的空间图式。参见：苏学军，王颖．空间图式——基于共同认知结构的城市外部空间地域特色的解析[J]．华中建筑，2009(6)：58-62.

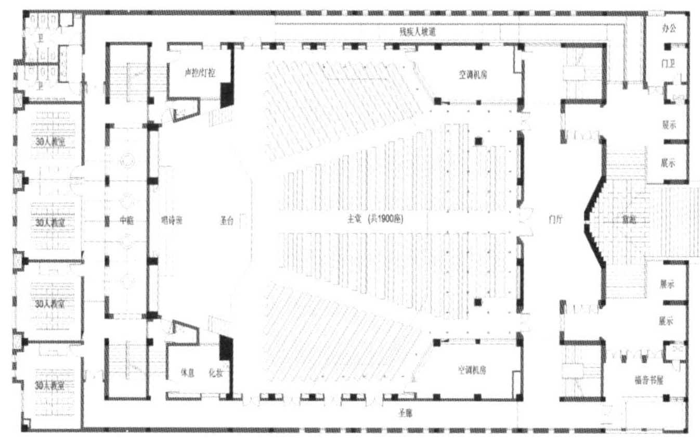

图 2-14 主堂平面图

图 2-15 从主堂回望门厅（赵强 摄）

因此，在设计主堂时参考了现代剧院的空间模式，在满足视线、声音、节能等技术指标的前提下，对传统形制的“十”字形平面和通长走道做了适当延续（图 2-14）。

传统教堂功能强调神性的单纯，拒绝其他世俗化功能的介入。而现在新修教堂越来越像个多功能社区中心，丹城堂任务书中就提到了教室、阅览室、福音书屋、住宿、办公室、副堂及餐厅等其他辅助功能。人性化，在这个精神空间里逐渐成为中心。

第三，现代建筑强调空间的表现力，传统教堂给人最深刻的除了外形外还在于强烈的空间轴线关系；丹城堂设计在借鉴传统形制的同时，更进行了横向和纵向二维轴线上的加强和深化。受众与建筑之间的空间情境交流之所以能够进行，或者说观察主体与观察客体之间的心理距离之所以能够接近，是因为受众心理与建筑的设计者心理具有同构关系。换言之，知道受众会用自己的感知与经验去搜索并体会与自己的心理期待相符的情境，设计者就通过“讲理中的人性化”来进行情境预设。

横向轴线“入口台阶——前庭（灰空间）——门厅——主堂——圣台——中庭——辅助功能”与传统的“入口——门厅——主堂”的序列相比，增加了多个层次，特别强调了不同功能之间的灰空间转换和空间尺度的韵律变化[1]（图 2-15）。纵向轴线“入口虚十字——透视门——斜屋顶（天梯）——光塔——胜利的十字”是一条精神上升的心灵之路（图 2-16）。

这座教堂的设计，让设计对“摇摆”有了更深刻的认识，同时能够进行“摇摆”也证明了教堂世俗性、开放性的变革，给予了教堂建筑设计更大的创作空间（图 2-17、图 2-18）。

---

[1] 人们总是不断寻觅新鲜的感觉，但是也会对完全陌生的东西感到恐惧，因此须在两者之间取得一个平衡。参见：（美）格朗特·希尔德布兰德．建筑愉悦的起源[M]．马琴，万志斌，译．北京：中国建筑工业出版社，2007，12:49.

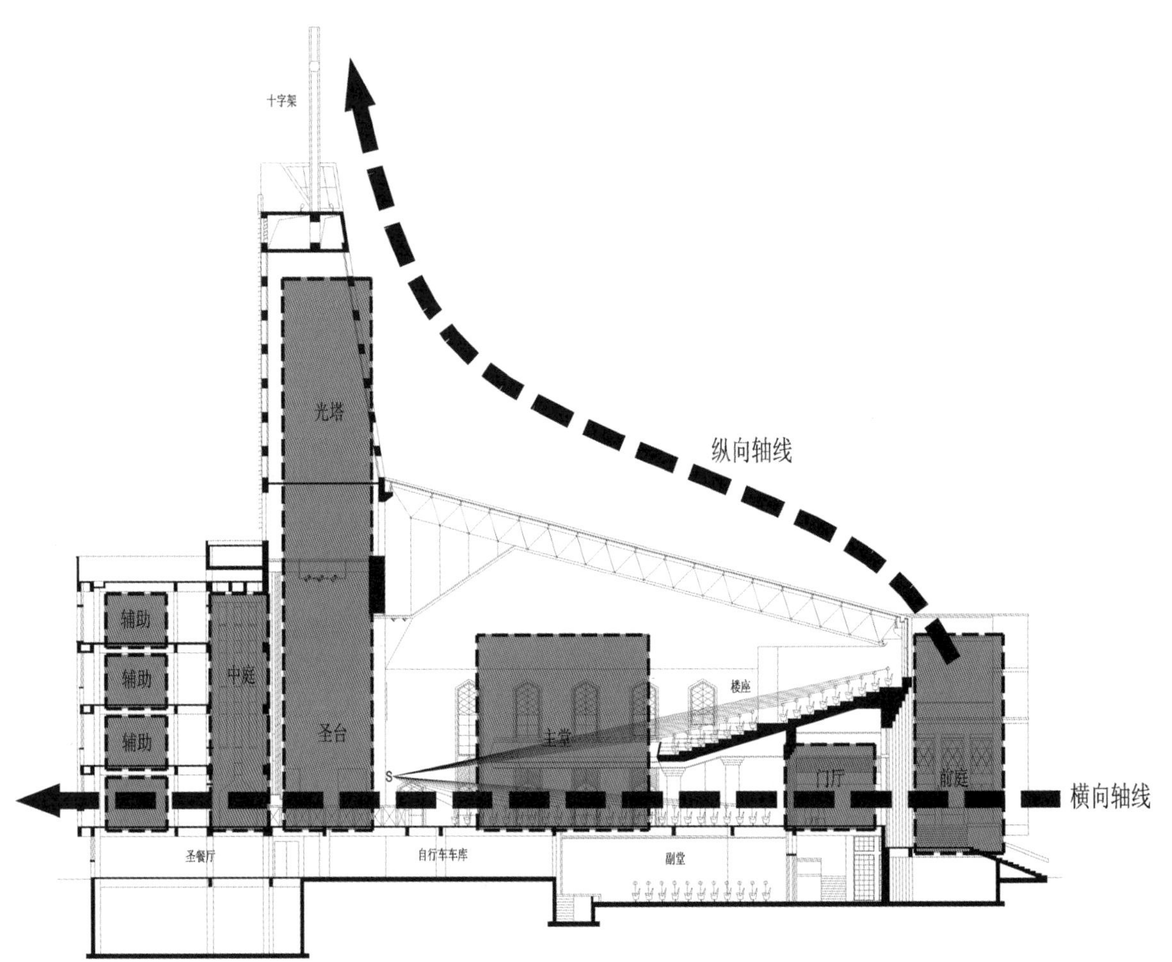

图 2-16 二维轴线分析

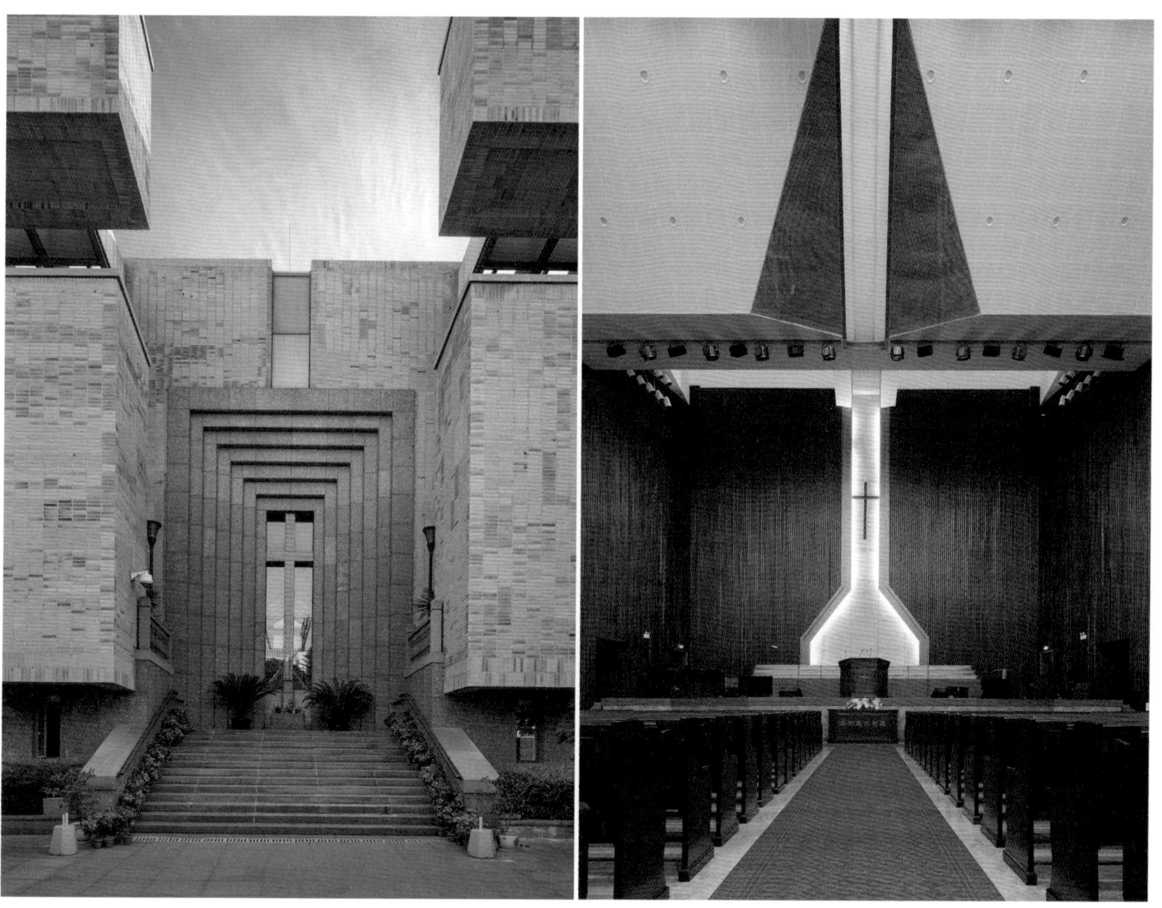

图 2-17 入口（赵强 摄）

图 2-18 祭坛（赵强 摄）

2.3 本章小结：理一分殊

在建筑设计中，关注到每个阶段所涉及的诸多使用者、管理维护者、投资者、当地居民等各类主体，体察方方面面的根本诉求，并在设计的过程中通过各种手段予以回应和体现，让建筑作品源于人本而归于人本。

情理合一，理一分殊。万事万物的情理都是相通的，如月印万川；但形形色色又是有差别的，须随器取量。

随着经济技术的不断进步与发展，建筑设计的外延在不断扩展，越来越专业化、一体化的系统设计是大势所趋。“讲理中的人性化”理念，不仅体现在建筑、结构、设备、幕墙、室内、景观等专业，也应涵盖与特定建筑相关的社会大众。建筑也不应只是设计团队的观念、意志等单方向表达，更应是基于特定区域的自然、社会、人文、功能、经济等诸多因素的综合反馈，这才是建筑设计的出发点[1]。

建筑创作中面对新的问题，跟诸多其他领域博弈的情形是一样的，一开始都会摇摆不定。只要认真分析，任何“摇摆”都可以看成一种对问题的理解方式，展现一种多维变量控制之下的动态美感，最后根据分析得出的平衡点就是设计的切入点，也就是找到博弈均衡点。

任何一座建筑都与形形色色的人有着密切的关联，这决不只是一个单纯的技术问题；人性化是建筑设计的出发点，建筑是真正在当地环境、社会与文化背景滋养下生长起来的[2]。也正因如此，使我们在设计与施工现场讨论中每每前后瞻顾、谨慎思量。

---

1 人类对建筑的兴趣具有现实的根源，是起源于需要，是为了把握周围环境充满活力的关系，赋建筑及其环境以特定意义。参见：李宁.养心一涧水，习静四围山——浙江俞源古村落的聚落形态分析[J].华中建筑，2004(8)：136-141.

2 把秩序引入到复杂性中去的事实，是使之可以理解的事实。参见：(法）昂利·彭加勒．科学与方法[M]．李醒民，译．北京：商务印书馆，2006，12：19.

第　三　章

讲理中的创造性

图 3-1 福建初溪土楼群：创新传承

建筑的复杂，关键还是人的复杂；矛盾共生，就是与建筑密切相关的各方需求共生；在多方需求的博弈中能够创造性地平衡诸多矛盾，达成多样性的共存，这样方能营造生机勃勃的共生样态。

建筑的复杂，关键还是人的复杂；矛盾共生，就是各方需求的共生；在多方需求的博弈中能够创造性地平衡诸多矛盾，达成多样性的共存，这样方能营造生机勃勃的共生样态。

多样性的共存是当今社会的价值主流。新与旧、内与外、阴与阳、传统与现代、地域性与国际化、复古与时尚……都是多元价值共享的必然趋势；面对矛盾，就要在讲理中体现创造性。

3.1 打破旧平衡，构建新平衡

矛盾存在于一切事物的发展过程中，每一事物的发展过程中都存在着自始至终的矛盾运动；承认矛盾的普遍性是一切科学认识的首要前提。所以任何平衡都是暂时的、相对的，这才是平衡的常态；与时俱进，打破旧平衡，构建新平衡；找初心、找建筑设计源点，这才是建筑创新的源动力。

和谐是矛盾的一种特殊表现形式，体现着矛盾双方的相互依存、互相促进、共同发展，和谐并不意味着矛盾的彻底消失。和谐是相对的、有条件的，只有在矛盾双方处于协调、合作的情况下，事物才展现出和谐状态；社会的和谐、人与自然的和谐，都是在不断解决矛盾的过程中实现的[1]。建筑场景之所以能呈现出和谐的氛围感，就在于其设计、营建、发展过程中的矛盾平衡。

3.1.1 直面矛盾是创造之初始

辩证法是关于事物矛盾的运动、发展、变化的一般规律的哲学学说[2]，是平衡建筑的重要哲学源泉。辩证法指出了矛盾存在于一切客观事物中，矛盾只有被人的主观思想所认识，矛盾才有存在的价值和意义。事物都是多样性的统一，和谐的本质就在于协调事物内部各种因素的相互关系，促成最有利于事物发展的状态。设计中处理好矛盾对立面的关系，就能够赋予建筑强烈的张力。建筑单体作为一个部件在整体环境的包容中各畅其生机，生机勃勃地在整体动态平衡中彰显出一种场所张力[3]。

世间万物，无不是在动态发展的；大到天体行星、小到细胞原子。同样的，建筑从一开始出现就不是静态，只是相对于人对时间的感知来说，建筑的运动过程显得很慢。建筑从一开始出现就蕴含着时间的特质，只有把建筑理解为一个不断变化的生命体，才能看清其产生和消亡的全生命过程。

只有把建筑动态地看成是一个特定生命过程中不断变化的对象时，也许我们对于建筑设计就会有更深刻的体会。建筑不再是静止不动的房子，而是从策划酝酿的那一天开始，就充满了生机并不断地成长，在外力和本身材料、空间的作用下，变成了建成使用时的模样。比如福建土楼群就是在矛盾丛生中，梳理各种矛盾关系，创造性地呈现出独特的样态[4]（图 3-1）。

3.1.2 通过创造性来协调矛盾

世界上的一切事物都是包含矛盾的，因而对任何事物都是可以分析、也是应该分析的，所谓分析就是分析事物的矛盾。建筑本体在其各个发展阶段会达到一种相对平衡的状态，但这种相对平衡是动态的。随着时间的推移，建筑所承载的功能和使用者的需求都会变化；当建筑本体及人的需求等变量发生改变时，原有

1 把“和谐”范畴引入《矛盾论》，正确处理矛盾的同一性和斗争性的关系，为构建社会主义和谐社会提供唯物辩证法的指导。参见：雍涛. 《实践论》《矛盾论》与马克思主义哲学中国化[J]. 哲学研究，2007(7)：3-10+128.

2 回顾和梳理自然辩证法中国化的开拓历程与演进特征，既有助于深入理解自然辩证法思想在人类关于自然界和自然科学的认识史上所具有的永恒性历史进场意义，又有助于深刻把握马克思主义科技观的建设性在场特征，并与时俱进地展开其在“中国特色”新时代所承载的时代性出场使命。参见：冯鹏志. 重温《自然辩证法》与马克思主义科技观的当代建构[J]. 哲学研究，2020(12)：20-27+123-124.

3 建筑群组正是有了“起伏”而形成的“多元”共存，才能生机勃勃；也正是有了“连接”达成的“包容”并蓄，才能内涵丰富。参见：彭荣斌，方华，胡慧峰. 多元与包容——金华市科技文化中心设计分析[J]. 华中建筑，2017(6)：51-55.

4 纵观隐约于山水之间的传统建筑聚落，其生命周期必定远超其原初设计者的生命周期；如今即便残旧了，但依旧被并非建筑专业的大众津津乐道；所以建筑的价值具有一种动态生长性的生命特征，通过营造者在有限生命中的创造性活动与岁月沧桑相关联而获得更加久远的时空意义。参见：李宁，李林. 传统聚落构成与特征分析[J]. 建筑学报，2008(11)：52-55.

平衡被打破，需要建立一种新的平衡。这些生机和变化正是需要考虑如何在建筑的生命周期中，持续地注入活力。

这时需要包括建筑师在内的全体参与者，以可持续发展和绿色生态的理念，通过专业素养和专业技能，对面临的问题进行分析、处理，以应对来自人、功能、空间环境、社会政治等因素的挑战，建立起一种新的平衡。因此，平衡建筑设计更关注的是过程和进展，而并不仅仅关心结果。技术在不断发展，人们的需求随着时代的不同而演变，社会环境也影响着人们的消费偏好和审美倾向。

在事物的矛盾中，矛盾的斗争性是无条件的、绝对的，矛盾的同一性是有条件的、相对的；斗争性与同一性相结合，构成事物的矛盾运动，推动事物的发展[1]。跟其他学科一样，建筑的核心问题也是研究围绕"建筑"所产生的诸多矛盾及其运动规律，建筑学科每前进一步都是以揭露和认识新矛盾为内容的。

3.1.3 以矛盾的共存达到共生

基于"讲理中的创造性"，对于建筑设计的各个环节须做到预知及可控。从积极的意义上说，面向终身运维和全生命周期的设计，在给建筑设计者更多责任和压力的同时，也给了建筑设计对建筑全生命周期内把控全过程的视野。

建筑是一个不断生长与发展的生命体，有它自身的发生、发展、兴衰的过程。相应地，建筑所处的基地周边环境在漫长的演化过程中，在每一位居民的心中形成了他对整体环境的认同。在建筑设计中，只有寻找出单体与整体之间的元素关联性，确立新旧元素之间的张力，才能引发人们的认同、共鸣，使建筑空间成为大家共同认可的场所。事实上建筑的价值不仅仅在于美学和设计方面的创造，在更宏观的层面上，建筑是参与社会变革和促进文化演进的重要力量。对设计的均衡性与前瞻性进行充分的思考和把握，将可持续性和可扩展性作为设计方案的一个要素进行认真细致的考虑，用智慧和技术手段，使建筑具备持续适应环境变化和功能变化的能力，让建筑在全生命周期内始终处于动态平衡之中。

所有建筑空间是通过一系列的感知和事件被体验的，一个适宜的设计不仅决定着空间作用于人的可能性特征，而且对它出现的时间、强度、演进过程都起到关键的作用[2]。建筑设计在平衡诸多矛盾的过程中推动事物的发展，从所处环境的演变来看，这就是一个传承与创新的过程；在此过程中特别要把握好的就是，传承与创新须因时、因地而宜，不变的原则是满足环境整体性的需求、满足文化传承的需求、满足新时期功能发展的需求和满足造价适度合理的需求。

可能性指客观事物内部潜在的种种发展趋势，现实性指已经实现了的可能性[3]。可能性和现实性反映着事物或现象在发展过程中的两个必然阶段，事物从一种质态向另一种质态的任何转化都是可能性向现实性转化的运动。"讲理中的创造性"，正是要通过梳理与沟通，促成建筑良性的可能性持续地向现实性转化，以矛盾的共存达到共生。

---

1 哲学的本质特征是关怀现实、回应和解答现实问题。参见：王向清，杨真真．矛盾同一性、斗争性的地位和作用的被误读及其反思[J]．马克思主义哲学研究，2019(1)：20-28.

2 建筑设计领域的创新基础在于是否建构了一个恰如其分的辩护情境。历史的存在和时代的进步是建筑领域设计创新的切入点，对历史的继承总是通过时代的需要来进行选择的，与环境的对话也是通过时代的语言来进行交流的。参见：(美)阿摩斯•拉普卜特．建成环境的意义——非言语表达方法[M]．黄兰谷，等译．北京：中国建筑工业出版社，2003，8：39.

3 随着人们对人自身的关怀和对世界的终极追求的增强，可能性与现实性这对哲学范畴越发体现了其强大的诠释功能；从人对世界本原的追问到今天的人文关怀，在经过认识能力的考察后，人类越发的理智了，不断地探讨什么是可能的与不可能的，当下的现实是怎么样的，将来可能会如何等等。参见：景君学．可能性与现实性[J]．社科纵横，2005(4)：133-135.

3.2 盒子与生活

【义乌文化广场案例分析】

图3-2 义乌文化广场夜景（赵强 摄）

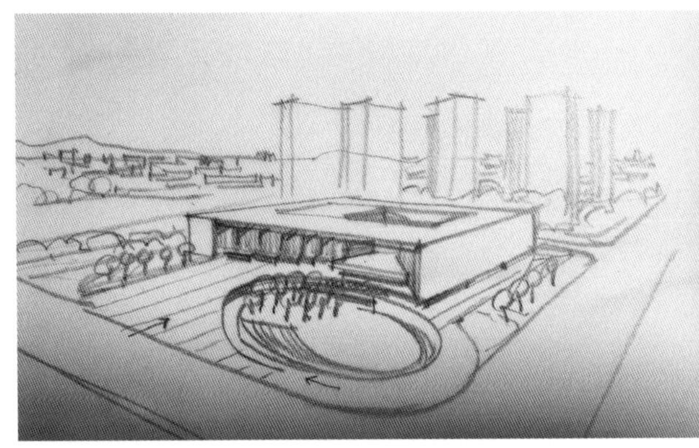

（上左）图 3-3 总体构思草图　　（上右）图 3-4 剧院内景（赵强 摄）　　（下）图 3-5 各层平台活动空间（赵强 摄）

这些年，各地的文化建筑如雨后春笋般成长。对于义乌城市而言，义乌文化广场不光是一个地标性的文化元素，同时还承载了以人民为中心的执政理念。文化广场地处城市中心区块，四周是开放的城市交通干线，显要的城市地理位置必将使其成为传递城市精神的窗口[1]（图 3-2~图 3-4）。

3.2.1 市井与留恋

植根本土，有源创新，正是设计孜孜以求的创作态度。

创造一个包容开放的市民厅堂，如今已成为城市文化广场建设的一种责任。该项目寄托了市民参与公共活动的美好愿望，是汇聚城市生活的活力宝盒，同时也表达了当地政府的一种态度、一种满腔热情的拥抱与包容的心态，力求使人人都能成为这个城市大舞台的主人。

面对现代都市生活，义乌文化广场设计创造性地传承了以庭院为中心的中国传统营造方式，文化广场的建筑中心并不是宏大的厅堂，而是由下沉广场通过坡道、大台阶蜿蜒至屋顶花园的立体庭院。

设计将建筑边界打开，让建筑内部空间与城市产生更多的交融，相信在平台中、台阶上、树荫下一定能不断沉淀许多精彩的城市故事与记忆（图 3-5、图 3-6）。

---

[1] 建筑设计的本质就是通过各种建筑材料聚合成的墙、板、门窗等建筑部件来进行空间界定，进而推断空间界面与人的交互是否适宜，分析界定的空间及其序列能否达到预期效果，文化建筑更是要通过其独特的空间界面围合与变化来营造文化氛围。参见：李宁，于慧芳. 理水•叠山•筑园——浙江广电集团东海影视创意园区规划设计[J]. 工业建筑，2009，39(10)：17-19+16.

图 3-6 城市之韵（赵强 摄）

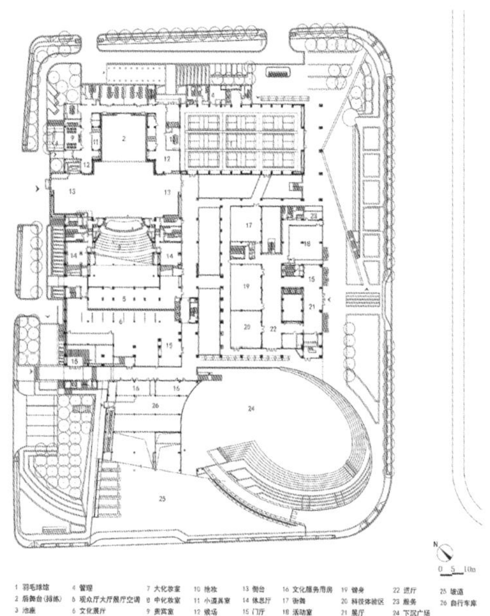

图 3-7 底层平面图

图 3-8 市民晨练（赵强 摄）

图 3-9 总体鸟瞰（赵强 摄）

同样，各层平台的空间因借、起承转合、步移景异，正是对江南传统园林空间营造的传承与创新。

3.2.2 承载生活

建筑檐口下采用抽象的红色叠涩造型，既像舞台的帷幕，又像宫殿的斗拱，体现出浓郁的东方古典韵味。

该灰空间营造的“城市舞台”正是源于戏台、祠堂等江南传统的空间模式，遮风避雨且视野宽阔，十分适合江南地区的群众文化活动，深受市民喜爱（图 3-7、图 3-8）。

檐下当空间单独存在，不与人的行为发生关系时，它只能是自在之物，是单纯的一种功能载体、行为的诱因、信息的刺激要素和事件的一种媒介。只有当人在一个具体的空间中感觉到自在、愿意逗留并产生某种联想时，空间才会变成场所[1]。

金属幻彩板的色彩是为本项目特别定制的“义乌红”，它平常为朱红，在特定的光线及角度下却呈现出灿烂的金黄色，隐喻着义乌可以为世界各地商旅提供实现梦想的机会。每次在这些广场空间中举办的一些民俗活动，总会给人们带来新的感动。

3.2.3 有容乃大

城市的活动与市民的幸福感都是建筑美在这个“盒子”中的最大体现，而这些恰恰是因为有序的空间逻辑作保障的。这个空间逻辑不仅指纯净的钢结构支撑了空间构成与组合，更是泛指建筑外在空间构成的秩序及其与城市公共空间气质的包容（图 3-9）。

通过公共项目提高普通民众的审美情趣，正是建筑师的社会责任。在设计过程中，面对传统的都市场景，创造性转化、创新性发展，正是实现现代与传统之间转换与平衡的重要路径。

---

[1] 场所包含了两层属性，一是空间，二是行为事件。参见：林中杰，时匡. 新城市主义运动的城市设计方法论[J]. 建筑学报，2006(1)：6-9.

3.3 盒子与自然

【唐仲英基金会中国中心案例分析】

图3-10 总体鸟瞰（赵强 摄）

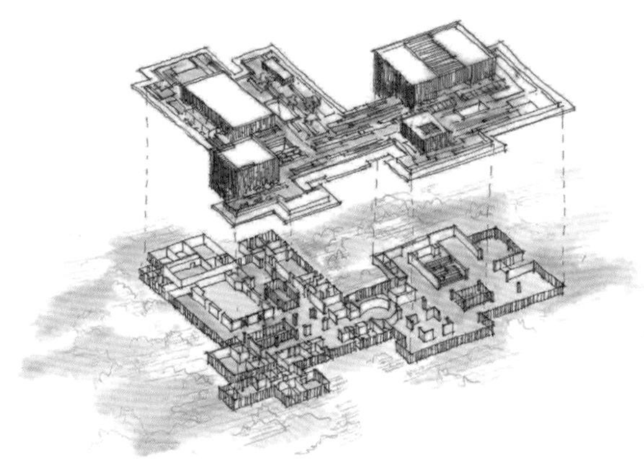

图 3-11 平面分析图

图 3-12 夜景鸟瞰（赵强 摄）

唐仲英基金会中国中心项目作为基金会在中国大陆的总部，坐落于吴江东太湖生态园内。建筑除了满足基金会的日常办公需要外，同时还需不定期承办来自全国各个高校成员团队的交流活动，诸如展览、会议、培训等。

3.3.1 厚重与轻灵

如今建筑设计已从只关注体量以及体量之间的相互关联转变到更多地追求与基地的环境交融、不同层面的空间衔接[1]；这使得人的活动成为建筑中一个不可分离的设计要素。整个设计以融入周边环境为出发点，传承基金会“服务社会，奉献爱心，推己及人，薪火相传”的宗旨，可以提炼为“消隐”和“绿色”（图 3-10~图 3-12）。

散落的一组大小不一的混凝土盒子，既强调了建筑群体的体量感与识别性，也增加了整个建筑群的空间层次。这些高出地面的混凝土盒子承载着展厅、会议厅等功能空间的需要，如同原本从地面中生长出的巨石，强调了建筑在基地中的自然生长逻辑，是整体生态公园的一部分（图 3-13）。

2005 年 8 月 15 日，时任浙江省委书记的习近平同志首次提出了“绿水青山就是金山银山”的科学论断，现在已经成为全国人民的指引与共识[2]。这一发展理念为人与自然由冲突走向和谐指明了发展的方向，就是人与自然双重价值的共同实现。

3.3.2 刚柔相济

建筑的主要功能集中在一层，尽可能减少建筑对公园的压迫感。同时，一层屋顶花园又是被抬高的飘浮“公园”，既修复了生态公园的绿化界面，又是视野极佳的“观景台”[3]。

这些“盒子”似乎没有更多的表情，却与大地生长在一起，显得特别的刚毅与质朴。在这些刚毅与质朴方盒子的外表下，在建筑内部尝试了柔美、自然空间意趣的表达（图 3-14）。

1 建筑艺术不是单纯的实用物，是处于“纯的艺术”与实用物这两极之间的变化中，在变化的不同梯阶上，抽象形式与符号意义的作用与关系也是不同的。建筑作为文化表意符号的能指/所指关系，即形式/意义关系在建筑符号学的领域里通过“陌生化”手法加以应用，这意味着由抽象形式与意义混杂而成的建筑语言的通俗性和建筑艺术表现手法的多样性。 参见：缪军．形式与意义——建筑作为表意符号[J]．世界建筑，2002(11)：65-67.

2 绿水青山就是金山银山，阐述了经济发展和生态环境保护的关系，揭示了保护生态环境就是保护生产力、改善生态环境就是发展生产力的道理，指出了实现发展和保护协同共生的新路径。参见：习近平．之江新语[M]．杭州：浙江人民出版社，2007，8：153.

3 这反映出建筑认识的发展；不是说不注意建筑体量关系的变化与交接，而是将此从属于整体环境的考量之中。参见：石孟良，彭建国，汤放华．秩序的审美价值与当代建筑的美学追求[J]．建筑学报，2010(4)：16-19.

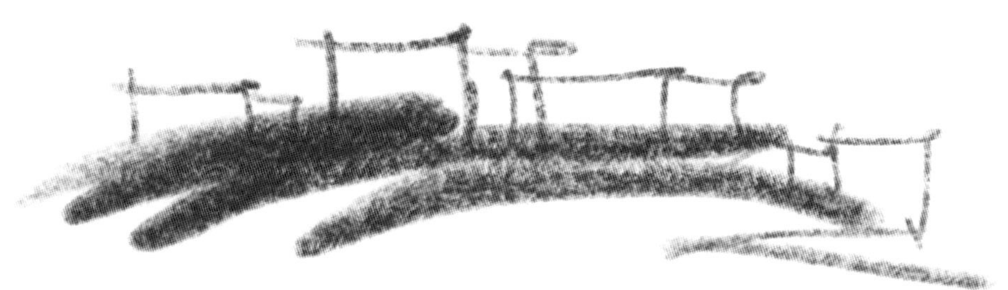

图 3-13 建筑意趣

图3-14 室内景观（赵强 摄）

图3-15 屋顶组合（赵强 摄）

建筑之美并非需要通过复杂的结构逻辑与高难度的结构技术去获得，平实的秩序与营造工艺所形成的结构逻辑，同样也能得到最真实的建筑美感（图3-15）。

建筑的建造始终是以人的尺度作为参照。平衡建筑倡导构建尺度适宜的建筑，让人们在日常的生活中能方便地感知空间，自由生活。虽然社会分工越来越细，但只有将建筑设计相关内容进行整体把握，才能更和谐地建构起让人心生向往的生活场所。建筑材料就是建筑师手中的画笔和颜料，它的颜色、纹理、温度、透明度、密度等能够传达丰富的信息和情感。建筑序列空间是通过一系列的感知和事件被人们所体验的，适宜的设计不仅要决定其中高潮的特征，而且对其出现的时间、强度、材质感触、演进过程都须由外而内的统筹安排[1]。

3.3.3 回应自然

对于空间的界定而言，建筑的围护构件（进而是材料的表面）更为重要，并且这一材料将不再是静态的、自主的，而是处于具体的时间与环境之中的材料，并与建筑其他诸要素协同创造出整体性的知觉经验。超人尺度的建筑给人宏伟壮观的震撼，但也让人感到自身的渺小，无法靠近感知，所以也就很难触及人们的心灵、产生内在的感动。多抛开一点建筑师的自以为是，也许让人感动的作品就会越来越多。

传承与创新须因人、因时、因地制宜，不变的原则是满足当地的整体性需求、满足文化传承的需求、满足新时期功能发展的需求和满足造价适度合理的需求（图3-16）。维护绿水青山、做大金山银山，不断丰富发展经济和保护生态之间的辩证关系，在实践中将“绿水青山就是金山银山”化为生动的生活现实，并成为千万群众的自觉行动[2]。

在城市更新中，只有寻找出城市元素之间的关联性，确立新旧元素之间的张力，才能引发人们的认同、共鸣，使建筑形态所界定的空间吸引市民来活动，从而成为市民共同认可的场所。

1 若只是聚焦于空间或形式的创作，建筑材料在事实上往往受到压抑。更明确而言，在这一取向下，材料的结构属性成为空间创造的工具，其知觉属性则被极大地压抑。参见：史永高. 从结构理性到知觉体认——当代建筑中材料视觉的现象学转向[J]. 建筑学报，2009(11)：1-5.

2 守望绿色，走可持续发展道路，是实现中华民族伟大复兴中国梦的重要内容。参见：赵建军，杨博. “绿水青山就是金山银山”的哲学意蕴与时代价值[J]. 自然辩证法研究，2015(12)：104-109. “绿水青山就是金山银山”的理论内涵，可从特色产业体系、生态环境体系、区域合作体系、制度创新体系、生态支付体系等五方面理解其发展机制。参见：王金南，苏洁琼，万军. “绿水青山就是金山银山”的理论内涵及其实现机制创新[J]. 环境保护，2017(11)：12-17.

图3-16 千里江山寒色远（赵强 摄）

3.4 本章小结：大方无隅

如今日益发展的建筑技术，使得设计的可能性越来越多，但设计并非一味地追求更新的建筑技术，而是要考虑所运用的建筑技术是否适宜。在很多情况下，并非没有某种建筑技术，而是采用某种建筑技术的代价是否可以承受或者性价比是否合适；其目的还是为了平衡在建筑中动态变化的诸多矛盾。

在科技进步、信息技术普及、资源和环境问题日益突出的现在，反映这一背景的建筑活动和与之相应的建筑设计思路也将是历史发展的必然[1]。但科技等因素的发展毕竟是实现建筑目的的手段，手段是为目的服务的；高科技的应用、设计方式的变化等因素，只有在讲理中体现其创造性，才是其归所。从建筑生长的角度看，使用者在今后的发展中是非常能动的因素，他们在建筑中工作与生活，会将自己的情感融入其中[2]。任何一个建筑都不是独立存在的，而必定与人、与社会有着密切的关联。

“讲理中的创造性”的本质，就是要在设计中少一点设计主观，静下心来，更多地关注人的基本需求，关注社会、文化背景与建筑和人的关系，并最终使建筑回归人性、回归社会，达到“社会、人、建筑”的平衡。大方无隅，海纳江河，方能在讲理中充分发挥出创造性。

当把建筑放到时间维度中、从全生命周期中去审视，建筑设计所关注的内容就变得更加宽广，建筑设计所把控的方面将更深入，建筑设计所产生的影响将变得更加深远。

---

1 文化构成了人类记忆的基础，文化传承本质上是一种辅助记忆、保存记忆和延续记忆的方式。每一代人在继承文化的同时也在创造新的文化，并予以保存和传递下去；建筑正是文化传承的一种载体。参见：李宁，王昕洁．“适用、经济、美观”的不同理解——温州瑶溪山庄设计评析[J]．建筑学报，2004(9)：76-77.

2 人的感情世界是由情绪和情感构成的统一体，情绪和情感虽有相对的区别，但不可分割。近年来情绪调节过程的研究不再局限于孤立地探讨情绪的不同构成如情绪体验、生理反应、行为表现、认知评价等调节过程，而是转向了对不同情境下、不同情绪调节过程的交互影响方面的探讨，并提出了一些动态的情绪调节过程模型。参见：刘海燕，郭德俊．近十年来情绪研究的回顾与展望[J]．心理科学，2004(3)：684-686.

第　四　章

讲理中的包容性

图 4-1 甘肃敦煌月牙泉：梦中驼铃

建筑与其所处的基地环境必然是共生的。适宜的建筑往往能提升整个环境的氛围，为环境带来生气。同时，独特的环境也是孕育生成于此的建筑不可或缺的缘由。

“讲理中的包容性”事实上是强调了一种面对多元的设计初心。中国自古以来就有“大地有机、天人合一[1]”的思想。人和建筑作为环境的一部分，生存于环境之中，又改造着环境；“讲理中的包容性”也表达了平衡建筑的生态观。

生态文化在不同历史时期有着不同的表达方式，这代表着人与自然之间关系的不断转型，同时从生态文化的变迁中看到人对自我地位的认识更加理智[2]。

平衡建筑追求让建筑既溶于“物态”环境，同时又溶于“非物态”环境，更溶于其自身创造的新环境而不可分割。换言之，要让新环境离不开这新建筑，若少了这新建筑就不完整了。这就要求平衡好建筑角色的社会意义与个体价值的关系。

4.1 “融”与“溶”

平衡建筑讲究“溶”于环境，试图表达一种特定的意思：建筑不光是物理状态地“融”入环境，而是与环境起到某种程度的化学变化，“溶解”在环境里而不分彼此。

人们都会被山水之间的聚落感动，这种感动并不单单是来自历史时空的感触，更在于对这山水之间所呈现的“互溶”关系感到由衷的欣喜。建筑是人类活动中最富于环境性的一项内容，它充分体现着人与自然、建筑与环境的关系（图 4-1）。

4.1.1 与“物态”环境的包容

建筑与环境有着密切关系，建造一栋建筑就意味着与周边的环境发生关系，从而导致一系列的相互作用，进而形成自然环境系统与建筑环境系统之间的动态对话。环境是人们赖以生存和发展的客观世界。人类依据其自我生息的需要，不断推敲着择居之道。自然环境中的建筑，是从特定的情境中生成的。

从人与自然的关系看，建筑无疑是连接的媒介；要让人与自然更好地沟通，将建筑“溶”于环境之中是很有效的方式[3]。通过把握场地和其环境所具有的特殊性，分析整理它的历史文脉，从而最终发现建筑与自然环境衔接的内涵所在。

创造“溶”于自然环境的建筑体量是保持与自然平衡的前提，继而运用建筑材料与空间的处理手法，使大自然中的清风、阳光能够渗入建筑之中，使得人与自然能更好地交流，建筑也能更好地契合于自然环境之中。

所谓建筑与环境的协调关系，并不意味着建筑必须被动地屈从于自然、与周围环境保持妥协的关系。有些时候，建筑的形态与所在的环境处于某种 “突破”的状态。但是这种突破并非从根本上对其周围环境加以否定，而是通过与局部环境之间形成的突破，在更高的层次上达到与环境整体更加完美的和谐[4]。

换言之，新的环境共同体有所突破并提升整体环境是“包容”的重要内涵。

4.1.2 与“非物态”环境的包容

建筑需要通过与周围环境的对话、通过与历史的对话、通过与地域文脉的对话来确认其自身的妥当性以获得人们的认知，而这种对话有时是明白的、有时是隐喻的。不同时期的建筑被赋予

1 “天人合一”的“人”是“大我”，“合一”代表一种境界或一种趋势；对于圣人来说，“天”和“人”本来是一体的，不必再去“合”；对于一般人来说是指人效法天地，“合一”表示一种趋势。参见：黄金枝．“天人合一”的数学语境诠释[J]．自然辩证法研究，2021(1)：77-83.

2 如今更强调求同存异、容纳多元生态文化的理论，生态文化的发展与构建需要吸收古今中外文化的合理因素，具有包容力与认同力的生态文化更能指引我们营造出美丽和谐的生态环境。参见：余晓慧，陈钱炜．生态文明建设多元文化的求同存异[J]．西南林业大学学报（社会科学），2021(1)：87-92.

3 日本建筑师隈研吾在他的著作《负建筑》和《自然的建筑》中，强调建筑的“消隐”；隈研吾擅长于哲学层面的文化内涵和建筑内在体验的双重的细腻分析，在设计实践中他对日本传统建筑的语言和空间理解得很到位，同时又不断在建筑的表皮和结构上出新，执着于使用当地的材料并研究材料应用的可能性。参见：王晓燕，赵坚．隈研吾建筑思想解读[J]．雕塑，2016(3)：83-85.

4 无论新的建筑形式，还是新的建筑观念，都或多或少地隐含着延绵在环境中过去的建筑语言及构成元素。参见：李宁，郭宁．建筑的语言与适宜的表达——国投新疆罗布泊钾盐有限责任公司哈密办公基地规划与建筑设计[J]．华中建筑，2007(3)：35-37.

不同时代文化特征的美学信息，信息来自于符号个体间的差异及其给出的不可预测性。

人在建筑中活动，对建筑空间的需求并不是单一的；生活的多样性以及人们在环境中的行为和心理特点，决定了对建筑空间的要求也必然是多样的，这不是通道式和孤岛式的开放空间能够满足的。这必然涉及对社会文化变迁的感知。一座新建筑的设计与落成，其实也提供了一个改造社会环境景观的机会，这正是为建筑与社会环境相互渗透提供了一个完美的展示舞台。当下的建筑设计对建筑室内外空间与环境的处理更应该使其相互渗透，处理好各种空间的交错关系。建立现代建筑设计与历史环境之间的联系，是对现代社会文化变迁的感知[1]。

在整体社会环境的演变中，其中的建筑创新往往都是由局部创新开始，经过充分的建筑实践后，才会出现各个方面全面展示创新的建筑作品[2]。参照城市区域脉络和建筑群体来寻找潜在的环境肌理和空间秩序，并贯穿于设计的始终，表达对延绵于其中的传统和历史的尊重，使新建筑与城市、社会环境更好地对话，继而形成新的环境共同体延续下去。

尊重环境，善于创造一个过去和现在共生的环境，尝试创造一种现代与历史的共存。社会环境的凝聚力、发展潜力取决于人们对社会的认同度，这与其文化和发展状态密切相关。建筑作为一种文化载体，或许能成为联系过去和现代的一个场景构件，从而对社会演变的历史背景有着支持和暗示作用；历史形态的现代转型，是社会进步与复兴的潜能所在。

1 建筑是其所处社会形态和文化的缩影，相应地，设计的认识和手法也会随着社会文化的发展而不断进化且难免有所反复；针对特定环境，集体记忆、身份认同、传统、历史和文化等都是重要的主题，也是思考如何与过去建立联系、如何为建筑实现一个可持续未来的切入点。参见：莎莉•斯通，郎烨程，刘仁皓．分解建筑：聚集、回忆和整体性的恢复[J]．建筑师，2020(5)：29-35.

2 建筑创新和社会的发展有着千丝万缕的联系，任何建筑创新无疑地要反映当时社会历史条件的特点，工业革命不仅仅带来了建筑科技的进步同时也促进了建筑理论的发展，科技进步和观念创新成为建筑创新的直接来源。参见：艾英旭．“水晶宫”的建筑创新启示[J]．华中建筑，2009(7)：213-215.

4.1.3 包容的张力

任何一个物体之所以代表它本身，缘于它包含着其独有、并区别于其他事物的某些信息；而这种区别被知晓后，它所带的信息就开始减少了。因而对人而言，耳濡目染的日常接触的普通建筑，其信息较之刚出现时必有损失；而突破常规的创新性建筑因为从未出现过，总是能引起人们的兴趣，人们的美学信息库中没有与之相同的信息，对人而言它带有完备的新信息。从“讲埋中的包容性”来分析，更要注意包容中的张力。

隐约在山水之间的聚落，无论产生自何时、无论保存的状况怎样，都是历史的、文化的、经济的社会见证，蕴含着特定时代的气息，记录着人类生活的脚步。聚落的演变诠释了村落的设计营造者独到地结合其所处的自然环境、利用特定的空间概念去构筑人居环境的过程。对于经历了数百年岁月沧桑、已成为风景中一部分的聚落来说，自有它作为环境的一个部件而延续下来的历史证据。

包容并不是单单只求形式表面的相同或相近，建筑环境美的奥妙在于结合，消解是一种结合，对比也是一种结合。对比就是把建筑相关矛盾所导致的一些具有反差表征的内容安置在一定环境条件下，使之集中在环境统一体中，形成相辅相成的比照和呼应关系。这样，有利于充分显示建筑对旧平衡的突破，突出新的环境共同体的本质特征，加强整体的感染力。在特定环境条件下，个性特征突显、与周围环境形成一定反差的建筑是在与环境的张弛对比中去求得整体均衡的一种方式。

建筑环境艺术的主旨不但要创造和谐统一，而且要创造丰富多彩[3]。包容中的张力在于多样共生。

3 建筑原创立足于当地综合环境脉络之中，使建筑所蕴含的信息兼具原创性与可读性，期望可以激发公众的参与激情和创造力，从而上演更加生动的场景。参见：吴震陵，李宁，章嘉琛．原创性与可读性——福建顺昌县博物馆设计回顾[J]．华中建筑，2020(5)：37-39.

4.2 装点此关山，今朝更好看

【中国井冈山干部学院案例分析】

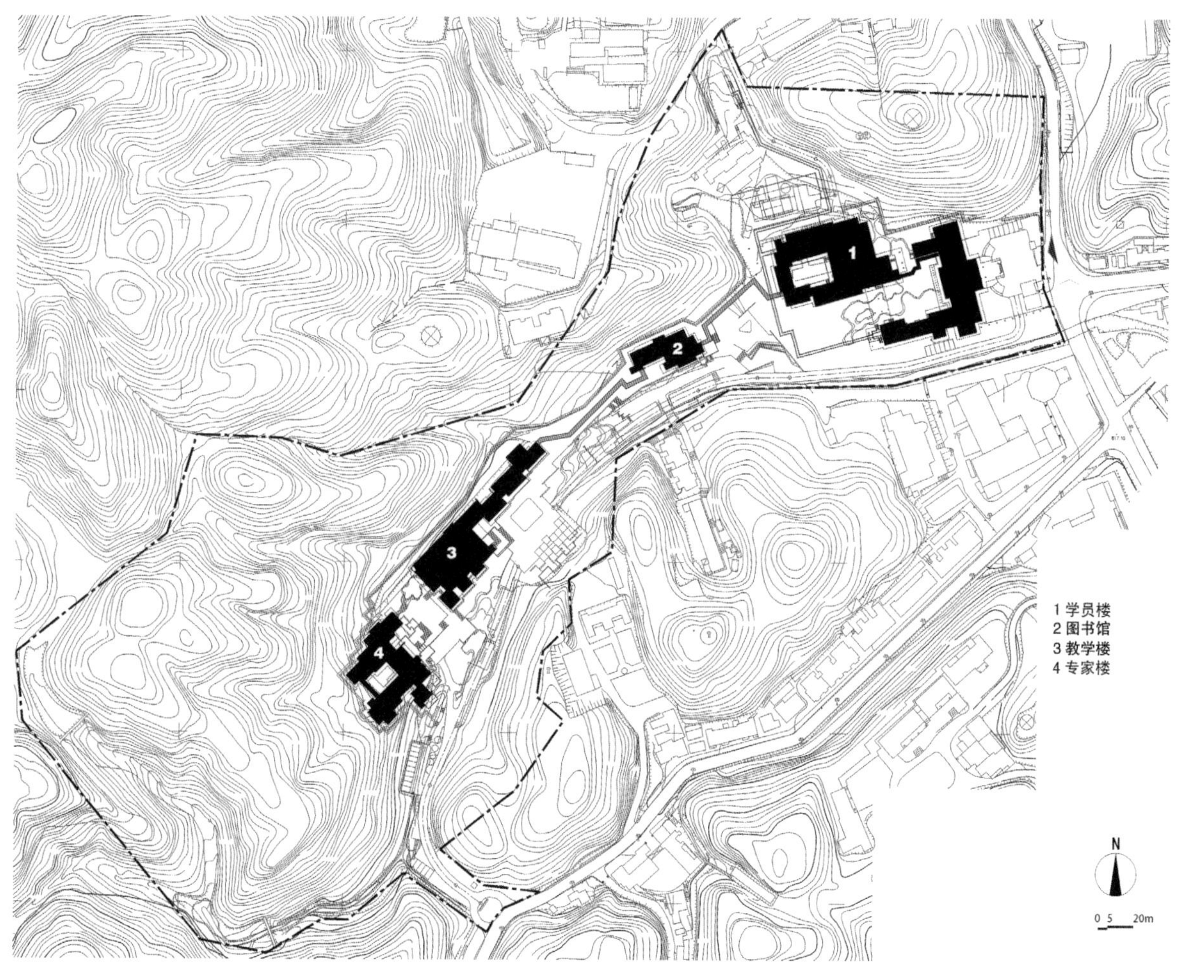

图 4-2 中国井冈山干部学院总图

图 4-3 学员楼东侧景观（黄海 摄）

图 4-4 从校园道路看学员楼（黄海 摄）

与中国井冈山干部学院同时设计、同时建设的，还有中国浦东干部学院和中国延安干部学院，三所学院都是中共中央组织部在各地的全国县处级以上党政领导干部，特别是中青年领导干部和国际友好政党学员的培训基地。相同的命题，却因地域和设计理念的不同，得到的是三所各具特色的学院。中国井冈山干部学院的创作是一次非常有意味的设计经历（图 4-2）。

建筑存在的一个首要目的，就是为使用功能提供使用空间，因此功能对于建筑外部形态的产生具有相当重要的作用。不同功能的建筑处于相同的环境中，其建筑表现形式上也会有明显的差异；反之亦然[1]。

4.2.1 “得体”之道

优越的自然山地环境，是中国井冈山干部学院相比于其他两所学院最大的资源。茨坪海拔 826m，是一座美丽的山城，红军路从南至北贯穿整个市区。校园就位于红军北路与长坑路的交界处。一条小溪从纵深处的山谷中奔涌而出，成了一条天然的护校河。溯溪而上，地势逐渐升高，两侧的山坡也越来越陡峭。行至场地的中部，两侧峭壁所夹的场地宽度已不到 20m，是整个场地的瓶颈处。再往里，场地又经历了一个由缩到放、再到缩的变化，最宽处达 70m，但地势已高出红军北路入口处近 20m。

站在场地里端，可俯览整个用地区域的状况，隔山的革命烈士纪念碑也清晰可见。到场地的尽端，南北两侧的山坡已几乎相连，只剩下溪流在山涧中飞溅，传来哗哗的水瀑声。

在这样的自然环境里，设计应该谦卑地对待环境。建筑群落只有尊重、契合现有环境，才能显示其生命力及存在的理由[2]。从最初的策划、设计，到中期的施工过程以及后期景观配合，始终充分重视自然环境，试图把更多的环境信息反映到营造中。

整个设计和施工的过程，正是让一切专业技术的协同充满人性的光芒与尊严的过程。设计始终在思考建筑该以怎样的姿态契合这块场地。“得体”表达的是一种建筑姿态，在建筑与环境之间不追求自我的宣扬而是彼此的平衡，不追求个性的独立而是相互包容（图 4-3、图 4-4）。

各单体在整体的包容中各畅其生机，生机勃勃地在建筑群整体动态平衡中彰显出一种场所张力。

[1] 功能与环境对建筑最终呈现的影响，正体现在建筑在内外作用力下不断生长的样态。参见：董丹申，李宁，劳燕青，叶长青. 装点此关山，今朝更好看——源于基地环境的建筑设计创新[J]. 华中建筑. 2004（1）：42-45.

[2] 我国国土资源空间分布不均，这正是很多发展与生态之间的矛盾的重要起因；在这重要的发展关键点上，能够引发全社会共同遵循的系统理念至关重要。参见：姜霞，王坤，郑朔方，胡小贞，储昭升. 山水林田湖草生态保护修复的系统思想——践行“绿水青山就是金山银山”[J]. 环境工程技术学报，2019(5)：475-481.

图 4-5 学员楼门厅（黄海 摄）

图 4-6 教学楼东南侧外景（黄海 摄）

“山势”包含了整个峡谷式基地的走势和基地内地势的变化，顺应山势是总体布局的基本原则。基地横窄纵深，建筑的布局依山就势，沿纵深向自由而为。学员培训有短期性的特点，因此将学员楼按三星级的宾馆模式设计，并将其与学院主入口一起面向红军北路布置。这样布置，一方面方便各地培训学员安排入学事宜及方便学员生活，另一方面较好地满足对社会开放的需要，提高学院设施的利用率。

沿学员楼南侧的校内道路往里，依次是图书馆、教学楼、专家楼，各栋建筑布局契合地形，在山、水、路之间寻求一种依存关系。总体布局以虚串实，以连廊、广场、院落等虚空间以及淙淙溪水将各栋建筑串联，舒展自由。进入校园前区广场，首先跃入视线的是学员楼，进入高敞的大堂空间，视线透过后院水面、连廊、绿树，与不远处的图书馆交融（图 4-5）。

注重建筑与环境的关系，是设计的主要依据和源泉。中国古典园林之所以能在二者之间取得平衡，主要是儒家的“中庸”思想为两者提供了一个合适的限度；“师法自然”，同时又提炼出片断，并将其抽象化，建立适合的“自然像”，既保持了自然景观的丰富性，又获得了凝练的诗情画意[1]。解构、重构、建构、维护原有场地的新平衡，在特定时空的动态变化中，保持整体连贯。建筑与基地环境是共生的。适宜的建筑往往能提升整个环境的氛围，为环境带来生气，同时，独特的环境也是孕育生成于此的建筑不可或缺的缘由[2]。

设计因时、因地而变化，不变的原则是满足环境整体性的需求、满足文化传承的需求、满足新时期功能发展的需求和满足造价适度合理的需求。

循水而上，缓缓升起的草坡、依水而建的小广场、与山势相伴而行的连廊逐一呈现在人们眼前。穿过图书馆，居高而憩的专家楼与依山而栖的教学楼，得景之时亦成景。建筑与环境的对话与互动，通过空间的因借关系得以实现（图 4-6、图 4-7）。

---

1 面向可持续城市与建筑的投入并没有唯一的模式，对可持续性的理解是随着时间和空间的变化而变化的。参见：董丹申，李宁．与自然共生的家园[J]．华中建筑．2001(6)：5-8.

2 “道”追寻的自然之所为是一种外向型的行为，道之“自然”为中国园林提供了形象化的基础；“佛”追寻的“自我”是一种内向型的思维，它为中国古典园林提供了抽象化的可能性，这种可能性在日本的古典园林中被发挥到极致，也就是日本的僧侣园枯山水。参见：李旭佳．中国古典园林的个性——浅析儒、释、道对中国古典园林的影响[J]．华中建筑，2009(7)：178-181.

图4-7 自教学楼回望校园景观（黄海 摄）

4.2.2 原生态地貌的保留

场地中散布着若干组水杉树，高大挺拔、枝叶茂盛，是保留的重点。保留的第一步是定位，原始地形中没有树木的标记，于是和筹建处的同志对水杉树一棵一棵地进行测量记录，标注于图纸上。设计使建筑落在树木的间隙间。溪涧是场地中另一种重要资源。多年的水体冲刷浸洗使溪涧中的岩石圆润暗黑，溪床青苔郁郁，驳岸上植物茂盛，呈现岁月的积淀。

设计希望新校区带给师生的不仅仅是空间形象的记忆，更是井冈山文化的总体意象氛围，传递着井冈山的特质与人文内涵，促成一代代的学子形成共同的价值取向、心理归属和文化认同，从而更好地达到教育的目的[1]。在场地设计中，仅在专家楼的南侧段因道路的调整而在溪涧上架设不影响溪水流通的路桥，其余段对溪涧不做任何改造，保留其原貌。场地中遗留着的人工改造痕迹及几块平整的台地，尤其图书馆处台地的挡土墙，石块垒得很有味道，石缝间灌木丛生，和前面的一排水杉树相互缠绕在一起，这些景观都得到了很好的留存，使整个校区一建好就似乎具有一些沧桑，建筑犹如原本就生长于斯（图4-8）。

4.2.3 适应“山势”的建筑群落

“山势”决定了总体布局，也影响着单体建筑的平面形式和形体。学员楼规模较大，占据了基地中最平整的一块场地，但为了让出南侧的一排8棵水杉树，平面布局采用了院落式。在对山体的退让、树木的保留及自身小环境的塑造上达成了平衡。建筑围绕半开敞的庭院组织空间，室内外的水面连成一体，通透轻盈的连廊蜿蜒而行，中部架空的建筑又成为恰当的透景面，将远处的潋滟水光、空蒙山色引至面前[2]。

1 交通方式的迅速发展带来了全球空间距离的压缩，地方环境个性正在逐渐淡化。然而现代化的进程无法阻断人们的历史情结，历史与文化的底蕴又会提升现代化的魅力和品位。参见：许逸敏，李宁，吴震陵. 故园芳华，泮池澄澈——福建浦城第一中学新校区设计回顾[J]. 华中建筑，2020(5)：48-50.

2 建筑和校园环境作为载体，总是为莘莘学子所魂牵梦萦，成为校园文化不可分割的一部分。此种传承，历久弥新，岁岁流芳，尊为校园文脉。参见：殷农，陈帆. 遍寻修缮技式，传承校园文脉——浙江大学西溪校区东二楼改造纪实[J]. 华中建筑，2017(2)：83-88.

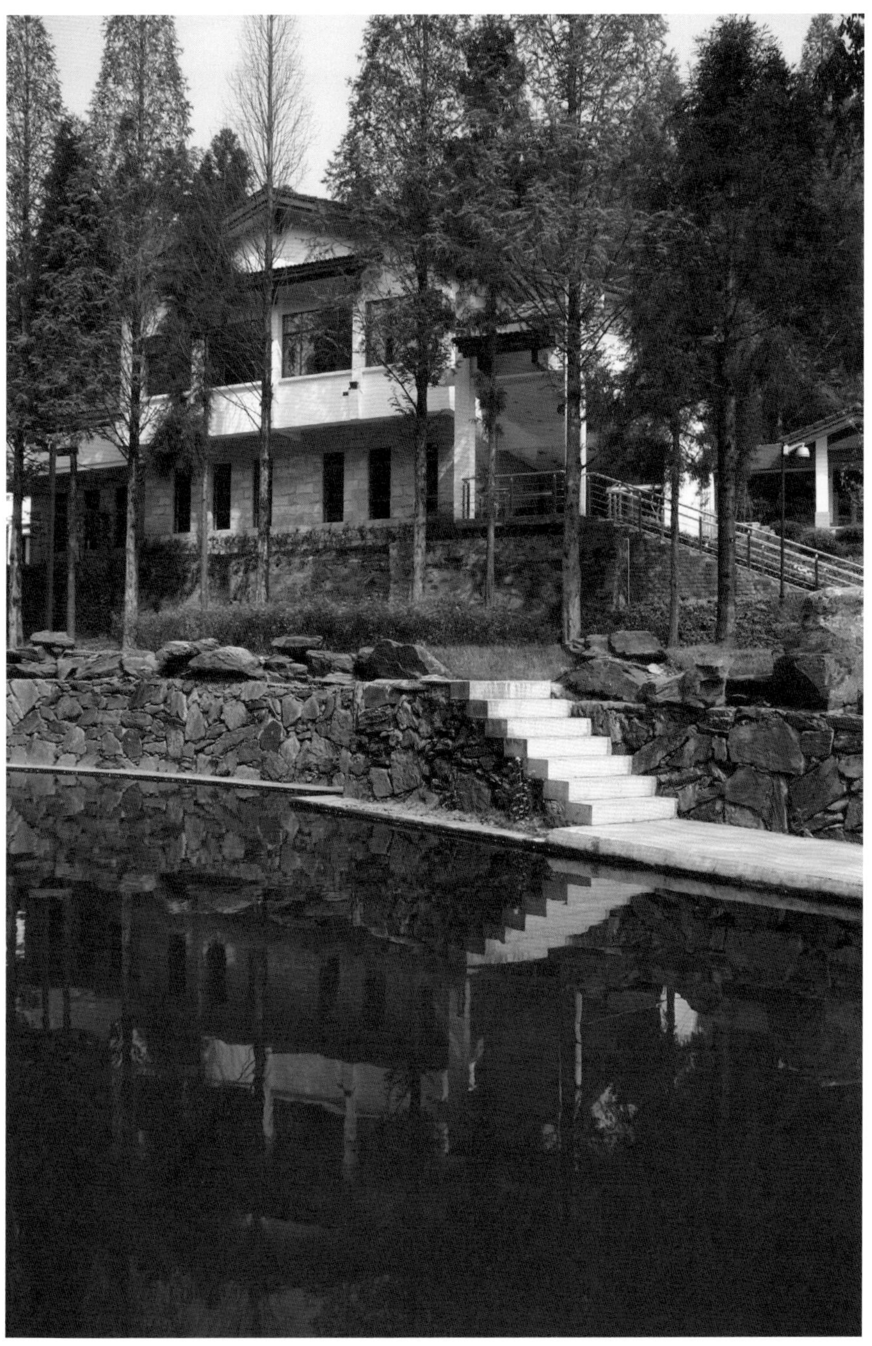

图4-8 图书馆边上的老水杉和挡土墙（黄海 摄）

图 4-9 图书馆和层叠的连廊（黄海 摄）

图 4-10 教学楼报告厅休息廊（黄海 摄）

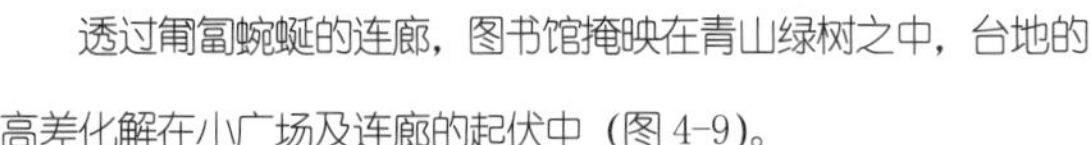

透过匍匐蜿蜒的连廊，图书馆掩映在青山绿树之中，台地的高差化解在小广场及连廊的起伏中（图 4-9）。

图书馆规模不大，为了保留以前遗存的挡土墙，竖向设计严格遵循原始地形，并在挡土墙侧留出室外空间，使挡土墙与建筑实体形成一定的景深，新旧对照，恍如时空交错。

教学楼依山而栖，教室部分依地势高低错落，沿山脚横向展开布局，不同室内外空间穿插其间。在建筑内部将走道宽度加大，为学员提供更多相互研讨的空间；报告厅的休息廊两层通高，贯通建筑前后，成为一条穿过建筑的视觉轴（图 4-10）。从校区道路到前区广场再到大台阶直至门厅，地势的升高一直延续到室内。

教学楼建筑平面布局由最前端的门厅处分流，形成面对面的两部分沿山体攀沿而上，每层均错位，在三层处相连，与前端的门厅部分之间形成了一个下沉式内院。建筑室内标高非常复杂，相应地形成了层层叠叠的体量和坡屋面，与山势呼应。

最西侧的专家楼居高而憩，地势最高，地形也最复杂（图 4-11）。不论建筑如何错落，但顺应了山势，就有了秩序感；外人之所以能够从视觉上认知建筑聚落空间的构成，是因为从总体到局部都可以看到一定的秩序[1]。

---

1 建筑创作尽管存在着不同的途径，但可以归纳为对形成围合的“层组”进行独特的秩序表达。参见：朱小地. “层”论——当代城市建筑语言[J]. 建筑学报，2012(1)：6-11.

图 4-11　专家楼东南侧外景（黄海 摄）

图 4-12 井冈山龙潭溪瀑

4.2.4 轻灵的建筑语言

井冈山处于湘赣边界，地势险峻，林壑幽深。井冈山的气候属中亚热带季风型气候，温和滋润，雨量充沛（图 4-12）。在湿润的空气里，在葱郁的绿色中，中国井冈山干部学院一组组建筑散落在山谷，演绎着轻灵与清雅。建筑采取坡屋顶的建筑形式，形态舒展大方。薄薄的檐口出挑深远，在白色的墙面上落下朦胧的阴影，使建筑更显轻灵。挑檐下做出仿木构的悬挑梁头与随檐梁。仿木构架的细部造型来源于井冈山民居造型，使用现代的材料与施工方法，形成了脱胎于传统形式的新语汇。

在材料运用上，针对井冈山气候的潮湿多雨，底层外墙及部分体量采用当地毛石砌筑或饰面。结合白墙及舒展的坡顶，这些毛石墙的运用已使建筑深深根植于这片山石基地。色彩也是形式语言。在白色的组合中，色彩语言纯净，表现为空灵的空间与形体、与青山绿水的对话，朴素而谦和。屋面是暗红色的，为的是表达对井冈精神的某种敬意。运用于此，郁郁绿色中的一片片暗红屋面更显现出一种庄重与含蓄。这些细节决定建筑实践的深度与成败，设计一直秉持工匠精神来表达对材质、工艺的执着。

当一座建筑落成剪彩时，应该是其展现最新容颜时。但在落成多年后，却发现了时间给予和叠加于建筑的价值[1]。树木在生长，青苔在爬上墙脚，在时光的流逝中，自然环境在从容大方地接受这组建筑，而建筑环境也在成熟，真正意义上溶入了井冈山的苍茫翠色之中（图 4-13）。

当如今这组充满生机的建筑群落展示着与环境的和谐关系时，那曾费尽心力推敲的点点滴滴，使我们相信，于此时此地、是得体的。让建筑既溶于“物态”环境，同时溶于“非物态”环境，更溶于其自身创造的新环境而不可或缺，正是设计自始至终的追求。

---

1 设计若只是在建筑形式上的对一些古老样式进行模仿与拼凑，则会使建筑失去在整体环境中存在的发展逻辑性；脱离了特定存在背景的建筑样式拷贝，绝非对真实传统的有效传承。参见：李宁．养心一泓水，习静四围山——浙江俞源古村落的聚落形态分析[J]．华中建筑．2004（4）：136-141.

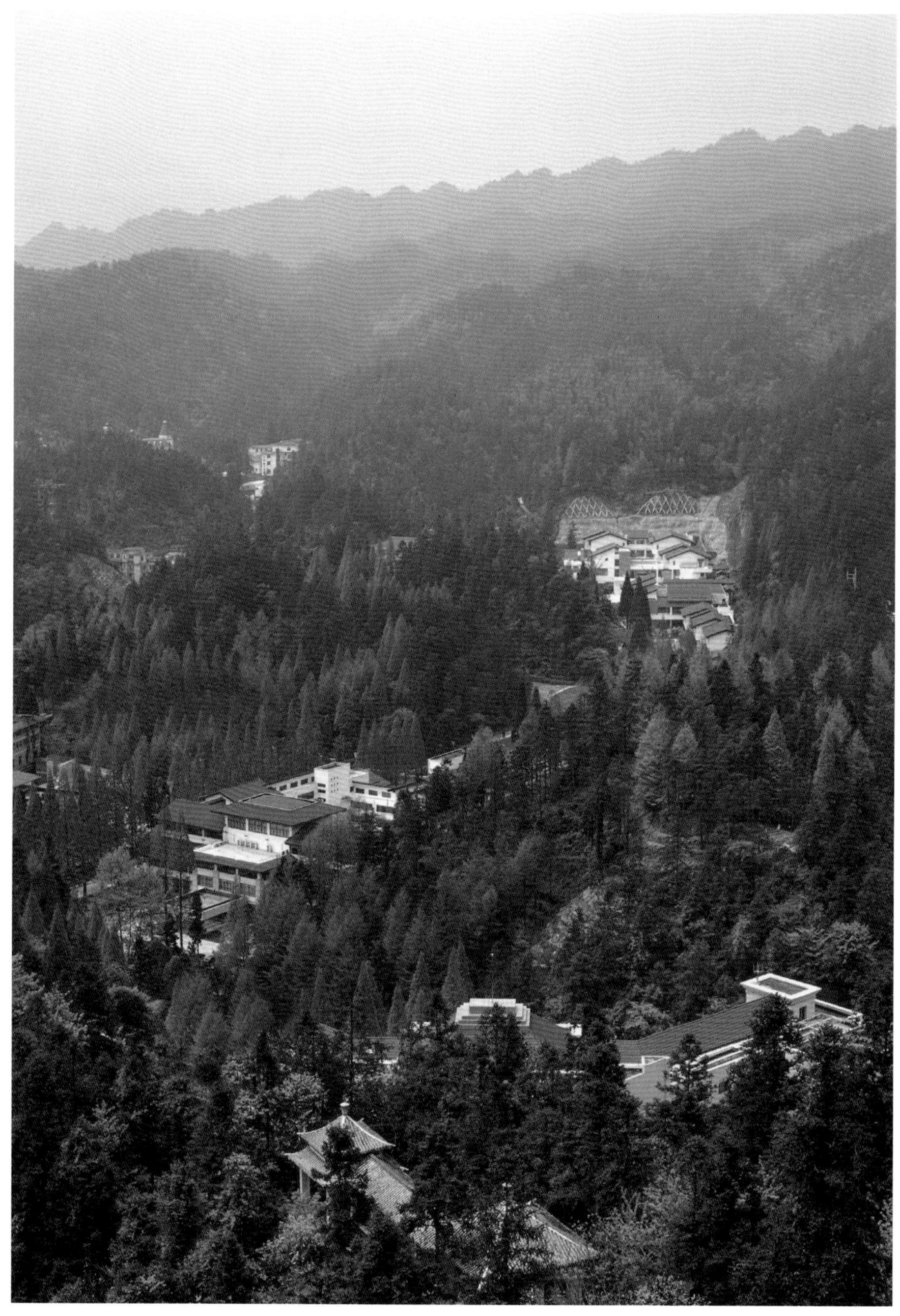

图 4-13 学院掩映于井冈翠色中

4.3 本章小结：墙头的青苔

任何理论，本质上都是帮助思维的工具。每一个定义都有其学科特定的用途。一个好的建筑定义，关键是看其是否有助于解释某一类建筑现象与问题。理论本身并不能证明自己比其他理论更科学，就看能否通过其理论视角把相关问题纳入建筑问题研究的核心[1]。

环境本是一个复合的整体，有其真实的历史、现存和发展，由各种功能类型的自然或人工的空间共同构筑而成，但其构成原则不是唯美的，而是各方面的综合适宜。同样在环境中作为实体存在的建筑，表达出来的也不仅是风格和形象，而是对复杂的社会、技术和文化等一脉相承的环境体系的实体表达，必然是与特定的环境紧密关联的。

在许多设计中，建筑师刻意创新、殚精竭虑，有时却走得太远，简单平易的手段反而被忽视。地形是自然力携风沙雨水经年雕蚀的结果，记录了最原始的自然之美。建筑设计追寻并契合这条线索，既是对自然的尊重，又是对大自然美的承续，材料与手法不必新奇复杂；建筑品位的高低本不在于所用材料的贵贱或本身的新旧[2]。墙头上的青苔，会述说光阴的故事。

高品质的生活方式与理想的生活状态成为人们追求的终极目标。而对于这个终极目标的渴求应该来源于能够给人以精神安慰和精神享受的外在环境。尊重环境，善于创造一个过去和现在共存的环境共同体；寻找潜在的环境脉络和空间秩序，并使之贯穿于设计的始终，表达对传统和历史的尊重。

---

1 今天关于建筑生命的研究水平，就像早期生物学：观察到了建筑细胞的“细胞膜、细胞质、细胞核”等内容，却还没有发现其形成和发展的原因与机制，即尚未发现建筑基因的结构、序列及其遗传法则。参见：李宁．建筑聚落介入基地环境的适宜性研究[M]．南京：东南大学出版社，2009，7：76-92.

2 溶于环境的建筑，即使残旧，仍与周边环境一起形成一种气度，令人肃然起敬，建筑艺术的感染力也就蕴含其中了。参见：李宁，黄廷东．故土守望——“日、雨、风、浪”中的一方土[J]．华中建筑，2008（9）：74-77.

第　五　章

求变中的人性化

图 5-1 山西应县木塔：匠心独具

人性存在于细节中，细节使建筑营造具备了人文属性。细节决定平衡建筑实践的深度与成败，平衡建筑强调以工匠精神表达对材质、工艺的尊崇；须平衡好局部与整体的关系。

“求变中的人性化”所体现的就是在寻求建筑解答的过程中如何依托并落实“人性化”这一初心。这个环节的关键是着力于建筑的细节，细节使得建筑营造成为一种文化；细节的把握涉及审美范畴，关乎人的心理和智慧创造。

当建筑通过特定的细节组合被清楚地表达出来，并让人们能够凭借常识和经验做出判断时，建筑就会使人们产生特定情境中的共鸣，或者是稳固带来的愉悦，或者是精绝带来的惊叹；当这种细节组合越接近平衡临界点时，越具有心理上的感染力[1]。

建筑细节可以传递建筑师的设计思想，通过感受细部，人们能从本质上感受建筑思想的精华所在。细节决定平衡建筑实践的深度与成败，平衡建筑强调以工匠精神表达对建筑材质、工艺的迷恋；须平衡好从建筑到大环境的局部与整体的关系。

5.1 人性存在于细节之中

当下的建筑设计越来越多地呼唤人性空间，呼唤匠心，呼唤建筑细节。建筑的细节设计可在建筑策略中找到，而建筑策略亦可在建筑细节中找到[2]。同时必须认识到，设计不是为了细节而细节；建筑师在崇敬细节之前，还要反复临摹、把玩、品味、吃透建筑细节的所以然，进而致力于把技术升华为艺术，让我们自己塑造的东西首先能使自己获得感动。

让细节消隐在建筑整体之中，正是平衡好局部与整体关系的过程。一个建筑设计无论如何恢宏大气，如果对细节的把握不到位，就不能称之为一件好作品；细节的准确、生动可以成就一件伟大的作品，细节的疏忽会毁坏一个宏伟的构思[3]。

5.1.1 组合：功能性

在我国传统文化的背景下，“设计是能力，细节是修养”的说法比较容易得到认同。然而能力可以抓紧训练，修养却难以短期培养；细节的修养曾经发生在传统工匠们的手中，荡漾在中国传统的大小建筑中，但却在当代建筑师中渐渐失落了。“求变中的人性化”强调的就是回归匠心、小中见大。

建筑应该是功能与形式的完美结合。建筑细节在物质功能上的要求，例如关于材料、结构、构造等物理方面的问题，是属于建筑的客观范畴，是建筑细节原发性的基本要求。细节通常产生于建筑不同功能、结构、形态部位之间的联结部位，通常具有特定的使用功能，且须满足一定的使用要求，主要表现在围护、排水、采光、通风、保温、隔热、防噪等诸多方面。

细节中的功能性构件对使用功能的表达是第一位的，其次才是美观、思想方面的问题。任何材料只要正确地加以运用就能熠熠生辉，同时揭示出材料的真实性[4]。每个时期都有不同的经济条件以及建筑材料和技术，从而产生不同的建筑组合可能性。“求变中的人性化”是从使用者的角度出发，运用工艺技术为建筑设计服务。

建筑应当推崇符合人性情理的细节，这包含了人对生活和事物的态度和体验，应当是情理之中的建筑细节[5]。建筑手法，即建筑材料及其使用方式，建筑艺术是个体之间心灵的体味。当建筑的基本构成如平面、体块类似时，不同的建筑外表材料以及不同的材料构造方式同样能够给建筑带来脱胎换骨的场景变化，可能远比体块的变化所带来的体验要大得多。

1 细节组合也包括建筑所显示的结构传力方式等内容。参见：王贵祥．中西方传统建筑—— 一种符号学视角的观察[J]．建筑师，2005(8)：32-39.

2 建筑设计方法自身也正处于一种不断变迁的状态，革命性的理论、系统以及技术使得该过程新颖独特，其产品及方法同样正处于变革之中。参见：李飚，李荣．建筑生成设计方法教学实践[J]．建筑学报，2009(3)：96-99.

3 密斯·凡·德·罗“上帝在细部之中”、桢文彦 “能够把握细部是建筑师成熟的标志”等阐述，都是在表述细节的重要性。

4 安藤忠雄最突出的设计手法是，利用单纯的混凝土材料和几何化的空间组合创造大面积的明暗对比和富有动感的光影变化；在与自然要素的结合方面，投入了极大的热情，赢得了世界性的广泛好评。参见：王建国．光、空间与形式——析安藤忠雄建筑作品中光环境的创造[J]．建筑学报，2000(2)：61-64.

5 感性之所以能够超出动物的机能而成为创造的力量和能动的欲求，关键在于理性的介入，也就是说，感性是在人性结构的统一体中发挥作用的。参见：邹华．流变之美：美学理论的探索和重构[M]．北京：清华大学出版社，2004，8：17.

5.1.2 内涵：时代性

纵观东西方建筑历史，建筑的细节问题一直伴随着建筑的发展历程，必然涉及时代性的需求；也就是说，建筑是为了满足特定需求的存在，建筑细节必然是从属于这个目标的。相应地，只有掌握了建筑的接受心理认知过程，了解怎样的建筑处理手法与策略能够引起受众心理的认知与共鸣，才能够在创作中进行强化，形成相应的与接受心理活动同构的审美引导。

现代建筑的发展已经突破了原有建筑设计的常规方式，传统建筑设计中较为强调的平面形式构成、体块组合、建筑空间变化等设计方法已慢慢穷尽，同时经济和技术的飞速发展为建筑设计提供了更多的可能性。尽管自 20 世纪以来的建造技术有了深远的变化，但对许多建筑细节的最好诠释并不是技术层面的，而是通过细节的内涵体现在精神愉悦层面的。

建筑既是物质产品，某种意义上又是艺术创作。细节推敲涉及美的主观范畴，这是建筑细节继发性的提升，也是细节创造建筑美的真正动因，建筑的艺术魅力在于建筑美的创造。建筑细节的内在美，通过建筑的表层信息如恰当的形式、空间、比例、色彩、体量、质地、肌理等多方面反映出来，建筑细节的品质根植于建筑功能、结构、文化、技术、材料之中，能充分体现地域特色与时代精神的建筑细节才是生成真正具有高品质建筑作品的基础[1]（图 5-1）。

从传统的砖、石、木材等到现代的混凝土、金属、玻璃，建筑材料的变化必然带来建筑细节的内涵变化。通过新型建筑材料的应用、传统材料构造方式的变化以求建筑空间及形式等方面的创新，这种材料及构造的创新应用正逐渐成为建筑设计中可以使用的重要时代语言，并据此展示时代内涵。

1 有些建筑细节开始可能只是一种象征或比喻，但随着时间的推移却超越了本源的纪念，展现出更深刻的意义——精神的感召。参见：李宁，李林. 浙江大学之江校区建筑聚落演变分析[J]. 新建筑，2007(1)：29-33.

5.1.3 文化：传承性

正是由于细节在不同地域环境中的表达引起人们的联想，使建筑“非物质化”，创造了介于外部与内部的互动。在建筑细节的设计中，应当充分考虑当地的自然环境和生态环境。在利用各种建材的同时，也要对当地的自然资源加以综合利用。产生具有层次性和逻辑性的情境建构，进而上升到精神上的愉悦[2]。

重新审视地方文化，在建筑细节处理中寻找传统建筑文化精神，从民间建造技术中吸取精华，将地方文化融入建筑细节之中，体现当地历史文脉和文化[3]。

建筑除了供人们从事各种活动以外，同时又是造型、空间和环境的艺术。建筑细节可以增强建筑的整体表现力，还可以表现一定的思想，传达特定的文化信息。建筑细节是建筑艺术、建筑美和建筑文化、建筑精神的表现和表达的重要载体。建筑既有物质理性的一面，也有精神感性的一面[4]。建筑的细部与整体一样镌刻着历史和文化，每个伟大作品的完成要求设计者必须充分考虑到每一个细节问题。

细节之于建筑，正是局部之于整体的关系。建筑设计离不开细节，选择材料组合在一起，使得材料通过细节的组织产生了生命力，从而产生了具有灵魂的建筑。建筑是由各种外在条件产生出来的，既有其自己的特性，更有其自己的生命延续；可能在原初引导其生成的物态或非物态环境已经改变或消失后，该建筑仍然以一种新的姿态与新的环境共生，并继续显示其影响力。

2 建筑文化的交融及建筑细节本身承载的一系列历史联想与积淀等等，还需要有一种时空的感悟与情感的联系。参见：李宁，黄廷东. 故土守望——“日、雨、风、浪”中的一方土[J]. 华中建筑. 2008 (9)：74-77.

3 在中国传统中，真正的城市生活应该建立在人与人的交流上，老城市表面上看起来缺乏秩序，其实在其背后有一种神奇的秩序在维持着街道的完全和城市的自由。参见：陈青长，王班. 信息时代的街区交流最佳化系统：城市像素[J]. 建筑学报，2009(8)：98-100.

4 建筑创作者赋予作品的设计意图与情感能否被接受者所感知、理解、诠释并进一步升华，需要从建筑的接受心理过程来解释。参见：李宁，丁向东，李林. 建筑形态与建筑环境形态[J]. 城市建筑，2006(8)：38-40.

5.2 砖石叙事，匠心独具

【浙江大学海宁国际校区教学南区案例分析】

图 5-2 东南侧鸟瞰（赵强 摄）

图 5-3 从方院广场看教学南区及学术讲堂（赵强 摄）

图 5-4 沿方院广场全景（赵强 摄）

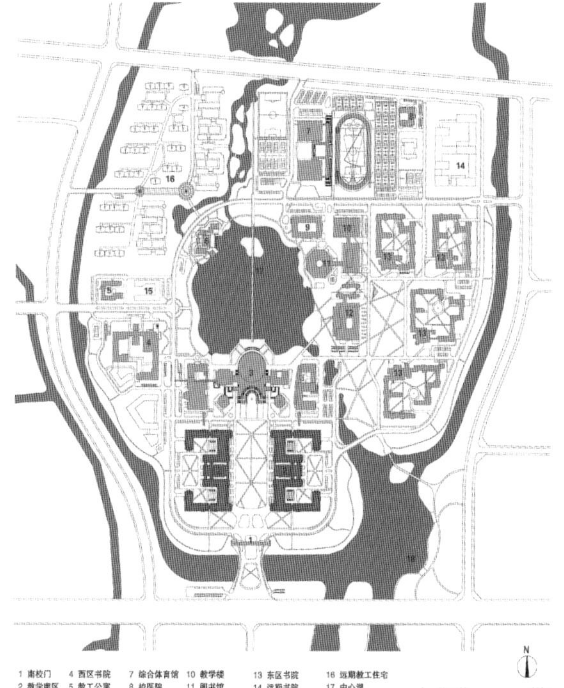

图 5-5 海宁国际校区总图

2013 年 5 月，正是江南莺飞草长的季节。在浙江海宁城东一片青绿色的田野之中，几处已腾空的村宅正待拆迁，南部 1300 亩人工开挖的鹃湖已雏形初现；北边是一片未被开发的湿地，水草丰美，不时有白鹭飞起飞落。这里，是浙江大学筹建的国际校区建设用地。

在教育资源跨境流动成为常态的全球化时代，浙江大学提出了建设国际校区的战略构想。通过近五年的筹划、建设，2017 年 10 月 21 日，占地 1000 亩、以“住宿制书院”为基本形制的浙江大学海宁国际校区整体启用（图 5-2~图 5-4）。

英式风格的书院、新古典主义的教学服务综合体、形体简洁的学术大讲堂和综合体育馆，校区建筑风格多元而丰富，但在砖与石两种材料的统一构建下，尤其随着最大体量的教学南区的建成，整体校园空间又是统一而平衡的[1]。

教学南区位于校园主入口前区，与北侧以学术大讲堂为核心的教学北区隔路相邻。教学南区总建筑面积达 11.5 万㎡，东、西两个组团呈对称的“弓”字形布局。未来，这里将聚集多所国际联合学院，是学生接受专业教育、进行科研实验以及成果转化的地方。

5.2.1 布局与材料的统筹

设计之初，教学南区没有明确的使用者、没有具体的功能房间要求，只有根据规划的学生数计算而来的建筑面积指标和大致的使用方向；总体定位为国际校区的公共科研平台，承担学生的专业教育（图 5-5）。

针对这种状况，设计采取了多种应对策略。

---

[1] 设计中的接纳与传承、改革与创造，无不以“人”为宗旨；当代校园建筑的人本设计与情理应变，则是以其中的“师生”为宗旨。当代的校园精神也更多地呈现出情理合一的动态平衡特征，与时俱进使其更具开放性和创新性。动态，是指新的平衡不断取代旧的平衡，是基于传统但又不囿于传统的思维模式，其核心是创新。参见：董丹申．情理合一与大学精神[J]．当代建筑，2020(7)：28-32.

图 5-6 西侧组团局部（赵强 摄）

图 5-7 从西侧看东侧组团局部（赵强 摄）

图 5-8 与走廊空间相结合的学习区（赵强 摄）

首先，对教学南区科研办公、教学实验、交叉研究、成果转化等多种功能体进行关联性研究与分析，加以系统、有序地组合后形成东、西两组对称的连续楼群。中间围合学术方院广场，形成从南向主校门进入校园最先呈现、最主要的形象空间，并融入校区总体规划的生态主轴[1]。

西侧组团综合了工科、信息学科以及交叉研究中心、成果转化中心等功能，东侧组团以理农医专业和基础实验功能为主，两个组团各以一条贯通南北的连廊串联各功能区。考虑到教学南区未来将入驻 4~5 所联合学院，每所联合学院均设置独立门厅，各联合学院的平面布局均满足行政办公、科研实验、教授研究以及学生学习等功能设置的可能（图 5-6~图 5-8）。

其次，通过对标准化科研实验空间的调研，以开放的实验空间对应教授研究室的方式形成科研单元[2]，建立符合功能发展需要的空间技术参数，如开间、层高、结构荷载、用电负荷、通排风量等，以应对内部功能灵活性、可变性的要求。平面布局打破过于明确的功能分区与固定的使用方式，改善了传统教学建筑通长中廊串联房间的格局所带来的单一性与压抑感。

注入非功能性空间，扩大茶歇等服务空间，激发空间的多义性和使用的多样性，将休闲与交往行为渗透到科研、学习空间中，让不同研究方向的教授、学生在科研、实验空间以外有邂逅、交谈、交流的可能。期望以这种多功能复合的方式带来学科间的交流与互动，激发出特定场所的活力与吸引力[3]。

最后，在教学南区底层设置休闲咖啡及简餐厅、报告厅、学习中心等公共配套功能，使科研、研讨、就餐、交往等多种事件行为就近发生，减少与其他区域之间的人流迁移，改善校园交通环境。此处的空间，是千百年来一直存在的；如今校园建筑设计的关键就在于分析校园空间的效果以及师生参与其中的方式，通过墙、柱、门窗的界定来实现既定的教学需求[4]。

1 轴线设计手法在中国传统建筑和西方古典主义建筑中均有使用，沿着轴线进行或实或须的空间组合，则显示了设计者独到的匠心；布置空间轴线时，方位是一个重要的影响因素。参见：曲艺，陈颖，重村力．杨廷宝的轴线设计手法研究［J］．建筑学报，2013(S1)：103-107.

2 人对环境的主动性、环境对研究者的作用、研究者与环境的互动等，都是科研单元须考虑的重要内容。参见：孙曦，胡云．科研实验空间的人本理念——剖析科研实验建筑的场所塑造［J］．华中建筑，2004(4)：55-58.

3 场所必定是空间和人的活动叠加在一起才形成的，在校园中，师生的活动持续叠加于特定空间，日积月累则营造出了吸引更多师生参与其中的场所感。参见：李宁，王玉平．空间的赋形与交流的促成［J］．城市建筑，2006(9)：26-29.

4 与作家采用文字铺陈、导演采用视频组合一样，建筑师则是通过建筑语言来提醒使用者关于该建筑的相关空间信息。参见：李宁，郭宁．建筑的语言与适宜的表达——国投新疆罗布泊钾盐有限责任公司哈密办公基地规划与建筑设计［J］．华中建筑，2007(3)：35-37.

图 5-9 庭院围合（赵强 摄）

浙江大学历史最悠久的之江校区由美国建筑师设计，是典型的西方校园格局，建筑外墙多为清水红砖、石材，带有古典主义、装饰艺术的风格。玉泉校区建造于 20 世纪 50 年代的教学楼，呈现中西兼容的折中主义风格，清水红砖砌筑的立面采用典型的欧洲古典主义三段式构图，屋顶、装饰线脚则采用中国传统建筑的样式。古典主义的风格基因存在于浙江大学老校区的建筑中，因此，办学模式向西方“书院”溯源的海宁国际校区采用新古典主义的建筑风格是必然的，这是传承，当然也有创新。而呼应浙江大学老校区风格最恰当的材料是清水红砖与高品质的石材。不同于以往教育建筑常用的面砖装饰，教学南区东、西两个组团外墙均以清水红砖实砌，在底层、勒脚、拱廊、檐口以砂岩饰面。设计过程中，设计团队寻访到一种以页岩为原材料的新型烧结砖，尺寸及外观效果与传统红砖无异，而且色彩有多种选择。

建筑采用钢筋混凝土框架结构，遇到梁柱时结构挑板，红砖砌筑在外。以此勾勒出空间的静谧和禅意，使人不经意地进入诗情画意中[1]（图 5-9、图 5-10）。

1 海宁国际校区毕竟地处江南水乡，自然离不开江南的韵味。江南园林推崇“巧丽者发之于平淡，奇伟者行之于简易”，随着历史的积淀，这种色彩已渐渐演化成一种约定俗成的江南意象。以清为雅、以淡为高，贵淡不贵艳的审美观点与道家思想也有着深层的联系。大道乃“淡”。参见：张晓非．清代皇家园林与苏州私家园林中小建筑的符号学比较[J]．华中建筑，2009(7)：159-161.

图 5-10 校园空间与细部（赵强 摄）

作为围护体系的填充墙时，为满足现代建筑的热工性能要求，清水砖墙采用夹心墙的保温构造。为节省造价，内侧墙由普通的页岩砖砌筑，允许设备布线时开槽开洞。内外墙体之间设置 50㎜ 的保温增强层及防水层，并以钢筋拉结件相互连接。当有造型要求、两者完全脱离时，外侧清水砖墙则以砖幕墙构造处理。

砖块有浅红、中红、棕红及青色等四种颜色的变化。中红是主色，搭配的比例先在电脑中模拟，再实砌墙体小样验证，通过多次试验后确定了 10:80:8:2 的配比。

砌筑时四种颜色的砖块混合后由工人随机取用，使清水砖墙效果产生自然的变化。

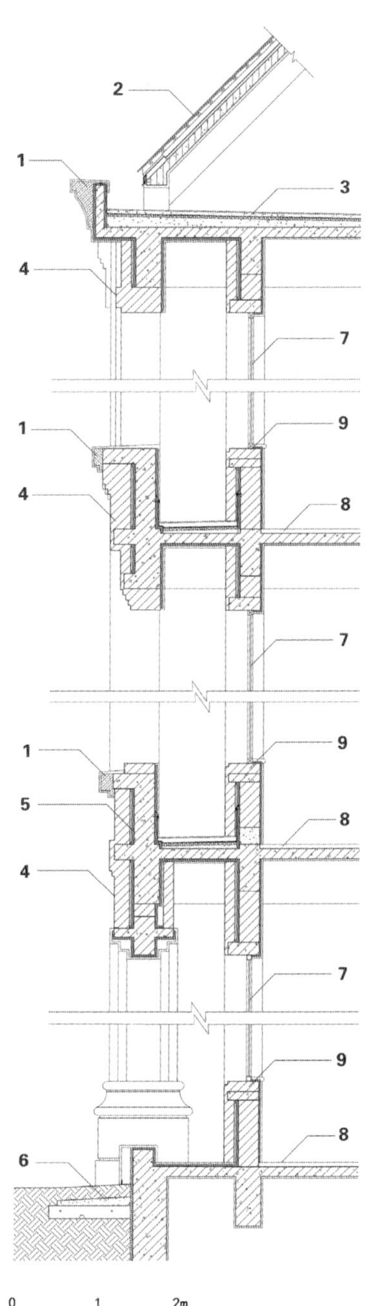

1 砂岩线脚
2 灰色水泥瓦
3 地砖屋面
4 清水砖砌筑
5 保温砂浆
6 隐型散水
7 Low-E玻璃铝合金窗
8 固化混凝土磨光地坪
9 砖砌窗台

图 5-11 墙身详图

砖墙勾缝剂的颗粒粗细配比、色调经过了十余次的打样，勾缝凹入 2~3mm，不求精细，但要求横平竖直、搭接平整，呈现手工效果（图 5-11）。新鲜感与似曾相识交织在一起，引发了体验者的情境认同[1]。

5.2.2 造型与细部的构建

教学南区的建筑造型并没有完全照搬古典样式，而是以现代的手法、用砖石为材料对古典语汇作了新的阐释，并最终将复杂的建筑形体化简为三种立面造型单元。

立面三段式构图，在建筑端部或山墙位置作了重点处理，而连续墙体以统一的造型元素重复组合，形成立面图底，底层基座以连续石材拱廊串联。

充分发挥砖的特性，层叠的壁柱、檐下的叠砌、大跨度的砖拱、镂空砖墙，等等，以一块简单的红砖构建了十几种不同的建筑细部组合样式。所有的立面尺寸均符合砖的模数，并预先进行砖块的顺、丁砌筑组合排版，使砌筑时每块砖都能精准定位。整个教学南区共有 16 处重点处理的山墙造型，其顶部是一个跨度达 5.9m 的圆拱，设计要求清水砖实砌，难度极大。

建设过程中，施工方多次要求调整为混凝土拱梁浇筑加面砖贴饰，设计人员在核实了结构受力及施工的可行性后坚持按原设计实施，最终在经验丰富的工人师傅的努力下得以实现，使砖的特性和手工砌筑的效果得以充分显现[2]（图 5-12）。

精细的砌筑、自然的色调，使最终建成的清水砖表皮呈现了生动的表情。

---

1 人们通过日常的工作生活与建筑建立起来的彼此相依的关系，是一种植根于具体时空中、长期存在的一种体验与感触。参见：胡慧峰，李宁，张永清. 借景：借山景、水景、人文之景——山东泰安泰山庄园住宅小区设计[J]. 华中建筑，2010（1）：63-65.

2 建筑之美在于信息创新，因为贫乏信息的建筑不会使人产生兴趣，过于重复信息的建筑只会使人焦躁，泛滥信息则会让人厌恶和恐慌，只有适时适度的信息才会使人产生与之交流的期待。参见：沈济黄，李宁. 建筑与基地环境的匹配与整合研究[J]. 西安建筑科技大学学报（自然科学版），2008(3)：376-381.

（上图）图 5-12 拱廊与对景（赵强 摄）

（下图）图 5-13 通道细部（赵强 摄）

不同构造的建筑细部在阳光下影子丰富、灵动，而在阴雨天，红色的砖与浅色的砂岩显得温和而沉稳，使教学南区一建成似乎就具有了时间的沉淀[1]（图 5-13）。

5.2.3 场景与氛围的斟酌

教学南区是统领海宁国际校区整体风貌的重要组团，沿方院广场两侧，建筑延绵 180 余米，在南北通长柱廊的串联下建筑形体多变但不失整体性（图 5-14、图 5-15）。柱廊宽度达 4m，学生可停留休息、可相遇交谈，视线穿过连续的拱形门洞，可以望见中心的方院草坪广场及远处圆形的大讲堂或五孔校门。

方院广场两侧种植樱花树，春天樱花满树、飞落如雪时，树下、草坪上或许会聚集学生和教师们，或休憩或交谈，场景安静而温馨。“弓”字形的建筑形体在两侧围合了多个小院子，适宜的空间尺度、各具风情的景观配置、红色温润的清水砖墙，融合在一起形成了浓烈的学院氛围。

校区建成启用后，但凡有来参观的客人，都喜欢去这些小院经过、感受一下，看重的就是这样的场所感与氛围。

1 有了庭院围合，即便建筑造型不是江南传统样式，水墨浅绛，略施淡彩，秀逸天成，早已印在了设计师的脑海中。在此思想影响下设计的群落，自然就有了江南的韵致。参见：李宁. 养心一涧水，习静四围山——浙江俞源古村落的聚落形态分析[J]. 华中建筑，2004（4）：136-141.

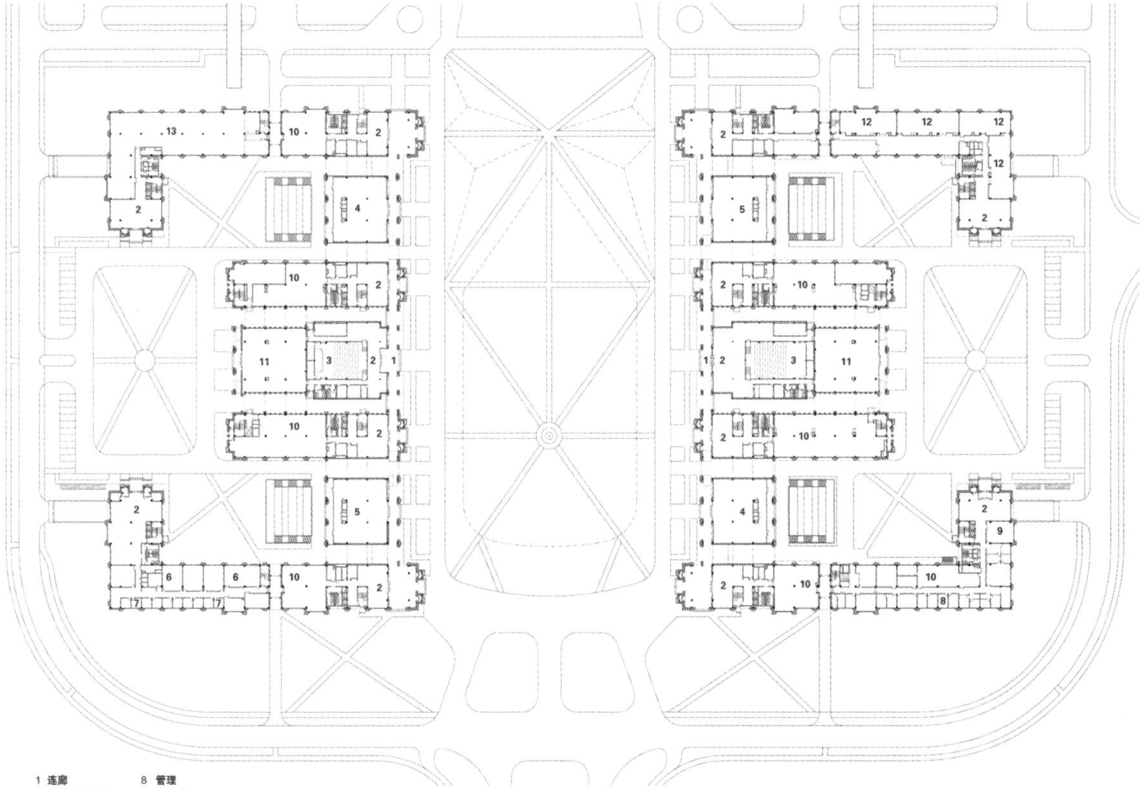

1 连廊
2 各功能区门厅
3 报告厅
4 休闲、简餐厅
5 学习中心
6 研究室
7 教授办公室
8 管理
9 会议室
10 实验室（或预留）
11 大空间实验中心
12 基础实验室
13 成果转化中心（预留）

N
0 10 20 50m

1 休闲、简餐厅
2 实验室
3 门厅
4 学习交流空间
5 走廊
6 教授办公室
7 汽车库

0 2 5 10m

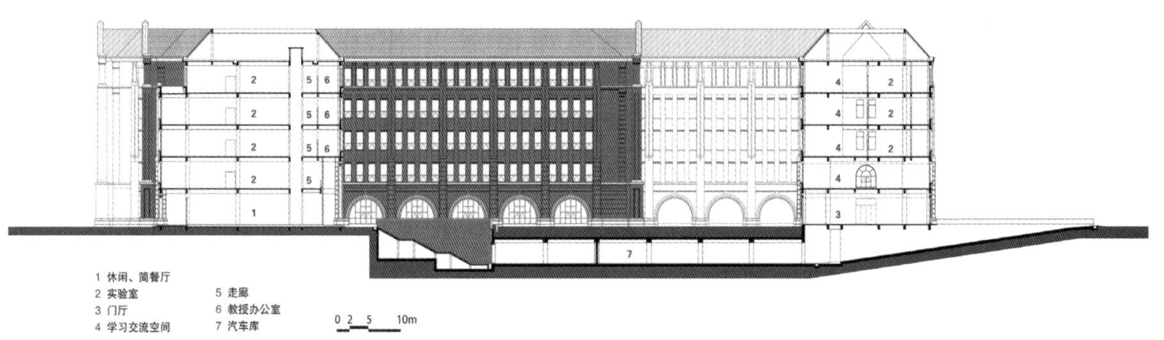

(上图) 图 5-14 一层平面图　　(下图) 图 5-15 东侧组团剖面图

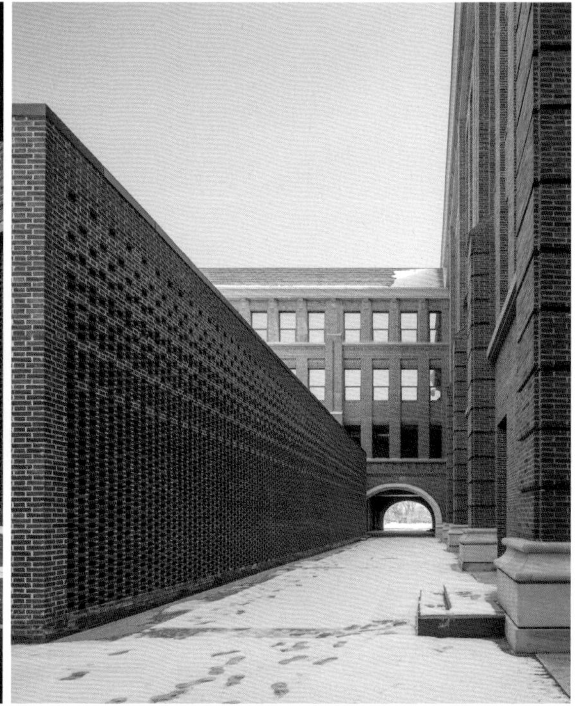

图 5-16 校园便捷通道（赵强 摄）

在教学南区，根据楼栋的功能、学生的行为模式设计了一套步行的“捷径系统”，并蔓延到整个校区。便捷联系只是目的之一，为师生创造随意地在草坪、树丛、门洞中穿行或停留的机会，才是潜在的目的。随着使用率增加，也许学生们还会自主地创造出更丰富的校园捷径，这是设计所希望的，因为大学作为知识传播者与学习者的社区，只有这样才能让校园景观系统真正融入师生们的日常生活，才会有“师生们的校园”的感觉[1]（图 5-16）。所以，比建筑风格更重要的是场所和人的活动。具有时间沉淀感的红砖、细腻的砂岩、青绿的草坪，以及穿梭其间的老教授、年轻学子热烈的研讨场景，这种由场所和人的活动共同形成的人文气息和学术氛围才是大学校园营造的最终目的。五年的努力，玉汝于成。情理合一、得其意而成其形，创造出有意义的场所，让师生们愉悦地使用它、感受它，这才是设计的价值。教学南区建成后国际联合学院陆续入驻，普适性、可变性的功能设计有效地满足了使用方具体的功能要求。多样化的教学空间、多义性的非功能性空间，满足了多种国际教学模式和外方、中方教师不同的科研、工作、生活习惯（图 5-17）。多功能复合的综合体策略、无处不在的学习场所，极大地改变了师生们的行为模式，而砖与石构筑的古典外表下浓厚的文化气息与学术氛围使整个校园静了下来，慢了下来（图 5-18）。

砖石叙事，无言，但持久。

[1] 首先，建筑是为人提供活动的空间，它与人的行为模式和知觉体验有着密切的关系；其次，建筑必须根植于某一特定的场地；最后，建筑脱离不了作为物质存在与生俱来的时间属性。参见：倪阳．关联设计[M]．广州：华南理工大学出版社，2021，1：3．

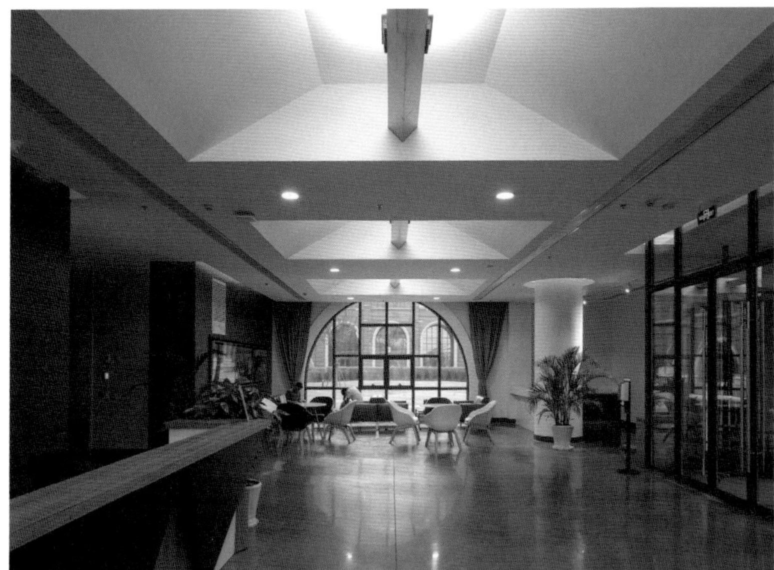

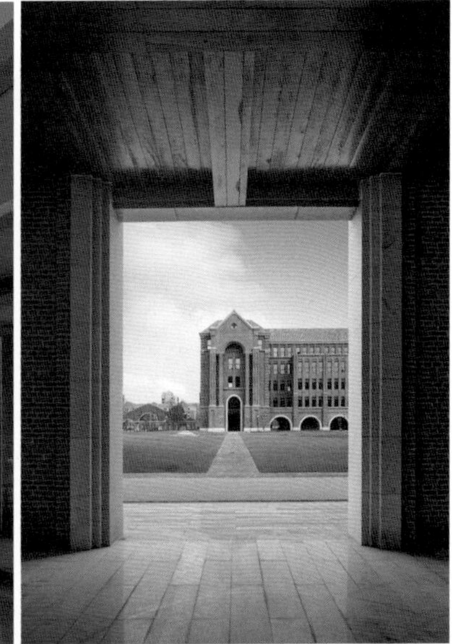

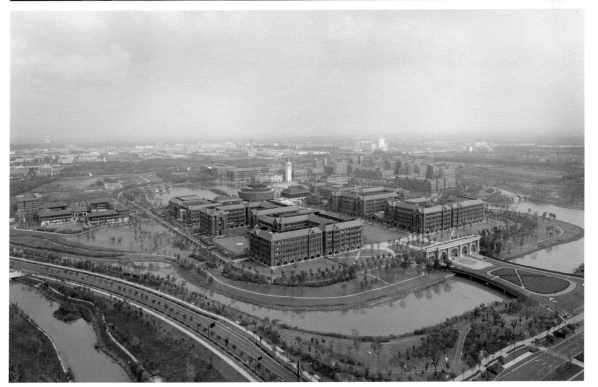

（上图）图 5-17 国家联合学院门厅、从门厅看对面组团（赵强 摄）

（下图）图 5-18 教学南区西南侧鸟瞰（赵强 摄）

5.3 本章小结：有容乃大

从建筑的角度分析，建筑信息具有恒久性、模糊性和专业性的特点。恒久性是指建筑功能虽然随着时代推移会发生变迁，并可能最终转化为历史文化遗迹甚至功能丧失，但其信息传递不会停止；模糊性是由于信息传递者和接受者通过建筑媒介的中介作用，可能会出现偏差和语义干扰，因而存在不确定的多义现象；建筑类信息相对大众传媒信息而言，还有专业化的特点，建筑所蕴含的信息并不都能准确地被普通民众或使用者所感受、领悟和欣赏。相应地，从受众感知而言，细节则是重要的桥梁。

很长一段时间以来，在以业主为导向的设计环境中，许多设计只注重建筑形式和建筑空间的创作，往往忽略了细节推敲和工艺技术。这一方面是由于对细部设计的认识不够，另一方面也是缺失了对工匠技艺的传承。处于高速发展的国内建筑业，建筑设计周期普遍较短，建筑师缺少足够的时间和精力进行推敲研究。加上一些建筑师对新材料、新工艺和新技术掌握不足，以及建筑主体设计与专项设计缺乏连贯性，导致建筑细节的统筹不能一以贯之，这样就会影响建筑的整体性。

“求变中的人性化”的意义对于建筑设计来说，一方面是其专业性质所决定的，另一方面是促进建筑师对与建筑密切相关的诸多使用者、对真实需求的了解和关心。在当前的建筑设计实践中，以系统性和均衡度而言已渐趋合理，最需要应变的还是在观察的角度与价值观上[1]。

平衡建筑，是一种关于建筑细节到建筑整体，建筑整体到建筑环境的建筑整体观。如何平衡好建筑细节、建筑整体与建筑环境的关系，是建筑创作中应当重点考虑的问题。大处着眼、细处着手，方能有容，有容乃大，积跬步而至千里。

---

[1] 价值观是人们关于价值客体的作用和意义的总看法、总观点，人的一切行为都是在一定的价值观指导下进行的，人的行为方式的改变取决于其价值观的改变。参见：朱耀明，郑宗文．技术创新的本质分析——价值&决策[J]．科学技术哲学研究，2010（3）：69-73．

第　六　章

求变中的创造性

图 6-1 海南陵水南湾渔村：海上人家

创造性若呈现出“首创”性质而非抄袭与模仿，则称为“原创性”。原创必然要求我们回到事物的源点，扎根现实，挖掘最真实的诉求；这就要平衡好个性原创与共性的问题。

“求变中的创造性”的着眼点在于建筑设计过程中所蕴含及呈现的打破旧平衡、构建新平衡的统筹创造能力，创造力作用于建筑生发过程则能在建筑作品中展示出其创造性。创造性若呈现出“首创”性质而非抄袭与模仿，则称为“原创性”[1]。原创是对旧平衡的超越，是在否定固有的经验与制约之后所呈现出新的勃勃生机，推演着新平衡的可能性。

原创不是对已有存在的另类注解，也不是形式的表演与先锋理念的夸张与猎奇。原创与反叛是完全不同的概念，反叛的设计虽具有对既定秩序与价值的否定，但不指向原创。相应地，模仿与临摹也是具有进步性与一定的创造性的，也能解决许多问题，但通常呈现为改良与量变；原创则是质变，具有非连续性的特点。

6.1 创造、创新、原创

创造，是指想出新方法、建立新理论、做出新的成绩或新的东西；创造是典型的人类自主行为，是一种主观地想出、建立或做出客观上能被人们普遍接受的事物来达到特定目的的行为，是有意识地对世界进行的探索性劳动。创新，是在创造的基础上突出其“新”意，指扬弃旧的、创造新的。原创，则是侧重于创造或者创新中的“首次、本源”等内涵。就建筑设计领域而言，“创造、创新、原创”的总体指向是一致的，无非各有侧重。

建筑师是人类物质生活环境的设计者。物质环境是人类生存的基础，影响着人类日常生活的方方面面，也会潜移默化影响着人们的精神世界。从这个意义上来说，建筑师这一工作，既受到时代文化的影响，同时也会反过来促进时代文化的发展[2]。建筑作为一种文化形态，在不同的历史时期反映各不相同的内容，设计应努力表现具有更为长远价值的文化内涵。

建筑师一旦对自己的职业理想有所追求，对自己的建筑作品有所期待，就必然涉及应该追求什么、遵循什么的问题。当代社会是一个多元文化交织、多种价值观相互影响的时代[3]，在这样一个纷繁复杂的时代，应当梳理既具有传承性又具有包容性、既能很好地印证我们既有作品中隐隐呈现出的价值脉络又能对将来的项目实践形成价值引导的理论框架，同时作为一个开放性的平台，鼓励和倡导多元观念的充分表达与发展，以指导大家在设计实践中平衡好个性原创与共性的问题。

平衡建筑理论框架的建立，正是对这一需求的具体回应。平衡建筑理论一方面概括提炼了我们已有作品的精神内涵，另一方面也阐述了建筑作品应该秉持怎样的内在价值，遵循怎样的设计原则，倡导怎样的创作风气，呈现怎样的最终气质[4]。

6.1.1 回到源点，立足现实

原创是人类社会文明不断发展的驱动力，也是平衡建筑发展的源动力；所有具有长远生命力的原创必然是充分挖掘出最根本需求后的合理解决方式。

原创并不排斥借鉴与临摹，这些往往是原创的事先积累。原创不反对传统，而是以传统为参照物并更新着传统；原创具有唯我性，但不具有排他性。原创是平衡建筑实践的原始驱动力，原创必然要求建筑设计回到事物的源点并立足现实，挖掘建筑最真实的诉求（图 6-1）。

---

1 原创指“最早创作、首创”，原创性指“作品等具有的首先创作或创造而非抄袭或模仿的性质”。参见：中国社会科学院语言研究所词典编辑室编. 现代汉语词典[M]. 第六版. 北京：商务印书馆，2012，6：1599.

2 与衣食住行等方面一样，历史建筑在一定的地域内趋同，现代建筑则在全球范围内趋同，但趋同并不意味着建筑多样性的丧失。参见：李宁，丁向东. 从建筑趋同看建筑创新——以义乌大剧院和浙江省人民检察院办公楼为例[J]. 华中建筑，2003(5)：19-21.

3 从建筑创作的多元化、多样化和复杂化的趋势中，可以看到全球化并不是意味着单一的西方化，而是经过多种建筑文化的交汇、融合，呈现出丰富多彩、兴旺发达和无限生机。参见：马国馨. 创造中国现代建筑文化是中国建筑师的责任[J]. 建筑学报，2002(1)：10-13.

4 有益的学术导向，可以引导人们关注当下中国建筑发展现实，把握中国本土建筑的趋势走向。参见：李翔宁. 2008 建筑中国年度点评综述：从建筑设计到社会行动[J]. 时代建筑，2009(1)：4.

当我们在设计中逐步形成某些创新点的时候，更要注意回望设计的起点。挖掘本源是指要在深刻理解根本需求的前提下才能谈所谓的创新，所有脱离了实际需求的建筑创新都是伪创新，没有长远的生命力。

这里就有一个需要平衡好个性原创与共性的问题，本质的需求大都存在着共性，所有的个性都应该是建立在对这一普遍共性满足的前提下而产生的升华；脱离了这一前提，个性原创就毫无意义。平衡建筑秉承提倡的正是有所传承、稳健扎实的原创，反对极端颠覆的、割裂传统、哗众取宠的个性表现。

6.1.2 有源之创，依源而创

原创分开来看是一个“原”、一个“创”。按《说文解字》的解释，“原”同源，从泉，指泉水的源头。根据字形来看，其早期的金文表示石洞中的涓涓细流，引申开来为“初始、本原”的意义。如在《说文》中有：“原，水泉本也”的表述。

“创”在《说文解字》中认为本作“刅”，以第一次掘井表示初次去做。正所谓“凿井而饮，耕田而食”，在古人心目中，井是一种非常典型的人类创造物，所以“刅”用“井”作意符，引申为“开创、创造”。在《广雅》中有“创，始也”的说法，在《周礼•考工记•总目》中也有“知者创物，巧者述之”一说。

根据文字本意的解释及其引申含义可以知道，“原”指的是本质、本原，代表着事物的根本属性，属于知的范畴；“创”则是开创、创造，代表着开拓与革新，行的意义居多。

所以原创两字合在一起正是深刻体现了平衡建筑的理论基础——“知行合一”，只有原而没有创，事物将无法发展；只有创没有原，这样的创不能持久；只有原和创结合在一起，才能真正体现出“知行合一”的价值所在。从这一点上来讲，原创本身就是“知行合一”最好的注解，原创的过程正是设计团队在具体实践领域追求“知行合一”的过程。

6.1.3 靡革匪因，靡故匪新

通过对原创基本意义的辨析，可以发现这里根据对“原”这个字意义的不同引申理解，又有两层含义可以仔细讨论：

一层含义是把“原”当本质讲，指所有的创新都要挖掘出事物最真实的诉求，创新的原始驱动力正是为了更好地适应最为本质的需求[1]。另一层含义是把“原”当源头讲，指所有的创新都必然是有其原型存在的，一切的创新工作都是在已有基础上或多或少的突破或转译。通过对原创这两层含义的阐述，可以据此归纳出平衡建筑倡导的原创理念——挖掘本源，扎根传统。

从挖掘本源来说，需求导向的研究在建筑发展的历程中一直占据主流，如建筑史学界对于建筑起源的一个重要推论即是建筑来源于人们为了遮风避雨而搭建的茅棚；社会在不断发展，人们对美好生活的向往和追求也在不断发展，“茅棚”已经发展到要平衡自然、社会、人文、功能、经济等多方面需求，而这些正是建筑不断发展的根本动力，即建筑创新的根本依据。“靡革匪因”所强调的就是变革创新要注意其因由依据。

从扎根传统来说，原型理论是建筑理论史中一个十分重要的论述，历史上许多研究都是针对建筑的基本原型展开。扎根传统就是指所有的创新都不是无根之木，都是有原型存在的，只有对前人基础进行仔细研究并消化，才能站在巨人的肩膀上提出针对未来的前进和突破。即创新可以是在前人已有工作的基础上作出的前进和突破、转译和利用其原型。当将尽可能多的原型充分理解消化后，灵感则会随机生发，成为设计创新的源泉[2]。“靡故匪新”所强调的就是传统都曾是昔日之创新，且是今日创新的台阶。

---

1 建筑的外部影响及内部要求可以看作一个复杂系统，众多外部及内在因素的综合作用决定设计结果。参见：黄蔚欣，徐卫国．非线性建筑设计中的“找形”[J]．建筑学报，2009(11)：96-99.

2 当代建筑现象变换纷繁，出现了折叠、塑性、曲面、复杂、自组织性、不确定性等全新的形式与前所未见的形态，在全新科学观念及计算机超越工具属性的推动下，展开了一场探索可能性的实验。参见：任军．当代建筑的科学观[J]．建筑学报，2009(11)：6-10.

6.2 如鼎之镇，当仁不让

【大禹纪念馆案例分析】

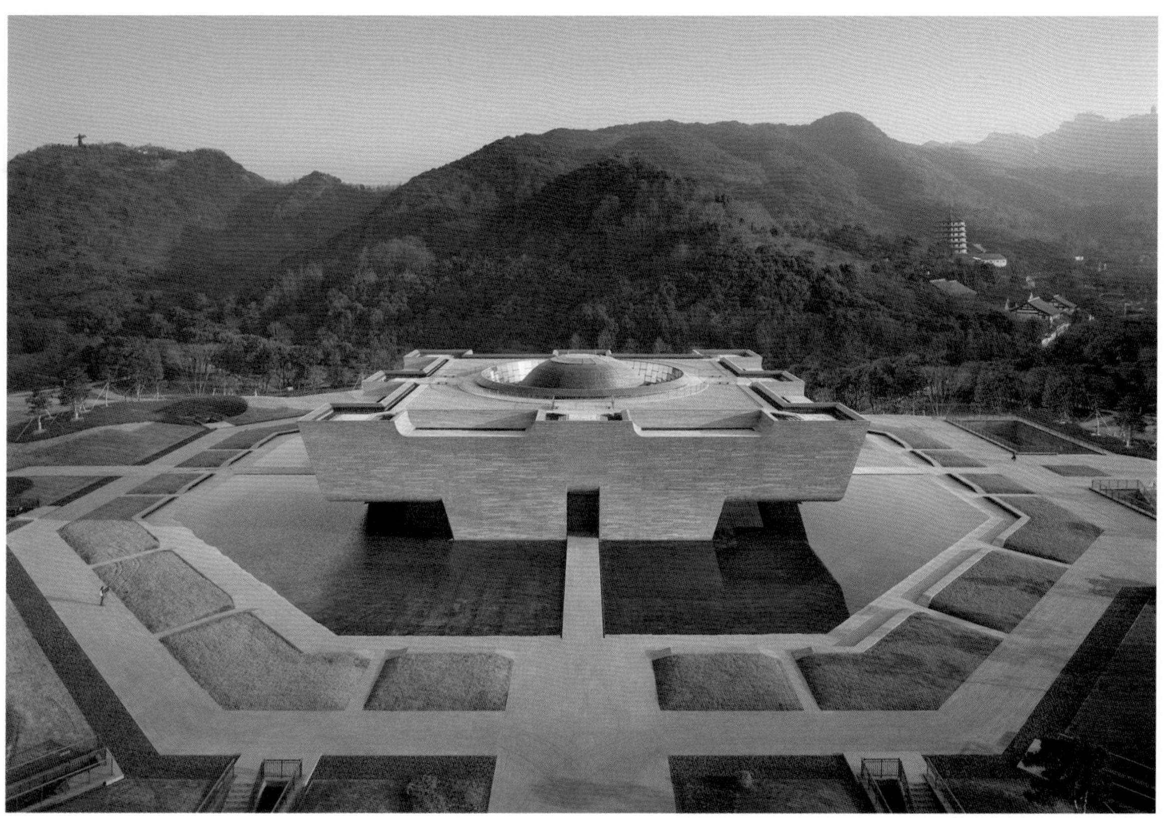

图6-2 西北侧鸟瞰（赵强 摄）

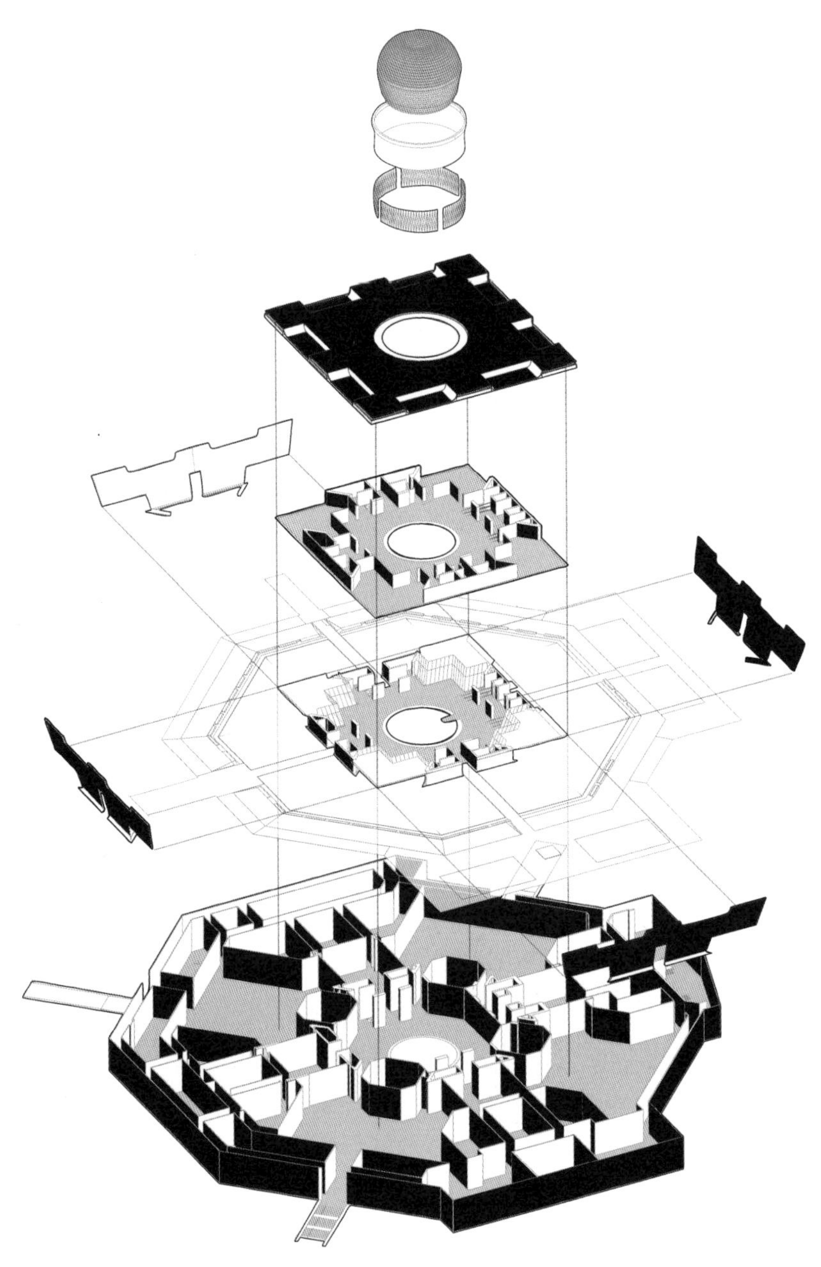

图 6-3 纪念馆空间构成分析

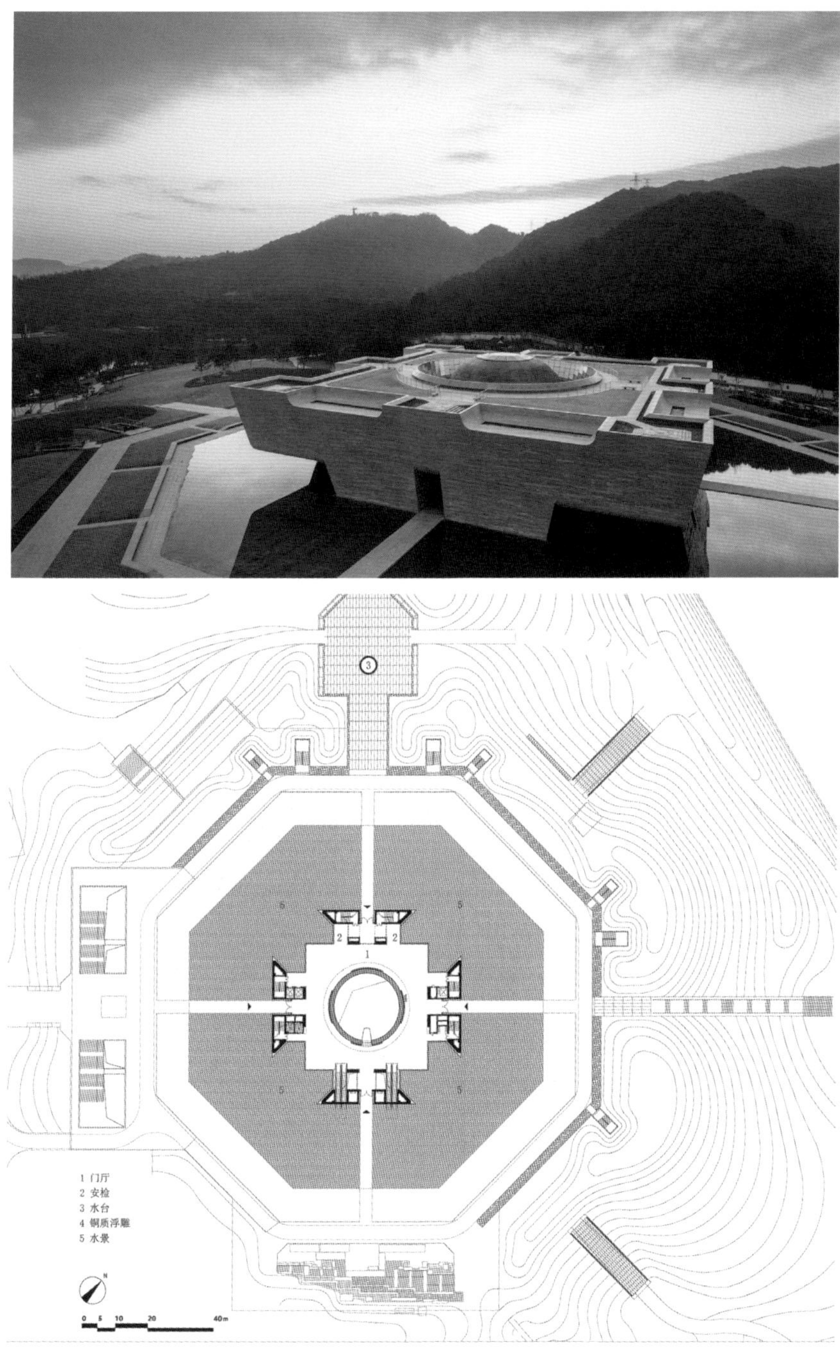

（上图）图 6-4 会稽山麓的纪念馆（赵强 摄）　　（下图）图 6-5 首层平面图

图6-6 主入口场景（赵强 摄）

大禹陵，位于浙江省绍兴市东南的会稽山麓。在这位上古圣君的纪念重地为他修建一座纪念馆，设计面临着诸多挑战：如何通过建筑延续和传承大禹精神；如何处理好建筑的现代性与在地性之间的异同与关联。

建筑作为客体呈现精神性之时，也就具有了规范人类活动的导向性。因此，广义而言，建筑本身即文化。当建筑肩负如此重大意义时，深入挖掘大禹作为中华传统文化象征的精神内涵，即如何将“天、地、人”作为华夏儿女的精神共同体通过空间语汇表达在建筑设计中，成为设计的重要切入点。

大禹纪念馆既是对大禹王者气质的空间呈现，更是对其所蕴含的深厚民族精神的传承。当全球化裹挟着西方文化的强势，持续冲击和碾压地域差异和文化多样性时，大禹纪念馆的设计试图探寻中华传统文化的存续之道，回归东方传统思想中对“人与自然”的认知与思辨。

大禹纪念馆，努力追寻传统“天人观”的当代诠释，尝试通过建筑来表述“天、地、人”之间的共生关系，为纪念性建筑提供有价值的思考和实践样本（图6-2~图6-6）。

6.2.1 “人心”与“道心”

自尧、舜以来，帝位禅让所托付的是天下与百姓的重任，“人心”与“道心”的平衡维系天地万物的稳定，这种平衡机制通过不断完善的祭祀礼制得以确认，从而强化了传统文化中的“天人观”凝聚作用。有别于祭禹广场的仪式需求，大禹纪念馆的功能更强调不同使用群体的沟通联系，展示空间的多元与共生。

（上左）图 6-7 大禹陵整体鸟瞰（赵强 摄） （上右）图 6-8 纪念馆东侧鸟瞰（赵强 摄） （下）图 6-9 从会稽山顶大禹雕塑看整个园区（赵强 摄）

设计尝试通过对外物与建筑自身互为参照的方法寻求建筑内在的线索，借助细致的地形梳理、选址分析、体量把控、空间塑造、节点细化等，把中华传统文化中“和谐包容”的民本精神融于纪念馆的最终呈现之中，让各层级空间本身在不同尺度上与“自然、人”互为关联，延续华夏文明的文脉，讲述大禹精神。

大禹纪念馆地上建筑面积 4800m²、地下 22000m²。设计认识到“仪式感”依然是中国传统文化中对自然尊崇的最高表现形式，因此在场地中引入了两条新的轴线：一条由九龙潭延伸至基地以南的会稽山脉，凸显纪念馆主入口轴线秩序并强调对自然的回应；另一条则串联守陵村、祭禹广场和碑林。新增的轴线重新梳理了参观流线，形成有机环线并与通向祭禹广场的陵园主轴线构成富有弹性的三角关系，适当地弱化了纪念性建筑的神性带来的疏离感，导向“天视自我民视，天听自我民听”的平等价值理念（图 6-7~图 6-9）。

建筑的朝向与布局，依循轴线并呼应基地山形水势的脉络秩序，总图形态采用正方形与圆形的祭坛与九龙潭对话关联。建筑的形体塑造以大禹镌刻九州的九鼎为原型，结合图腾纹样、治水工具等元素，用建筑化的语言消解其具象表征，经抽象提炼来营造浑然天成的厚重感与几何感；首层四角体量削减，建筑形态呈腾飞之势，由此产生的兼容空间延伸了视域范围，与建筑内部空

（上左）图 6-10 顶部鸟瞰（赵强 摄）　（上右）图 6-11 九鼎意象（赵强 摄）　（下）图 6-12 纪念馆与大禹雕像（赵强 摄）

间渗透互动；屋顶中部的曲面丰富了建筑的轮廓，并以巧妙的视觉景框，将远山与大禹像纳入建筑空间层次的表达中。

最终的建筑体量与形态凝练了“大禹”在历史中积累的多重形象认知，是内敛与抽象的精神隐喻的物化表达。能给人带来愉悦的生存环境本来就有着丰富的样态，建筑设计创新就是以开放的胸襟和气魄吐故纳新，注重设计传达出观念更新的信息，给人们以符合时代的新的环境感受和美的享受[1]（图 6-10~图 6-12）。

1 建筑创作要探悟建筑之“道”，又要生成于建筑之“器”，这些都离不开对此时、此地、此人的分析与把握，从而形成雅俗共赏的效果。参见：胡慧峰，李宁，方华．顺应基地环境脉络的建筑意象建构——浙江安吉县博物馆设计[J]．建筑师，2010(10)：103-105.

6.2.2 一方水土中的建筑

“求变中的创造性”必然是在细心周密的整体关注下进行的，涉及外部环境的影响因素，内部的构成因素，行为、心理因素以及细部构造和相应的处理手段等，从而推导出综合、适宜和均衡的建筑解答。

景区山水景观条件优越，宽阔的水域伴随一条主要水系蜿蜒而下，场地南侧的山体树木繁茂。设计面对如此景观条件，遂遵从大禹的治水逻辑，理水梳园；在基地的东南侧修整石壁，疏导山上的水源进入场地，连通北侧河道，契合其“改堵为疏”的治水精神。在建筑二层室内环廊与中庭内腔间的缝隙引入水体，与

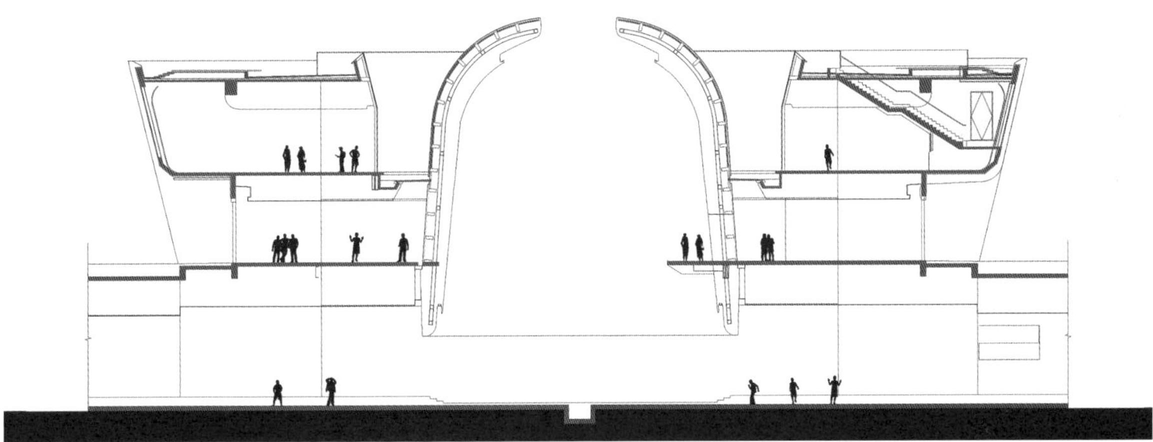

（上左）图 6-13　建筑与水景（赵强 摄）　（上右）图 6-14 从室内看外部水景（赵强 摄）　（下）图 6-15 剖面图

室外水景形成互动。水之无形广博，寓意人民，建筑体量生长于斯，体现了大禹扎根于民的精神寄托（图 6-13~图 6-15）。同时内腔外壁干挂紫铜色金属屋面板，借光入室突出其纹路特征，日光掩映中彰显空间的古朴与稳重。构造并不复杂，但处处体现着设计所追求的朴实与隽永的氛围。

主要的院落位于建筑东南侧，内置水瀑山石，游人可由首层室外拾阶而下，或从地下一层东南穿门厅而入。院落刻意淡化了致敬和仰望的厚重感，通过江南水乡的活泼与闲适赋予参观者充分的交互体验感；共享空间的设置试图让建筑作为客体承载平等和民本的精神寄托，少一些说教、多一些感悟，少一些拘谨、多一些亲切；这也是当代城市文化建筑的职能拓展[1]。

[1] 当代城市文化建筑的职能涵盖随城市社会的政治、经济、文化发展而变化，它是一项需要政府推动、社会公众参与，并以经济基础作为后盾、科学技术作为向导的庞大工程，也是一个在不断发展变化与重构的开放系统。参见：王宇洁，仲利强．当代城市文化建筑创作的动态发展[J]．华中建筑，2009(2)：103-106.

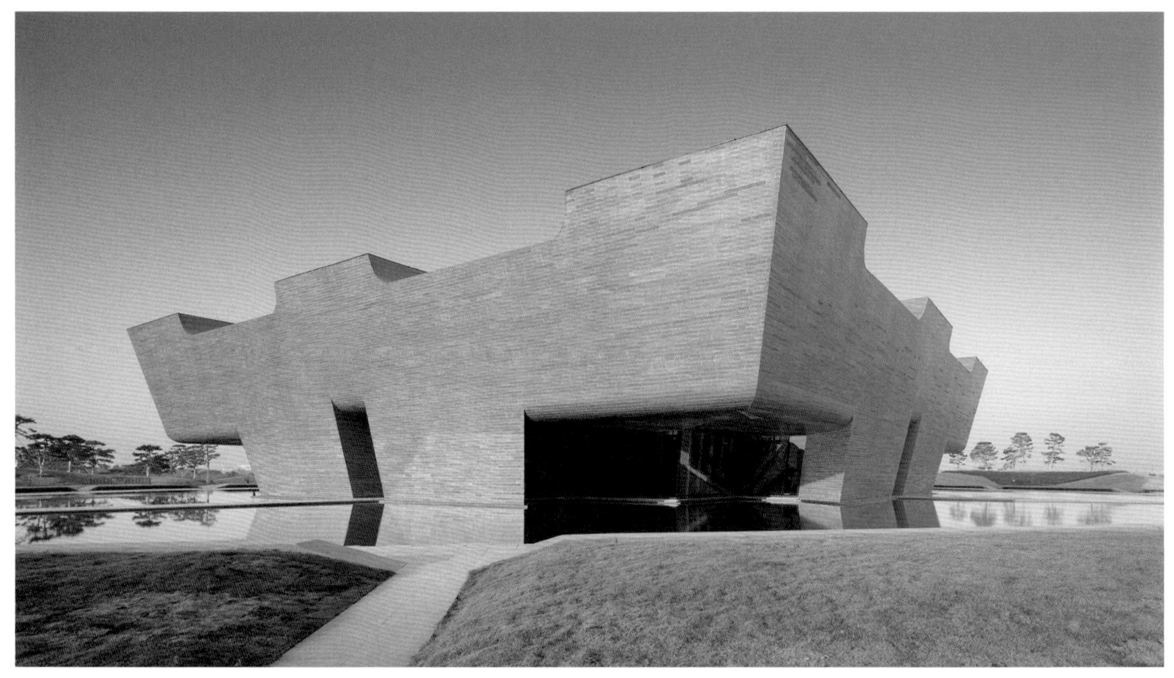

图6-16 南侧外观（赵强 摄）

贯穿了建筑内部竖向楼层分界的核心穹顶空间，是空间情境由外及内集聚的高潮，重塑了“天、地、人”的混沌样态。设计试图突破诸多庙宇中的“人神、君民”二元对立，赋予参观者与天地、与远处山顶的大禹以及与自然和自己对话的多重可能性，是跨越阶层、共享平等的空间表达。

在这里，传统神龛被重新解构，纪念的主体不再是具象的人物或事件，而是作为客体的观众；顶部可开启天窗将光束引入地下空间，神秘又高尚。巨大的铜雕与下部被其限定的空间，形成了天际与水潭的隐喻，让空间莫名与自然相连、与天地沟通，契合了大禹将“山野”纳入世界的架构体系，强化自然与社会的关联，引发观者喟叹思索（图6-16）。

四个主要展厅空间，以地下一层的冥想厅为几何核心，依循服务空间与被服务空间理论高效组织、顺时串联。过厅空间中塑造的四方场景和矗立在中央的青铜鼎，既是冥想厅的延续与渗透，同时成为展陈单元间的顿点，观众情绪梳理的停留。观展的过程，也是设计着意安排的空间感知过程。

主展厅位于地下一层，通过地下一层的深沉冥思，渲染了观者缅怀和心灵共鸣的极致感受。

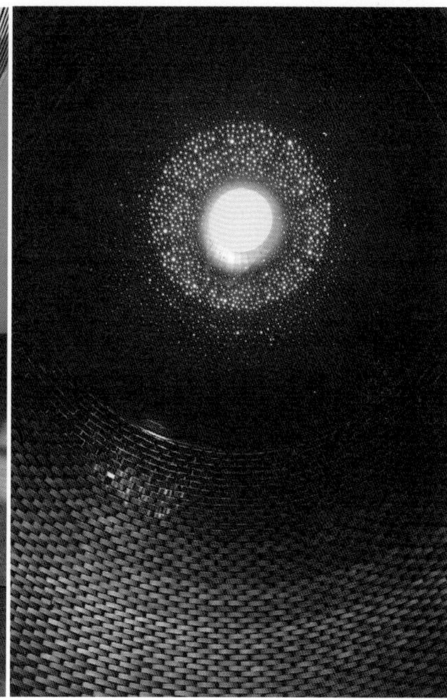

图 6-17 室内场景（赵强 摄）

一层的紫铜浮雕可触可及，四角日光水影斑驳，虚化了内外界面，引入了远山静水，是向自然的扪心发问。来到二层，终得豁然开朗，窥得天地全貌，激发天地人哲学思辨的高潮。多个维度视角下的不同空间感知，营造了精神体验的层层递进升华，最终完成了设计引导下的纪念与感怀的全过程（图 6-17）。

过程中隐约有一种禅机，如同风来疏竹，风去而竹不留声。

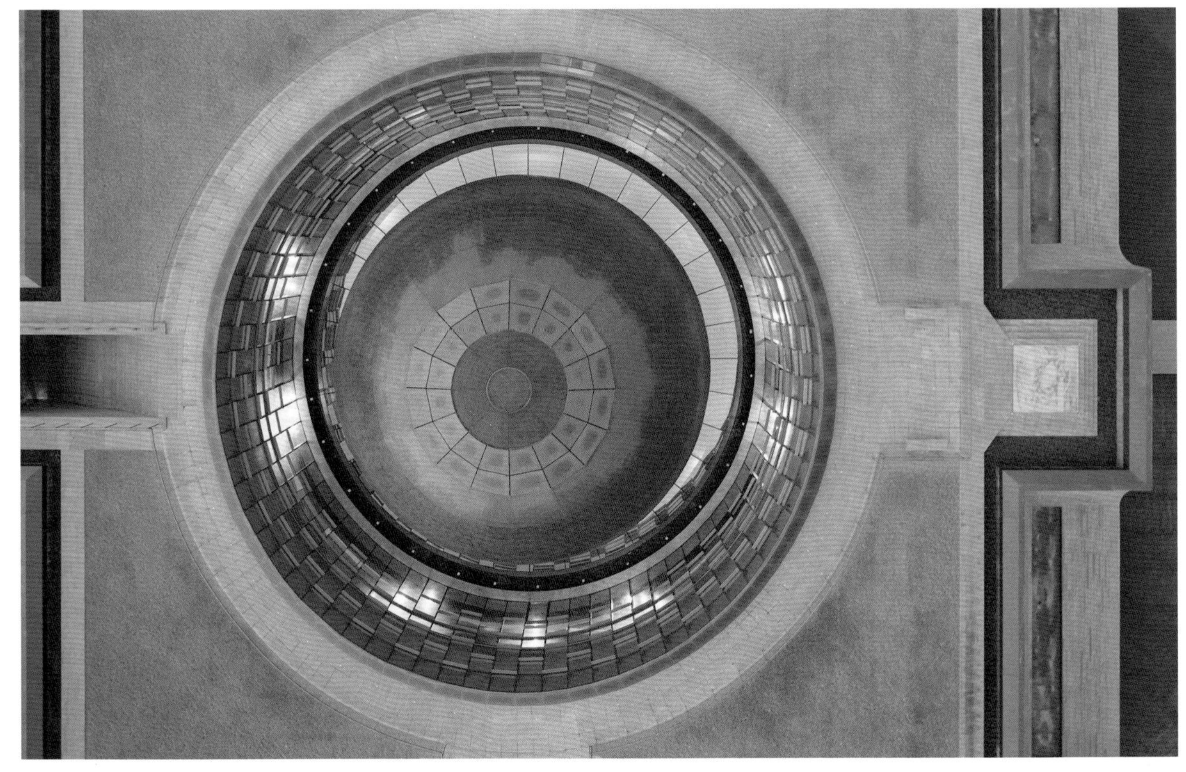

图6-18 穹顶空间俯视效果（赵强 摄）

6.2.3 建筑的品性与环境认同

大禹纪念馆强化建筑力量感和秩序的回归，并充分肯定个体能量，是对自然的理解和尊重。它平衡了历史性与当代性，让矛盾和张力藏身于和谐之中彼此制衡。这也是大禹为后世留下的礼物，让我们在延续历史文脉的同时，不断尝试看到自己、看到彼此和天地万物。建筑之器，承载民族集体记忆与精神信仰。大小院落揽山水盛景，载四季时光；冥想空间摒弃具象的摆件，以共享平等的精神空间，激扬人文情怀，唤起“天、地、人”和谐共存的民族之魂。建筑与周围礼教场所融聚，与周边自然山水环境融聚，通过跨越时空的光影演绎，获得平等和谐的共生智慧，这恰恰是大禹纪念馆的设计灵魂（图6-18、图6-19）。

设计应体现出对建筑需求和基地环境整体的关注，明确建筑在城市脉络中的形象和性格，从而与之匹配并整合城市区域空间节点。确实，地方社区对未来的选择方案日见增多，我们要运用专业知识找到真正符合当时当地情况的建筑发展方向[1]。

由于关注的内容是与建设项目密切相关的真实存在的各种因素，据此建立起的设计措施体系是真实的、自身完善和面向所处的城市环境的。大禹纪念馆本身是陈列展品的容器，同时在大禹陵整体环境中，又是一件不可或缺的展品。

---

1 建筑师毕竟不同于历史上专注于单一制作的工匠，建筑师应该在努力提高自己综合素养的基础上，通过不断创新的高品质建筑作品来引导社会大众的建筑审美趣味。参见：彭荣斌，方华，胡慧峰. 多元与包容——金华市科技文化中心设计分析[J]. 华中建筑，2017(6)：51-55.

图6-19 浩渺星空（赵强 摄）

6.3 本章小结：允执厥中

原创的本质意义在于提升建筑的物质功能与精神内涵，而模仿和复制只能在原来水平上进行重复而难以前进。所以，原创必须突破思维定势，进行创造性思维，在遵循建筑创作基本规律的前提下，结合设计的具体条件，调整和整合建筑的基本要素，创造出新的建筑实体和实用功能、建筑意象和艺术形式，做到有所不同、有所突破、有所提升、有所前进。建筑创新和社会的发展有着千丝万缕的联系，任何建筑创新无疑地要反映当时社会历史条件的特点。正如一棵枝繁叶茂的平衡之树，其根基牢牢地扎入泥土中，从传统和本源中汲取养分，其枝叶高高地指向天空，从未来和创新中收获成长。

原创在于有新颖而富有内涵的创意，这种创意往往源自设计者的灵感；创作灵感是稍纵即逝的意识升华和思维亮点，而这种亮点的迸发和出现，又不是依靠冥思苦想所能得到的，而是主创者依靠长期的创作实践积累的结晶，是广泛而深厚的艺术修养的综合反映，是记忆中大量创作元素相互撞击而产生的火花[1]。

建筑创作的成功与否，在很大程度上是看其中是否具有原创性。不具有原创性的设计，严格意义上讲只能叫作利用工程技术手段去模仿或复制。对于原创的价值取向，始终秉持“允执厥中”的平衡之道，既不激进，也不保守，在稳健中寻求有源创新，在平衡中创造价值。服从整体环境的需要，必要时建筑单体可消隐于整体之中；同样地，处在特点时空节点上的建筑也须当仁不让。

就我国传统文化渊源而言，把“执中”看成是至高无上的天理、天道，这与天人合一的基本思维有关。针对具体问题，须通过“惟精惟一”找到破解问题的门径，其实就是找到问题的“平衡点”，即设计的“源点”，这样才能“允执厥中”。

---

1 加强修养、勤于思考、勇于实践，这些才是原创活力的源泉，才能给设计带来无限的创意空间；同时在设计中要善于表达创意。参见：宋春华. 精思巧构创新意 宏建伟筑六十载——中国建筑学会新中国成立60周年建筑创作大奖评选综述与感怀[J]. 建筑学报，2009(9)：1-5.

第　七　章

求变中的包容性

图 7-1 黑龙江牡丹江双峰林场雪乡：夜深知雪重

建筑以一种现实介入环境之中，对它的评判，关键是看它能否合适地融入具有真实发展前景的环境体系之中。要平衡好社会责任与技术服务的关系，在求变中体现包容性。

“求变中的包容性”体现出建筑设计应对矛盾共生的价值取向与心态，绿色、生态、可持续是必须遵循的前提[1]。在我国经济实力和人民生活水平得到显著提升的当今，如何利用有限的资源促进社会经济与环境保护的协同发展，成为各行各业迫切需要解决的发展难题。

建筑以一种现实介入环境之中，对它的评判，关键是看它能否合适地融入具有真实发展前景的环境体系之中。平衡建筑强调平衡好社会责任与技术服务的关系，在求变中体现包容性。

7.1 从环境中来，到环境中去

城市规划和建筑设计是对自然资源的利用和对生态环境的作用方式之一，建筑物本身是资源和能源的生态过程中的阶段性体现，对区域和全球环境影响举足轻重。对建筑的评判不仅要考虑其自身的价值，更具有立足于环境、适宜于环境的价值。

建筑从设计到竣工，总是以一种客观实在呈现在环境中，这是涉及的各种因素和采取的处理措施的真实表达，设计中应在把握适宜度中体现出对环境整体的关注，明确其在环境中定位，从而相得益彰[2]（图 7-1）。

7.1.1 环境解析与感知重构

对一个基地环境的认识，围绕其**自然状况**（地形、地貌、气象、水文、地质、植物等）、**社会规范**（区位、市政设施、城市配套、周边建筑、地下空间、人口、适用法规等）、**经济能力**（地价、用地规模、控制指标、造价、地方材料等）、**交通基础**（基地出入口、城市公共交通、道路、车流量、人流量等）和**人文习俗**（历史、风俗、文化遗存、习惯与禁忌、心理预期等），把这些感觉综合起来，形成了基地环境的形象，就是知觉。

当你离开基地后，你脑子里还可以浮现出基地的形象，就是基地环境表象的作用。表象是在多次感知的基础上形成，又是可以在认识中反复出现的。表象使人能够在头脑中积累大量的感性材料，从基地环境的表层表征到深层表征积累到一定程度，就生成了关于基地环境的表象，这是感性认识的高级阶段。外部存在的内容映入人脑后就被改造；改造的过程是根据主体的目的和需求而进行的加工制作过程，是根据主体需要进行的选择、改组与重构的过程。

环境解析与感知重构是为寻求设计对策做准备。首先考虑利用环境综合条件使开发减少资源消耗，实现合理利用自然环境和资源从而保护生态环境、维护生态平衡的目标，遵循“整体、协调、循环再生”的原则。如果把一个建筑系统设计得如同宇宙飞船一般，除太阳能外不需其他能源，所有循环都在内部解决，这固然很好，但估计这样的运行成本目前没有哪个业主愿意承受，这样的设计显然是脱离了环境的实际。

建筑师也应当认识到其间内藏的合理性：建筑投入与环境产出的平衡是设计分析的支点。适宜的技术不是独立于成熟建筑技术的全新技术，而是传统技术、现代技术与新型技术的融合，技术推敲的核心是如何能使建筑各组成部分高效、有序和适宜地发挥作用。这些思考，是与“求变中的包容性”相关的。

7.1.2 接纳与过滤

当人们抱怨“环境”有问题时，总以为自己生活于其中的“环境”是被给定；殊不知，“环境”恰恰又是通过人们参与并介入其中的活动来形成的。当人们一厢情愿地要求改造环境时，还没完全明了自己的行为一开始就已受到了环境的制约与“点染”（或

---

1 倾向于利用高新技术和通过精巧的设计提高对能源的利用效率，减少不可再生资源的消耗，材料环保，循环经济，低耗高效。参见：董丹申，李宁．与自然共生的家园[J]．华中建筑，2001(6)：5-8.

2 生态、绿色、可持续发展等文字已为广大市民耳熟能详，但在每一次具体的工程实践中，由此出发所选择的一系列思路与做法，似乎并不都能指向它们所要求的结果。但与以往的各种“主义”“热点”不同，因为其内在拥有关爱众生的情怀和关注生存环境的责任感。参见：沈济黄，陆激．美丽的等高线——浙江东阳广厦白云国际会议中心总体设计的生态道路[J]．新建筑，2003(5)：19-21.

者说是熏陶)。从环境科学领域讲,“环境”的含义是“以人类社会为主体的外部世界的总体”[1];换言之,“环境”包括直接或间接影响人类生存和发展的物理世界的所有事物,是作用于“人”这一主体的所有外界事物与力量的总和。

鉴于基地环境信息纷繁芜杂,在设计接纳中较有可操作性的做法是缩小特征搜索的范围。可通过项目的自身特征来接纳,比如根据设计任务书的要求做出设想,再置于给定的基地中;如果基地条件有哪些对构思的自由度产生了制约,那么它就有可能是所想要发现的特征性信息。认真观察且加以识别的人就会有一双相对机敏的内在眼睛,经验丰富的建筑师比一位新手对要点的接纳肯定会更准确也更迅速,这是其优势所在;不过新手也有自己的长处,没有既定的经验有可能让他发现一些新鲜的线索。

通常设计会有意识、有目的地将目光集中在所接纳的基地环境中相对苛刻的条件,这些条件对设计有更大的制约度。对建筑师而言,在过滤基地环境信息时不可能完全客观;正因为有非客观性的因素存在,设计并非只是被动地接受基地环境信息,这反而有助于避免迷失在繁杂的基地环境线索之中。过滤的任务就是在其中找到“有用”的部分、找到主要矛盾,这多少要取决于建筑师的经验,当然,比起获得经验,抛开成见是一件更难做到的事情。所以,“求变中的包容性”讲究“和而不同”。

7.1.3 和而不同

“和而不同”追求内在的和谐统一,而不是外表的相同和一致。“和而不同”正是对“和”这一理念的具体阐发,讲的是在不同中寻找相同或者相近的因素。设计要追求和谐,为此包容差异,在丰富多彩中达成和谐;若总是强求一致,往往会因容不得差异而造成矛盾冲突。比如用乱石砌墙、碎石铺路,乱石与碎石原本奇形怪状、各不相同,但纳入墙、路这样的整体,则变化与统一相得益彰。“和而不同”所表现出来的文化宽容与文化共享的情怀,不仅具有哲学、伦理价值,还具有思想方法、工作方法的意义。

与衣食住行的习惯一样,建筑也具有趋同性;历史建筑在一定的地域内趋同,现代建筑则在全球范围内趋同。其中的关键就在于建筑设计所面对的基础条件在趋同。在这全球化的时代,超越地区、超越国界的联系已日益密切;在这信息化的时代,人类的文化和思想交流日益频繁,不同建筑文化之间的影响、选择和融合已经成为一个不可避免的普遍现象,这也意味着建筑在全世界的趋同。

但建筑的趋同,绝不意味着建筑文化多样性的丧失。以现代科技为基础的现代建筑,具有比任何传统营造更大的可塑性,这就为建筑创作提供了无限的想象空间和建筑原创的余地。其中的关键还是在针对自然状况、社会规范、经济能力、交通基础、人文习俗等方面进行环境解析时,须更深入地把握感知中的偶然性与必然性,进而在环境感知重构到寻求建筑原创解答中把可能性转化为现实性。

维持生态平衡不仅是保持其原始稳定状态,在人类活动有益的影响下,可以建立新的、结构更合理、效能更高和更好的生态效益、更有益于人类生存和发展的平衡。正如《北京宪章》中所描述的,“我们职业的深远意义就在于以创造性的设计联系过去和将来”[2]。通过发掘基地环境中具有恒久生命力的因素,分析其中蕴涵的表象与机理,使之契合于人们的当下需求,正是探索适宜现代人居环境发展模式的有效途径。

---

[1] 环境是相对于主体而言的,与主体相互依存;环境的内容随着主体不同而不同;因此在不同的学科中其定义也不同,其差异缘于主体的界定。参见:刘维屏,刘广深.环境科学与人类文明[M].杭州:浙江大学出版社,2002,5:9.

[2] 就建筑设计而言,要运用专业知识去寻找真正符合当时、当地情况的建筑发展方向;永不止步地探索如何在世界建筑趋同中进行建筑创新。参见:国际建筑师协会.国际建协“北京宪章”[J].世界建筑,2000(1):17-19.

7.2 实之以为利，虚之以为用

【中国大连高级经理学院案例分析】

图 7-2 门廊与景框（黄海 摄）

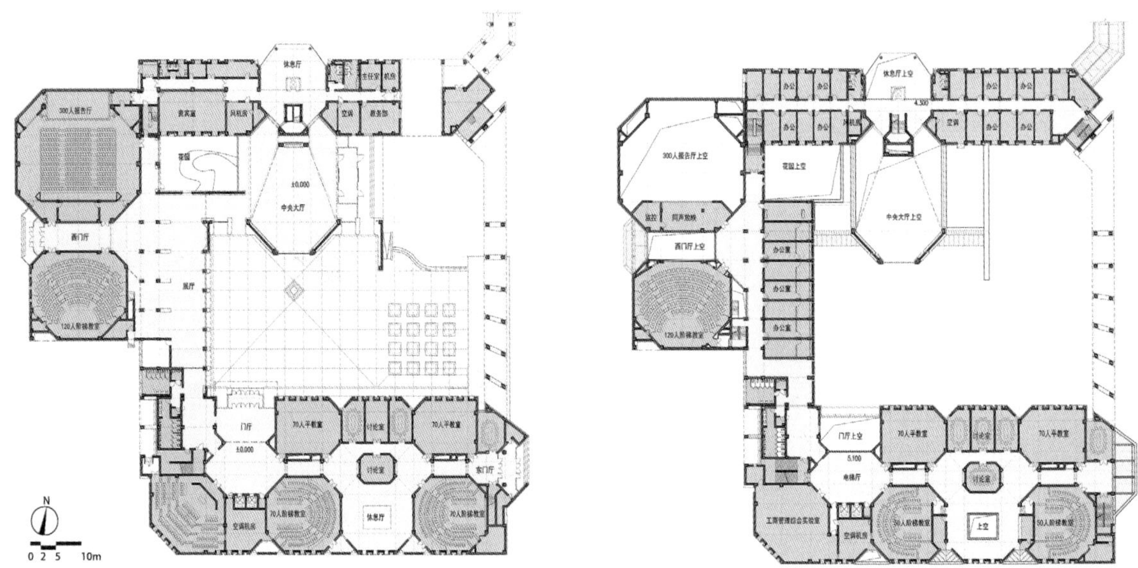

图 7-3 核心区一层（左）、二层（右）平面图

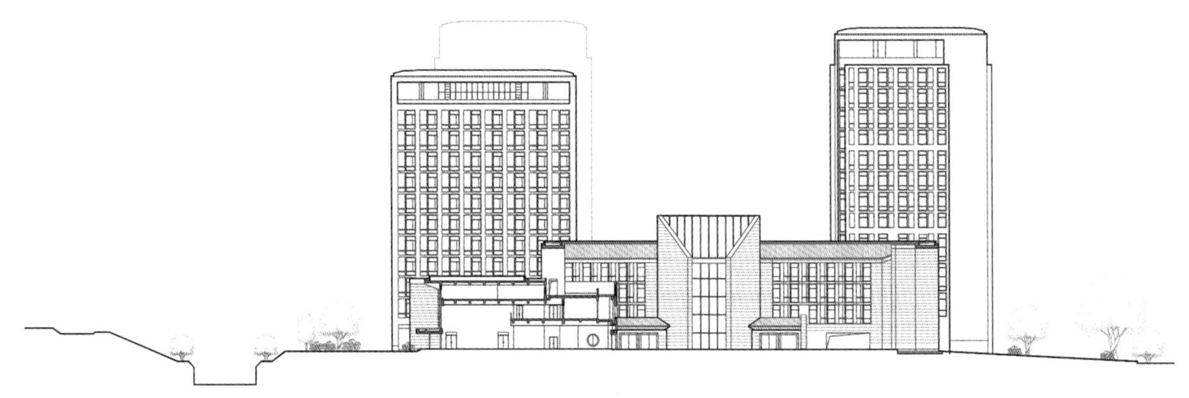

图 7-4 核心区剖面图

图 7-5 沿街外观（赵强 摄）

图 7-6 主入口（赵强 摄）

中国大连高级经理学院是国家级干部培训基地，主要为中央企业及各金融监管机构培训高级经理，它与中央党校、国家行政学院和浦东、井冈山、延安三所干部学院一道构成了“一校五院”的国家级干部教育培训体系（图7-2）。

作为重要的文化教育建筑，项目定位是比较复杂和敏感的问题。政府机构对建筑有庄重典雅的要求，学术机构有表达学术自由的诉求，文化建筑对文化底蕴的展示、时代气息的表达、大连地域文化的特色等都是要考虑的问题。如何在东与西、古与今、庄重与自由、技术合理与艺术表达、品质提升与造价控制之间，拿捏分寸，取得平衡，成为设计中考虑的重点。“平衡”不是妥协或折中，而是深层次“真实”的外在表现。不要标新立异，少用符号语言，通过对项目功能特征的深入发掘以及对空间、材料、比例尺度等最基本设计要素的理性分析，达到各种需求平衡和谐，使学院应有气质能够自然流露。

7.2.1 围合与开敞

学院选址于大连理工大学新老教学区接合部，占地约 60 亩，为让师生在较小校园空间获得更多丰富的生活体验，设计提出了“有机合院”布局模式（图 7-3~图 7-6）。这一模式兼具院落布局与分散布局的特点，不同形式的院落有机融合、层层递进。各个院落的形式、主题、朝向、围合程度等方面各不相同。校园交通流线融合穿插在各层级院落之间，行走其间宛如置身园林。

图 7-7 夜景（黄海 摄）

图 7-8 内院（赵强 摄）

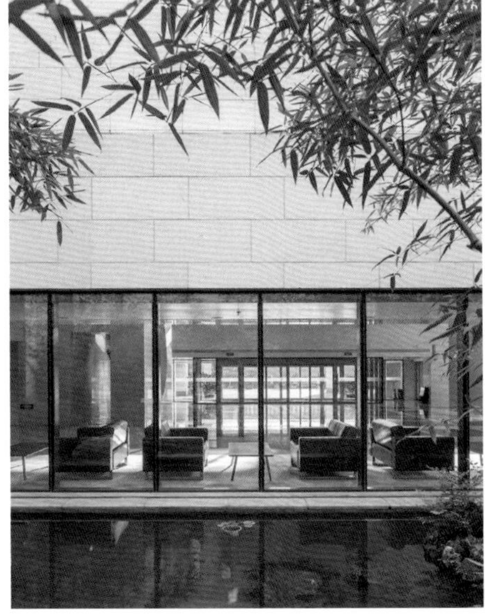

图 7-9 水景（赵强 摄）

校园主要建筑物界定的中央绿地是较为开敞的第一层级的院落；较封闭的教学区方形合院及中央绿地周边开敞的中型院落为第二层级院落；教学区方形合院内部由中央大厅及景观绿化等划分为不同的小空间形成第三层次的院落。其中教学区的方形合院是校园的重心，小广场与高耸的中央大厅形成其中虚实两个中心，方形银杏树阵缓和了城市尺度的高大柱廊与小尺度内部庭院的关系，小广场中间有跃动的涌泉。中央大厅以其重要的位置、雕塑感的形象和 21m 高的天光中庭成为学院室内空间的高潮和交通组织、形象展示的中心。

现代学校经常灵活布局，体现学术自由的精神；政府背景的部门往往讲究中轴对称。校园以整体对称的布局，结合典雅的建筑风格营造庄重气氛的同时，也适度引入园林手法，营造自由不对称的人行流线。回环的园路与参差的花木营造出闲暇宁静的氛围。不同气质的空间有机地组织在一起，恰巧能够展示出特殊校园的独特场所感受（图 7-7）。

7.2.2 古典与现代

西方传统建筑材料以石材为主，常以石材表现雄浑厚重；东方传统建筑以木材为主，以精巧细致见长。设计中，大的实墙面都以石材密拼缝，尽量做得完整纯净；开窗的墙面则来自中国传统建筑方格窗的肌理，以石材做细致分格造型，两者并置，肌理强烈的对比之中又有材质的统一，体现出多元的文化内涵，达到较好的表达效果（图 7-8、图 7-9）。

传统建筑因技术局限立面中更为强调竖向支撑构件，开洞跨度较小，随着技术的进步，建筑中更细的竖向支撑和更大的跨度成为可能，由此古典建筑往往强调重力的竖向传递和竖向构图；现代建筑则往往强调对重力的克服和水平构图。基于这一认识，设计中立面造型仅以开洞口较小的竖向构图与大跨度横向构图的组合为造型手段展开，没有从传统的建筑语言中提炼符号，简

图 7-10 立面局部（赵强 摄）

图 7-11 休息厅（赵强 摄）

单而“不动声色”地实现了古典与现代平衡的主题。虽然建筑的造型具有形式美的内容，但不能用纯艺术创作的方式来对待，更不能任凭个人喜好[1]。设计着力从整体到细部来提供适于体验的环境，形成既可远观、又可近品的空间感受，产生具有层次性和逻辑性的情境建构，进而上升到精神上的愉悦（图 7-10、图 7-11）。

建设与理景并行，是为了总体环境更为浑然一体，也是因为珍惜这一环境。许多设计都是建筑已成定局，环境（绿化、小品等）经营在后跟进，见缝插针。纵有机巧匠心，有时未免局促牵强。该项目则反其道而行之：先造园、后筑屋。先造园，即“再造基地”，营造 “贵有层次、妙于曲折、在于深秀”的意趣。这也是对院落概念的一种回应[2]。

1 建筑设计的创新并非形式上的标新立异，而是结合建筑的具体功能，从现实社会的客观条件和基地环境的制约出发，有创意地提供满足人们需求的空间。参见：沈济黄，李宁．建筑与基地环境的匹配与整合研究[J]．西安建筑科技大学学报（自然科学版），2008(3)：376-381.

2 以人合天敬畏山水，象天法地范摹山水，淡泊出世寄情山水。参见：金俊，李晓雪．从江南私家园林看中国传统景观观念[J]．华中建筑，2009(7)：157-158.

图 7-12 围合（黄海 摄）

图 7-13 门厅（赵强 摄）

有效地把控各类矛盾，是实现“平衡建筑”的基本途径。作为国家级的企业干部培训基地，本项目的身份具有多重性——既有政府背景，也是研究机构；既是学校，也是企业。项目所在地大连是兼具西方古典韵味和现代化时尚气息的多元化城市。

整体布局上，在以明确的中轴线表现庄重气氛的同时，也适度引入了传统的园林手法，空间院落收放有序，营造出闲适宁静的校园氛围（图7-12、图7-13）。

立面造型中，以开洞口较小的竖向构图与大跨度横向构图的组合为基本造型手段，并以大面积的密拼错缝石材表现西方古典建筑雄浑厚重的气质；开窗部位则以石材模仿方格窗的肌理，使之具有中国传统建筑的气韵。两者并置，对比之中又有统一。

在室内外的整体设计中，对光的利用也是一个重要的元素，并使其得到了有效的展示，有力而肯定的形态在光影中呈现出独特的雕塑感。

图 7-14 从门廊看主入口（黄海 摄）

图 7-15 架空廊（赵强 摄）

7.2.3 尺度与环境

“尺度”对建筑成败至关重要。中大院地势低洼，建筑又分成多个独立单体，与周边建筑群在体量上比较明显处于弱势。为了体现其应有气势，设计除了利用合院“加大”建筑体量外，还在外立面设计中引入巨型柱廊等大尺度构件。

确定巨型柱廊的高度是设计的难点：过低气势不足，过高可能张扬浮夸。扶壁柱与独立柱不同的尺度感，放射形柱廊与常规匀质柱廊的不同也是要考虑的因素。经过反复比较研究，并在工地现场反复模拟后，最终将柱廊高度定为 19m 。门廊平面则设计为新颖的放射形布局，强化柱廊整体感的同时也以开放的形象化解了巨大柱廊的肃穆氛围。简洁的形式结合合适的尺度，建成后现场体验普遍反映良好，证明了其高度是恰如其分的，这样的处理手法是符合学院身份与基地环境的。

管理学教学中常用到“U” 形教室，把适应这一模式的八边形教室平面自然地反映在外立面上，就成为一种 45° 切边的母题，这一母题的大量运用强化了石头材质的厚重感，也形成教学区建筑的一大特色。整个设计过程可以说是一次将建筑与环境、内部空间与外部空间、自然景观与人造景观、现代理念与历史积淀、典雅气质与淳厚土风融为一体的有益尝试。

外墙选材上最初选用凝灰岩类石材，深入研究发现凝灰岩存在造价非常高、抗冻融能力差、不能适应东北地区气候等问题。经多方案比较，多次深入矿山，实地考察各地建成项目，并综合造价、工期等因素，最终形成在教学区选用价格相对高的进口石灰岩类石材“克罗地亚金”做“亚光面”处理；在生活区选用价格低廉的国产的花岗岩类石材“水头锈”做“荔枝面”处理的选材方案。十分难得的是，两种性质完全不同，表面工艺做法也完全不同的石材搭配，整体效果十分接近，以至于从照片上或现场距离稍远几乎无法区分。在满足造价要求的同时也保证了建筑的质量和建筑群的整体性（图 7-14~图 7-16）。

实践与思考验证了“平衡”的追求与实现的过程，其实是认识和接近更深层次“ 真实”的必由之路。在建筑形式上追求传统文化传承的同时，更需要在空间气质上对传统院落精神有创新性的继承，以此探索现代校园中独特的人文情怀。复杂的项目背景给设计带来挑战的同时，也带来创新的契机。

图 7-16 大厅内景（赵强 摄）

7.3 本章小结：庭院深深

建筑与环境形成的综合体，不光是一块被开发了的土地、一些可供生活的房屋、一群建筑物的实体，更应是通过设计者精心创作的既保护和利用生态环境的自然条件，又具有高度艺术价值和实用价值的社会物质文化产品，让人们能感受到美学与文明的熏陶，而后日复一日地引发人们的日常愉悦[1]。

建筑可持续发展的核心是调节人类营建活动对自然改造的“量和度”，使其平衡在自然可自我修复的程度之内[2]。在急速变化的政治、社会和经济环境中，可持续发展正成为社会政经变革的主流的正当名义和主义；但用单纯的技术策略以及用复杂的术语来支持可持续发展计划并不会成功，这样还是缺乏关于“社会文化、经济基础和环境诉求”之间系统性与复杂性的理解和支持。

基于平衡建筑理念的生态建筑设计技术的运用，应该摒弃一味地技术堆砌与表现，平衡各项因素和生态技术的关系，强调技术的适宜性及整体的技术集成创新，关注建筑全生命周期，平衡好社会责任与技术服务的关系。这正是在全生命周期内焕发出属于建筑本体的永久艺术生命力的关键所在，也只有将生活、生产和社会性统合为一，才有可能取得整合的可持续社会发展。

只有在把握适宜度中体现出对基地环境整体的关注，明确建筑在基地环境中的定位，方能使之融入基地环境肌理。如此，“求变中的包容性”才得以实现。

---

1 把对可持续的讨论置于当代中国演变的综合背景中，在国际化与地方文明的复杂交错中加深对可持续的理解并探寻未来的可能性，以摆脱当前可持续发展中机能主义的现状，而面向一种兼容并蓄、更易引起共鸣性的正确视野来建构大众的福祉和长远利益。参见：章嘉琛，李宁，吴震陵. 城市脉络与建筑应对——福建顺昌文化艺术中心设计回顾[J]. 华中建筑，2019(12)：51-54.

2 简言之就是4个E的结合：资源保育environment、技能发展education、体系效益efficiency、社会赋权empowerment。在现实中，那些希冀变化的群体通过创新的绿色模式以提高效率，促进整合，最小化对自然资源的消耗及通过建造对子孙后代和社会发展有利的城市、社区和建筑来避免对资源的浪费并实现社会与经济价值的维系和提升。面向可持续城市与建筑的投入并没有唯一的模式，对可持续性的理解是随着时间和空间的变化而变化的。参见：郝林. 面向绿色创新的思考与实践[J]. 建筑学报，2009(11)：77-81.

第　八　章

共生中的人性化

图 8-1 湖北武当山南岩宫：兼收并蓄

建筑设计是一种特殊问题的求解，其特殊性在于设计的过程参数难以量化。共生中的人性化，就是要放眼全球与历史，不断善于自我打破与重构已有的设想与技术路线。

运动是物质的根本属性，一切的事物都是在不断的运动、发展和变化中的。平衡建筑所强调的“平衡”并非一成不变的，其更多的是倡导在多元多因素互动条件下的动态平衡，是在不断的重构中寻找新的平衡点的过程。

“共生中的人性化”就是强调要放眼全球与历史，深入调研同类工程的完成情况，不断善于自我打破与重构已有的设想与技术路线[1]；平衡好经验与创新的关系。

8.1 共生的立足点

建筑设计是一种特殊问题的求解，其特殊性在于设计的过程参数难以量化。建筑设计不同于那些以坚实的数学描述为基础的设计领域，如机械、土木、电子等领域；在建筑设计的实践中，总能遇到这样的情况：建筑师面对着一大堆矛盾，而且新的冲突紧随着旧的矛盾的调和而产生，此消彼长，绵绵不断。

建筑师不但要平衡大量物质利益的冲突，同时，也被要求对许多纯精神的索取进行平衡，且这些要求甚至有可能是完全相反的。“共生中的人性化”面对的就是这种局面。

多项比选作为一个开放性的策略，鼓励多元化的价值判断取舍，提倡对于不同视角、不同立场观念的兼收并蓄。因此，对于同类项目在历史和全球的时空范畴内进行多项比选，是“共生中的人性化”得以实施的重要途径。

8.1.1 条件性与具体性

人们对客观事物及其规律的正确反映是具体的有条件的，任何认知都有自己适用的条件和范围，任何认知都是相对于特定的过程来说的，都是主观与客观、理论与实践的具体的、历史的统一。建筑设计的过程就是各种复杂因素相互交织、各种资源力量相互作用后的平衡产物，其中任何一个因素和力量的变化都会带来平衡状态的改变，从而需要对已有的设计进行相应的修正。建筑创作的魅力也正在于此，需要在千头万绪的条件中抽丝剥茧，不断寻找满足各方期许的解决方案。在这样的过程中，建筑师须善于接受改变，愿意主动突破已有的构思，积极地引导设计在可控的范围内稳步前进。

可以说，是否具备自我打破和重构的能力是检验一个建筑师综合协调能力的重要标准，换言之，没有各方参与和多方比较的构思很可能只是建筑师在自身小语境中的一厢情愿。针对“不被自身固有的经验认识水平所左右、具备强大的自我打破和重构的能力”这一话题，多项比选正是必要手段。多项比选就是要求能够以开放的心态深入调研世界与历史上同类工程的完成情况，时刻从更大的范围、更高的角度来审视目前所做的工作。

多样性和多元化是这个世界如此精彩纷呈的原因，同一类型的项目在不同的时空条件下会呈现出截然不同的样态，广泛发掘和汲取同类项目中的长处，体会其中的设计逻辑，再将其与自己的项目相比较，从而使得自身得到突破提高。这样的做法正是多项比选这一原则提出的初衷，也是实现突破创新的必经之路。

8.1.2 反复性与无限性

人文科学的研究对象就是实实在在的社会人，但人自身并不能通过某种科学实验方法或者逻辑去证明“人”，而只能是科学地解释“人”[2]。这种解释的源泉就是社会发展中积累的各种人文

---

1 工程是“将科学应用于转化自然资源、造福人类的活动”，在科学应用意义上工程与技术是相通的，但工程主要着眼于将技术应用于实践，是实现目标的具体手段，而技术则偏重于以工程实践为指向的技术改进及新技术的开发。随着工程哲学、技术哲学和工程技术哲学的兴起，工程与技术的关系问题也引起了更多的关注，可在内容、性质、成果、主体、任务、对象、思维方式等方面加以对比。参见：刘莹．试论工程和技术的区别与联系[J]．南方论刊，2007(6)：62+43.

2 一般认为人文学科构成一种独特的知识，即“关于人类价值和精神表现的人文主义的学科”，现代意义上的人文学科主要包括语言、文学、历史、哲学、艺术及具有人文主义内容或运用人文主义方法的其他社会学科；人文精神是社会和谐健康发展的灵魂，同样具有实用意义。这些意义，都是由人、人的活动及活动的产物所建构的，具有相似性和内在相关性。参见：欧阳康，张明仓．社会科学研究方法[M]．北京：高等教育出版社，2001，12：65.

信息，通过人文研究可以总结其中蕴涵的社会信息，通过人文研究可以总结其中蕴涵的社会伦理和价值精神。

认识具有反复性。由于受主客观条件的限制，人们对一个事物的正确认识往往要经过从实践到认识、再从认识到实践的多次反复才能完成；认识又具有无限性，认识的对象是无限变化着的物质世界，作为认识的主体的人类是世代延续的，作为认识基础的社会实践是不断发展的，因此人类的认识是无限发展的。

建筑是艺术性与工程性结合的产物。建筑师的工作是以脑力活动为核心，以专业化知识为基础，通过组织安排协调各种条件因素，营建出能够满足人们具体使用和精神审美需求的空间。平衡建筑所追求的突破创新不仅仅只是着眼于专业性的工程项目和设计方法、技术路线等操作层面，其更是针对所处的快速变革时代所作出的必然回应。若以更宏观的视角来观察整体行业的趋势和走向时，可以清晰地发现在当下这样的信息数据时代，建筑师和设计机构所承担的角色和作用都将发生深刻的变革。

在信息数据时代，专业人士与普通民众之间将不再具有难以跨越的巨大沟壑，所有的知识都是可以通过网络快速获取的。在世界排名前十的建筑设计机构中，也已经出现了极其明显的分化和路线选择，这些著名机构要么是作为集工程设计施工于一体的巨无霸公司，要么就是纯粹轻资产的设计公司，仅包含所有创意类的专业，而其他工程类专业的发展变得更为独立自主，使得专业之间的交叉配合也会变得更为灵活。

从这样的角度看，目前建筑设计根据经验和专业知识所做的绝大多数的工作是完全可能被取代的。行业的变革是大势所趋，也正因有如此的危机意识，平衡建筑所追求的创新突破才更是必然选择[1]。

8.1.3 创造性转化与创新性发展

针对平衡好经验与创新的关系这一点，在这样的时代趋势下，什么是设计团队真正可以倚靠的经验？创新和突破又将何去何从？但是这样的资源在信息时代如果不加以高度重视，同样很轻易就可能流失。能否建立起强大而安全的数据库，有效地保护和利用好这一资源是需要认真思索的问题。而在信息时代，技术发展将更多的基于数据这一新的能源，谁能够尽可能多地掌握数据资源，谁就掌握了未来的话语权。

第二个可以讨论的点是设计团队的价值所在。应该确信设计团队通过长期的专业训练和实践所形成的职业判断力和文化自觉是有价值的。应该承认，照当前的趋势，行业的转变和人工智能的发展必然会导致很多设计工作被取代，但建筑永远是因为其感动人的一面而充满魅力（图 8-1）。

回顾人类历史上的建筑，可以发现凡是堪称经典的建筑都是超越了简单实用性、达到了更高层面的精神共鸣，而要让建筑最终达到这一高度，没有经过长期专业训练形成的职业素养是做不到的。

对于设计团队而言，其未来的突破创新点一方面应该是立足于对所掌握资源和数据的创造性利用上，要充分地保护整理好多年积累下的数据库，并掌握更多的数据资源，同时还要有创造性的转换利用方式，使得这些资源发挥起作用；这就是建筑领域的创造性转化。另一方面，对设计师而言要大力强调对建筑精神性、艺术性的坚持与挖掘，在专业素养上强化超越实用性的美学升华能力，形成更高层次的文化表达和发掘[2]。

这才是真正顺应时代的创新发展，这就是建筑领域的创新性发展。

---

1 与建筑关联的因素在变化，建筑设计方法也会处于一种不断变迁的状态，围绕建筑设计的理论、系统以及技术使得建筑设计的产品及其生成方法同样处于变革之中。参见：王银霞，孙国城．建筑设计方法论刍议[J]．重庆建筑，2016(1)：21-23；李飚，李荣．建筑生成设计方法教学实践[J]．建筑学报，2009(3)：96-99.

2 环境的意义是通过使之个人化而产生的，即通过完成它、改变它而产生环境的意义。研究以使用者为认识主体的建筑环境的意义，最终必然追究到使用者是如何认识环境并赋予环境意义的。参见：沈济黄，李宁．基于特定景区环境的博物馆建筑设计分析[J]．沈阳建筑大学学报（社会科学版），2008(2)：129-133.

8.2 传统文人气质的建筑诠释

【沭阳美术馆案例分析】

图8-2 沿街场景（赵强 摄）

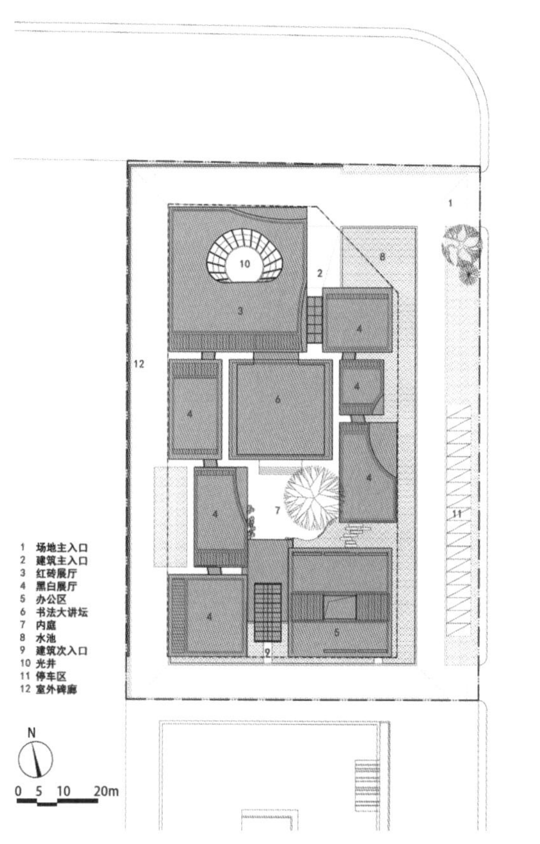

图 8-3 总平面图

图 8-4 总体鸟瞰（赵强 摄）

江苏沭阳是中国书法之乡，历代文人名士辈出，书风昌盛绵延。中国书法艺术的最高奖兰亭奖有众多沭阳书法家获奖，形成了全国书坛特有的“沭阳现象”。2013 年春，沭阳书法家协会希望设计一座包容传统书法和当代艺术的美术馆，既作为当代沭阳书法家的作品展示基地，同时也能以此为载体更好地传承发扬当地悠久的书法文化。在与业主设计沟通中，颇有书法艺术与建筑艺术共鸣之感。

项目基地在沭阳南部新城一块新开辟的用地上，周边广袤的平原被划分成了一块块待开发的建设用地，场地没有任何地形的起伏，没有任何现存的肌理文脉。地块北侧与东侧是规划的城市道路，南侧与西侧均是其他建设用地。在这样的用地情况下，设计充满了无数的可能性，而创作思想的价值取向是唯一引导建筑设计前进的因素（图 8-2~图 8-4）。

8.2.1 理念与使用的情理

正是在项目的沟通过程中，我们慢慢接触到了沭阳当代书法家这样一个群体，从这些书法家的作品和谈吐中，一个整体的感受越来越强烈：这些书法家大都有着温文尔雅的传统文人气质，传统文化的长期熏陶和浸润使得他们身上蕴含着一种不紧不慢的从容感。但与此同时，现代的身份角色和生活方式又使得这种古典的文人气质显得内敛和深沉，似乎需要在某种场景状态下才能被明显地激发出来。我们由此就琢磨着：什么样的场景和空间是能够契合这些当代书法家气质的？似乎不应该是现在十分流行的动感时髦空间，也不仅仅只是布景化的传统园林小桥流水。这座美术馆的氛围应该是安静的，能让人静下心来慢慢感受的，空间和材质应该朴素简洁但有韵味。建筑要做减法，要成为适宜的背景，让书法气息成为空间的主角，让书法家身上的文人气质在这样的空间场景中被激发出来。

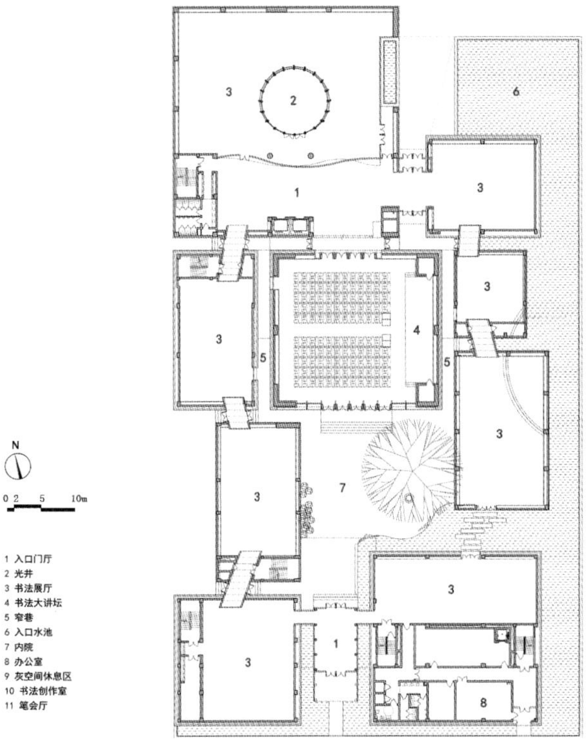

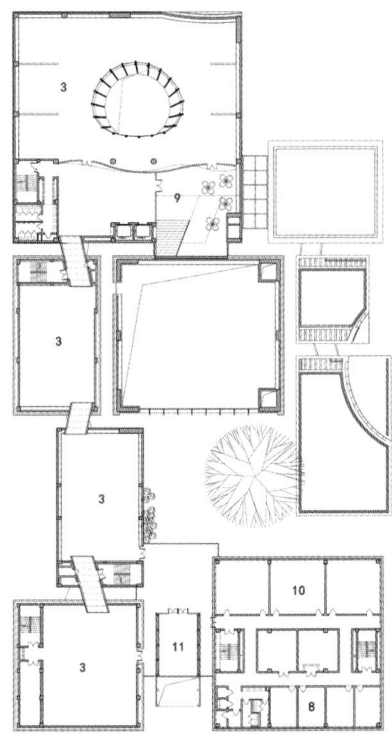

图8-5 一层（左）、二层（右）平面图

平衡建筑强调情理合一，指的是情怀、诗意、感性的追求要与理性的要素分析、功能需求相匹配，要让最终的建筑合情合理。在沭阳美术馆的设计中，一个重要的思考即是建筑与书法到底在哪些方面能够引起共通、能够相互因借？如何将书法艺术所蕴含的人文气质抽象到建筑表达中，既满足展览、参观和书法创作的需求，又能够使人在这样的空间场景中感受到平淡冲和的氛围，融入书法艺术欣赏的状态中去？

好的书法作品讲究虚实、轻重、疏密、开合等变化，其万千气象，皆可从这些关系中引申而出。而好的建筑作品必然在功能布局、空间收放、动静曲直、材质粗细这些方面有过仔细的推敲。两者之间虽非一一对应的关系，但从源头上讲，却是万变不离其宗，可以相互印证[1]（图8-5）。

首先，既然包容书法艺术，那不同的展厅本身就完全可以抽象为一个个独立的单元体量，而大小不一的体量间相互关系的变化会形成富有变化的空间场景，正可契合书法作品所讲究的“疏可跑马，密不容针”的构图意趣。作为组合的单元模数，美术馆所有的体量关系均由一套2.1m的均质网格控制。

1 中国传统艺术中的绘画、书法、篆刻等，十分讲究“意境”二字，故注重艺术家心境的充盈、静虚，达到形式与精神世界的统一；在对相应建筑空间的考虑中，不追求建筑的形式感对视觉的冲击，而是关注人们在浮躁都市中寻求平静与安宁的心理，突出空间的纯粹和丰富。参见：李宁，董丹申，陈钢，胡晓鸣．庭前花开花落，窗外云卷云舒——台州书画院创作回顾[J]．建筑学报，2002(9)：41-43.

（上左）图 8-6 图底关系分析图　（上右）图 8-7 剖面图　（下左）图 8-8 展厅（赵强 摄）　（下右）图 8-9 弧形光井（赵强 摄）

通过调整这些体量在网格上相互错落的关系，形成了不同尺度的窄巷、边厅和庭院。从窄巷进入庭院，空间豁然开朗，如柳暗花明，可使人心神畅快；从庭院转到窄巷时，又让人品味曲径通幽、别有洞天，有抑扬顿挫之感。这样的建筑布局处理，在图底关系上也正可以与书法艺术中“乱石铺街”的书写方式相互印证（图8-6）。其次，由于分解为独立的单元体量，展厅相互之间需要通过穿插的玻璃连廊相互连通，设计中将所有的上下交通和辅助功能均置于连廊交接处，由此可以保证内部的展陈空间形成无柱通用的书法展厅，既有利于自由布展、高效使用，同时也形成了连续的观展流线，游客在观展的过程中则会由此经历环境和心理双重的节奏转换，时而凝神静气内向观展，时而放松身心外出观景，行进间气韵相连而趣味横生（图8-7~图8-9）。

北侧沿街最大的主展厅中部有一贯通三层的弧形光井，光井内手栽有紫藤一株，自然光从头顶倾泻而下，抬头可见云卷云舒，低头则是勃勃生机。对于这一空间，书法家们尤其钟爱，将其命名为云厅，围绕着云厅成了笔会雅集的场所。主展厅局部还通过内向掏挖的方式形成通高灰空间，将室外屋顶花园延续入室内活动区，使得人们在行进过程中可产生充满趣味性的空间体验（图8-10、图8-11）。

图8-10 由灰空间步入屋顶花园（赵强 摄）

8.2.2 手法与表达的技艺

平衡建筑倡导技艺合一，认为所有设计手法与技巧的运用，都需要与所需表达的意向相匹配[1]。美术馆设计在明确了流线和布局等功能性要求后，更重要的是推敲通过何种设计手段让建筑空间最终呈现出的气质与书法艺术的人文气息相匹配。

设计在色彩的选择上贯彻了纯粹的抽象性，从书法艺术中提炼出最为根本的黑（墨）、白（纸）、红（印）三种色彩。黑白二色是中国书法的根源，所有的变化都离不开这两种颜色的相互关系。一阴一阳谓之道，黑白二色正如阴阳两仪，可以引申为轻与重、繁与简、心与物、显和隐等一系列对立统一的中国文化要素。

图8-11 屋顶花园（赵强 摄）

---

[1] 强调效法自然，但又不是简单地模仿自然，而是艺术地再现自然，使建筑空间与整体环境相统一，体现“室虽分内外，景不拘远近”“与谁同坐，明月、清风、我”的自然情趣，这是我国传统文化的一种表现。参见：李宁，董丹申，陈钢. 文化建筑中空间组织的实例分析[J]. 浙江建筑，2002(5)：7-8.

（上左）图 8-12 黑白体量（赵强 摄） （上右）图 8-13 主展厅（赵强 摄） （下左）图 8-14 主展厅东侧水景（赵强 摄） （下右）图 8-15 主入口（赵强 摄）

而印章更是中国文人书画的核心构成，在所有书画作品中均起画龙点睛的作用。在沭阳美术馆的群组设计中，黑白两色的体量作为空间的背景相互间隔布置，体量最大的主展厅则采用红色体量，红砖外墙局部以弧形削切的手法强化沿街的标志性，形成独特韵味（图 8-12、图 8-13）。

沿东北侧城市道路看，主展厅弧形削切曲面有飞升的意向，效法古典建筑屋面“如鸟斯革，如翚斯飞”的意蕴，暗符书法艺术之灵动。主展厅下部基座取厚重意向，远远望之如同一方端印，敦厚凝重，静置于案牍墨色之间，以契合书法艺术之静谧（图 8-14）。

美术馆沿街处设置了一片宁静的水面作为与外界的过渡，建筑主入口由一条水面上的平桥引入，通过空间的连续与变换，使得参观者在进入美术馆前能够沉静心绪，渐入佳境[1]（图 8-15）。

1 在设计中建筑师总是不断地想象作品完成以后的场景、空间效果，在意识上将自己放在一个使用者的地位上，挑剔地认真审视之，从而得到设计将带来的感受，还有所要寻找和理解的细部空间。参见：李宁，董丹申．简洁的形体与丰富的空间——金华职业技术学院艺术楼创作回顾［J］．华中建筑，2002(6)：21-24.

图 8-16 黑白窄巷（赵强 摄）

图 8-17 白色形体与次入口体块组合（赵强 摄）

墨色的体量在角部也均做了削切处理，如墨块、如巨石、如挥毫一笔，取其雄浑拙朴的意向。

体量表面摒弃了任何多余的构件，由于内部是展厅，甚至取消了窗洞，纯粹表现为光洁水腻的整面墨色墙体，在蓝天的反射下墨色墙面会呈现出微妙的色泽变化，通过空间、材质和光的力量来营造安静的场所氛围[1]。在设计构思中，墨色体量相对于白色体量是“重”的，是往下沉于土地中的，所以在设计中所有的墨

[1] 一切艺术创作，都是通过特定的具体手段，以某种艺术形象作用于人的感官，使人们不自觉地感受和领悟到某种更深远、更丰富的触动，获得美的享受。参见：王贵祥. 建筑的神韵与建筑风格的多元化[J]. 建筑学报，2001(9)：35-38.

色体量的底部均做了圆角处理，仿佛从土地中生长出来，以扎根于大地的姿态体现书法艺术中的厚重感（图 8-16）。白色的体量墙面材料选用了预制混凝土挂板，表面均做了竖向凿毛的处理，如宣纸、如素帛，取其朴素粗糙的质感。在设计意向中，白色体量是相对轻盈的，是与蓝天、流云和清风发生联系的，所以在构造设计中，所有的白色体量的底部均做了凌空悬挑的处理，呈现出漂浮的状态，从而体现书法艺术在精神层面的超脱感（图 8-17）。

屋顶花园和景观铺地以水墨晕开时的抽象图案为设计灵感，青石为底、流云相随，黑白体量错落布置其中，以现代的方式营造古典意境。黑与白、轻与重、粗与细，不同的肌理质感相互对照，正如同书法艺术中有的拙朴厚重、有的轻灵飘逸。当游人们行走在窄巷与庭院间，正如行进在书法画卷中，其微妙变化，需以禅心品之、静心观之、素心抚之[1]。

8.2.3 形式与工艺的形质

平衡建筑追求高完成度的形质合一，强调一切形态的最终呈现必须与它的工艺品质高度融合。在沭阳美术馆的建设中，由于投资有限，加之工人技术能力的限制，几乎所有的做法都是以当地施工团队能够操作的低技方式完成的，使用的全都是土办法，力求材料便宜、构造简单。

建设过程中最大的难点就在于那五个削切弧面，若弧面做得不够光滑将直接影响建筑的最终呈现。设计时是通过三维模型削切形成的光滑球形弧面，但在施工过程中为了配合现场施工工艺，把三维的弧面按等高线的方式分解成了不同标高的二维曲线，以 20cm 一道的方式现场逐层放样定位来搭建模板，逐渐逼近球形曲面，所有的二维模板均在地面根据圆心画线放样，再提升到相应的标高安置。虽然费功夫，但也是在当地技术条件下最有成效的建造方式。最终在拆开模板的一刹那大家都长舒了一口气，削切弧面的光滑度基本达到了设计的要求，为项目的高完成度呈现奠定了基础。建筑品位的高低不在于材料的贵贱，关键在于巧妙地运用和恰如其分地表达[2]。

除了弧面的问题，几个墙面的构造处理同样也是难点，红砖展厅高 16m，若按传统砖砌的方式底层墙体厚度惊人。建筑最后采用的做法是内侧采用混凝土砌体填充墙，通过逐层拉筋的方式在混凝土砌块外侧砌筑了一层红砖外墙。红砖则是选用了宜兴烧制的陶土砖，保证了色泽的均匀。根据所处位置的不同又选用了三种砌法：下部砖丁头突出墙面，上部砖丁头则退进墙面，而在削切部分一丁一顺平砌，从而产生不同的肌理质感（图 8-18）。

墨色体量墙面追求的是光洁水腻的质感，最早设想是通过混凝土中掺黑石骨料整体浇注、一次成型。在施工现场做了几次试验，现浇出来的混凝土墙都不太理想。于是设计及时调整了策略，与其一味强求施工队改进工艺不如设计自身改变做法。最后的墙面做法是在填充墙外再浇一层 60mm 厚的灌浆料混凝土面层，打磨平整后再喷涂深灰色氟碳漆，虽略有遗憾但完成效果还是基本达到了原初的设想。

之所以如此在意构造做法，因为这是共生中的人性化所得以存在的基础；一切建筑形态的呈现必须与其品质高度融合，没有独立于品质外的形，也没有独立于形态外的品质[3]。

1 人们时常津津乐道自己在旅游中流连忘返的村落、园林或寺庙，建筑师应该使这种感觉成为人们日常的一种愉悦，使人们每日从生活的环境中感受到美的触动。参见：沈济黄，李宁．环境解读与建筑生发[J]．城市建筑，2004(10)：43-45.

2 现在建筑材料、技术、文化都发生了巨大变化，除特殊要求外人们不再需要纯仿古建筑，更不需要貌似古建筑的东西，虽然这也曾被认为是一种继承传统的方法。同时建筑使用者也逐渐要求建筑既能唤起对传统文化的认同，又符合现代建筑发展的潮流，这需要对传统文化进行抽象继承。参见：胡慧峰，李宁，方华．顺应基地环境脉络的建筑意象建构——浙江安吉县博物馆设计[J]．建筑师，2010(10)：103-105.

3 细节决定建筑实践的深度与成败，以工匠精神表达对材质、工艺的执着；整个设计和施工的过程，正是追求让一切专业技术的协同共赢的过程。参见：沈晓鸣，孙啸野．校园文脉传承与传统形式的当代诠释——浙江大学舟山校区（浙江大学海洋学院）设计回顾[J]．华中建筑，2017(6)：68-72.

图 8-18 切削弧面与砖肌理（赵强 摄）

图 8-19 铺地小花岗石（赵强 摄）

此外为了追求建筑的完整性，设计中对第五立面的处理同样很用心。建筑屋顶是“黑白红”体量的延续，墨色体量屋顶满铺黑色碎石，白色体量为白色碎石，红色体量则用红砖满铺。在楼梯间的位置以降板下沉的方式隐藏了屋顶设备，既不影响展厅使用，又确保了体量的完整简洁，避免了屋顶设备的杂乱。水墨印象的铺地部分选用 10cm 见方的小花岗石，按三种不同灰度拼铺而成，最终构成一幅飘逸灵动的笔墨画卷（图 8-19、图 8-20）。

建筑作为一种人为的空间环境，只有当抽象的物化空间转化为有特色、有情感的人化空间时，建筑才能成为真正的场所空间艺术。沭阳美术馆从设计到完成历时多年，在此期间与业主结下了深厚的情谊，也正是由于业主和建筑师对于艺术品位的一致追求促成了这样一个作品的最终实现。

在美术馆的设计过程中，文人气、安静、清雅一直是贯穿始终的关键词，设计从理念、手法到工艺等各个层面将传统文化与现代语境紧密结合，充分体现了平衡建筑所追求的知行合一。最终的完成效果也正是建筑设计对沭阳书法家这一群体共同气质的诠释，是对传统文人气质的建筑表达。

蕴含传统气质的现代建筑创作是中国当代建筑师一直不懈探索的实践方向之一。一方面当代的日常生活需要有现代化的建筑空间来容纳，另一方面传统人文的意境又是中国人内心难以割舍的情怀。我们往往既希望融入现代语境，又害怕失去传统气息，怎样在这两者之间寻找到平衡点正是平衡建筑创作实践的探索方向之一，沭阳美术馆正是在这一探索领域做出了积极尝试的建筑作品。

与其他艺术不同，建筑艺术不能用具体的形象再现现实，但在一定的条件下却可以通过其空间、体量组合而赋予某种联想。事实上，抽象的概念都是以有形的面貌在人的脑海中出现的，这些“思维形象”中的许多都带有强烈的空间特征，成功的设计者就是能敏感地察觉到这些潜在的联想，并把它们在合适的功能场合中强化地再现出来。

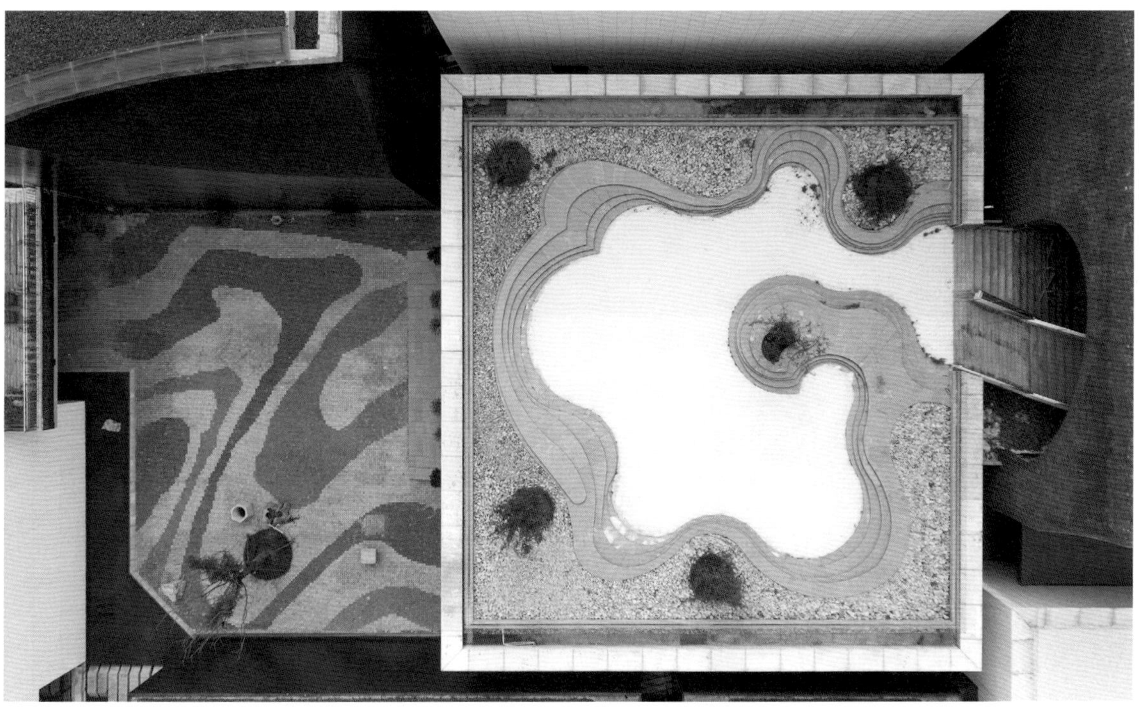

图 8-20 屋顶花园与水墨铺地（赵强 摄）

8.3 本章小结：观乎人文，以化成天下

通过多项比选，探讨在特定环境与功能的要求下，塑造反映时代特征和地域特色的大众文化建筑的设计思路；同时提出文化建筑设计的要略。环境的传承一般以空间形态的连续性与统一性为原则，表现为建筑风格、景观意象、空间组织的协同延续，构成整体环境的延续发展，增进归属感和认同感；基于城市文化的建筑传承不仅是对空间环境的营造，更需要对其中蕴含的人文记忆进行不断地扩充，增添新的时代内涵。

如果将城市看作有机体，城市基因多样性即表现为城市的社会、经济、文化等的发展状态及其相关行为活动的复杂程度，它决定了城市物质空间的多样性，是城市多样性的根本动因[1]。在现代建筑丛林里创造一个更加健康、和谐的文化环境，并试图以更加前瞻性的建筑文化属性来引导未来人居的走向；以空间秩序的排列与渗透、光影与材质的对比以及建筑整体的过程体验，展示建筑的文化特色和精髓。

世界是物质的，物质是运动的；共生中的人性化，实质是希望通过多项比选的手段，把握住运动中的平衡状态，这也是在时代趋势下建筑设计不得不做出的必然回应[2]。也只有当充分理解和认清了时代的趋势，我们才知道，唯有勇于跨出安逸舒适的安全经验领域，心怀危机意识，进行创造性转化、创新性发展，以开放的心态积极拥抱未来的变化，才有可能在经验和创新中寻找到新的平衡点。

---

1 城市物种多样性即为城市用地功能类型的丰富程度，它也是城市基因多样性最直接的反映；城市系统多样性的重要内容之一为城市空间网络的多样性，即城市各物质要素之间的联系程度，它反映了城市系统的整体状况；城市景观多样性则为城市空间景观格局的多样性。参见：沈清基，徐溯源．城市多样性与紧凑性：状态表征及关系辨析[J]．城市规划，2009(10)：25-34+59.

2 建筑师所从事的工作，本质上应当是一种超越性的工作，他所着眼的，除了眼下的功利价值局限之外，还应涵括更为阔大的超越性价值空间；唯其如此，建筑师的工作才可能突破个体生命的有限时空，而获得凌越现世生存利害的文化意义与恒久价值。参见：周榕．时间的棋局与幸存者的维度——从松江方塔园回望中国建筑30年[J]．时代建筑，2009(3)：24-27.

第　九　章

共生中的创造性

图 9-1 山东蓬莱，蓬莱阁：海不扬波

新的建筑技术提供新的表现手法，但终究须协同于建筑整体之中。“得体”“恰如其分”的协同技术始终是构建平衡建筑整体观的同行者，须平衡好个体技术与整体性能的关系。

“共生中的创造性”讲究协同中的创造；建筑物作为一个系统进行设计，就必须充分地考虑其组分之间的整体协同性[1]。建筑总是以特定的空间及其组合达到预期的使用目的，须通过一定的信息媒介进行技术协同来实现物质实体的生成（图 9-1）。

“得体”“恰如其分”的协同技术始终是构建平衡建筑整体观的同行者；浑然一体、协同先行，讲究平衡好个体技术与整体性能的关系，是焕发出属于建筑本体生命力的关键所在。建筑设计信息的数字化中介，则使得设计协同有了扎实的基础。

9.1 原子与比特

随着计算机技术的突飞猛进和数字信息处理技术的实质性进展，信息的数字化已成为现实，正如历史上从甲骨文到竹简文，又发展到纸和印刷术一样，如今物态存储介质与网络使信息早已不再局限于以纸为载体。

相应地，建筑设计的信息中介从术语中介、图纸中介逐渐演变到数字化中介，正是建筑设计的信息表达由简约到丰富、由缺省趋向完备的过程，而且在设计方法、表达手段、价值取向和信息交流等一系列方面取得了突破性进展。

这是一个“原子与比特”共存的数字信息时代。

9.1.1 建筑设计信息中介的演变

古代建筑活动主要借助语言与文字来构成信息中介，建筑设计信息以此在工匠之间交流传递。时至今日，在许多偏远落后地区仍可见到这种信息中介的痕迹，建筑工匠不用一张图纸，仅凭口说手比就可以盖房起屋。对于建筑所包含的复杂信息，语言与文字中介显然无法细致描述与精确传递，但由于技术手段的制约，只能采用一种降低信息交换成本的简化策略，即为了传递一部分重要信息而放弃大部分次要信息。

术语中介随着师徒之间的口耳相授而相传，这些建筑术语可以视作语言化的信息包，是将大量相关信息压缩而成的不同信息模块。随着生产力的发展，社会对建筑的需求也极大发展，同时也由于纸和绘图工具的普及，人们自然选择信息表达更为直观、丰富和完备的信息中介，即图纸中介。

与术语中介相比，图纸中介有着显著的优越性和适用性，传递信息更准确、直观、丰富，更具备度量依据，从而使建筑工程从设计到施工的全过程均纳入了一个更加精确规范的可控轨道，为建筑的形式创造提供了更广阔的空间。

但随着建筑功能的日趋复杂，二维图纸对于三维空间信息的传达和环境空间的信息分析逐渐力不从心，绘图与数字标注工作，已繁复到无以复加的地步。随着计算机及其相关技术的迅猛发展，使建筑信息在完全数字化的基础上表达、传输、交流成为可能，于是数字化信息中介取代图纸中介是建筑设计发展的必然；这也正是建筑设计协同能够大显身手的技术支撑。

9.1.2 设计整体性与分工离散性

如今的建筑一体化数字信息体系是能够整合不同的系统或资源，涵盖多种关系并能在统一构架下运行的集约型模式。有了强有力的一体化体系作支撑，体系内的各类平台都能采集到大量的数据为各部门提供数据服务，提供各类统计和分析，从而提高团队的科学决策能力[2]。同时必须认识到，信息化建设并非只是硬

1 对高校设计院而言，产学研一体化的协同研究也须讲究“共生中的创造性”。产学研合作系统具有开放性、远离平衡态、非线性关系以及随机涨落等特征，基于协同学理论，产学研合作系统协同机制的构建应重点加强系统环境建设，营造系统自组织条件；加强系统内部信息共享，着重解决系统内部微观层次单元交互，促进自组织进程；遵从支配原理，恰当控制系统自组织方向。参见：杨振凯，邓春红．“产学研一体化”协同机制的建构[J]．智库时代，2019(30)：1-2.

2 一体化信息体系主要包含了三方面的要素：第一，它是一个软硬件互为支撑的动态整体系统，硬件与软件性能是重要的，但更重要的是彼此匹配；第二，它的底层数据是贯通的，是以一个整体对设计团队提供服务；第三，它是弹性可扩展的，可不断填充新的功能模块，不断充实数据，不断壮大。参见：黄争舸，胡迅，朱晓伟，梅仕强．一体化信息体系助力设计院快速提升企业效能[J]．中国勘察设计，2019(7)：56-61.

件层面或者软件层面的问题，而是必须要让全体设计师一起来参与才算是真正实施。设计所面对的诸多关联方是人，而设计团队同样也是人。基于平衡建筑的理念，信息管理是以人为中心的；应把提高人的素质、处理人的关系、满足人的需求放在首位。信息系统必须要考虑操作的便利性，要有人性化的界面，使得设计团队有良好的使用体验。只有这样，系统才有长久生命力。

在团队协同中，任何一个设计项目及其相关合作与协同，都不是个人的事情。只有具备长久生命力的、每天真正在实际生产中运行起来的信息系统，才能在不知不觉中获取到最宝贵的数据信息。信息化建设本质上就是在做各种各样的“容器”，把设计的数据采集进来，进而进行分析利用；数据是团队最重要的财富之一。站在平衡建筑理论基础之上来思考信息与设计的协同意义，同样也可以将信息管理理解为“全专业”概念中的一个专业——全专业共同发展才是真正的发展、实在的发展。

同时须考虑到，建筑工业几个世纪形成的专业分离造成了建筑体系的“离散化”现象，建筑设计由各个专业的设计人员共同完成，而各专业设计人员对同一建筑物设计的侧重点不同，处理的信息也就不同。当下，建筑设计工作包括多个学科。建筑、结构、给水排水、暖通、电气、室内、景观、幕墙、智能、照明等，需要多个专业的人共同密切配合，才能完成多个子系统共同构建的复合体系。任何个人或单一技术都无法单独解决设计问题，需要对建造和设计的过程进行综合集成。这事实上就是信息时代的一种社会形态，在这种社会形态下，尤其是在团队协同中，有共同的价值观尤为重要[1]。真正的价值，是人与人交流中的思想相互碰撞，是相互给予，是包容共生的精神火花。

[1] 价值观认同的动力来源是人们的现实需要、有效的教化与规训、社会参照和群体模仿。价值观认同受主体自身的认识水平、非理性心理因素和社会实践活动以及家庭教育和学校教育、社会环境（政治、经济、文化）等多方面因素的影响。参见：钟青霖. 价值观认同机制论析[J]. 齐齐哈尔大学学报(哲学社会科学版), 2021(3):46-49.

9.1.3 建筑协同设计分析

建筑协同设计，是为了完成某一建筑设计目标，由建筑营建全周期的各相关主体，通过一定的信息交互和协同机制，相互协调、平衡各方，共同完成这一设计目标的过程。为了在设计过程中尽可能解决各专业之间的矛盾，就必须要求各专业避免将眼光仅仅关注于自我专业的单一价值取向，转而在设计过程强调集成性、共享性，以及设计过程的连续性。

关注全生命周期过程是协同的视野。通常设计与建造只是一幢建筑生命周期的开始，漫长使用中的能源消耗、改建修复、更新再生等因素更大程度地影响着系统环境。因此技术协同必须面向建筑的全生命周期，从而维护长时间内使用者身处的这个相互制约、相互作用的整体生态系统的平衡。

群体决策是协同的途径。建筑协同设计是一个群体参与、多主体协作的设计，团队中的成员各自具有各自领域的知识、经验和符合项目要求的问题求解能力，面对建筑设计的问题必然会产生分歧。建筑协同设计强调群体协同决策，因为要实现的设计目标是共同的，在建筑专业主导下平衡点是能够达成的。

团队的培养与建设是协同的保障。协同设计团队与一般社会群体的根本区别在于团队成员之间的优势互补，其工作的总体绩效远远大于个体成员绩效的总和。团队的成员互相配合，共同承担责任，专业相互支撑，具有明确的工作目标与职责分工。打破部门间和学科间的界限，组成跨部门多学科专业的协同团队。

信息数字化设计是协同的平台。建筑协同设计实现的核心是设计信息的共享，而信息共享的基础是设计的数字化，进而纳入一体化信息体系。项目的信息和文档从一开始创建时起，就放置到共享平台上，被项目组的所有成员查看和利用。协同是共享信息、分析信息、完善信息的过程，包括设计各专业之间的协同、设计和施工等项目上下游企业之间的协同；从离散的分步设计转向基于同一信息体系的全过程整体设计协同。

9.2 山水气韵中的综合协同

【临安市体育文化会展中心案例分析】

图 9-2 渐变穿孔板幕墙肌理（赵强 摄）

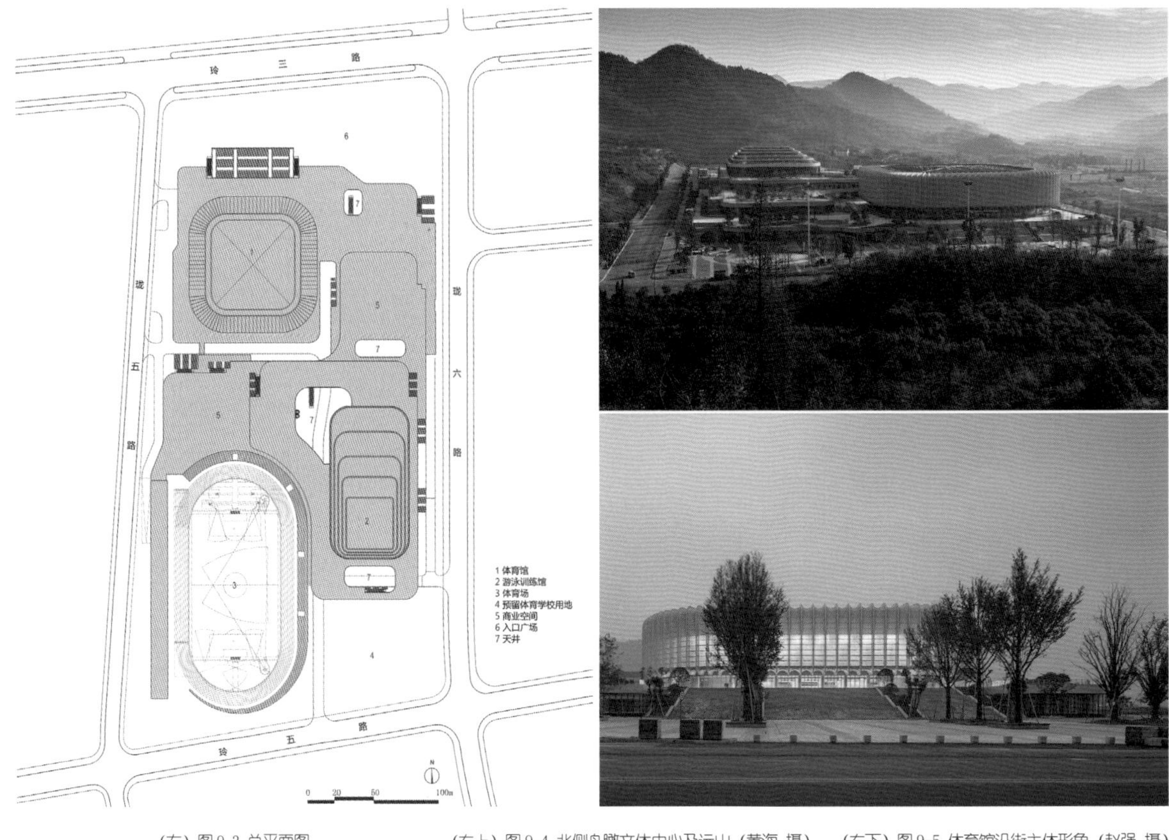

（左）图 9-3 总平面图　（右上）图 9-4 北侧鸟瞰文体中心及远山（黄海 摄）　（右下）图 9-5 体育馆沿街主体形象（赵强 摄）

临安市体育文化会展中心选址在杭州临安锦南新城一片南北两侧均有山体的地块内，这里属于东天目和南天目间的丘陵地带，连绵起伏的小丘构成了这一区域独特的地貌特征。北侧的山坡隔路而望，高约 80m，南侧的山体体量更大，与远山连绵在一起。

9.2.1 定位：城市体育综合体

场地内部较为不平，高高低低的缓坡土丘，总体形成了南高北低的态势。站在场地内举目环顾，能够明显地感受到山体间连续的气势。在这样的一片山水环境中，建筑与场地的依存关系，是设计的重中之重。作为锦南新城启动的第一个大型公建，文体中心这个项目与纯粹的体育场馆不同，其更多地是作为一个具有城市开发性质的土地运作项目，需要能够更有力地提升土地价值。不仅要在有赛事活动时，更要在非赛时保持足够的吸引力。

2014 年 10 月，《国务院关于加快发展体育产业促进体育消费的若干意见》出台，其中提出“要创新体育场馆运营机制，增强大型体育场馆复合经营能力”。

而早在 2010 年，设计团队对于这个项目的定位已形成了类似的观点：文体中心应该不仅仅只是一组体育场馆，其更是一个有机的城市综合体（图 9-2~图 9-5）。

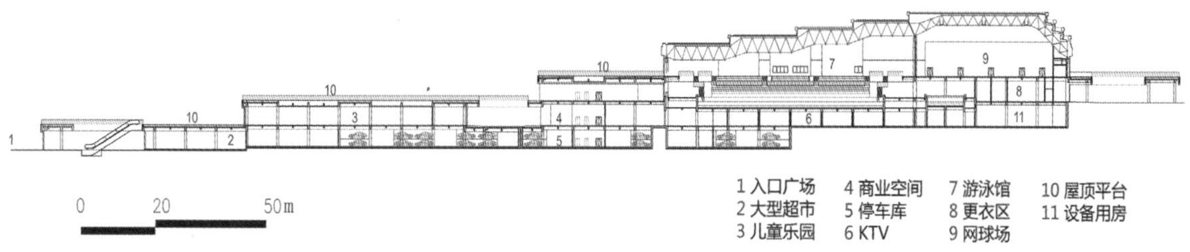

（上左）图 9-6 建筑与地势的融合（赵强 摄）（上右）图 9-7 屋面平台与场地出入口（赵强 摄）（下）图 9-8 剖面图

城市综合体通常由城市中不同性质、不同用途的社会生活空间组成，近年来出现了侧重于某种功能的综合体，如商业综合体、产业综合体、体育综合体，等等[1]。文体中心作为城市体育综合体，在功能上平衡体育活动和商业经营需求，既满足各类比赛的实际需求，同时又有各种业态的经营场所；在品相上平衡两者不同的建筑气质，既要有体育建筑的简洁明快，也要有商业建筑的丰富多彩；在场所感上平衡自然与人工的共生关系，延续场地原有山水气韵的同时还要体现出锦南新城的时代风貌(图 9-6、图 9-7)。

9.2.2 破题：依托地势的台地处理

定位虽然明确了，设计却还有一系列的难题。首先，场地十分局促。在 161 亩用地内，要容纳有体育馆、游泳馆、体育场、训练馆、体育学校和室外运动场等多个规定功能，还要有足够规模的商业面积。

其次，如此多的体育场馆均有其自身明确的流线要求，商业本身对于流线的组织也十分讲究，两者的糅合对设计而言无疑是一个极大的挑战。此外南高北低的缓坡地貌更是一个不容忽视的特征，简单粗暴地把场地夷为平地显然不是应有的设计取向。破题的关键还是回归到场地本身。

既然用地如此局促，显然各场馆分散布置不适合这个项目，只有采用层叠整合的做法才能尽量紧凑地安排这些场馆。考虑到场地南北 12m、东西 5m 的高差，设计将地块分成了三个各差 5m 的台地。

这样做的好处显而易见：顺应地势的场地平整能够最大限度减少土方工程量； 5m 高差的台地也使得设计可以将下层建筑的屋面与上一层的室外场地无缝平接，每一层的屋顶平台都能够从周边道路上平层进入（图 9-8~图 9-10）。

[1] 以城市综合体作为城市次中心的方式对调整城市功能结构、减轻城市交通负荷、改善工作和生活环境质量起到了积极的作用。参见：王建国. 城市设计[M]. 第三版. 南京：东南大学出版社，2011，1：216-222.

（左上）图 9-9 街角空间与入口广场 （左下）图 9-10 平台与大树 （右上）图 9-11 入口平台与远山 （右下）图 9-12 夜景及平台下出入口（赵强 摄）

这样一来，就创造出多个标高的场地入口，体育场馆和商业综合体内的种种流线均可通过不同的标高来分流组织，避免无序交叉。虽说采用整合一体的做法，但各个场馆本身还是应该有独立的出入口和顺畅的交通体系（图 9-11、图 9-12）。

设计通过引入内部道路、划分功能地块，来控制场地内的布局组织。整个场地被分为了五大功能地块，每个功能地块内建设相应的内容，再将其屋面与上一层的室外地坪无缝衔接，通过平台、过街楼和连廊等做法将各个场馆联系为一个整体。

图 9-13 轻盈悬浮的建筑体量（赵强 摄）

图 9-14 室内看向周边山林（赵强 摄）

9.2.3 显隐：呼应环境的设计应对

设计中的功能性难题有了解决方案后，接踵而来的是对于建筑形象的考虑。

在场地如此局促的前提下，每个场馆均突显自身形象的做法只会导致没有重点、各自为政。所以在设计时始终强调应该只突出一个主体，将其余的建筑体量消隐起来。当然这对于成本控制也是一个相对平衡的做法，可以确保将有限的资金投入最需要形象展示的重点场馆建设中去[1]（图 9-13）。

一般而言，常规的体育中心总是大众体育场在唱主角，但在这个项目中体育场规模仅有 2000 座，无法对其余场馆形成控制性的体量，而 5000 座的体育馆又必然是一个醒目的存在，因此重点突显体育馆显然是一个合理的选择。体育馆的设计理念以"点燃激情、引领希望"的城市之光为意向，通过弧形的渐变穿孔板包裹住上部主体，营造出半透明轻盈的视觉效果，将其打造为醒目的城市地标。为降低造价及工程难度，整体双曲面的金属幕墙均由单曲面的穿孔板拼接而成，其穿孔率考虑到弯曲时的孔洞变形问题，经过反复的现场试样比较，最终确定了从 7cm 到 3cm 的逐渐过渡[2]（图 9-14）。

体育馆确定后，余下的场馆又应该如何消隐呢？答案同样来自于场地环境中。山水是临安的城市名片，文体中心又坐落在如

---

1 建筑的结构跨度以及材料消耗量与跨度按指数关系增加，即大跨建筑屋盖跨度的增加对应的屋盖结构高度以及所用材料的增加，是以几何级的倍数来增长的。针对此类建筑，设计追求的不单单是形而下物理上的轻和空间上的大，更要注重的是形而上的决策判断和设计原则。参见：董宇，刘德明. 大跨建筑结构形态轻型化趋向的生态阐释[J]. 华中建筑，2009(6)：37-39.

2 复杂形态与结构体系之间所存在的数学逻辑与力学法则之间的偏差，构成了当今国际建筑参数化设计深化研究与面向现实实施的困境与挑战。因此，实现数字化复杂形态与结构力学逻辑的有机统一是技术协同的重要话题之一。参见：苏朝浩，林康强，王帆. 壳体结构形态的量化重构——基于建筑参数化设计技术与结构力学的协同机制[J]. 南方建筑，2016(2)：119-124.

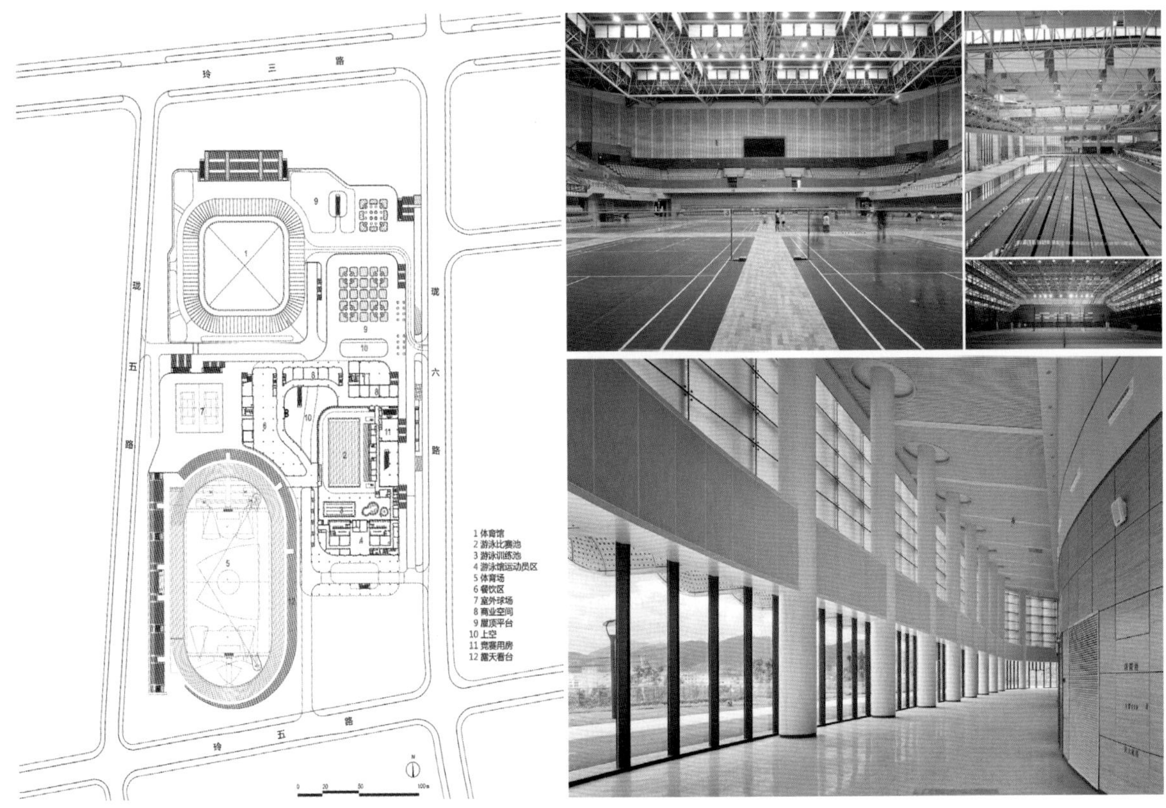

图 9-15 三层平面图

图 9-16 体育馆、游泳馆、网球馆、室内环廊（赵强 摄）

此一片山林起伏的环境中，很显然，回应这片场地最好的做法就是以大格局的山水环境为出发点，将建筑打造为一条绿脉，把南北两侧的自然山体紧密相连。

由此，游泳训练馆设计成了如同等高线层层升起的地景建筑，每一层平台均为覆土绿化，平台上广栽大树，林荫下则布置各类的休闲健身场地，整组建筑远远望去如同延绵的山林，勾勒出层层晕染的山水意趣，也契合临安山水城市的人文底蕴。

体育场则与之呼应，设计成了下凹的谷地，层层相退的等高线正好构成了其周边天然的露天看台。商业空间则作为这些场馆相互之间的填充体和粘结剂。设计中安排有大空间的主力业态，也沿周边及内街部分设置了连续的休闲商业带。由于沿街不同的标高均可平层进入场地，事实上形成了虽然处于不同的楼层、但所有沿街商业均为首层商铺的使用效果。整体的商业动线以开敞的露天广场为节点，串联起了几大场馆及各个主力业态，也有力地把文体中心整合为了一栋独特的城市综合体(图 9-15、图 9-16)。

建造的过程历时四年多，文体中心在各方的不断磨合中持续向前推进。建成后的效果获得了广大好评，也达到了预想中与周边山水气韵相通的效果，城市开发层面的效果已经有所体现（图 9-17)。当然这期间也留下了种种遗憾：例如计划中与体育场相连的体育学校则成了一处变电站用地，建起了一栋与文体中心风貌毫无关联的小房子；设计中各层平台应该种植有更多的大树，形成更为绵延的绿意……所以，建筑平衡的过程还在继续。

图 9-17 总体鸟瞰（赵强 摄）

9.3 本章小结：协同创造建筑之美

平衡建筑的思考，就是针对一个建筑系统的形成和发展来展开，探索建筑和初始基地所形成的特定建筑系统是如何由无序走向有序、由旧有序走向新有序、由低级有序走向高级有序[1]，这也是从设计到竣工所寻找的平衡点。

未雨绸缪，讲的是对将来一些突发情况要有所准备。居安思危，讲的也是对将来可能的困难要有所预判。故而，充分利用最新的相关科技来支撑设计团队更好地应对这些可能的困难，是需要有居安思危、未雨绸缪的战略眼光的。科技之所以受到社会的如此关注和重视，正是由于它不仅为人们提供了自然规律的系统知识，还在于它为生产力的发展和人类文明进步注入了不竭的动力。新的技术提供新的表现手法，它是引发新的设计理念和思想的生力军，但终究须协同于建筑整体之中，不考虑协同的技术绝非好的技术。

“平衡”永远是不断更新的、动态的、不断完善的过程。做同样的事情，换个不同的角度思考，投入的热情和对回报的期待都会大大不同。平衡建筑既是学术建构、设计指引，同时也涵盖设计团队的信息管理方法。平衡建筑依托学术导向，增强“设计创造共同价值”的凝聚力，激发每个员工的职业价值思考，共生中的创造性就蕴含在其中了。若从“平衡建筑”的视角看待信息与管理问题，着眼于如何更好地应对各种突发情况与将来的可能变化，这种影响所涉及的领域会更加多样，其发挥的作用也会更加深远。多角度、多方位的思考，更能彰显平衡建筑的研究意义；在管理中，则能充分讲究“己所不欲、勿施于人”。这正是传统文化与智慧应用于当代管理理论的契合点。

---

[1] 比如，城市是一个集合体，由低级有序不断走向高级有序。城市涵盖了地理学意义上的神经丛、经济组织、制度进程、社会活动的剧场以及艺术象征等各项功能；城市不仅培育出丰富多彩的多种艺术，其本身也是艺术；正是在城市中，人们表演各种活动并获得关注，人、事、团体通过不断地斗争与合作，达到更高的契合点。参见：赵燕菁．城市的制度原型[J]．城市规划，2009(10)：9-18.

第　十　章

共生中的包容性

图 10-1 西藏札达古格古城遗址：包容共生

从生长的角度来分析，建筑不是由固定的零部件组成的，而是由不确定的、生长着的细胞组成的。建筑作为文明的载体，使文化变成空间，使无形转为有相，使精神可触可寻。

“共生中的包容性”是从建筑与基地整合生成新的“建筑共同体”的角度来进行分析。平衡建筑强调建筑设计合情合理、真情实意，让技术充满人性，使建筑生命全过程中的所有参与方能够获得内心的感动。

建筑设计的复杂，不单是物质层面的协调与组织，更在于意识层面的应和与平衡。建筑的感染力，不是人们对混凝土、玻璃和钢等诸多建材的激动，而是由这些建材所支撑的建筑空间组合，在特定情境中对受众的心灵感召与引发共鸣。

10.1 返璞归真

平衡建筑以感触人心为宗旨，必然呈现出温暖而慈悲的祥和气质，而并是因震撼的形式拒人千里之外[1]。建筑开始表现为结构支承、管线综合以及各种建筑部件在物质层面上的组合；但一个处在特定情境中的建筑空间体，还要能应对特定的心理预期与需求，进而能承受时间流逝的磨砺而显出历史厚重之美，同时还能吸纳因人的活动而注入的人文内涵。

10.1.1 建筑的日常性

如今高速城市化进程使人们生活中的许多事物都被打上了各种各样的“标签”，商品社会的一切都努力掩盖在光鲜的消费外衣下，而个人的真实感受反倒被淹没或者无视了。建筑“日常性”理念摒弃外在的“标签”，还建筑以本来的面目，同时也努力将使用者的生活从“逐物”之中解放出来，而达到一种更接近于自我内心以及更接近于自然、自在的状态。

事实上，这种简朴、自然而又富有禅意的“日常性”理念，正是一种不张扬、平和的态度，与我国传统文化中的生活哲学一脉相承。“日常性”的另一方面意思是，人们认知这个世界的媒介是生活周边的日常事物，人的日常认知相平衡的建筑容易被接受和共鸣；而与日常认知相冲突的建筑，比如怪异的造型、超人的尺度，等等，则会给人们带来压迫感。平衡建筑不以强烈个性或流行为商品，不为制造煽动强烈偏好，不鼓吹“独爱此物”或“非此不可”。建筑是要让人看得愉悦、用得舒服，做到这一点实属不易，但确是设计本分。

高度聚集的城市逐步压缩人们的生活空间，但人们内心深处需要的不是喧闹，而是平静，是在城市高速运转中能够觅得安宁，这是本能的需求。平衡建筑倡导建筑设计要合情合理、真情实意，真诚理性地表达各方的设计需求，追求长久的价值而非即时化的消费，追求感性认知与理性需求的平衡。所以设计恰恰应该回到建筑本真的一面，追求其真切朴实的场所氛围，关注空间的体验，少一些喧闹的视觉震撼，多一些平静的心灵沟通；因为有了设计营造“人”的情理，所以建筑“物”就蕴含了情理[2]。

10.1.2 建筑的生长性

“生长性”并非指原生质数量的增加，或是合成物质数量的增加；而是指新的建筑在构成上体现基地整体环境的发展逻辑和发展方向，在建筑的生命周期中能够适应基地环境的发展需要，具有持续调整的可能，并通过整合促进建筑与基地环境的共同发展。一方面，建筑不断接受基地环境的特质要素，并不断修正自我；另一方面，环境接受建筑的介入并使自身增色，从而成就具有原创意义的、根植于基地环境之中的、新的建筑共同体。

就使用者而言，对建筑的感觉体验首先在于空间方面。这就

---

1 这种情理感受效应可以对应在建筑直观之中，寻常大众不必去找关于特定建筑的高深莫测的解释；建筑贯穿于人类生存始终，本身就是要负载哲理于日常的直观之中；平衡建筑所追求的“慈悲大爱”就是体现在建筑的日常之中。参见：董丹申. 走向平衡[M]. 杭州：浙江大学出版社，2019，7：5.

2 作为一个动态的、不断生长的有机系统，人类聚居环境总是在不断地演变和发展着。作为人类聚居环境的组成单元，建筑的改变必将对环境产生影响。可行且有效的营造方式，关键在于是否可以此来引导与整合城乡区域空间，诠释特定空间节点的历史传承与未来发展。参见：董丹申，李宁. 在秩序与诗意之间——建筑师与业主合作共创城市山水环境[J]. 建筑学报，2001(8)：55-58.

是使用者通过其“眼、耳、鼻、舌、身、意”以感知其个体周围的界面、容积等内容；建筑在漫长的时间过程中，对使用者来说则呈现为序列感受。事实上，使用者感知一个建筑就是创建一个对建筑的评价体系，即根据其经验、目的及感官所受的刺激，建立一种有组织的基于时间与空间的综合评价体系。

之所以基于基地具体环境而生长的传统聚落能够引起人们的喜悦，就是由于里面包含了人类的一种最珍贵的特性——实践中的自由创造。

所谓自由，并非不受必然性的约束，也不是任何随便的意思。自由是对必然性的认识与把握，自由创造就是按照人类认识到的客观必然性，即按照发展规律去协调建筑对基地环境的介入，以实现预期的目的和要求，是合目的性和规律性的统一。在岁月沧桑中生长的建筑，才能具备这样的内涵（图 10-1）。

10.1.3 形象、意象、意境、境界

“共生中的包容性”着眼于“形象、意象、意境、境界”的思考与努力，这对应了受众在不同层级的建筑感受。作为直观的感知，建筑的形象就是人们认知建筑的交互界面。无论怎么来表述建筑，都是从形象识别开始的。

人们对建筑不只是单纯的视听感受，其中渗透了心理、人文、社会的影响，当下则更强调情景交融。人们虽然首先还是从建筑外观的形象着眼、从“眼、耳、鼻、舌、身”等感知开始，但决不停留于感知或外在之“象”。

在“象”的流动与转化中，外在的、感知的“象”被消解，进而转化或生成某种把握整体内涵的“象”。作为把握整体性内涵的“象”，已经是更高层次的精神之意象。正是借助“象”的流动和转化，以达到与“整体环境之象”一体相通的把握；建筑意象正是建筑意境得以生成的基础。建筑意境是以建筑意象为载体的，“境生于象，而超乎象”。

意境[1]是人们通过感知所处环境所给予的感知和意念，从而引发回忆与联想并进入感悟推理这个层次才能产生的，这就有一个特定时空情境与受众心理互动的过程。正所谓“触景生情，方生意境”；意境不是有限的“象”，而是无实无虚的“境”。“境生于象外”，是对“象”的突破从而更能体现天地之“道”，感悟于象、心入于境，或许可使观赏者对整个人生、历史、宇宙产生富有哲理性的感受和升华。建筑意境的魅力，正在于观赏者游走于其中的“心理情境再创造”。

中国传统表述中的“境界”一词，具有其实存义、虚存义和比喻义等不同用法，其中的比喻义属于哲学的维度，是“意境”一词不具备的[2]。“境界”比喻义是指由某种实存或虚存的场景及其氛围所引发的精神与心灵状态，这是主体、客体共鸣的结果。王国维先生在“境界、意境”两个概念上的选择与区分还是非常慎重的。相应地，在建筑感悟上使用“境界”一词，则是用其比喻义；有境界则自成高格，言气质、言神韵，不如言境界[3]。

建筑从设计到落成以及生长于特定环境之中，必然会体现着人的活动与环境的生态关联，有益的活动以及因时间延续而产生的新故事，将会营造出一种吸引人的情境感受、一种持久的活力、一种能够不断传承的环境氛围。

1 “意境、境界”的概念本由佛学而来。佛学认为，人有眼、耳、鼻、舌、身、意六根，具有认知能力；认知有色、声、香、味、触、法六境。人们认知各种境，有人所得只是虚妄境界，有人却可综合提升、认识到佛学最高境界，此即慧根。佛学认为：“能知是智，所知是境；智来冥境，得言即真”，这促进了文学、艺术上的意境说。王国维在《人间词话》中以“境界”作为衡量作品高下的标准，有其特殊贡献，因而也有其特殊地位。由于中国的文学与绘画、园林等密切关联，所以境界说就直接影响到绘画、园林乃至广义建筑等领域，并成为评价的重要标准。

2 “境界”的实存义可以理解为一个被界定的范围以及其中相关事物构成的整体场景及其氛围，从这个层面上说，还是指一个空间实存；虚存义则是呈现于心中的场景及其氛围，有特定空间建构，但并非实存；用“境界”的比喻义来论诗词并对此概念加以分析与论说，而且有意识地以此概念为核心建构起一个批评系统，是王国维的独特之处。参见：张郁乎．“境界”概念的历史与纷争[J]．哲学动态，2016(12)：91-98.

3 有境界则气质、神韵随之矣。参见：王国维．人间词话[M]．海口：海南出版社，2016，8：2+52.

10.2 苍山如海，悠悠天地

【中国禄丰侏罗纪世界遗址馆案例分析】

图 10-2 恐龙谷第一缕阳光与隐约的遗址馆

图 10-3 构思分析图

图 10-4 总平面图

在我国云南省禄丰县川街乡阿纳村的恐龙化石点，在同一地质剖面上发现了分别代表侏罗纪早、中、晚期的“禄丰蜥龙动物群”“川街恐龙动物群”和“川街马门溪龙动物群”[1]，而且数十条恐龙化石交错相叠，种类上既有植食性又有肉食性，时间跨度从 2 亿年前到 1.6 亿年前不等，这在全世界绝无仅有。

2006 年初，侏罗纪世界投资责任有限公司在此投资建设侏罗纪世界公园，拟在发掘现场上建造侏罗纪世界遗址馆作为整个园区的主馆。我们适逢其会，有幸参与了此馆的设计工作。从投标获中到项目建成的整个创作过程中，来自方方面面的限制条件不断虚拟碰撞、博弈取舍、情境整合，最终呈现出一个极具张力、充满原始自然力量的展示载体（图 10-2），且该遗址馆本身已经成为侏罗纪世界公园的一件重要展品。设计的现实，源于对基地的现状、事件的记忆以及使用的需求等诸多因素的反复斟酌（图 10-3、图 10-4），真正使建筑生长于这片土地之中，并能与这片土地包容共生。

看到络绎不绝的研究者和熙熙攘攘的在遗址馆前拍照留念的游览者，我们感受到了社会大众对该项目的一种肯定。从共生的角度来分析，随着时间的流逝，建筑物质生命的维续和社会生命的变迁是建筑与基地共生的主题内容。

讲究“共生中的包容性”，其目的就是从“物态”以及“非物态”的资源角度出发设定该建筑在将来的各种潜在价值，即便经历了时空沧桑，建筑显得残旧了，却更能体现出整体环境的岁月之美[2]。

1 参见：方晓思，赵喜进，卢立武，程政武．云南首次发现晚侏罗世马门溪龙化石[J]．地质通报，2004(Z2)：1005-1011；孙艾玲，崔贵海，李雨和，吴肖春．禄丰蜥龙动物群的组成及初步分析[J]．古脊椎动物学报，1985(1)：1-12；徐金蓉，李奎，刘建，杨春燕．中国恐龙化石资源及其评价[J]．国土资源科技管理，2014(2)：8-16.

2 中国人自古以来视自然为万物的本原，对自然采取了敬畏与呵护的态度；这种态度深刻地影响了传统的城市、建筑与园林。参见：王贵祥．中西文化中与自然观比较（上）[J]．重庆建筑，2002(1)：54-55+53.

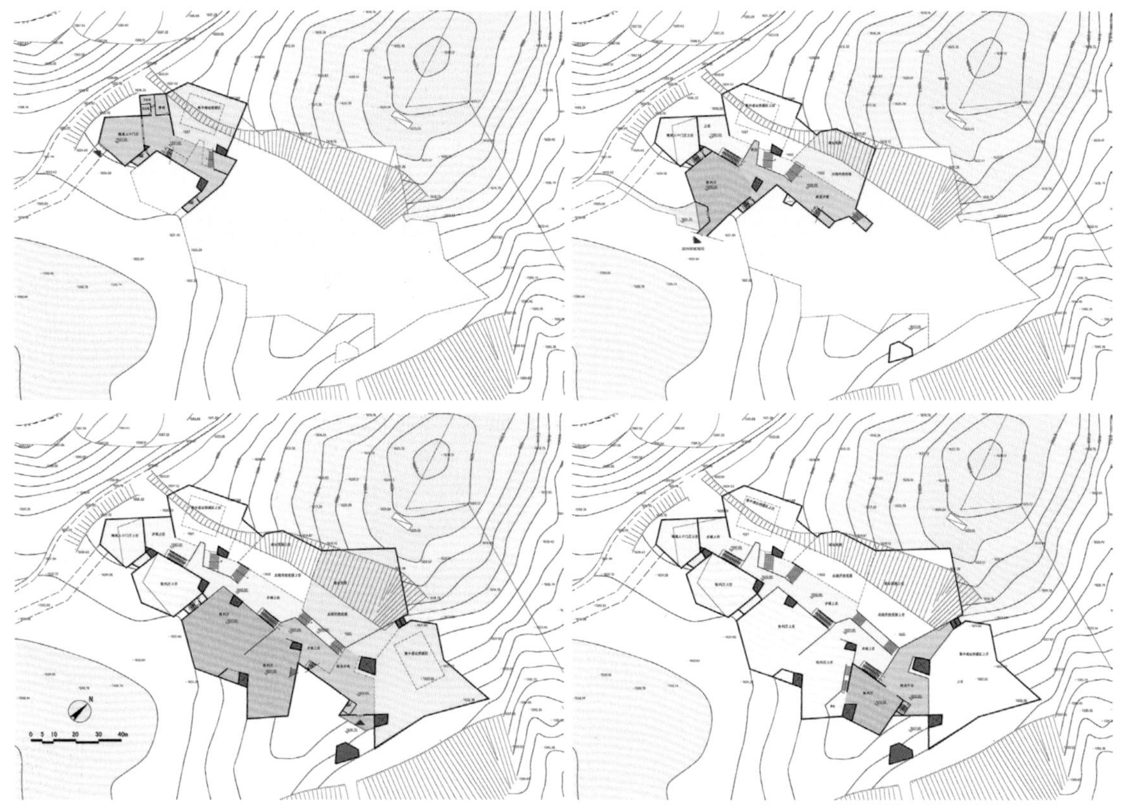

图 10-5 标高 1597.00、1602.00、1607.00、1612.00 处平面图

10.2.1 抽象与具象

踏勘基地时，恐龙谷连绵的群山以及灵动的阿纳湖，立刻就把大家带到了亿万年前的时空情境中，似乎直面了陨石从天而落、火山喷发、地动山摇、恐龙灭绝的震撼场景。在震撼之余，我们也在不断思考：即将生成的建筑，最为特定时空情境载体，应该以何种方式体现恐龙大灭绝的悲壮与凄美？带着思考参观了多处关于恐龙的主题展馆及博物馆，思路也逐步在“具象与抽象”之间清晰[1]。

在这里，一个具有生命力的建筑不应该是用直白的手法去模拟具象场景，太过具象会使其丧失想象力；也不能无视恐龙谷所引发的关于恐龙群族的意象。设计用建筑语言抽象出恐龙灭绝瞬间带来的震撼，通过抽象与具象之间的张力赋予其强烈的空间感染力，从而展示自然的强大力量。

创作的始终，我们重视把来源于基地的感触运用到建筑形态与空间中，将自然意向抽象融入建筑的神情，在数据耦合的层面上探索和表现特定遗址馆与基地的关系。力图通过倾斜、扭转、切削等建筑手法的运用，旨在传达来自远古恐龙时代的神秘气息（图 10-5）。

[1] 形体介乎具象与抽象之间，关键在于其中“度”的把握，即具象与抽象的平衡。参见：沈济黄，李宁．基于特定景区环境的博物馆建筑设计分析[J]．沈阳建筑大学学报（社会科学版），2008(2)：129-133.

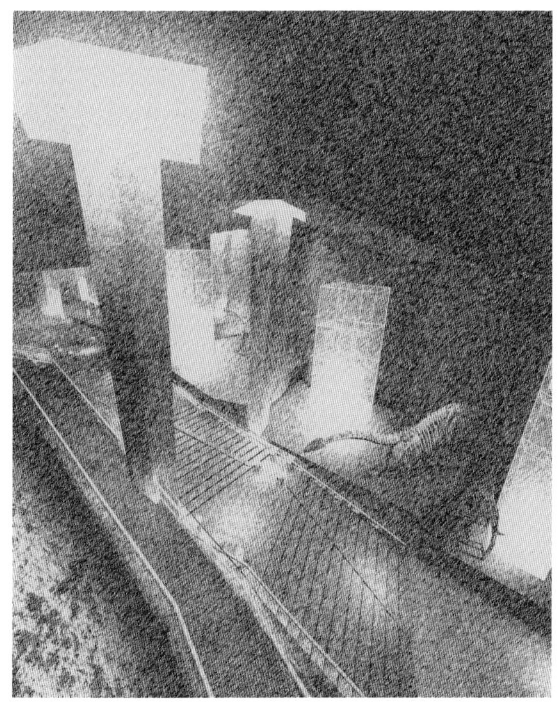

图 10-6 室内空间效果分析图

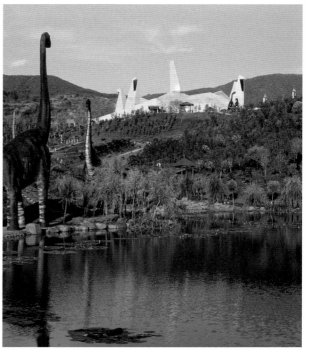

图 10-7 沿湖场景（黄海 摄）

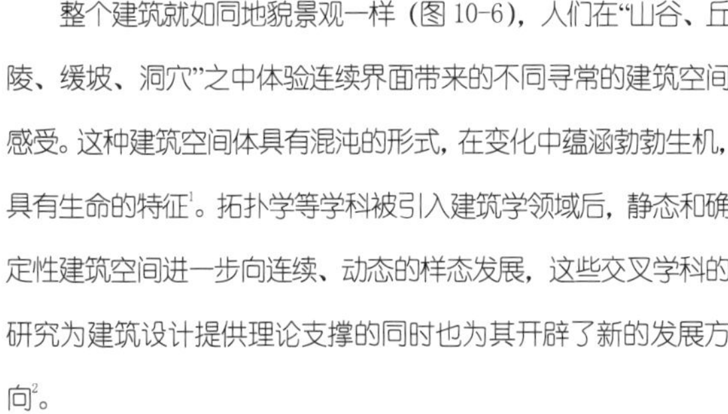

整个建筑就如同地貌景观一样（图 10-6），人们在“山谷、丘陵、缓坡、洞穴”之中体验连续界面带来的不同寻常的建筑空间感受。这种建筑空间体具有混沌的形式，在变化中蕴涵勃勃生机，具有生命的特征[1]。拓扑学等学科被引入建筑学领域后，静态和确定性建筑空间进一步向连续、动态的样态发展，这些交叉学科的研究为建筑设计提供理论支撑的同时也为其开辟了新的发展方向[2]。

1 许多研究者从风水审美观、意境审美观、混沌审美观、分形审美观和生态审美观等不同角度来探讨不同自然环境之间蕴含的美学关联，通过梳理这些审美观，分析建筑和环境的相互作用，讨论了为达成建筑、自然环境和城市环境整体和谐应依循的建筑形态创作的美学法则。参见：戴志中，戴蕾．山地建筑形态创作的审美思维[J]．新建筑，2013(3)：84-88.

2 拓扑学是一门研究空间、维度与变换等概念的学科，主要讨论的是几何图形或空间在连续变化后依旧保持不变的性质问题；如今拓扑学研究已经极大地从数学几何空间领域向物理空间发展。参见：智玉娟，毕向前．浅析拓扑变形视角下的建筑形体与空间秩序[J]．建筑与文化，2020(11)：207-209.

10.2.2 群山之“身”

恐龙谷基地为自然起伏的丘陵地貌，特征明显；要挖掘设计的个性，首先必须做到因形就势。设计通过建筑组合表现对自然地貌、山体的吸纳与借鉴，将对基地以及事件的理解和情感用建筑语言表现出来。使现代建筑技术所支撑的建筑空间在满足人们参观游览的同时，也使人们能体验到自然的某种动态与力量。建筑形态追求一种具有恐龙性格且来自侏罗纪的远古建筑感受，力求体现建筑最原始的力量（图 10-7）。

遗址馆建筑以其动感倾斜的形体生长出群山之“身”，盘旋于山谷之间，成为基地山体的一部分；又隐喻了山崩地裂的山体滑坡及火山喷发的宏大场面，简洁有力且极富雕塑感。抽象而雄伟的棱状结构柱相互交错，进一步强调并激发恐龙灭绝大峡谷的自然意象。

图 10-8 入口广场

图 10-9 层层错落的恐龙骨架展台（黄海 摄）

图 10-10 恐龙化石展柜

同时，又能以群山为背景而整合出新的样态，使基地因建筑的引领而传达出一种更具雄浑、苍茫的环境感受（图 10-8）。形态是空间的交互界面，人们正是通过辨别形态来确认空间的界定；空间与人的活动结合在一起，形成了场所；形态、空间、场所，正是一组相互依存的概念。为使遗址馆空间与人们的情感体验紧密联系，必须唤起参观者的场所认同[1]；要唤起参观者的场所认同，增强整个建筑空间系列的“可参与性”是关键，这正是遗址馆设计关注的重点。

由于建筑处在丘陵起伏之中，设计充分考虑不同视点下的建筑形态，利用基地地形起伏所形成的高差，进行有效的剖面设计；以极具张力和动感的内部形态，激发人们的兴趣而乐意活动于其中。把人们在遗址馆中的“参观”流程，具体化为“体验、融入、成为情境中的一部分”；这样就体现了场所的物理特征、人的活动以及活动的含义这三者之间的整体性[2]。基地中挖掘出来的大部分禄丰恐龙化石均十分完整，连小的尾椎、趾骨及发掘时最易碎的肋骨均保存完好，骨纹也相当清晰；层层错落的恐龙骨架展台、恐龙化石挖掘展区等包容在独特的形态中，内部空间形态与展陈内容相得益彰（图 10-9、图 10-10）。

把“共生中的包容性”一直贯彻设计与建造的始终，使得遗址馆建筑在处理好建筑与环境、遗址和人的关系等方面诸多头绪得以有效梳理，促使建筑实现环境认同和归属的本质[3]（图 10-11）。

1 语言文学领域中“叙事”这一概念，是从语汇、结构、表达媒介三个方面入手来增强读者的参与性的；若将文学叙事手法引入建筑空间设计与序列组织，则可以启发当代城市、建筑、景观等领域的叙事性设计策略。参见：杨茂川，李沁茹．当代城市景观叙事性设计策略[J]．新建筑，2012(1)：118-122.

2 强调人在场所中的体验，尤其是强调普通人在普通环境中的活动，正是强调场所的诗意回归、人性的回归和故事的回归在城市公共空间设计中的作用。参见：杨亚洲，徐婷．浅析城市公共空间设计的宜人性[J]．沈阳建筑大学学报（社会科学版），2008(2)：134-137.

3 锚固于环境、强化遗址主题展示、丰富参观体验过程、引导驻足与停留等策略，有助于创作出体现场所精神和意义的遗址博物馆建筑。参见：裴胜兴．论遗址与建筑的场所共生[J]．建筑学报，2014(4)：88-91.

图 10-11 群山之身（黄海 摄）

图 10-12 恐龙谷的黄昏（王玉平 摄）

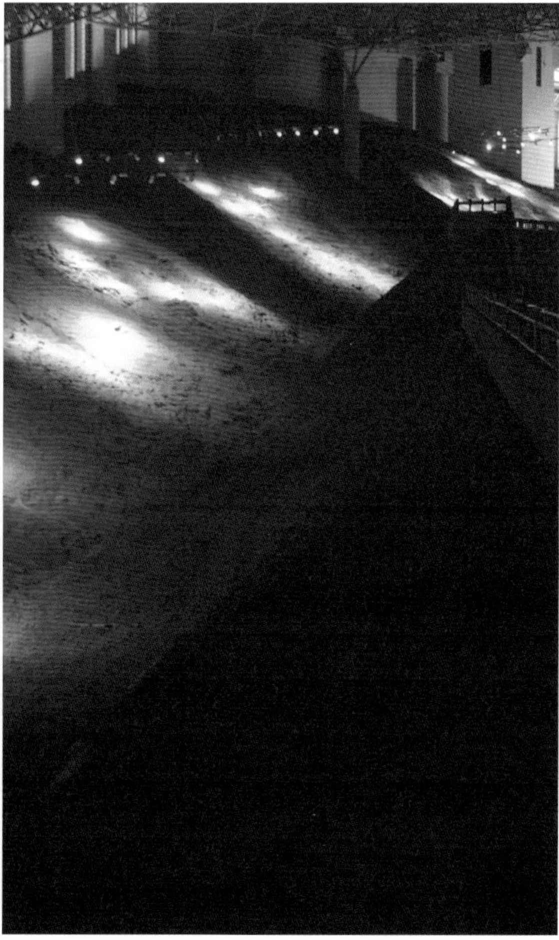

图 10-13 恐龙化石挖掘展区

同样地，在越来越有别于传统环境交互特征的信息时代，找寻基于“情感关联”的共有价值取向，借鉴与对应“场所依恋”理论[1]，平衡建筑实践讲究的“共生中的包容性”颇具功效。

1 信息时代人与建成环境交互有了一些新问题，数字化生存中人与建成环境传统交互特征有了新变化；人与建成环境交互特征的本质、交互研究的理论发展以及数字技术的应用趋势等研究，还是要回归“情感关联”。参见：张若诗，庄惟敏. 信息时代人与建成环境交互问题研究及破解分析[J]. 建筑学报，2017(11)：96-103.

遗址馆设计在充分保护遗址的前提下，各专业在不断地反馈与协调中逐步实现了建筑的最终形态。

在自然与人工之间，遗址馆建筑在不断动态中寻求与基地环境的新平衡[2]（图 10-12、图 10-13）。

2 建筑领域的设计情境始终是基于建筑基地特有的资源与条件建构起来的，不能移植。参见：董丹申，李宁. 内敛与内涵——文化建筑的空间吸引力[J]. 城市建筑，2006(2)：38-41.

图 10-14 遗址馆夜景（黄海 摄）

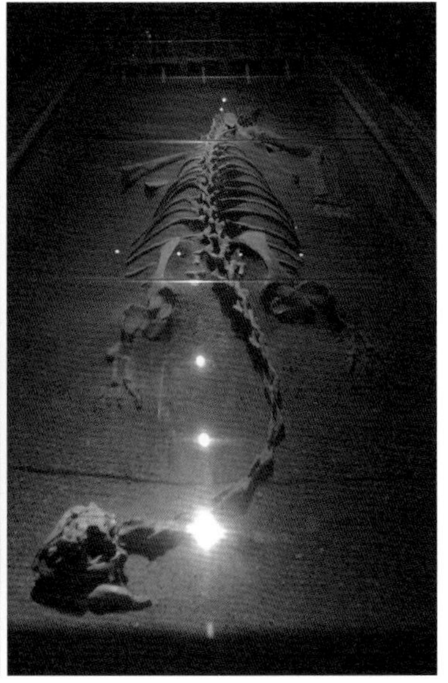

图 10-15 1938 年禄丰出土的中国第一具恐龙骨骼化石

10.2.3 环境耦合器

在建筑领域，建筑与基地之间可以理解为多场耦合[1]，从而使得建筑与基地形成一个新的、完整的环境共同体。在构想、图纸、模型等虚拟态中确立的建筑形态，到以实物的形式砌筑在基地中不是一蹴而就的。虽然事先已经对恐龙化石经过勘查与定位，但现场放样中还是发现局部结构柱的基础位置埋藏有恐龙化石。于是重新定位结构柱并调整建筑形态，最终成功保护了遗址，也促成了遗址馆形态的最终确立（图 10-14、图 10-15）。

在这里，建筑不仅仅与地表环境产生互动，还深入到地下，在亿万年前的恐龙遗骸之间寻找“立足点”，在理性的互动与整合中建立空间秩序。建筑深层次地融于恐龙遗址，从亿万年前的地下生长出来，让尘封了亿万年的历史迸发出新的生命。

在建筑实践过程中，要解决的许多问题是多种“场”的叠加问题，因为这些“场”之间是相互影响的，这就属于多场耦合的范畴。遗址馆在各方面借用基地的“势”来强化建筑的感染力，进而作用于活动其中的人们。

[1] 耦合是指两个或两个以上的电路元件或电网络的输入与输出之间存在紧密配合与相互影响，并通过相互作用从一侧向另一侧传输能量的现象；概括地说耦合就是指两个或两个以上的实体相互依赖于对方的一个量度；1995 年尼科斯·A·萨林格罗斯博士将这一物理学概念引入建筑领域。参见：梁江，贾茹. 城市空间界面的耦合设计手法[J]. 华中建筑，2011(2)：5-8.

大跨度的建筑体量和建筑空间必然带来结构建造难题以及建造的经济性问题。设计将整体造型从结构建造合理性出发，设置了一系列巨型结构柱，很好地解决了这一问题。既烘托了室内恢宏的气势也丰富了空间层次，同时通过外部形态组织形成别具一格的视觉吸引力，从而实现了结构经济性与形态标识性的双赢。

从节能的角度来看，博物馆的这些中空的混凝土斜柱不仅减少了建筑跨度，节约了造价，其顶部设置的通风百叶起到了拔风的效果，形成自然对流的通风模式。经过这些年春夏秋冬的轮回，验证了能够使遗址馆大空间中不需要机械排风就能达到通风换气的标准，最大限度地达到了节能运行的目的。由于云南独特的地理气候条件，有效的自然通风组织尤显重要。如今日益发展的建筑技术，使得设计的可能性越来越多。但设计并非一味地追求更新的建筑技术，而是要考虑所运用的建筑技术是否适宜[1]。

针对恐龙遗址馆设计与落成的整体模式，正是平衡建筑实践模式中的"共生中的包容性"。首先是建筑模块的求变，即创造性地构建不同于基地本身现状的新样态。其次，该建筑模块新样态被包容于基地环境中，两个模块的多场耦合形成了新的环境共同体，打破旧平衡、构建新平衡。

这个新的环境共同体就如同一个环境耦合器，在这个环境共同体系统间传递"功率"，即整体恐龙谷"环境势能"所蕴含的信息功率；相应地，从耦合的角度分析，是由三部分组成，即场地原始信息的接收、信息的发送和信号的放大[2]。

首先将场地古老的信息进行串联，植入建筑模块之中，协同亘古以来的山水风云，将场地的古老信号集成新的更易解读的建筑空间信息，然后将放大的信息发到外面去，发到络绎不绝的受众之中。其次便是在内部按照符合现代习惯的参观流线，将恐龙化石等场地遗存衔接到参观线路中，它的场地信号会通过这个环境耦合器进一步放大导通。

从建筑作为环境中一种物质实存这个角度来讲，终还是要落实到形态上，而建筑形态的生成和适宜性是由其所处的环境形态来激发和评判的。中国禄丰侏罗纪世界遗址馆不是被设计出来的，而是在与基地的呼应之间通过抽象与具象、地貌与洞穴、适宜与整合等多元碰撞、多场耦合中生发出来；在碰撞与多场耦合之间寻求到独特的生命力[3]。

竣工后我们站在恐龙谷，夕阳斜照、苍山如海，揣测着不知为何迄今为止所有在禄丰发掘出的恐龙化石之头皆朝向东方。当我们站在远处的山头打量这山、这水、这建筑的时候，感觉自己像是猎手（图 10-16）。只是我们要捕捉的是在群山环抱着的建筑与基地中光与影和谐的旋律，以及建筑介入基地环境的适宜方式，并将此运用到新的设计之中。

我国传统山水文化表现为"以人合天敬畏山水，象天法地范摹山水，淡泊出世寄情山水"；在山水文化中，对山川河流的态度只有生存性、可容性而无征服性，对林木则是共享移情式的关系而非砍伐滥用[4]。

"共生中的包容性"也正契合了传统文化的脉络，于建筑及其环境的日常、生长之中，给人平和温馨的感动。

---

1 许多学者从经济角度对适宜技术进行研究，通过对成本的经济效益的重新考察确立适宜技术的技术策略。参见：陈晓扬，仲德崑. 适宜技术的节约型策略[J]. 建筑学报，2007(7)：49-51.

2 有研究者针对城镇化与生态环境之间客观上存在着极其复杂的近远程非线性耦合关系，将耦合性分为低度耦合、较低耦合、中度耦合、较高耦合、高度耦合和完全耦合 6 种类型，分别对应随性耦合、间接耦合、松散耦合、协同耦合、紧密耦合和控制耦合，进而建构由不同变量构成的耦合调控器；其中就展示出交叉学科的巨大潜力。参见：方创琳，崔学刚，梁龙武. 城镇化与生态环境耦合圈理论及耦合器调控[J]. 地理学报，2019(12)：2529-2546.

3 空间没有功能的制约，往往是创新空间中最富活力的区域，是充满戏剧性与趣味性的空间，通常称为技术人员放松心情、交流思想的理想场所。其活力来自于空间功能的不确定性，因为人们非常乐于在一个空间内寻找不同功能，功能边界模糊不清的建筑空间存在着更多的潜在的活动，而建筑师的任务就是用充满想象力的手法来为这种潜在的活动提供可能性。参见：曾鹏，曾坚，蔡良娃. 当代创新空间场所类型及其演化发展[J]. 建筑学报，2009(11)：11-15.

4 寄情山水令居之者忘忧、寓之者忘归、游之者忘倦；这融自然美和艺术美为一体的山水艺术折射出根深蒂固的中国传统人文观念。参见：金俊，李晓雪. 从江南私家园林看中国传统景观观念[J]. 华中建筑，2009(7)：157-158.

图 10-16 苍山如海，残阳如血

10.3 本章小结：无限时空

建筑要让人获得感动，离不开“情境”。作家通过文字来营造情境，音乐家通过声音来营造情境，建筑师则通过建筑空间来营造情境；方式虽各不相同，但目的是相通的。

成功的建筑，就是能在理性的设计需求分析中融入特定的真情实意，始终以与建筑密切相关的“人”的感受作为设计的着眼点，去研究整体的环境、人群、现行习俗及其历史背景，通过当下的建筑技术条件采取适应性的设计策略，提升和再生使用者的生活环境，从而使其具备更多的内涵和更新的意义[1]。

每个人心中都会有一个生活的场景，常常在不经意间浮现出来，它是我们记忆中充满乐趣的情境；每个人心中也都会有一种熟悉的触动，常常随特定的记忆情境而涌现，它是我们认知和把握这个世界的良知感应。

平衡建筑要让人感动，实体和虚体同样重要；细部节点则是与人的生活最密切感知的媒介。建筑师在设计过程中，“形象、意象、意境、境界”应该是作为一个整体考虑；考虑的角度，必然是从建筑设计者所“以为”的，转向建筑的“受众”所“接受并感受到”的。

建筑作为文明的载体，使文化变成空间，使无形转为有相，使精神可触可寻；其实现过程，则是对形质表里小心翼翼的落实，是对时空情境惊喜不定的期盼，是对朦胧意涵心有灵犀的敏感，是对建筑生命感同身受的呵护，是对丝丝缕缕又动态变化的空间语汇的感同身受，及感同身受后的心旷神怡[2]。

---

1 随着现代城市建设及社会生活方式的演变，城市空间还是应追求承载交往、定向、识别、认同感、获取资讯等诸多城市生活功能。参见：陈青长，王班．信息时代的街区交流最佳化系统：城市像素[J]．建筑学报，2009(8)：98-100.

2 从生长的角度来分析，建筑不是由固定的零部件组成的，而是由动态变化的、生长着的细胞组成的。参见：李宁．建筑聚落介入基地环境的适宜性研究[M]．南京：东南大学出版社，2009，7：202.

第　十　一　章

结语：建筑的设计与辩护

图 11-1 西湖山水间：千年等一回

接手一个建筑设计项目之时，就是设计团队不断为设计进行辩护的开始。在情与理、技与艺、形与质之间的平衡，使平衡建筑的设计与辩护具有足够的活力。

接手一个建筑设计项目之时，就是设计团队不断为设计进行辩护的开始。既然是辩护，就要不断寻找有利于辩护的证据与理由。

在建筑设计领域，评判永远不会是“是与非”的裁决，而只能是一种基于经验的利益权衡，这就涉及谁拥有话语权。事实上，现代自然科学也进入类似的尴尬。比如直到近代，在科学研究领域终极目的还是追求放诸四海而皆准的真理，并通过这些真理来解释自然，指导生产生活实践。而现代科学，则是基于概率的科学，很多命题无法“证实”或者“证伪”，只能通过概率来解释[1]。

解释就是一种自我辩护。从量子纠缠等复杂的检测与验证来看，传统自然科学研究已经走出了绝对真理的象牙塔，从而建构起庞大的辩护共同体。那么，在介乎自然科学和社会科学之间的建筑领域，需要自我辩护更是理所当然了。

基于概率的现代科学，对科学的解释势必就需要“话语权”，这就是一种“权力”。针对一些科学设想，院士或者相关国际著名科学团队的推断肯定比寻常贩夫走卒的说法更有说服力，虽然广大民众并没有听懂其奥妙。

涉及“权力”，自然就涉及掌握“权力”的人。英语单词“Power”比中文“权力”似乎更具有兼容性，少一点咄咄逼人的味道。但“Power”还有电源开关的指向，那么掌握着“Power”的人一摁，就会有一种优势。

当然，在此并非想表述设计团队大多处在一种弱势群体的地位反复为自己设计进行辩护的郁闷，而是试图从现代大科学的模式来分析建筑设计辩护的缘由与特点，从而说明建筑设计团队据才而辩的能力培养之重要性。

11.1 话题的起点

作为讨论这个话题的起点，必须由衷地把原先的“内部视点”扩展到“外部视点”。建筑设计团队已经习惯于不停地在办公室“外部”活动，与用户、政府官员、审图单位、监理单位、施工单位、同行、传媒以及公众保持着联系。这些联系直接影响，甚至决定着办公室“内部”的设计工作。一旦这些联系中断，内部的设计工作将陷入停顿。

传统建筑师由于一种思维惯性，即一旦处理一件事情，就试图去尝试将这件事的所有因素都置于控制之下。事实上，面对当今的建筑设计工作，设计团队须从心理层面彻底转变与传统方法直接关联的固有思维方式。在建筑介入特定基地环境的过程中，设计团队并非主帅，而是参谋，是在一个背景日趋复杂的参谋班子中从事其专业工作。

毫无疑问，现代建筑的复杂性迫使设计与决策所涉及的相关学科和工作领域越来越复杂[2]。传统建筑学必须吸纳更多的不同学科观点，试图造就某种全才的想法也变得越来越不现实。

在整个过程中，设计团队最应尝试的是建立更广泛的合作和拥有更多达成共识的能力，而不是试图建立更广泛的权威。设计团队要不断学习经济学、社会学、生态学等各种知识，目的是建立起更广阔的可对话平台，而不是去代替其他类别专家的作用[3]。

11.2 类比：现代科学的力量在于其辩护的资源

其实，如今科学知识之所以有力量，并非因为它自身就是“真理”，而是因为它能从“社会”中发掘并调动起各种建构与辩护的资源。而社会中的辩护资源一旦枯竭，科学知识便不再有力量可言。科学研究活动成功与否的关键，在于该研究能否引起别人或者说社会的注意与兴趣，接着再把他们纳入自己的“研究与开发共同体”中来。

---

1 科学解释与解释项和被解释项之间的概率关系密切相关，但是对概率的理解影响科学解释的发展。关于客观概率、倾向概率、主观概率的分析涉及对科学解释内在机制的界定以及对科学解释的研究。参见：闫坤如. 科学解释中的概率探析[J]. 创新，2016(2):64-70.

2 古之论学，多属传统人文科学；小者称学识，大者言学问。今之现代科学，多分而治之，称为学科专业。学科者，科学之分门别类。学科为科学分类单元，若能就研究事物类别作出划分界定，便可立名为学，称之学科。参见：张波. 关于国学学科范畴之思辨[J]. 西北农林科技大学学报（社会科学版），2021(2)：2.

3 从战略层面看，更是要重视多学科、多角度、多层面。参见：尹稚. 对城市发展战略研究的理解与看法[J]. 城市规划，2003(1)：28-29.

社会中人们的利益关系与旨趣各不相同，必须把研究者自身的利益与更多的其他人利益加以关联，只有在相互利益关系密切关联的基础上，才能构建起一个强大的、具备凝聚力的研发共同体。不是说“内部”的研究工作不重要，而是说仅凭“内部”的工作不足以构建起科学的说服力[1]。

同样地，建筑设计团队若仅仅驻足于“内部”，终究会变得孤立无援。从大层面看，建筑是由有共识的设计、开发、管理等各相关领域人员共同参与，这就包括了设计、图审、施工、监理、环境学者、经济学家、政府管理者、社会学家、开发商和社区活动家等诸多类别[2]。

11.3 库恩的范式概念

托马斯•库恩在科技文化的建构上提供了一个范例，即一条历史的、具体的建构途径，认为要想解释一种活动，就必须把它置于特定的情境中来理解，这就要求对情境进行建构[3]。

“范式”或者说“科学共同体”，正是通过建构得到的。库恩考察科学史的一个重大发现，就是科学革命的发生发展都由科学共同体实施范式转换来完成。库恩在此认知基础上概括出一种以本体论、认识论、方法论为归趋的科学范式理论[4]。

库恩的“范式”概念，实质上是由一组情境性的条件构成的。其中既包含了历史上传承下来的科学立场与世界观，也包含既有的研究成果、路径经验以及实验手段等。

共享范式，能使研究者识别什么是值得去做的，以及实际上已经做了或没有做什么。“科学共同体”与其说是科学从业者的集合，不如说是研究能力与条件的集合。接受一种“范式”，才能进入这种科学研究所特有的文化场景中，不仅能了解以往的研究成果是怎样完成的，更重要的是，你还能以范例为起点来着手新的研究。可见接受一种范式，不仅是理解和相信某个陈述，还要通过它来获得某种辩护支撑。

在建筑领域，有些单位在介绍设计之前往往会展示其单位的诸多业绩与资源，这其实就是构建其“辩护支撑”的一个步骤。只要理解了库恩的“范式”概念，其中隐含的内在逻辑就很明晰了。作为吸引社会各方加入辩护共同体的有效方式，不妨把自己单位有说服力的成果作为有效的辩护资源进行展示。品牌的信任度，就是“辩护支撑”的社会体现，这样的团队显然比只注重经济效益的高明。当然，更高层次的单位更注重制订“标准”，制订“标准”显然与话语权的关联度更大。

11.4 建筑设计与辩护的特点分析

在现代社会的大环境中，交织着无形的依存之链，把科学、技术与社会链结成一张网络，这与生物链有着异曲同工之妙。如果把个人、群体、企业、研究机构、管理部门等单位从这网络中分离并孤立起来，便不再有运行能力可言，甚至不可能存活下去。建筑的设计与辩护，就是在这样的网络情境中进行的[5]。

11.4.1 特定时空的情境：地方性

这里所讲的地方性，不单是从空间或地理意义上说的。传统的知识观念追求普遍有效的知识，这就要求知识的创造与传播保

1 科学传播已从传统科学发展成为现代科学，从公众理解科学转向公众参与科学，逐步以受众为中心，为国家创新与公共科学服务体系建设奠定了基础。参见：刘宁．评《科学和参与科学技术：议题与困境》[J]．科技进步与对策，2021(4)：161.

2 从参与者的广泛性分析，可以向新城市主义学习其工作方法；新城市主义的组织方式和工作方法对城市设计的意义并不逊于其主张的形式和内容。参见：林中杰，时匡．新城市主义运动的城市设计方法论[J]．建筑学报，2006(1)：6-9.

3 托马斯•库恩继波普尔之后引发了一场科学方法论革命，提出了以范式概念为核心的理论，其中主要包括三部分内容：范式理论、不可公度性理论和科学动态发展理论。参见：张国清．当代科技革命与马克思主义[M]．杭州：浙江大学出版社，2006，10：49.

4 库恩范式理论核心的有机构成包括科学革命范式、科学共同体、常规科学、范式转换理论等内容。参见：祝克懿．文本解读范式探析[J]．当代修辞学，2014(5)：12-28.

5 吉登斯现代性提出了一个重要概念，即反身性。现代社会是一个依赖于科学的风险社会，强调科学社会权威地位对人们现代生活的重要性与必要性。然而，科学的社会权威并不是无条件的，科学传播作为新型领域，致力于促进公众理解科学以维护其社会权威性。但与此同时，反身性也在科学传播的过程中作用着，科学传播反而加深了公众对科学的不信任。要想避免这种消极影响，未来的科学传播可能会走向情境叙事。参见：赵艺涵．科学传播对公众信任科学的消极影响研究——基于吉登斯现代性反身性思想[J]．科技传播，2020(24)：42-44.

持“中立”的立场。但是库恩以来的科技文化研究说明，研究总是受一定的传统、信念所约束，而这些实际上已经构成研究的立场，科学家不可能不带任何成见。至于开发性的研究就更是这样，并且还要受利益关系的支配。那些纯粹的、不带任何功利目的知识显然不是现代创新文化的主流。若说有立场，带成见并受特定利益关系支配的情境就是一种“地方性的”情境的话，那么在此情境下产生并得到辩护的知识也就是“地方性知识”[1]。

“何种答案、回答何种问题，依具体事实而定”这句话，实际上是解释学的原始现象：没有一种陈述不能被理解为对某个问题的回答；也只能这样来理解各种陈述[2]。解释就是对行为进行辩护，就是寻找“结果的原因”。辩护的主体既不是作为类的人，也不仅是作为个体的人，而是个体得以协同的共同体，通过利益“转译”就构建起新的利益共同体。一种协同文化的建构是以“转译”而不是“扩散”的方式实现的，明确了这一点我们就不会简单地从别处移植一种文化。同样，建筑领域的设计情境也始终是基于建筑基地特有的资源与条件建构起来的，不能移植。明白了这一特点，就会理解辩护要基于此时此地、此情此理。

11.4.2 动态发展的情境：不确定性

往往出现这样的情况，科技研究者倾其毕生的精力投入研究时，甚至根本不可能事先预测到研究的结果。同样的情况也出现在建设开发中，尽管投入了大量的资金，但由于种种原因，开发项目并没有带来预想的回报。不确定性本身就意味着一种风险，风险投资正是建筑设计与辩护构成中的必要条件。降低高风险的最好办法就是要有人共同承担风险。

建筑项目会产生如此大的不确定性的原因在于，围绕建筑项目的是一个由不同解释者所构成的复杂共同体，建筑的生成过程实际上是在不同解释之间的分歧与协调中进行的。建筑创作不能简单地等同于传统意义上的发明，因为其中还必须包含使用者对成果的重新解释。观察问题的角度不同，所做出的评价就会不一样。只要存在不同的解释者参与这个过程的情况，那么结果对每一个参与者来说始终是不确定的。

“人心惟危，道心惟微；惟精惟一，允执厥中”，就是应对诸多不确定性的不二法门。执中，即在纷繁芜杂的不确定中把握相对平衡。建筑设计的辩护不是去论证是非，或者去扭转对方的思路，而是站在辩护共同体的角度来说明共赢的可能性。

11.4.3 多元并蓄的情境：开放性

一种辩护共同体的存在必定能容忍风险，但是建构辩护共同体的真正目的是为了降低风险。降低风险的途径不是去消除存在于不同解释者之间的分歧，而是通过共同参与和磋商来寻求共识。辩护共同体正是一种在容忍分歧的同时寻求共识的情境。设计团队必须做两件事：第一，把其他人纳入进来，让他们参与到项目的建构中来；第二，把他们的行为纳入进来，使他们的行为变得相对可预测。在这里，开放性是前提。只有把他人纳入辩护共同体中来，才有达成共识的问题，才有建立磋商机制的必要。另外开放性也体现在对传统的开放中，这意味着首先应该把传统纳入到辩护共同体中来，其次才谈对传统的改造与重构。

理解了开放性这个特征，就明白建筑设计的辩护绝不是要证明自己是多么正确，而是先要在多方博弈中找到均衡点，并据此来展开设计与辩护。“纳什均衡”理论及其应用已经深入各个领域：第一，在多方博弈中，博弈均衡点是存在的；第二，该均衡点通常并不见得是最佳解答，而是一种策略组合[3]。

---

1 带有文化相对主义特征的引进“地方性知识”的研究，是对多元的历史的承认和尊重，是对其他民族和智力方式之合法性的认同。参见：刘兵，卢卫红．科学史研究中的地方性知识与文化相对主义[J]．科学学研究，2006(1):17-21；文化相对主义是文化民族主义、文化多元论、文化多样性理论、多元文化主义和后现代主义的一个重要理论来源。参见：杨须爱．文化相对主义的起源及早期理念[J]．民族研究，2015(4):107-126.

2 参见：(德)汉斯-格奥尔格•加达默尔．哲学解释学[M]．夏镇平，宋建平，译．上海：上海译文出版社，1994，1:11.

3 纳什均衡分析法可展开为寻求纯策略、混合策略、子博弈精炼、多重组合等方面研究。参见：张峰．论博弈逻辑的分析方法——纳什均衡分析法[J]．北京理工大学学报（社会科学版），2008(2):95-99.

11.4.4 新故关联的情境：延续性

建筑设计领域的创新是一个永恒的话题，创新的基础在于是否建构了一个恰如其分的辩护情境。历史的存在和时代的进步是建筑领域设计创新的切入点，对历史的继承总是通过时代的需要来进行选择的，与环境的对话也是通过时代的语言来进行交流的。

建筑设计之所以要基于基地环境条件，是因为只有这样才能把建筑的命运与更强大的、在应对和解决相关难题时更具经验的基地周边更大范围、更高层级的建筑聚落及其命运联系起来。人们经常会认为建筑创新就是更改一下某种技术工艺、外观形式上的突破，或替代某种建筑材料与构造等，这只是狭义的理解；其实建筑创新具有文化网络的特征。

“网络”一词的意思，是通过节点的通路相互链接，形成网状结构，这些链接把分散的资源转变成一张无所不在的强大网络。网络概念有助于理解建筑设计活动赖以进行的情境，使之在特定的群体中所担当的角色适合于确定的脉络和情境[1]。

18世纪的启蒙主义认为要把创新与传统划清界限，似乎创新以及与之相伴随的进步就是“反传统”或“与传统决裂”。事实上，“传统”一词的原意是指一种可传承、可转移的条件。正是这些条件，使我们产生了路径依赖。

启蒙主义者认为这种“依赖”就意味着束缚和羁绊，认为“启蒙”就是人类摆脱了搀扶而独立行走，打破了传统的桎梏而独立思考[2]。但沿着启蒙主义者的道路走下去，会容易忽视甚至忘却传统另一方面的意义：作为可传承、可转移的条件，传统恰恰又构成了我们新行动的出发点。

不仅如此，传统同时也为辩护提供了原动力以及各种必要的资源，传统是产生理解的条件。因此，想要彻底割裂传统的做法是行不通的，知识的生成条件与辩护资源也会渐渐枯竭。建筑设计与辩护的情境构建，应该在传统与未来、继承与发展之间保持必要的张力。

11.5 尾声

分析一个词或一句话的语义，就必须把它们置于特定的用法情境中来分析，用法就是意义。话语总是在一定的用法情境中生成的，要想完整地理解这句话的意思，就必须重构出生成这句话的情境条件，所谓情境化就是在这一意义上说的。

新时期的建筑创新文化无疑具有更大的开放度、更高的关联度与不确定性，以及更浓的地方性色彩。孤芳自赏、关起门来自娱自乐，显然不能适应时代的要求。这是一种情境的变迁，情境的变迁意味着沟通基础的转换。

从沟通基础的角度分析，建筑设计创新所指涉的问题与其说是怎么去想、去做设计，不如说是由此去思考与构筑建筑设计与辩护的情境，此即建筑设计原创的价值与意义的源头。建筑的设计与辩护追寻的不应是一个非此不可的最终结果，而是一个开放的、能够不断发展的情境。

综合“人（业主、设计、施工、管理等多方主体）”的“讲理、求变、共生”等三个方面的着力，与“物（建筑、基地）”的“人性化、创造性、包容性”等三重内涵的呈现，“讲理中的人性化、讲理中的创造性、讲理中的包容性、求变中的人性化、求变中的创造性、求变中的包容性、共生中的人性化、共生中的创造性、共生中的包容性”等系列实践模式，展示了平衡建筑在知行合一思辨与落实中的努力。

在情与理、技与艺、形与质之间的平衡[3]，使平衡建筑的设计与辩护具有足够的活力。

---

1 阿摩斯•拉普卜特详细讨论了特定环境脉络和情境对于人的作用，这里认同其观点，一是因为建筑与特定环境脉络和情境的关联，是与人一样的；二是因为特定环境脉络和情境能够作用于“辩护共同体”，从而就作用于即将介入基地的建筑。参见：(美) 阿摩斯•拉普卜特. 建成环境的意义——非言语表达方法[M]. 黄兰谷，等译. 北京：中国建筑工业出版社，2003，8：39.

2 启蒙理性主义、浪漫主义都是历史唯物主义的内在维度；浪漫主义批评启蒙理性主义的要点有两方面：一是善屈从于功利、真理屈从于自由；二是理性的工具化以及虚无主义的呈现。参见：刘森林. 启蒙主义、浪漫主义与唯物史观[J]. 南京大学学报（哲学、人文科学、社会科学版），2010(3)：16-27.

3 情理合一、技艺合一、形质合一，是平衡建筑的三大核心纲领。参见：董丹申. 走向平衡[M]. 杭州：浙江大学出版社，2019，7：7.

参考文献

第一部分：专著

[1] 习近平. **之江新语**[M]. 杭州：浙江人民出版社，2007，8.

[2] （明）王阳明撰. 于自力,孔薇,杨骅骁,注译. **传习录**[M]. 第二版. 郑州：中州古籍出版社，2008，1.

[3] 董丹申. **走向平衡**[M]. 杭州：浙江大学出版社，2019，7.

[4] 崔愷. **本土设计 II**[M]. 北京：知识产权出版社，2016，5.

[5] 李兴钢. **胜景几何论稿**[M]. 杭州：浙江摄影出版社，2000，9.

[6] 倪阳. **关联设计**[M]. 广州：华南理工大学出版社，2021，1.

[7] （美）凯文•林奇. **城市形态**[M]. 林庆怡,等译. 北京：华夏出版社，2001，6.

[8] 吴震陵，董丹申. **惟学无际——中小学校园策划与设计实践**[M]. 北京：中国建筑工业出版社，2020，6.

[9] 李宁. **建筑聚落介入基地环境的适宜性研究**[M]. 南京：东南大学出版社，2009，7.

[10] 庄惟敏. **建筑策划导论**[M]. 北京：中国水利水电出版社，2001，10.

[11] （美）格朗特•希尔德布兰德. **建筑愉悦的起源**[M]. 马琴,万志斌,译. 北京：中国建筑工业出版社，2007，12.

[12] （法）昂利•彭加勒. **科学与方法**[M]. 李醒民,译. 北京：商务印书馆，2006，12.

[13] （美）阿摩斯•拉普卜特. **建成环境的意义——非言语表达方法**[M]. 黄兰谷,等译. 北京：中国建筑工业出版社，2003，8.

[14] 邹华. **流变之美：美学理论的探索与重构**[M]. 北京：清华大学出版社，2004，8.

[15] 中国社会科学院语言研究所词典编辑室编. **现代汉语词典**[M]. 第六版. 北京：商务印书馆，2012，6.

[16] 刘维屏，刘广深. **环境科学与人类文明**[M]. 杭州：浙江大学出版社，2002，5.

[17] 欧阳康，张明仓. **社会科学研究方法**[M]. 北京：高等教育出版社，2001，12.

[18] 王建国. **城市设计**[M]. 第三版. 南京：东南大学出版社，2011，1.

[19] 王国维. **人间词话**[M]. 海口：海南出版社，2016，8.

[20] （美）凯文•林奇,加里•海克. **总体设计**[M]. 黄富厢,等译. 北京：中国建筑工业出版社，1999，11.

[21] （美）约翰•O•西蒙兹. **景观建筑学——场地规划与设计手册**[M]. 俞孔坚,等译. 北京：中国建筑工业出版社，2000，8.

[22] （美）凯文•林奇. **城市意象**[M]. 方益萍,何晓军,译. 北京：华夏出版社，2001，4.

[23] 张国清. **当代科技革命与马克思主义**[M]. 杭州：浙江大学出版社，2006，10.

[24] 张华夏，叶侨健. **现代自然哲学与科学哲学（自然辩证法概论）**[M]. 广州：中山大学出版社，1996，8.

[25] （德）康德. **判断力批判**[M]. 邓晓芒,译. 北京：人民出版社，2002，12.

[26] （德）康德．**实践理性批判**[M]．邓晓芒，译．北京：人民出版社，2004，5.

[27] （美）约翰•杜威．**评价理论**[M]．冯平，余泽娜，等译．上海：上海译文出版社，2007，3.

[28] （美）欧文•拉兹洛．**系统哲学引论：一种当代思想的新范式**[M]．钱兆华，熊继宁，刘俊生，译．北京：商务印书馆，1998，8.

[29] 赵巍岩．**当代建筑美学意义**[M]．南京：东南大学出版社，2001，8.

[30] 曾国屏．**自组织的自然观**[M]．北京：北京大学出版社，1996，11.

[31] （德）汉斯-格奥尔格•加达默尔．**哲学解释学**[M]．夏镇平，宋建平，译．上海：上海译文出版社，1994，1.

[32] （美）阿摩斯•拉普卜特．**文化特性与建筑设计**[M]．常青，张昕，张鹏，译．北京：中国建筑工业出版社，2004，6.

第二部分：期刊

[1] 董丹申，李宁．**在秩序与诗意之间——建筑师与业主合作共创城市山水环境**[J]．建筑学报，2001(8)：55-58.

[2] 张昊哲．**基于多元利益主体价值观的城市规划再认识**[J]．城市规划，2008 (6)：84-87.

[3] 苏学军，王颖．**空间图式——基于共同认知结构的城市外部空间地域特色的解析**[J]．华中建筑，2009(6)：58-62.

[4] 梁思成．**从“适用、经济、在可能的情况下注意美观”谈到传统与革新**[J]．建筑学报，1959(6)：1-4.

[5] 刘敦桢．**中国建筑艺术的继承与革新**[J]．建筑学报，1959(6)：5-6.

[6] 张绍桂．**提倡“神形兼备”**[J]．建筑学报，1981(4)：38.

[7] 张开济．**维护故都风貌，发扬中华文化**[J]．建筑学报，1987(1)：30-33.

[8] 陈谋德．**“中而新”“新而中”辨——关于我国建筑创作方向的探讨**[J]．建筑学报，1994(3)：27-33.

[9] 崔愷．**关于本土**[J]．世界建筑，2013(10)：18-19.

[10] 韩民青．**论过程与系统**[J]．东岳论丛，1980(2)：49-55.

[11] 宋春华．**精思巧构创新意 宏建伟筑六十载——中国建筑学会新中国成立60周年建筑创作大奖评选综述与感怀**[J]．建筑学报，2009(9)：1-5.

[12] 徐苗，陈芯洁，郝恩琦，万山霖．**移动网络对公共空间社交生活的影响与启示**[J]．建筑学报，2021(2)：22-27.

[13] 何志森．**从人民公园到人民的公园**[J]．建筑学报，2020(11)：31-38.

[14] 周榕．**再造文明认同——“中国十大丑陋建筑评选”的多维价值**[J]．建筑学报，2020(8)：1-4.

[15] 李晓宇，孟建民．**建筑与设备一体化设计美学研究初探**[J]．建筑学报，2020(Z1)：149-157.

[16] 鲍英华，张伶伶，任斌．**建筑作品认知过程中的补白**[J]．华中建筑，2009(2)：4-6+13.

[17] 宋科．**面向公众的建筑评论：英美经验与中国探索**[J]．建筑学报，2020(11)：6-12.

[18] 冒亚龙．**独创性与可理解性——基于信息论美学的建筑创作**[J]．建筑学报，2009(11)：18-20.

[19] 董丹申．**对话董丹申：什么是平衡建筑**[J]．当代建筑，2021(1)：24-25.

[20] 李欣，程世丹．**创意场所的情节营造**[J]．华中建筑，2009(8)：96-98.

[21] 黄声远. 十四年来，罗东文化工场教给我们的事[J]. 建筑学报，2013(4)：68-69.

[22] 张厚斌. 教堂的起源及演进[J]. 重庆建筑大学学报，1998(4)：64-67.

[23] 朱友利，李浈. 论中国当代基督教建筑的现代性[J]. 华中建筑，2019(5)：15-18.

[24] 乐峰. 谈谈基督教三大派系的区别[J]. 世界宗教文化，2004 (1)：34-36.

[25] 顾翔. 西方中世纪绘画的人性和神性及其产生的影响[J]. 文化月刊，2018 (5)：148-150.

[26] 杨春时. 论设计的物性、人性和神性——兼论中国设计思想的特性[J]. 学术研究，2020 (1)：149-158+178.

[27] 李宁. 平衡建筑[J]. 华中建筑，2018(1)：16.

[28] 井浩淼. 建筑中光影的视觉艺术效果[J]. 中南大学学报（社会科学版），2012 (5)：22-27.

[29] 周进. 近代上海教堂建筑平面形制的演变与模式[J]. 新建筑，2014(4)：112-115.

[30] 李旭，李泽宇. 长沙近代教堂建筑的本土化特征[J]. 新建筑，2017(4)：105-109.

[31] 苏学军，王颖. 空间图式——基于共同认知结构的城市外部空间地域特色的解析[J]. 华中建筑，2009(6)：58-62.

[32] 李宁. 养心一涧水，习静四围山——浙江俞源古村落的聚落形态分析[J]. 华中建筑，2004 (4)：136-141.

[33] 雍涛. 《实践论》《矛盾论》与马克思主义哲学中国化[J]. 哲学研究，2007(7)：3-10+128.

[34] 冯鹏志. 重温《自然辩证法》与马克思主义科技观的当代建构[J]. 哲学研究，2020(12)：20-27+123-124.

[35] 彭荣斌，方华，胡慧峰. 多元与包容——金华市科技文化中心设计分析[J]. 华中建筑，2017(6)：51-55.

[36] 李宁，李林. 传统聚落构成与特征分析[J]. 建筑学报，2008(11)：52-55.

[37] 王向清，杨真真. 矛盾同一性、斗争性的地位和作用的被误读及其反思[J]. 马克思主义哲学研究，2019(1)：20-28.

[38] 景君学. 可能性与现实性[J]. 社科纵横，2005(4)：133-135.

[39] 李宁，于慧芳. 理水•叠山•筑园——浙江广电集团东海影视创意园区规划设计[J]. 工业建筑，2009(10)：17-19+16.

[40] 林中杰，时匡. 新城市主义运动的城市设计方法论[J]. 建筑学报，2006(1)：6-9.

[41] 缪军. 形式与意义——建筑作为表意符号[J]. 世界建筑，2002(11)：65-67.

[42] 石孟良，彭建国，汤放华. 秩序的审美价值与当代建筑的美学追求[J]. 建筑学报，2010(4)：16-19.

[43] 史永高. 从结构理性到知觉体认——当代建筑中材料视觉的现象学转向[J]. 建筑学报，2009(11)：1-5.

[44] 赵建军，杨博. "绿水青山就是金山银山"的哲学意蕴与时代价值[J]. 自然辩证法研究，2015(12)：104-109.

[45] 王金南，苏洁琼，万军. "绿水青山就是金山银山"的理论内涵及其实现机制创新[J]. 环境保护，2017(11)：12-17.

[46] 李宁，王昕浩. "适用、经济、美观"的不同理解——温州瑶溪山庄设计评析[J]. 建筑学报，2004(9)：76-77.

[47] 刘海燕，郭德俊. 近十年来情绪研究的回顾与展望[J]. 心理科学，2004(3)：684-686.

[48] 黄金枝. "天人合一"的数学语境诠释[J]. 自然辩证法研究，2021(1)：77-83.

[49] 余晓慧，陈钱炜. 生态文明建设多元文化的求同存异[J]. 西南林业大学学报（社会科学），2021(1)：87-92.

[50] 王晓燕，赵坚. 隈研吾建筑思想解读[J]. 雕塑，2016(3)：83-85.

[51] 李宁，郭宁. 建筑的语言与适宜的表达——国投新疆罗布泊钾盐有限责任公司哈密办公基地规划与建筑设计[J]. 华中建筑，2007(3)：35-37.

[52] 莎莉•斯通，郎烨程，刘仁皓. 分解建筑：聚集、回忆和整体性的恢复[J]. 建筑师，2020(5)：29-35.

[53] 艾英旭. “水晶宫”的建筑创新启示[J]. 华中建筑，2009(7)：213-215.

[54] 吴震陵，李宁，章嘉琛. 原创性与可读性——福建顺昌县博物馆设计回顾[J]. 华中建筑，2020(5)：37-39.

[55] 董丹申，李宁，劳燕青，叶长青. 装点此关山，今朝更好看——源于基地环境的建筑设计创新[J]. 华中建筑，2004(1)：42-45.

[56] 姜霞，王坤，郑朔方，胡小贞，储昭升. 山水林田湖草生态保护修复的系统思想——践行“绿水青山就是金山银山”[J]. 环境工程技术学报，2019(5)：475-481.

[57] 董丹申，李宁. 与自然共生的家园[J]. 华中建筑，2001(6)：5-8.

[58] 李旭佳. 中国古典园林的个性——浅析儒、释、道对中国古典园林的影响[J]. 华中建筑，2009(7)：178-181.

[59] 许逸敏，李宁，吴震陵. 故园芳华，泮池澄澈——福建浦城第一中学新校区设计回顾[J]. 华中建筑，2020(5)：48-50.

[60] 殷农，陈帆. 遍寻修缮技式，传承校园文脉——浙江大学西溪校区东二楼改造纪实[J]. 华中建筑，2017(2)：83-88.

[61] 朱小地. “层”论——当代城市建筑语言[J]. 建筑学报，2012(1)：6-11.

[62] 李宁，黄廷东. 故土守望——“日、雨、风、浪”中的一方土[J]. 华中建筑，2008 (9)：74-77.

[63] 王贵祥. 中西方传统建筑—— 一种符号学视角的观察[J]. 建筑师，2005(8)：32-39.

[64] 李飚，李荣. 建筑生成设计方法教学实践[J]. 建筑学报，2009(3)：96-99.

[65] 王建国. 光、空间与形式——析安藤忠雄建筑作品中光环境的创造[J]. 建筑学报，2000(2)：61-64.

[66] 李宁，李林. 浙江大学之江校区建筑聚落演变分析[J]. 新建筑，2007(1)：29-33.

[67] 陈青长，王班. 信息时代的街区交流最佳化系统：城市像素[J]. 建筑学报，2009(8)：98-100.

[68] 李宁，丁向东，李林. 建筑形态与建筑环境形态[J]. 城市建筑，2006(8)：38-40.

[69] 董丹申. 情理合一与大学精神[J]. 当代建筑，2020(7)：28-32.

[70] 曲艺，陈颖，重村力. 杨廷宝的轴线设计手法研究 [J]. 建筑学报，2013(S1)：103-107.

[71] 孙曦，胡云. 科研实验空间的人本理念——剖析科研实验建筑的场所塑造[J]. 华中建筑，2004(4)：55-58.

[72] 李宁，王玉平. 空间的赋形与交流的促成[J]. 城市建筑，2006(9)：26-29.

[73] 张晓非. 清代皇家园林与苏州私家园林中小建筑的符号学比较[J]. 华中建筑，2009(7)：159-161.

[74] 胡慧峰，李宁，张永清. 借景：借山景、水景、人文之景——山东泰安泰山庄园住宅小区设计[J]. 华中建筑，2010(1)：63-65.

[75] 沈济黄，李宁. 建筑与基地环境的匹配与整合研究[J]. 西安建筑科技大学学报（自然科学版），2008(3)：376-381.

[76] 朱耀明，郑宗文. 技术创新的本质分析——价值&决策[J]. 科学技术哲学研究，2010 (3)：69-73.

[77] 李宁，丁向东. 从建筑趋同看建筑创新——以义乌大剧院和浙江省人民检察院办公楼为例[J]. 华中建筑，2003(5)：19-21.

[78] 马国馨. 创造中国现代建筑文化是中国建筑师的责任[J]. 建筑学报，2002(1)：10-13.

[79] 李翔宁. 2008 建筑中国年度点评综述：从建筑设计到社会行动[J]. 时代建筑，2009(1)：4.

[80] 黄蔚欣，徐卫国. 非线性建筑设计中的“找形”[J]. 建筑学报，2009(11)：96-99.

[81] 任军. 当代建筑的科学观[J]. 建筑学报，2009(11)：6-10.

[82] 胡慧峰，李宁，方华. 顺应基地环境脉络的建筑意象建构——浙江安吉县博物馆设计[J]. 建筑师，2010(10)：103-105.

[83] 王宇洁，仲利强. 当代城市文化建筑创作的动态发展[J]. 华中建筑，2009(2)：103-106.

[84] 沈济黄，陆激. 美丽的等高线——浙江东阳广厦白云国际会议中心总体设计的生态道路[J]. 新建筑，2003(5)：19-21.

[85] 国际建筑师协会. 国际建协“北京宪章”[J]. 世界建筑，2000(1)：17-19.

[86] 金俊，李晓雪. 从江南私家园林看中国传统景观观念[J]. 华中建筑，2009(7)：157-158.

[87] 章嘉琛，李宁，吴震陵. 城市脉络与建筑应对——福建顺昌文化艺术中心设计回顾[J]. 华中建筑，2019(12)：51-54.

[88] 郝林. 面向绿色创新的思考与实践[J]. 建筑学报，2009(11)：77-81.

[89] 刘莹. 试论工程和技术的区别与联系[J]. 南方论刊，2007(6)：62+43.

[90] 王银霞，孙国城. 建筑设计方法论刍议[J]. 重庆建筑，2016(1)：21-23.

[91] 沈济黄，李宁. 基于特定景区环境的博物馆建筑设计分析[J]. 沈阳建筑大学学报（社会科学版），2008(2)：129-133.

[92] 李宁，董丹申，陈钢，胡晓鸣. 庭前花开花落，窗外云卷云舒——台州书画院创作回顾[J]. 建筑学报，2002(9)：41-43.

[93] 李宁，董丹申，陈钢. 文化建筑中空间组织的实例分析[J]. 浙江建筑，2002(5)：7-8.

[94] 李宁，董丹申. 简洁的形体与丰富的空间——金华职业技术学院艺术楼创作回顾[J]. 华中建筑，2002(6)：21-24.

[95] 王贵祥. 建筑的神韵与建筑风格的多元化[J]. 建筑学报，2001(9)：35-38.

[96] 沈济黄，李宁. 环境解读与建筑生发[J]. 城市建筑，2004(10)：43-45.

[97] 沈晓鸣，孙啸野. 校园文脉传承与传统形式的当代诠释——浙江大学舟山校区（浙江大学海洋学院）设计回顾[J]. 华中建筑，2017(6)：68-72.

[98] 沈清基，徐溯源. 城市多样性与紧凑性：状态表征及关系辨析[J]. 城市规划，2009(10)：25-34+59.

[99] 周榕. 时间的棋局与幸存者的维度——从松江方塔园回望中国建筑30年[J]. 时代建筑，2009(3)：24-27.

[100] 杨振凯，邓春红. “产学研一体化”协同机制的建构[J]. 智库时代，2019(30)：1-2.

[101] 黄争舸，胡迅，朱晓伟，梅仕强. 一体化信息体系助力设计院快速提升企业效能[J]. 中国勘察设计，2019(7)：56-61.

[102] 钟青霖. 价值观认同机制论析[J]. 齐齐哈尔大学学报（哲学社会科学版），2021(3)：46-49.

[103] 董宇，刘德明. 大跨建筑结构形态轻型化趋向的生态阐释[J]. 华中建筑，2009(6)：37-39.

[104] 苏朝浩，林康强，王帆. 壳体结构形态的量化重构——基于建筑参数化设计技术与结构力学的协同机制[J]. 南方建筑，2016(2)：119-124.

[105] 赵燕菁. 城市的制度原型[J]. 城市规划，2009(10)：9-18.

[106] 张郁乎. “境界”概念的历史与纷争[J]. 哲学动态，2016(12)：91-98.

[107] 王树人，喻柏林. 论“象”与“象思维”[J]. 中国社会科学，1998(4)：38-48.

[108] 古风. 意境理论的现代化与世界化[J]. 中国社会科学，1998(3)：171-183.

[109] 方晓思，赵喜进，卢立武，程政武. 云南首次发现晚侏罗世马门溪龙化石[J]. 地质通报，2004(Z2)：1005-1011.

[110] 孙艾玲，崔贵海，李雨和，吴肖春. 禄丰蜥龙动物群的组成及初步分析[J]. 古脊椎动物学报，1985(1)：1-12.

[111] 徐金蓉，李奎，刘建，杨春燕. 中国恐龙化石资源及其评价[J]. 国土资源科技管理，2014(2)：8-16.

[112] 王贵祥. 中西文化中与自然观比较（上）[J]. 重庆建筑，2002(1)：54-55+53.

[113] 戴志中，戴蕾. 山地建筑形态创作的审美思维[J]. 新建筑，2013(3)：84-88.

[114] 智玉娟，毕向前. 浅析拓扑变形视角下的建筑形体与空间秩序[J]. 建筑与文化，2020(11)：207-209.

[115] 杨茂川，李沁茹. 当代城市景观叙事性设计策略[J]. 新建筑，2012(1)：118-122.

[116] 杨亚洲，徐婷. 浅析城市公共空间设计的宜人性[J]. 沈阳建筑大学学报（社会科学版），2008(2)：134-137.

[117] 裴胜兴. 论遗址与建筑的场所共生[J]. 建筑学报，2014(4)：88-91.

[118] 张若诗，庄惟敏. 信息时代人与建成环境交互问题研究及破解分析[J]. 建筑学报，2017(11)：96-103.

[119] 董丹申，李宁. 内敛与内涵——文化建筑的空间吸引力[J]. 城市建筑，2006(2)：38-41.

[120] 梁江，贾茹. 城市空间界面的耦合设计手法[J]. 华中建筑，2011(2)：5-8.

[121] 陈晓扬，仲德崑. 适宜技术的节约型策略[J]. 建筑学报，2007(7)：49-51.

[122] 方创琳，崔学刚，梁龙武. 城镇化与生态环境耦合圈理论及耦合器调控[J]. 地理学报，2019(12)：2529-2546.

[123] 曾鹏，曾坚，蔡良娃. 当代创新空间场所类型及其演化发展[J]. 建筑学报，2009(11)：11-15.

[124] 闫坤如. 科学解释中的概率探析[J]. 创新，2016(2)：64-70.

[125] 叶舒宪. 地方性知识[J]. 读书，2001(5)：121-125.

[126] 张波. 关于国学学科范畴之思辨[J]. 西北农林科技大学学报（社会科学版），2021(2)：2.

[127] 刘兵,卢卫红. 科学史研究中的“地方性知识”与文化相对主义[J]. 科学学研究，2006(1)：17-21.

[128] 尹稚. 对城市发展战略研究的理解与看法[J]. 城市规划，2003(1)：28-29.

[129] 刘宁. 评《科学和参与科学技术:议题与困境》[J]. 科技进步与对策，2021(4)：161.

[130] 王卫东. 实验室中的地方性知识——对劳斯“地方性知识”的文本解读[J]. 东南大学学报(哲学社会科学版)，2006(S2)：43-47.

[131] 吴彤. 两种“地方性知识”——兼评吉尔兹和劳斯的观点[J]. 自然辩证法研究，2007(11)：87-94.

[132] 林中杰，时匡. 新城市主义运动的城市设计方法论[J]. 建筑学报，2006(1)：6-9.

[133] 李宁，丁向东. 穿越时空的建筑对话[J]. 建筑学报，2003(6)：36-39.

[134] 祝克懿. 文本解读范式探析[J]. 当代修辞学，2014(5)：12-28.

[135] 赵艺涵. 科学传播对公众信任科学的消极影响研究——基于吉登斯现代性反身性思想[J]. 科技传播，2020(24)：42-44.

[136] 杨须爱. 文化相对主义的起源及早期理念[J]. 民族研究，2015(4)：107-126.

[137] 张峰. 论博弈逻辑的分析方法——纳什均衡分析法[J]. 北京理工大学学报（社会科学版），2008(2)：95-99.

[138] 刘森林. 启蒙主义、浪漫主义与唯物史观[J]. 南京大学学报（哲学、人文科学、社会科学版），2010(3)：16-27.

致谢

一

本书得以顺利出版，首先感谢浙江大学平衡建筑研究中心（BAC）、浙江大学建筑设计研究院有限公司（UAD）对建筑设计及其理论深化、人才培养、梯队建构等诸多方面的重视与落实。

同时，感谢 BAC 与 UAD 的领导班子统筹出版工作，感谢 UAD 品牌部对本书出版的全程支持。

二

感谢本书所引用的具体工程实例的所有设计团队成员，正是大家的共同努力，为本书提供了有效的平衡建筑实践案例支撑。

本书中非作者拍摄的工程实例照片均标注了摄影师，在此一并感谢。

三

感谢王玉平、颜晓强、李丛笑、朱睿、颜慧、高蔚、孙啸野、王启宇、滕美芳、黄廷东、蔡弋、王静、应倩、蒋兰兰、曲劼、张菲、章嘉琛、许逸敏、赵黎晨、赵强、汤贤豪、毛翰轩、许耀铭、陈依依等课题组成员对本书完成给予的辛勤付出。

四

感谢中国建筑工业出版社对本书出版的大力支持。

五

有“平衡建筑”这一学术纽带，必将使我们团队不断地彰显出设计与学术的职业价值。

动物园保护教育

中国动物园协会　组织编写

于泽英　主编

中国建筑工业出版社

图书在版编目（CIP）数据

动物园保护教育 / 中国动物园协会组织编写；于泽英主编．—北京：中国建筑工业出版社，2020.8

ISBN 978-7-112-25103-2

Ⅰ．①动…　Ⅱ．①中…　②于…　Ⅲ．①动物园—保护—环境教育　Ⅳ．① Q95-339 ② TU242.6

中国版本图书馆CIP数据核字（2020）第075816号

责任编辑：刘平平　李　阳
责任校对：李美娜

动物园保护教育
中国动物园协会　组织编写
于泽英　主编
*
中国建筑工业出版社出版、发行（北京海淀三里河路9号）
各地新华书店、建筑书店经销
北京点击世代文化传媒有限公司制版
北京京华铭诚工贸有限公司印刷
*
开本：787×1092 毫米　1/16　印张：16¼　字数：335千字
2020年8月第一版　2020年8月第一次印刷
定价：**46.00** 元
ISBN 978-7-112-25103-2
（35882）

《动物园保护教育》
编委会名单

序 1 | PREFACE

2015 年 8 月在中国动物园协会第六届会员大会上，我当选协会副会长兼秘书长，就职后签发的第一份文件就是协会在杭州举办动物园保护教育研修班。从那时起，我国动物园行业中一支年轻的、有朝气的教育团队就出现在眼前。多年来，看着这支队伍不断壮大，他们在行业中发挥着越来越重要的作用，踏着创新的步伐，每年举办精彩纷呈的动物园教育主题活动，从生肖文化在动物园扎根，到夏令营和进校园活动为千千万万的中小学生提供自然教育项目；从科技周、生物多样性、爱鸟周等众多自然保护日的宣传，到动物园自然保护文化建设的实践；从抗疫期间他们开通的“云游动物园”，到全面开启动物园网上深度游的创新形式，这支年轻的队伍，成为动物园行业一抹鲜艳的彩虹！

对于普通公众来说，动物园是一部活的百科全书，能够通过动物园的圈养动物认识自然界中的各种野生动物。而对现代动物园来说，通过“情感培育”和“激发同理心”，能鼓励人们改变自己的行为，使其支持物种保护和野外栖息地的保护。进入 21 世纪后，教育已经发展为现代动物园的核心使命，保护教育从一个侧面推动动物园各项工作的改进和完善。动物园的教育功能非常重要。

另外，渴望回归自然是人类源自内心深处的本性使然。但随着全球经济的发展、城市化的进程日益加快，越来越多的人出生、居住在城市中，几乎断绝了与野外环境真正接触的一切机会。大多数生活在城市中的人，虽然能不断从电视、摄影、新闻等媒体上了解野外世界的信息，可他们与野生动物最初的接触几乎都来自参观动物园。

怎样为公众和动物园之间架起桥梁，行业中这支年轻的队伍至关重要，人才是事业发展的关键因素！那么人才是怎样培养出来的？

从国外动物园发展的经验看，专业培训动物园教育工作人员是第一重要的。追踪我国动物园行业教育队伍的发展历史，他们也都是从接受专业培训开始的，第一次的启蒙教育来自于我协会和美国亚特兰大动物园的大熊猫合作项目，自 2006 年起，这批新生力量开始萌动发芽，他们走过了 10 多年的发展历程，其中不断积累理论和实践经验。俗话说“十年育树，百年育人”。动物园的保护教育事业，乃至全国自然保护教育事业要想继续发展下去，不断地培养人才是长远大计。现在动物园保护教育的先行者

们把他们的理论和经验变成了这本“葵花宝典”。这本“宝典”读来，既接地气，又创新出彩，既有理论指导，又有实现途径，能够在广大教育工作者的实际工作中起到指导作用，也是开展专业培训的利器。我们寄希望于能向更多人推广自然保护教育工作的理念，让更多的教育工作者快速打开保护教育工作的大门，投身到自然保护教育的事业中，为我国生态文明建设、文化建设作出贡献。

中国动物园协会　副会长 

2020 年 6 月 30 日　于北京

序 2 | PREFACE

近十年，是中国动物园从传统动物园向现代动物园转型发展速度最快的十年。在中国动物园协会的引领下，通过政策导向、种群管理、科研技术交流、专业培训等不同层面工作的协调推进，中国动物园行业正在发生着质的变化。

特别是中国动物园保护教育研修班持续10多年的开展，让一批一批动物园年轻人接受了最先进的动物园价值洗礼和发展理念的熏陶，深刻认识到自身工作的意义，明确了职业理想,理清了工作思路,逐步成长为行业发展的生力军和动物园未来的引领者。

现代动物园的核心价值是野生动物保护。同时还应传递更多科学信息、环境信息、保护信息，唤起公众对环境的关注与思考，引导公众了解相应的知识、接受相关理念，直接或间接地达到保护野生动物赖以生存的野外栖息地的目标，这是现代动物园与传统动物园本质的区别，而动物园更大的保护价值在于，可以有机会通过宣教影响更大的社会群体来支持这种保护。

好的动物园，可以成为数以万计的访客特别是青少年认知野生动物世界的窗口。培养人们对于自然世界的欣赏，尊重生命、敬畏自然，动物园保护教育事业的巨大影响力在于培养人们的情感联系与爱心。“情感培育”和“激发同理心”成为在目前开展保护教育工作的出发点和途径。保护教育时时刻刻都应该传递这样的信息：我们是野生动物保护组织，并且和所有对环境问题关注的机构一道，共同进行环境保护工作。在形成全社会、全人类对地球永续发展的共识上，动物园发挥着不可替代的作用。

但我们也不得不正视，社会、公众对野生动物保护仍处在不同的认知阶段，各地动物园发展也因多方面因素制约而参差不齐。在国家生态文明建设和绿色发展新时代，动物园行业要想跟上时代发展的脚步，需要一代一代人的坚守与努力。

由中国动物园协会于泽英副秘书长牵头组织整理的这本《动物园保护教育》，凝聚了多年来国内外动物园保护教育领域专家、学者的心血。用生态学、教育学、心理学、市场营销学等综合学科方法结合动物园实践，给动物园从业人员提供了一个全面了解动物园核心价值，掌握如何通过保护教育工作充分发挥动物园核心价值的学习平台。

动物园是城市人群连接野生自然世界的桥梁，保护教育是动物园连接公众的纽带。动物园的良性发展，保护教育工作的良性开展，为培养人们更大范围的支持保护创造

无限可能。我们欣喜的看到，越来越多的公众在关注动物园，在关心身边的野生动物，越来越多的保护力量在聚焦中国本土物种的保护。人类内心深处对于生命的呵护、探索与好奇心，需要我们细心的呵护和积极的引导。让更多人成为野生动物保护持续的力量，动物园从业者每个人都需要为之付出，为之努力。

沈志军

2020 年 6 月于南京

前　言 | PREFACE

动物园掌握着独特的资源，动物园与水族馆通常是公众第一次接触自然的地方，综合保护已成为现代动物园的中心使命。保护教育是综合保护的重要组成部分，是以保护物种、保护自然为目标，直接面向公众，展现动物园综合保护的一扇窗口。

保护教育（Conservation Education）对国内动物园来说还属于新兴事物，其涵盖生物学、教育学、心理学、传播学、管理学、社会营销等多个学科范围。与动物园整体水平的不断提高同步，保护教育面临着更高的要求；全行业的发展和提高，也为保护教育的开展创造了更好的环境。但纵观国内，并没有一本相关的保护教育专业书籍。在这种形势下，编写与出版《动物园保护教育》将能指导广大教育工作者开展实际工作，为推动动物园行业乃至全社会的保护教育整体水平发挥较大的作用。

本书源于2006年起中国动物园协会与美国亚特兰大动物园合作举办的“中国动物园保护教育研修班”培训教材，最初由美国亚特兰大动物园提供，但理论较多，翻译措辞生涩难懂，且有些内容并不适应国情。2010年开始中国动物园协会组织国内部分动物园的保护教育工作者对原有的培训教材进行了多次修编和完善，结合国内动物园保护教育实际工作提炼精华、增加新的教育理念，以更好地帮助学员阅读、理解与学习。这本教材已成为动物园教育工作者的重要学习资料。本次经过更为严谨的修订，得以正式出版。

本书分为三大部分：第一章至第三章阐述动物园保护教育的意义与历史进程；第四章至第七章介绍保护教育相关生物学、教育学、传播学等基础理论；第八章至第二十章围绕保护教育项目的策划与实施分步进行详述，并展望保护教育事业的发展趋势。保护教育项目的策划与实施是本书的核心内容，既有项目策划至实施的一般流程，又有宣传与推广、提升实施效果、教育设施设计、展区解说、资源开发等细化章节帮助读者由点及面，了解开展具体的保护教育项目所需要知晓的方方面面。

本书的编者来自北京、上海、广州、成都、南京、杭州、南昌、重庆等地多家动物园，他们长期在动物园从事保护教育一线工作，有着丰富的从业经验。他们把自己在工作中遇到的困惑及解决方法、创新实践及优秀做法都融入章节的编写中，为读者带去实

实在在的帮助。

本书不仅为动物园的保护教育工作者服务，也可为国家公园、城市公园、自然保护区、环保社团、学校等从事与保护教育、自然教育、公众教育相关工作的人员提供帮助。本书寄希望于推动中国的保护教育事业，使其在新时代经受社会和市场的洗礼，在我国生态文明建设和文化建设中独树一帜，与国际同行比肩前行。

本书得以顺利出版，感谢国家林草局国际合作项目的支持！感谢美国亚特兰大动物园的余锦平老师、Laurel Askue 女士、王晓红女士！感谢中国动物园协会郑广大副会长、谢钟副会长对协会保护教育工作的一贯支持与帮助！中国动物园协会副会长、协会科普教育委员会主任、南京红山森林动物沈志军园长长期以来带领委员会团队创新开拓，使动物园保护教育专业培训工作走出自己的发展道路！感谢台湾东华大学自然资源与环境学系李俊鸿教授对本书问卷调查部分内容进行专业指导，在此一并致谢！

目 录 | CONTENTS

第一章　动物园的核心使命

人类与野生动物有着千丝万缕的联系，这种联系可以追溯到古代。在新石器时期，人类通过狩猎得到动物类食物。圈养食用剩余的活体动物成为人类饲养野生动物的开端。新石器时代之后，随着人类生产力水平的提高，产生了人类文明，人类饲养野生动物的形式和目的发生了本质的变化，从圈养剩余动物，到娱乐斗兽场，从皇家御用狩猎场，到私人饲养园，以至到对公众开放的动物园，几千年来，人类总是通过圈养的方式与野生动物保持联系，并且这种联系从来没有中断过。

现代动物园从建立到发展，经历了几个发展阶段，发生了质的变化。动物园建立是公民自我意识的需求，开始它满足人们猎奇的心理，随后从生物学基础研究，到物种保护与研究，不同阶段动物园所承担的使命和社会职能是不同的。社会的发展和进步是推动动物园变革的原动力，同时也为动物园的自我提升带来可能。21 世纪，动物园又步入新的发展历程。知来路，识归途，认识动物园的发展历史，能够理解现代动物园的核心使命。

第一节　动物园的历史与使命

法国历史学家埃里克·巴拉泰所著的《动物园的历史》一书,对西方动物园的兴起、建设、发展有清晰的阐述。

16、17 世纪的动物园为皇家，或贵族私人所有，这些动物园为贵族阶级提供享乐所用，也是他们的社交场所，圈养的动物可能是相互赠送的礼品。这个时期收藏各种动物成风，各种动物的神奇吸引着贵族们的关注，贵族因收藏这些奇珍异兽显示身份的尊贵。同时，这些私人动物园还是画家的创作乐园，通过观察动物园的动物，完成自己的画作，呈现更多的自然状况。动物园也是学者的研究场所，一些形态解剖学、分类学专家在这里进行研究，这个时代基础生物学得到发展。

约翰·爱德华·格雷《诺斯利庄园动物园与鸟舍拾遗》(1846)中的条纹羚羊

18世纪末法国大革命爆发，皇家和贵族的动物园在大革命时代寿终正寝，随之而来的是面向公众开放的动物园登上了历史舞台。1793年法国政府把所有收集的野生动物转移到巴黎植物园，对公众开放，并拨付动物养育资金，正式承认动物园的建立，法国的皇家动物园变成了公众动物园，具有真正意义的动物园产生了。巴黎植物园转变成了一所国家自然历史博物馆，这是公民意识的觉醒，也标志着动物园公众性的开始。随后各类动物学会开发建设的新式动物园出现在欧洲各地，动物园往往成为城市革新的一部分。公众走进动物园，他们在这里社交集会，散步休闲，开阔视野，认识各种新奇的动物。同时动物园对于生物学基础研究起着重要作用。启蒙运动后，学者们还进行了一系列多种学科的学术研究。艺术家一如既往画出更多的野生动物绘画作品。一些艺人们开始尝试利用动物进行表演。

19世纪随着工业革命、贸易的发展，城市化进程加快，动物园建设数量增加，动物园被视作证明或保住城市地位的一个不可或缺的建设，它顺应了工业革命的发展。很多动物园是由当地的动物学会兴建的，这既是资金保障的需要，又是动物园按照商业规则运行的开端。这样的动物园一方面为科学进步做贡献，另一方面更多的人有可能利用动物园资源进行了动物适应化试验，一些动物园内的研究项目替代了野外研究，很多动物行为学研究课题在动物园实施，动物分类和形态解剖学方面有更加突出的成就。另一方面人们走进自然，以高雅、轻松、愉快的方式普及科学知识。从19世纪初到20世纪50年代，将近80%的人是通过动物园的动物认识各种动物的，是一部活的百科全书。这个时期，动物园的教育功能首先由巴黎植物园提出，其他动物园欣然接受，动物园竖起了科普的大旗，这一目标变得非常重要。这时也促进了大量书籍、杂志、词典和百科全书的问世，科学家们为满足公众的需要，撰写了一些通俗的著作。如居

FOR A FEW DAYS ONLY!

LOCK'S FIELDS

Walworth, near the Salisbury Arms.

In consequence of

MR. HYLTON

Having made Extensive Alterations and Additions to the Menagerie, by Purchasing the most Handsome Quadruped in the World, namely,

THE ZEBRA, ALSO THE OURANG-OUTANG,

OR, MAN MONKEY.

The Noble Male Performing

ELEPHANT!

A Noble Male Caffrarian

LION,

And Untameable **HYENA,**

In One Den Together, in a state of Jealous Fondness

The Royal **Striped Bengal Tiger,**

The Hunting Leopardess,

And their TWO CROSS BRED CUBS, in One Den.

BLACK AND BROWN BEARS.

The Ravenous Wolf.

And many other

ANIMALS

Will induce him to remain some time longer in his present situation.

THE COATMUNDI; or ANT EATER:

Striped, Spotted and

LAUGHING HYENAS.

Racoons from North America. The Pelicans of the Wilderness, Male and Female,

With a Variety of Others, of the Feathered Tribe.

Several Large Serpents.

Admission 1d.

J. W. PEEL, Printer, 9, New Cut, Lambeth, opposite the Victoria.

马戏团宣传单

1842 年东印度公司的船舶把这些异域动物带到了巡回动物园，英国民众看到了活生生的大象。

维叶的《动物世界》、佛朗西斯·巴克兰的《博物学识趣》等。园林设计也有很大进步，融入了更多的自然元素，有些围墙被沟渠替代，人类干扰的痕迹隐而不见，景观效果有很大提升。动物园作为会议中心和综合娱乐的功能得到开发，是人们聚会休闲的热点。建筑家在动物园通过不同动物展区建设，呈现出不同地域的建筑风格，游客可以领略到世界各地异域建筑风格。

动物表演在动物园盛行起来。开始时是一些巡游动物园进行动物表演，后来马戏团担当了这一功能。这类表演吸引了大量观众。动物园也开始用这种方式吸引游客，随后一系列的娱乐项目被开发出来，如动物进食，骑乘小马、大象，动物游行，动物搏斗等。

19 世纪，一种新趋势兴起，人们开始关注动物的生存条件。条件较差动物笼舍不断受到公众的猛烈抨击。一些动物园和动物学会意识到存在的问题，提出以改善动物生活为己任。动物园开始进行观察动物，并用于儿童教育活动。这个时期与动物园有关的图书层出不穷，《动物之友》《一美分杂志》都是流行刊物，刊出大量动物图片。

20 世纪，动物园大众化进程更加深入，成为真正的大众乐园。动物园的游客量有了很大增长。以伦敦动物园为例，20 世纪初从 70 万，增加到了 1930 年的 200 万。20 世纪 50 ~ 60 年代，游客量变化，主要依赖于经济发展变化情况。动物园的数量增加，一些中小城市也建立了动物园。20 世纪 90 年代欧洲动物园的游客量达到 1.5 亿人次。不过动物园的增加、自由化趋势和展出的新形式加剧了动物园的优劣分化。一些动物园成为经久不衰的热门动物园。动物园成为家庭旅游目标地，家庭中的孩子是这一现象的推动者。1957 年捷克人称动物园是“最好的儿童学校”和“成人的补习学校”。这时人们更加关注动物生活，半开放式的展出开始呈现，动物园摒弃了大百科全书式的展出方式，而体现一种自然的展示风格。1960 年之后，西方很多动物园为了与马戏团相区别，放弃了驯兽表演。动物园的展区设计多样化、自然化，动物园的宣传手段不断创新，无线电广播和电视都成为动物园宣传的途径。人们在生活水平提高的同时，更加关注动物的生存，一些与动物园有关的文学作品出现了，如英格兰科尼什的《动物园中的生活》、英波格的《动物园中的母爱》等。

20 世纪中期，社会各界对动物园的要求越来越高，动物保护组织对动物园的批评浪潮也是最为激烈的。动物园意识到改变自身形象是生存发展的先决要求。动物园从改善良好的展出方式开始，这样得到公众的认可和支持。动物园大力改善动物展区条件，动物受伤害事情大幅度下降，动物园开始改变自己的功能定位，游客对动物园的印象也有改善，崭新的动物园发展理念逐步形成，动物园是人类建立尊重和认识动物的机构。动物园的教育意义在强化，一位欧洲动物园园长说过，动物园的休闲娱乐价值不是动物园圈养动物的合理原因。动物园不断呈现出多种教育方式，动物说明牌的内容更加丰富多样，相关电影、展览、演讲、杂志等不断出现。20 世纪 50 年代芝加哥动物园

与电视台共同制作的《动物园游行》创造了收视奇观。20 世纪 50 ~ 60 年代欧洲动物园燃起了重拾科学信仰的激情，对动物行为学、繁殖学、动物智力、语言、动物医疗等方面进行研究。

对公众开放的动物园发展到现在已经有 200 多年的历史了，社会的发展进步推动着动物园行业的变革和理念的转变。20 世纪后 30 年间动物园的变化是非常显著的。一是动物园数量不断增加，城市和郊区都建设了不同类型的动物园。这其中工业化发展和汽车普及是主要原因；二是动物园的游客量大幅上升，欧洲、美洲、亚洲的游客量都呈现上升趋势，一些动物园已经成为全球游客喜爱的旅游目的地。人们有更多的休闲时间进入动物园；三是动物园进行野生动物保护的意识越来越强。更多的人有机会在动物园近距离看到动物，与动物的交流产生敬畏感，动物的生存状况、繁衍、转移等事情，以及由于战争导致的动物流失，都能够引起人们对动物的关注，保护意识逐步强化；四是动物园的教育功能越来越显著。1931 年的《20 世纪词典》给动物园下的定义是："一个为教育游客而饲养本土或外来动物的地方。"更多的人群利用休闲时间，选择进行一些学习型的活动，这符合现代化社会发展的需要，动物园也包括在这类学习类活动范围内，它的存在迎合了社会需要。同时一些学校组织学生到动物园实践学习。在美国动物园被视为类似于博物馆和图书馆的文化机构；五是动物园的科学研究功能在不断寻找新的方向。这体现在这一时期动物园进行更多的野外动物保护工作。从 20 世纪 60 年代开始，一系列的动物放归工程令动物园充满信心。动物园发展的新方向——"动物保护是动物园当之无愧的一种科学价值"。

总之，漫长的历史沿革，动物园走到了现代的发展机遇期，当代的任务和使命更加明确！20 世纪 60 年代之后动物园的四大功能逐渐清晰明确：休闲、教育、科研和保护。

第二节　动物园的综合保护

世界动物园水族馆协会（WAZA）是全球动物园、水族馆的行业引导者。为了正确引导世界各地动物园的工作方向，1993 年 WAZA 编写出版《世界动物园保护策略》，阐明世界动物园和水族馆在全球保护中的作用：一是动物园在物种保护中发挥重要作用；二是动物园在科学研究方面的重要贡献；三是动物园在提高公众保护意识方面有极大潜力；四是动物园是公众休闲娱乐的场所，它和教育和谐并存。这样动物园的四项功能在行业协会的文件中得以正式表述出来。这份保护策略最大的意义是把动物园纳入全球物种易地保护机构中，并把易地保护机构融入生物多样性保护和可持续发展的主流当中。保护策略申明在全球动物园的发展中起到重要的引领作用，把全球分散无

序的动物园转变为全球保护网络体系中的一员，每个动物园既独立，又与保护体系密切联系在一起，行业发展有了共同目标。这是动物园发展历程中重要的里程碑。这之后的 10 多年，全球动物园的发展产生了巨大的变化，物种保护成为动物园的主要任务之一，更多动物园探索本行业在物种就地和易地保护方面的作用，并发挥越来越重要的作用。例如世界各地区行业协会都制定了自己的珍稀濒危物种繁殖计划，最大限度地发展动物园圈养物种种群，维持物种的可持续发展；同时在行业中推行标准化工作，对会员单位进行认证，极大地提高了圈养动物福利水平，种群保护计划的实施得到保障。动物园参与就地保护的项目更具有示范性和引领意义。据 WAZA 保护策略的报告，物种再引入成功的案例中有动物园参与的项目，如欧洲野牛、美洲野牛、阿拉伯长角羚、普氏野马、麋鹿、金狮狨、黑足鼬、加利福尼亚神鹰、雕鸮等。另一方面，动物园通过公众教育已经取得的技术成果和知识经验，都能够直接或间接对就地保护做出贡献。

2005 年 WAZA 编辑发布了新一版的《世界动物园水族馆保护策略——为野生动物创建未来》。世界自然保护联盟（IUCN）总干事阿希姆施泰纳在序言中提出，动物园与水族馆正处在一个独特的地位，就是要以综合的方式进行保护。对于世界城市年轻的一代来说，动物园和水族馆是他们第一次接触自然的地方，因此动物园和水族馆是未来保护主义者的孵化器。动物园所作的研究，对于理解生物多样性的内容以及他们之间的相互关系极为重要。动物园的公众教育和信息交流，对于人们认识自然的奇妙和美学价值有深远影响。动物园在世界各地传播技术，这确定了动物园在生物多样性保护方面的贡献。现在动物园、水族馆每年的游客量超过六亿人口，动物园在促进生物多样性保护中的作用是确定无疑的。基于动物园多年的实践和探索，行业对自身的发展目标越来越清晰，该版保护策略第一次将动物园“综合保护”的作用和意义正式提出。“综合保护”的涵义和意义是：

——动物园进行物种繁育、科学研究等保护工作，同时开展以保护自然为目的的教育活动，激发公众保护意识。动物园各部门的职责和使命是围绕动物保护和教育进行的。

——动物园的建设要更多地采用环保材料和再生资源，减少资源消耗，实施资源循环利用，向公众展示这些绿色的行动。

——动物园在全球保护事业中有独特的作用，饲养保存的濒危物种可参与再引入项目。他们在生命学、生态学、保护技术方面有大量的知识储备和技术力量，能够为世界各地的自然保护提供技术帮助。

——动物园大量的游客使动物园保护工作的范围扩大到全社会，可以多方筹集资金和资源，参与自然保护。

——动物园只有联合起来才能实现保护的目标，每个动物园进行的物种保护、教育影响是有限的，动物园广泛合作和联系才能产生更大效益。这里还包括动物园与政

府部门、地方团体、保护组织和机构、与自然保护区域的深入合作，使自己成为保护和发展综合网络中的一员，增强动物园在保护领域的话语权。

简言之，当代动物园的发展方向是要采取综合保护策略，审慎地、明智地利用其财力和人力，在动物园中最大限度的凝聚力量和智慧，最大限度地与他人合作，对动物保护和教育倾注更多力量。

21 世纪初，美国动物园、水族馆的公众教育项目越来越多样化，相关的理论研究和实践逐渐系统化，专业水平和教育实践效果不断提升。教育工作者体会到动物园、水族馆等机构的教育功能不同于其他机构提供的教育内容，这类机构提供的教育活动是以保护物种、保护自然为目标，他们称之为保护教育（Conservation Education）。2006 年美国亚特兰大动物园在我国动物园中推广他们开展保护教育的经验和成果，因此“保护教育”一词在我国动物园中广泛使用。

综上所述，动物园综合保护的核心就是进行物种的就地和易地保护工作，开展以保护物种、保护自然为目标的教育工作，即物种保护和保护教育。

物种保护和保护教育是动物园两个相辅相成的工作任务，它们相互依赖，相互促进。像飞机的两个机翼，一个优秀动物园的发展对任何一方都不能偏废。

第三节 动物园保护教育的含义

当今动物园进入了新的历史阶段，动物园保护教育的涵义更加深刻。2015 年世界动物园水族馆协会发布了最新版《世界动物园水族馆保护策略——致力于物种保护》更多强调动物园对游客的影响教育作用，就像联合国环境规划署执行主席讲的：广大动物园和水族馆通过鼓励教育距离野外环境千里之外的人们改变行为，从而积极地参与保护行动。动物园已经从过去仅仅是充满异域风情的游览景点，变成为今天以科研、物种保护、教育为主的机构，并在保护领域扮演关键性角色。教育的意义已经成为动物园存在的理由了。动物园保护教育的含义如下：

——动物园致力于建立保护文化，培养人们对待物种保护和维持健康生态系统所应有的正确态度，并产生意志和决心。

——动物园的保护教育范围包括三个方面：一是动物园内部员工的教育和沟通，动物园要在各个方面充分体现出保护文化的建立；二是对游客的教育，他们是保护行为的实践者和传播者；三是通过游客进而更广泛地影响社会各界。

——动物园的保护教育可以是专业教育的平台。自然保护需要大量的技术力量，培训保护专业人才是动物园教育可以实现。不仅包括动物园员工的技术教育，保护组

织的人员、志愿者、学生等都是培训对象。

——动物园的保护教育需要共同合作才能产生更大的效应。单一动物园的力量是有限的，更多的动物园、地区间的动物园联合起来，发挥保护教育的最大影响力，营造更大的保护文化氛围。

由此看见，动物园的保护教育是动物园全行业的工作任务，每一个从业者都是保护教育的践行者，同时它又是一项专业性工作，不仅需要各方面的理论知识，还需要大量的实践积累。未来动物园的发展目标需要更多保护教育专业人员。

第二章　动物园保护教育的现实意义

从动物园发展历史可以看出，动物园的变革依赖于社会的发展进步。如文艺复兴运动结束了斗兽场的命运，地理大发现兴起了珍禽异兽的收集热潮，启蒙运动开始了动物园向公众开放，法国大革命导致公立动物园的建立，工业革命促使城市建立大量动物园，汽车普及化催生大型动物园在郊区兴建，风起云涌的自然保护运动不断促进动物园完善自身的社会功能，动物福利和物种保护运动持续蓬勃开展，保护教育的范围越来越广。动物园只有根据社会发展需要随时调整自身的社会定位和功能才能生存发展。

当前我国动物园发展迎来了新的历史机遇期。改革开放经历了40余年的发展历程，经济水平大幅度提升，我国已经进入了中国特色社会主义新时代。社会的进步必然带来动物园行业的巨大变化。动物园的核心使命在当今的社会变革中具有了更深刻的涵义，动物园只有顺应于新时代的社会发展要求，把动物园发展融入国家发展战略中、投身于生态文明和文化建设当中去，发挥动物园特有优势，才能搭上国家发展的快车道。其中保护教育的现实意义需要行业从业者有更深刻的认识。

第一节　在生态文明、文化建设中发挥特有作用

党的十八大提出我国社会主义建设以“五位一体”为总布局，其中“生态文明建设”和“文化建设”与动物园的工作有重要的指导意义。党的十九大提出“要把生态文明建设放在突出地位，还要将相关工作融入经济建设、政治建设、文化建设、社会建设等各个方面和全过程”。因此生态文明建设不仅是保护生态环境及其资源的问题，还要体现在经济、文化、社会建设的理念当中。“文化建设”是通过进步的教育制度和形式培养人，并用最能反映时代精神的健康的艺术和生动活泼的群众文化活动陶冶情操，丰富公众的精神生活。我国是一个文明古国，文化大国，当前急需文化教育创新，

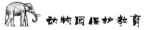

为庞大的公众群体，提供与之匹配的文化生活供应，其中动物园在文化市场供应中有着不可替代的作用，能够提供物种保护的文化教育活动。

“五位一体”总布局的根本目的是“努力建设美丽中国”。动物园的社会功能是物种保护、科普教育、科学研究、公众休闲，是公益性机构。我国动物园的发展和建设是社会文化建设水平的重要体现。近年我国动物园事业有了很大发展，很多动物园在物种保护、公众教育、科学研究等方面取得令人瞩目的成绩，大熊猫、华南虎、金丝猴等我国特有物种的保护和研究引起世界关注。动物园不断推出开展以“生物多样性保护”为主题的公众教育活动，深入人心。行业的共同努力，使动物园的社会地位明显提升。动物园发挥着珍稀濒危物种“易地保护”的重要作用，已经成为生态文明教育和文化生活的重要场所；而保护教育则在生态文明、文化建设中发挥着动物园特有的作用。

第二节　连接人与自然的桥梁

随着经济建设的发展，人们生活水平逐年提升，城市化进程加快，依据国家统计局数据，2018 年我国城镇常住人口达到 83137 万人，比上年增加 1790 万人；乡村常住人口减少 1260 万人；城镇人口占比为 59.58%，比 10 年前增加了 12%。更多的人口进入城市生活。城市化的进程需要社会提供更多的文化、教育、休闲、社交等的服务供应。近年在对动物园建设的调研发展，21 世纪以来，全国动物园数量增加了 25%，动物园建设又迎来新一轮的高潮，尤其是中小城市动物园建设、大型野生动物建设成为显著特征，许多大型房地产企业、旅游企业投资建设动物园。人口机构和动物园建设的变化趋势显示出社会对休闲娱乐的巨大市场需求，对自然生态环境的渴求，到大自然去休闲旅游成为人们的时尚文化生活。动物园在这一市场变化中的反应速度和应对策略是动物园迎接机遇和挑战的关键。从城镇人口变化和社会需求来看，动物园保护教育应该更多地承担起链接人与自然的桥梁作用。

2017 年教育部颁发《中小学综合实践活动课程指导纲要》，纲要总目标是：学生能从个体生活、社会生活及与大自然的接触中获得丰富的实践经验，形成并逐步提升对自然、社会和自我之内在联系的整体认识，具有价值体认、责任担当、问题解决、创意物化等方面的意识和能力。其中明确指出，要求学生增加与大自然的接触，以此获得实践经验。在这方面动物园能够发挥特有的作用，我国一些动物园在这方面做了大量的实践探索，如临沂动物园，利用动物园自身资源，为当地小学生提供综合教育实践活动，一年间为当地学生提供 500 多节教育实践课程。济南动物园开展科普进校园

活动，几年间，教育工作者把90多所学校与动物园联系起来；重庆动物园的保护教育辐射力更强，他们通过科普下乡等工作，把周边的贫困山区学校也纳入动物园的影响范围。动物园在这方面能够发挥更大的作用。

我国经过40余年改革开放的发展，国家经济建设水平有了巨大提升，人们的物质生活发生了彻底的改变，随之而来，公众对自然和物种的关注越来越强烈，更多的人把关注的眼光集中在动物园，动物园成为人们关注自然的“中转站”，近年一些知名的保护组织，“网络大咖”成为动物园的“编外”指导者，他们用自己的专业知识和热忱指点着动物园的得和失，督促动物园的保护和教育工作的改善，动物园的科普说明牌不断受到“编外”专家的纠止就是例证，动物园所起到的连接人类与自然的作用毋庸置疑。

第三节 对自身建设的现实意义

在我国动物园保护教育成为动物园中心工作，这是21世纪发展进步的结果。全行业保护教育的实践与推广不是一个顺理成章的过程，它的发展和转化是一个漫长的过程，一方面需要所有从业者自身认识水平的提升，另一方面需要专业水平的进步，是一个循序渐进的过程。具体而言，保护教育的推进对动物园物种展示，展区设计，动物福利，物种饲养繁育，健康医疗、动物园设施建设都有更高的要求，保护教育从一个侧面推动动物园各项工作的改进和完善。

另一方面，在《世界动物园水族馆保护策略》中表明，21世纪的动物园应该是一个保护教育机构，因此一个动物园保护教育的兴起与主流化，是动物园之间提升、分化的一个本质区分。广泛而深入的保护教育工作不仅是物种保护文化建立的开端，还是最大限度提升动物园社会地位的关键指标。

第三章　动物园保护教育的发展

现代社会动物园的发展进步是全方位的，体现在建园理念和发展定位等方面，影响到动物园各个方面的工作，包括动物园教育功能在内。在美国动物园水族馆协会动物园发展报告中指出，动物园发展经历是：19 世纪的小动物园，其特征是模拟自然，对动物进行陈列式展出，20 世纪的动物园是活的博物馆，尽可能展出动物的家园，21 世纪动物园是保护中心，其特征是动物园成为保护自然资源的中心。因此动物园变革是深刻的，保护教育是围绕保护中心的使命而进行的。

第一节　内容发展——传播自然保护理念

动物园保护教育内容在每个发展阶段有不同特点。如对物种相关信息介绍，从简单的名称和特征介绍，到它自然栖息地分布，从野外物种保护状况，到物种生态环境及价值。另一方面，对与游客相关信息的介绍，从物种认知，到经济利用，从自然资源状况，到环境保护意义。从中看到，过去人类用旁观的角度看待其他物种，是认识与利用的关系，动物与人类是平行发展的两条轨迹；后来，两条平行线在认识自然的过程中交汇，变成了一条发展直线，每一个物种都是自然的一员，保护自然意味着保护每个物种，是一个命运共同体。因此，现在动物园的教育内容，不管是知识传播，还是影响行为，是满足兴趣爱好，还是保护现状宣传，与公众分享的任何信息，有其统一的目标性，就是在公众的认知体系中构建一种自然保护的理念。

通过一些动物园的实践案例可见一斑。英国伦敦动物园在不同区域，展出内容不同的牌示和图片，但它们有一个共同的目标，即自然保护理念的传播。如展区外侧有科普知识说明牌、为动物福利设计的展区结构牌示；内展区有动物家族谱系图，每一只动物的照片显示他们在家族的地位；在展区墙壁上绘有物种在自然界的食物链，以及与伴生物种的关系网；展区后台有动物食物清单介绍；游览线旁动物园从事野外保

护项目的分布地图；休闲区展示捐助者的名单；教育中心有动物园科研成果图示；休息区墙上动物园员工的工作图片；最引人注目的是园区入口处巨幅的自然生态体系图片，人与动物、植物，各种自然因素共同组成地球家园，这一切需要人们倍加珍惜和保护。动物园围绕展出动物，呈现给受众多方面、多层次的保护信息，构成一个有机的整体。

第二节　行为引导——鼓励人们成为保护的行动者

当更多的人在自我意识中构建了自然保护的理念，这不是目的，重要的是行动。动物园保护教育意在鼓励人们采取自然保护行为。就像马斯洛需求层次理论，当人们获得基本生理、社会、自尊需求后，人们最高的需求层次是“自我实现需求”。具体到保护教育方面，也就是人们的主动作为。现在国际上越来越多的动物园尝试创新教育项目，希望能更深刻着影响人们，促使他们成为行动者。

欧洲动物园水族馆协会组织进行“保护运动”已经 10 多年了，通过动物园游客的募捐，从事就地保护项目，使捐助的个体成为参与就地保护的一员。2013 年“保护运动”的主题是“从南极到北极”，它的行动方式不仅有捐助，还有“拔掉插销”活动，通过日常节电的小行为，与地球南极、北极生态保护连接在一起，上升到环保的意义，也是一个以小见大的案例。2015 年的主题是“自然生长”，有 240 家机构参与。活动内容是，鼓励公众从关注自身周围的小环境开始，爱护每一物种的家园，只有每个小环境得到保护，才能有更好的大环境。2017 年的主题是“寂静的森林”，保护目标选定是东南亚的鸣禽保护。主题语中“寂静”与“鸣禽”形成对照，引起人们对“鸣唱森林”如何变成“寂静森林”的思考，募捐参与就地保护项目，打击非法偷猎和贩卖，停止鸣禽数量的减少。这些活动影响的是人们的行动，动物园作为平台，把个人行为变成目标统一的团体行动，保护作用和社会效益更显著。

第三节　影响范围——构建保护力量网络

动物园保护教育不仅需要在教育内容的深度上精心挖掘，还要有更大的影响范围。自然保护需要更多人的参与和支持。传统动物园的教育方式更多关注来访游客，人们参观动物园，才能感受动物园的教育氛围，获得相关信息。随着动物园科普进校园、进社区等活动，动物园的信息传播超出了动物园边界。报纸、电视、互联网，随着传

媒方式的变革，动物园信息传播、影响范围不断扩大，影响边界逐渐模糊。这为动物园保护教育扩大范围提供了更多的可能性。

国际上很多优秀的动物园在扩大动物园影响范围做出有效的尝试，会员制、捐助认养、公众教育课堂、志愿者、主题活动、商业合作等，通过这些形式把动物园与更多公众有效地联系起来。会员制的发展历史很长，它的建立不仅有商量的考量，也是有共同爱好人群的聚合体，动物园的保护理念和行为指导能够得到更好的传播。捐助认养把动物园与负责任的企业、机构、个人联系起来，把资金和人力进行集中，化零为整，使动物园的影响力扩大到不同领域和行业。动物园的公众教育课堂是把学生联系在动物园身边的途径，学生从小与动物园建立起来的联系，这会影响他们今后的选择,可能在很多方面。志愿者项目、主题活动能够为社会上有特殊需要的人群搭建平台，与动物园共同扩大影响力。在商业活动中，如展区建设、废弃物回收等方面，应将循环利用，节能建设等，动物园把保护理念传播给合作方。所有这些相互关联，可以共同构成一个网络系统，社会自然保护力量的网络。

第四节　培养意识——建立物种保护文化

从培养保护理念，到采取保护行动，可以是一个个体的变化过程，也可能是一个群体的变化过程。随着动物园保护教育影响范围的扩大，更多人群得到引导和激励。当社会公众取得共识，对自然保护持有共同的态度和行为，将会促成保护文化的形成。它是动物园保护教育更高的目标。作家梁晓声曾用四句话来表达他对“文化”的理解：植根于内心的修养，无需提醒的自觉，以约束为前提的自由，为别人着想的善良。这四方面的含义同样适用于对保护文化的理解：保护教育是在人们内心建立保护理念，对自然采取自觉的保护行为，有节制地与自然和谐相处，与其他物种共生共荣。总之，物种保护文化是希望更广泛的人群参与自然保护，形成良好的社会保护氛围。

物种保护文化的建立不是一朝一夕的成就，是一种由量变到质变的积累过程。它使更多的教育项目的目标性更强。实现保护文化的传播，教育活动要有更深刻的内容、更强的感染力，以及为公众认同的价值观。全球很多动物园在文化传播方面做出有效的实践探索。如欧洲一些动物园重视宣传动物园历史人文、经典景观的时代价值与历史意义，园区中很多历史景观映射出动物园历史的过往。游客会感受到一种历史的厚重感，这种积累告诉游客动物园很多代人都在为动物园工作，使它变得更好，游客对动物园有信心，通过历史与公众建立共同的保护价值观。另一方面，一些动物园越来越注重构建自身的保护文化氛围，如英国动物园开展以饲养员为主题的宣传活动，提

高饲养员的荣誉感和使命感。如达德利动物园，他们在园区主要参观区、餐厅、杂志上大力宣传展示主题为“爱你所做，做你所爱”饲养员工作图片，画面展示出饲养员和动物之间动人的故事。动物园相信“一幅图片胜过千言万语”，他们希望告诉公众动物园为提高动物福利所做的工作。这样动物园内部培养的保护文化意识，通过图片展传递给社会，感染公众，建立共同的自然保护理念。我国成都大熊猫繁育研究基地组织的“大熊猫亦艺术”同样有很好的文化传播效果。他们与很多的艺术家进行合作，创作出优秀的大熊猫艺术作品，通过艺术作品展现出大熊猫的魅力和保护成就。展览在很多国家进行，全球更多领域、各界人士感受到熊猫保护文化的力量。

参与——扩大影响并带来支持保护的行为变化
愿景
动物园和水族馆是值得信赖的物种保护发言人，并且有能力使游客、社区和员工适度参与到野生物种的保护中。

总之，动物园保护教育的发展就是教育内容不断深化，鼓励公众采取保护行动，扩大社会保护力量，共同建立全社会的保护文化氛围。

第四章　生物学基本理论

第一节　生态学原理

生态学：是德国生物学家恩斯特·海克尔（Ernst Hackle）于1866年定义的一个概念。生态学是研究生物体与其周围环境(包括非生物环境和生物环境)相互关系的科学。环境包括生物环境和非生物环境，生物环境是指生物物种之间和物种内部各个体之间的关系，非生物环境包括自然环境：土壤、岩石、水、空气、温度、湿度等。

一、生态学基本概念

身为动物园教育工作者，要向公众传达的一个最重要的观念就是所有生物是相互依存的。为了解释这种相互依存是怎么回事，了解一些生态学的基本概念是很重要的。

有机体是具有生命个体的统称，如熊猫、人、鹤、蚂蚁、蕨类植物或蘑菇。

物种是能够相互繁殖并具有相似特征的有机体群。如，大熊猫是生活在中国有限地域的一个物种。

种群是生活在相同地域，或相连地域的同种可繁殖个体群。生活在卧龙自然保护区的野生大熊猫群是一个种群。在中国还有其他的大熊猫小种群，但是它们全部都是相同物种。

群落是由互相影响的不同物种的种群构成。如在一个区域内的哺乳动物、鸟类、昆虫和植物共同地形成一个群落。

生态系统则是更大范围，一个由该区域内全部有生命（生物的）和无生命的（非生物的）因子所组成。这包括许多相互关联部分构成的复杂网络，具体有物种和影响群落的所有物理因子（土壤、天气、水、营养素和能量流），这些网罗在生态系统里面控制着能量和养分流动。

生物圈是指在全球范围内，影响生活在地球上的所有生物元素和物理过程的统称。

自然选择：有机体为了生存并能繁殖后代而最大地展现其生存的能力，这称为适应。自然选择意味着那些遗传特性既增强了有机体的适应性，又有可能在这个种群内继续保存下去。适合于在未来种群内的世代数量增加的有机体，具有较大可能性的生存适应。比如，如果一个有机体的基因突变导致其体色改变，而由于体色伪装使其幸免于食肉动物的捕食而生存较久，这一个有机体的生物适应性就已增强。因为有机体生存较长而增加了繁殖的机会，这一相同特征便可能出现在下一代；此特征已经被选择并且在这一物种里延续。这就是达尔文进化论的基本原理。

相互依存：在同一个生态系统里生活着的所有物种的生存都依赖于其他生命形式。生产者是诸如植物，它们可以利用太阳的能量，制造自己的养料。依次，植物把这种能量转换成物质（诸如糖），使之能够用于其他有机体——称为消费者——吃掉它们。以植物为食的动物依赖那些植物而生存。植物又依靠土壤里的微生物通常是真菌类获取水和养分。

被其他动物掠杀而食的动物被称为被捕食者（植物因生长在固定的地方而不被称为被捕食者）。食肉动物（以其他的动物为食的动物）依赖其猎物而生存。动物物种可能既是捕食者，同时又是被捕食者。举例来说，一些食肉动物以掠食其他动物为食，而被捕食者依次以食物链下一级的其他动物为食。食腐动物（诸如兀鹫和甲虫）是以死亡动物（死肉）为食的动物。某些动物，诸如非洲土狼，可以既是捕食者同时也是食腐动物。当活的被捕食动物种类存在时，这些捕食者猎获并且杀死它们的猎物。当活的猎物缺乏的时候，土狼就投机取巧的以死亡动物（可能窃取于其他捕食者）为食（他们会吃所有可供使用的东西）。分解者包括细菌和真菌，把死亡动物分解为诸如氮和磷这样的基本营养物，回归土壤被重新利用。在食物链中没有东西被浪费——万物都成为营养的循环部分。

吃植物的动物叫作食草动物。食肉动物是吃其他动物的动物。吃植物和其他动物的动物叫作杂食动物。人也是杂食动物。

食物链：这个词是英国动物学家埃尔顿于1927年首次提出的。食物链包括几种类型：捕食性、寄生性、腐生性、碎食性等，不同营养层的物种组成一个链条。例如：浮游生物→软体动物→鱼类→乌贼→海豹→虎鲸。

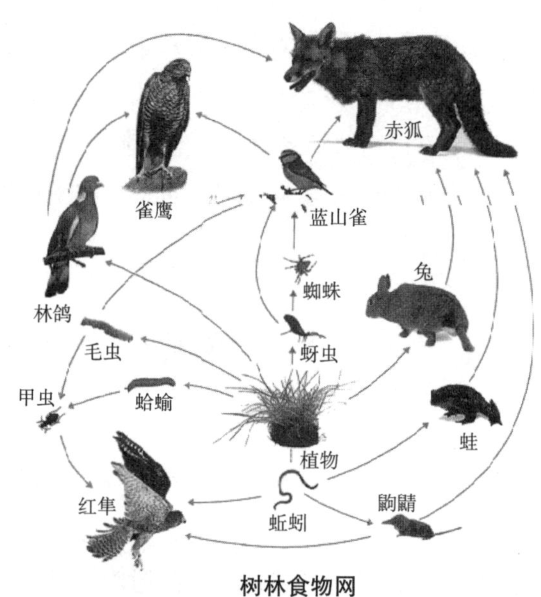

树林食物网

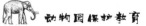

二、人类是相互依存的生命体的组成部分

当研究生态系统的交互作用的时候，人们常常把自己从等式中抽离，然而对生物多样性的研究得知，人也是生态系统的组成部分。人为了生存而依赖于植物、动物、自然系统和其他的人。人类有操纵居住环境的力量，而且能对生态系统造成永远都不可能逆返的改变。变化是动态生态系统的组成部分，不过人类活动加速了这种变化。人类的活动已经导致物种和遗传基因变异性的灭绝。据估计物种消失的速度与人类干涉之前的消失速度相比可能高达 1000 倍。举例来说，四分之一的地球鸟类物种由于近 2000 年内人类的活动而消失了。除此之外，人类活动导致非本地物种传入新区域，该入侵物种对本地物种造成巨大伤害。这往往带来巨大的经济和生物影响。这些能对植物和动物的生存造成不利结果的活动，同样可以改变野外环境。

这些活动也可能给人类自身带来严重后果，因为人也是生物圈的组成部分。过度狩猎动物达到种群无法生存的地步，而物种灭绝就影响生态系统的许多其他物种，并且也可以影响到人类。举例来说，过度捕捉某一鱼类，意味着人们不再拥有这些鱼的可繁衍种群。一旦该种群消失，就会影响捕鱼业（人的生计）和人的消费。某些人类活动的结果是明显的——诸如空气和水污染，栖息地破坏。但是一些结果仍然是无法预料的，因为科学家刚刚开始了解生态系统和人类活动（诸如全球气候变化）的长期影响的复杂作用。这就是为什么保护生物多样性是如此紧要。

正如美国科学家保罗·埃利希（Paul Ehrlich）所说：“聪明的万能工匠的第一条规则是保留所有的部件。”

生态学是研究生物及其环境之间相互影响的科学。动物园教育工作者讲授的一个最重要的概念就是所有生物互相依赖。变化是动态生态系统的持续组成部分，不过人类活动加速了改变。这些能对植物和动物的生存造成不利后果的活动，同样可以改变野外环境；而这些活动也可能给人类带来严重后果。为使公众学习和关心生物多样性，使他们能够与环境联系起来，动物园教育工作者担任的角色是如此重要。

第二节　自然界的生物多样性

根据《生物多样性公约》的定义，生物多样性是指：所有来源的活的生物体中的变异性，包括陆地、海洋、水生生态系统，及其所构成的生态综合体；即物种内、物种之间和生态系统的多样性，由遗传（基因 ）多样性，物种多样性和生态系统多样性

三个层次组成。

遗传（基因）多样性：是指生物体内决定性状的遗传因子及其组合的多样性。

物种多样性：是生物多样性在物种上的表现形式，也是生物多样性的关键，它既体现了生物之间及环境之间的复杂关系，又体现了生物资源的丰富性。

生态系统多样性：是指生物圈内生境、生物群落和生态过程的多样性。

一、生物多样性的重要性

生物多样性对人类和地球上其他生物都很重要。它能为世界上所有生命体提供生态系统服务，包括将能量从阳光转移到植物和通过食物链的分配而传递；籍由森林，海洋和大气存储，释放和分配碳；使营养物在空气、水、土壤及活的有机体之间循环；促进水循环、净化并分配淡水；以及通过植物和动物交换二氧化碳和氧气而完成氧循环。

对人类而言,生物多样性是人们食物的来源。人们的食物几乎都来自于动物和植物，但世界食物的 90% 来自 15 种植物，人类只使用了大约 150 种植物作为食物——大多数现已种植。这些植物的野生种类具有遗传变异性和天然的疾病抵抗力。如果将人工种植的农作物与野生亲缘植物的杂交育种常常就能增加疾病抵抗力。失去了野生植物就意味着失去了重要的遗传基因的资源。

生物多样性对人们的健康很重要。我国用中草药治病已有几千年的历史，它用野生动物和植物作为主要成分配药治疗疾病。事实上，直到今天，人们大部分的处方药仍然源于大自然。例如，马达加斯加的玫瑰红长春花植物是治疗恶性肉芽肿和白血病的药物原料，太平洋紫杉树是用于卵巢癌治疗的泰克索（Taxol 一种抗癌药物）药物的原料。虽然人类用动植物治病已有几千年，但只有 1% 的雨林植物种类测得它们可能存在的药物价值，还有更多的等着人们去发现。如果人们继续失去物种和栖息地，将会永远地失去有益的药物原料。

生物多样性为人们建造家园提供原材料。人们用树木和木材造房屋，做家具。树或其他植物被广泛用来制造纸张和纸制品，这些已成为人们日常生活中不可或缺的重要部分。

生物多样性对世界经济极为重要。健康的环境是健康的经济和社会安定的基础。没有多样化的自然系统提供的产品和服务，人们将难以生存，更不可能繁荣昌盛。据估计，生物多样性对全球经济的贡献约为 3 万亿~ 33 万亿美元。

生物多样性具有美学价值，它提高了人类的生活质量。人类喜欢欣赏自然界美景，因为自然给人们生活带来了乐趣并丰富了人类的体验，并且亲近大自然会提高人们生活的质量。生物多样性的丧失意味着对人类自己和未来后代再也看不到这些美景了。

然而，生物多样性的本质价值远超过它对人类的意义。身为地球的居民，为了人们自身，生物多样性都值得保护。而作为一种宗教或信念，许多民族认为人类自身也有保护地球的责任。以下列表是现存的植物界、动物界物种已知量和分类学家认可的估计物种数量。

世界物种数量和分类专家已知物种估计数量

序号	界	物种数	估计数
1	动物界（*Animalia*）	1138761	1552319
2	真菌界（*Fungi*）	132848	140000
3	植物界（*Plantae*）	356818	382000
4	原生动物界（*Protozoa*）	2737	8118
5	病毒界（*Viruses*）	3186	3186
6	古细菌界（*Archaea*）	377	502
7	细菌界（*Bacteria*）	9982	10358
8	藻界（*Chromista*）	19797	25000

动物界物种数量和分类专家已知物种估计数量

门	纲	物种数	估计数
脊索动物门（*Chordata*）	两栖纲（*Amphibia*）	6439	
	鸟纲（*Aves*）	10357	
	哺乳纲（*Mammalia*）	5853	
	爬行纲（*Reptilia*）	10233	
	放射虫纲（*Actinopterygii*）	32024	
	尾海鞘纲（*Appendicularia*）	65	
	海鞘纲（*Ascidiacea*）	2252	
	头甲鱼纲（*Cephalaspidomorphi*）	46	38
	弹性鳃亚纲（*Elasmobranchii*）	1181	935
	全头亚纲（*Holocephali*）	51	33
	头索纲（*Leptocardii*）	30	
	盲鳗纲（*Myxini*）	78	70
	肉鳍亚纲（*Sarcopterygii*）	8	
	樽海鞘纲（*Thaliacea*）	74	
	合计 14 纲	68691	49693
软体动物门（*Mollusca*）	头足纲（*Cephalopoda*）	805	
	腹足纲（*Gastropoda*）	36746	
	其他纲	10758	
	合计 8 纲	48309	80000

续表

门	纲	物种数	估计数
节肢动物门（*Arthropoda*）	蛛形纲（*Arachnida*）	70251	110615
	昆虫纲（*Insecta*）	827165	1013825
	倍足纲（*Diplopoda*）	12144	7753
	其他纲	45020	
	合计 17 纲	954580	1214295
棘头动物门（*Acanthocephala*）	4 纲	1330	1192
环节动物门（*Annelida*）	2 纲	13220	17210
腕足动物门（*Brachiopoda*）	3 纲	396	443
苔藓动物门（*Bryozoa*）	3 纲	5629	5486
Cephalorhyncha	2 纲	208	198
毛颚类（*Chaetognatha*）	1 纲	131	179
刺胞动物亚门（*Cnidaria*）	5 纲	10360	10105
栉水母动物门（*Ctenophora*）	2 纲	165	242
环口动物门（*Cycliophora*）	1 纲	2	2
二胚虫门（*Dicyemida*）	1 纲	122	123
棘皮动物门（*Echinodermata*）	5 纲	6743	7509
螠虫动物门（*Echiura*）	不确定	179	236
内肛动物门（*Entoprocta*）	不确定	171	169
腹毛动物门（*Gastrotricha*）	不确定	826	790
颚胃动物门（*Gnathostomulida*）	不确定	101	109
半索动物门（*Hemichordata*）	2 纲	139	120
兜甲形动物门（*Loricifera*）	不确定	22	30
微颚动物门（*Micrognathozoa*）	不确定	1	1
粘孢子动物门（*Myxozoa*）	1 纲	245	2402
线形动物门（*Nematoda*）	2 纲	3455	24773
Nematomorpha	2 纲	361	351
纽形动物门（*Nemertea*）	4 纲	1250	1200
有爪亚门（*Onychophora*）	不确定	167	182
直泳动物门（*Orthonectida*）	不确定	25	20
帚虫动物门（*Phoronida*）	不确定	19	10
扁盘动物门（*Placozoa*）	不确定	1	1
扁形动物门（*Platyhelminthes*）	6 纲	9398	29285
多孔动物园门（*Porifera*）	5 纲	8818	8346
轮虫动物门（*Rotifera*）	2 纲	2014	1583
星虫动物门（*Sipuncula*）	2 纲	205	320
缓步动物门（*Tardigrada*）	3 纲	1021	1157

续表

门	纲	物种数	估计数
Xenacoelomorpha	不确定	457	395
总计		1138761	1552319

植物界物种数量和分类专家已知物种估计数量

门	纲	物种数	估计数
维管植物门（*Tracheophyta*）	苏铁纲（*Cycadopsida*）	353	317
	木贼纲（*Equisetopsida*）	38	40
	银杏纲（*Ginkgoopsida*）	1	1
	买麻藤纲（*Gnetopsida*）	112	112
	百合纲（*Liliopsida*）	74230	72926
	石松纲（*Lycopodiopsida*）	1393	1330
	双子叶植物纲（*Magnoliopsida*）	247508	246366
	马蹄莲纲（*Marattiopsida*）	133	140
	松果刚（*Pinopsida*）	615	615
	水龙骨纲（*Polypodiopsida*）	11530	10804
	裸蕨纲（*Psilotopsida*）	139	123
	11 纲	336052	340000
角苔植物门（*Anthocerotophyta*）	2 纲	221	220
Charophyta		0	6000
蓝藻门（*Glaucophyta*）		0	15
地钱门（*Marchantiophyta*）	3 纲	7172	7266
红藻门（*Rhodophyta*）		0	7000
苔藓植物门（*Bryophyta*）	3 纲	13373	
绿藻门（*Chlorophyta*）		0	8000
总计		356818	382000

哺乳纲、鸟纲物种数量

纲	目	物种数
哺乳纲（*Mammalia*）	非洲猬目（*Afrosoricida*）	51
	偶蹄目（*Artiodactyla*）	245
	食肉目（*Carnivora*）	288
	鲸目（*Cetacea*）	91
	翼手目（*Chiroptera*）	1308
	钩尾目（*Cingulata*）	21
	袋鼬目（*Dasyuromorphia*）	75
	皮翼目（*Dermoptera*）	2

续表

纲	目	物种数
哺乳纲（*Mammalia*）	负鼠目（*Didelphimorphia*）	87
	双门齿目（*Diprotodontia*）	143
	Erinaceomorph	24
	蹄兔目（*Hyracoidea*）	4
	兔形目（*Lagomorpha*）	92
	象鼩目（*Macroscelidea*）	15
	微兽目（*Microbiotheria*）	1
	单孔目（*Monotremata*）	5
	袋鼹目（*Notoryctemorphia*）	2
	鼩负鼠目（*Paucituberculata*）	6
	袋狸目（*Peramelemorphia*）	21
	奇蹄目（*Perissodactyla*）	24
	鳞甲目（*Pholidota*）	8
	披毛目（*Pilosa*）	10
	灵长目（*Primates*）	505
	长鼻目（*Proboscidea*）	3
	啮齿目（*Rodentia*）	2368
	树鼩目（*Scandentia*）	20
	海牛目（*Sirenia*）	5
	食虫目（*Soricomorpha*）	428
	管齿目（*Tubulidentata*）	1
总计	29 目	5853
鸟纲（*Aves*）	鹰形目（*Accipitriformes*）	264
	雁形目（*Anseriformes*）	164
	蜂鸟目（*Apodiformes*）	445
	无翼鸟目（*Apterygiformes*）	5
	犀鸟目（*Bucerotiformes*）	63
	夜鹰目（*Caprimulgiformes*）	111
	叫鹤目（*Cariamiformes*）	2
	鹤鸵目（*Casuariiformes*）	4
	鸻形目（*Charadriiformes*）	383
	鹳形目（*Ciconiiformes*）	19
	鼠鸟目（*Coliiformes*）	6
	鸽形目（*Columbiformes*）	315
	佛法僧目（*Coraciiformes*）	148
	鹃形目（*Cuculiformes*）	141

续表

纲	目	物种数
鸟纲（*Aves*）	日鳽目（*Eurypygiformes*）	2
	隼形目（*Falconiformes*）	66
	鸡形目（*Galliforme*）	291
	潜鸟目（*Gaviiformes*）	5
	鹤形目（*Gruiformes*）	165
	Leptosomiformes	1
	拟鹑目（*Mesitornithiformes*）	3
	蕉鹃目（*Musophagiformes*）	23
	麝雉目（*Opisthocomiformes*）	1
	耳形目（*Otidiformes*）	26
	雀形目（*Passeriformes*）	6264
	鹈形目（*Pelecaniformes*）	113
	Phaethontiforme	3
	红鹳目（*Phoenicopteriformes*）	6
	啄木鸟目（*Piciformes*）	407
	鸊鷉目（*Podicipediformes*）	23
	信天翁目（*Procellariiforme*）	138
	鹦鹉目（*Psittaciformes*）	370
	沙鸡目（*Pteroclidiformes*）	16
	美洲鸵鸟目（*Rheiformes*）	2
	企鹅目（*Sphenisciformes*）	19
	鸮形目（*Strigiformes*）	199
	鸵鸟目（*Struthioniformes*）	2
	鲣鸟目（*Suliformes*）	56
	共鸟形目（*Tinamiformes*）	47
	咬鹃目（*Trogoniformes*）	39
总计	48 目	10357

备注：1. 表格数据来源皆为 Catalogue of Life：2017 Annual Checklist
http：//www.catalogueoflife.org/annual-checklist/2017/info/totals
2. 以上 4 表显示了现存物种目录中所代表的门的已知物种计数。它比较了目前物种目录中的数量，包括已接受的和暂时接受的物种（物种数）和目前分类学家认可的估计物种数量（估计数）。

二、生物多样性的丧失

由于人口的快速增长和对自然资源的过度利用，人们正在快速地失去生物多样性。引起生物多样性丧失的主要因素有栖息地退化和丧失；外来物种侵入；全球气候改变；

人口增长和资源消耗；过度狩猎和商业开发。

栖息地的丧失：生物多样性的丧失最主要的原因是由于工农业的生产而损失了天然的动植物群落；经济的快速发展也增加了空气及水污染，两者都使环境退化而且更进一步减少生物多样性；新的开发建设增大了水土流失；水土流失增加淤泥沉积，使溪流对于循环营养物和降解有机废物的能力减小。

侵入的和外来的物种：侵入的和外来的物种改变自然的生态系统；非本土植物和动物可能为了资源和占领大量的可利用的栖息地而排挤当地种类；其他外来种捕食本地种类。有些入侵物种是由人类故意引入，而另一些是通过国际贸易而偶然带入。

全球气候变化：来自车辆和工业的 CO_2 排放，汇集形成大气层温室气体；温度的上升和紫外线辐射的增加引起栖息地气候改变从而影响植物和动物的生存；变暖的气候导致动物迁徙模式的改变——开花植物的时间选择及它们授粉所仰赖的鸟类会经常错过时机。

人口过剩和资源过度消费：今天，地球人口超过了六十亿并且仍在增长；越来越多的人需要淡水和燃料，超过了地球和当地生态系统能提供的供应量；全世界的人们为了需要更多的物质商品和服务并逐渐增加的需求现象遍及全世界；工业化国家人均资源消耗远远高于发展中国家。

野生动物开发和利用：野生动物和宠物贸易、偷猎、无法维持的食物狩猎和传统医药已经导致生物多样性的巨大损失；地方渔业的过度捕捞已经驱使一些水生物种到了灭绝边缘，并且海洋生物的多样性已大大减少。

丧失生物多样性所带来的影响是灾难性的。污染了的空气和水增加了疾病发生；授粉动物的丧失影响人类的食物生产和物种生存；每年外来物种传入造成对农业和渔业的损失据估计已经达到数十亿美元；为获得木质产品和木料的原木砍伐业，每年毁坏或碎片化数百万英亩的森林以及森林栖息地；关于物种和生态系统，人们还有太多的东西要学习和研究——丧失生物多样性就像摧毁一座图书馆。人们知道，森林在土壤中保留水分，储存 CO_2，并且生产氧气，采伐森林导致水土流失、山崩、大气层少氧而多碳；湿地有过滤和保留水分功能，失去湿地导致污染物质和毒素留在水里，并且在暴风雨来临的时引起洪水泛滥。

三、中国的生物多样性

中国是个生物多样性极为丰富的国家。中国有高等植物 3 万余种，其中在全世界裸子植物 15 科 850 种中，中国就有 10 科，约 250 种，是世界上裸子植物最多的国家。中国有脊椎动物 6347 种，占世界种数近 14%。中国是水稻和大豆的原产地，品种分别达 5 万个和 2 万个。中国古老的物种较多，例如松杉类世界现存 7 个科中，中国有

6个科。动物有大熊猫、白鳍豚、扬子鳄等。中国的特有属种繁多。高等植物中特有种最多，约17300种，占中国高等植物总种数的57%以上。6347种脊椎动物中，特有种667种，占10.5%。中国地域广阔，地理环境复杂多样，南北气候变化显著。因而中国的生态系统丰富多样，几乎包含了地球上能找到所有不同的生境类型。

中国是全世界人口最多的国家。人口的过快增长造成动植物生境的大面积丧失和破碎化，并给自然资源带来巨大的压力。工业的发展和经济的快速增长造成了空气和水的重度污染从而使得动植物的生存环境进一步恶化。过度的猎杀野生动物，开垦荒山荒地，过度放牧造成的草原和牧场的退化和沙化，森林的砍伐，水土流失等人类活动造成了物种多样性及生态系统多样性的丧失。引进的外来物种造成了许多本地物种的濒危。据农业部统计，目前我国有外来约380种植物和40种动物，给国家直接或者间接造成的损失达约1198.76亿元。

为了保护中国的生物多样性，中国政府作了多方面的努力。制定了一系列的法律和法规，加入了生物多样性国际保护公约。经过60多年的发展，我国自然保护区已经占国土面积的14.8%，是世界上规模最大的保护区体系之一。截至2014年底，全国共建立了保护区2729个，总面积147万平方公里，其中国家级自然保护区428个，面积96.52万平方公里。

当前随着我国生态文明建设的不断深入，环境保护、生物多样性保护已经成为全社会的共同目标，国家管理体制进一步完善，通过国家公园的建设和发展，整合各种资源和力量，我国生物多样性的保护一定会有更大进步的。

四、生物多样性的保护形式

生物多样性的保护形式多种多样，有些机构或人员从事直接的保护工作，普通公民通过日常生活或行为实现保护功能。针对直接从事保护工作的形式，一般根据地域差异，分为就地保护和易地保护：

就地保护：是指为了保护生物多样性，在生物的原产地对生物及其栖息地开展保护的方式。就地保护的对象，主要包括有代表性的自然生态系统和珍稀濒危动植物的天然集中分布区等。就地保护的主要方式是建立自然保护区，或国家公园。

易地保护：是指为了保护生物多样性，把因自然生存条件不复存在、物种个体数量极少等原因而导致其生存和繁衍受到严重威胁的物种迁出原地，移入动物园、植物园、水族馆和濒危动物繁殖中心和建立种子库等，进行特殊的保护和管理的方式。

易地保护是为行将灭绝的生物提供了生存的最后机会。一般情况下，当物种的种群数量极少，或者物种原有生存环境被自然或者人为因素破坏甚至不复存在时，易地保护成为保护物种的重要手段。

除了相关机构采取的宏观行为，作为一个普通公民，人们在日常生活中可以做出很多的选择和行动去帮助保护生物多样性。例如：

◆ 打击偷猎。

◆ 拒绝野生动物和植物上人们的餐桌。

◆ 拒绝使用利用野生动物制成的药物。

◆ 不把野生动物当作宠物来饲养。

◆ 抵制用濒临绝种动物和它们身体部分（诸如象牙、麝香鹿、海龟壳、藏羚羊的羊毛）制成的产品，如果发现这些产品，向警方或媒体举报。

◆ 拒穿动物毛皮大衣。

◆ 保护野生动植物栖息地。

◆ 学习更多的关于生物多样性的知识。

◆ 与别人分享所学到的知识。

◆ 吃本土物种出产的食物（水果、蔬菜）。

◆ 了解本地的濒危物种是什么。

◆ 购买有机绿色产品。

◆ 少驾驶，尽量骑脚踏车，鼓励其他人也这么做。

◆ 尽可能搭乘公共交通工具。

◆ 不要向排水道倾倒油漆，汽油或其他的有毒液体。

◆ 使用可充电的电池。如果必须使用普通电池，选择正确的回收渠道。

◆ 物品重复使用，减少新购。

◆ 尽最大可能回收利用每件东西。

◆ 种植本地种的树或植物。

◆ 避免使用杀虫剂和除草剂。

◆ 种植特别的花或矮树吸引特定的动物种。

◆ 在当地的植物园，苗圃或动物园做一名志愿者。

◆ 联系国家或地方政府机构，了解如何有助于保护生物多样性。

◆ 用科学的知识指导行动和思考。

第五章 教育心理学基本理论

第一节 教育心理学基本概念

教育心理学在 19 世纪末才成为一门独立的学科。但历史上的许多教育家已能够在教育实践中根据人的心理状态有针对性地进行教学。中国古代教育家孔子就提出“不愤不启，不悱不发”的启发式教学方法。古希腊的苏格拉底也提出“我不是给人知识，而是使知识自己产生的产婆”这样的教育心理学思想。

教育心理学是研究教育情境中学与教的基本心理规律的科学，是心理学与教育学的交叉学科，拥有自身独特的研究课题，就是如何学、如何教以及学与教之间的相互作用。教育心理学的具体研究范畴是围绕学与教相互作用过程而展开的。学与教相互作用过程是一个系统过程，包含学生、教师、教学内容、教学媒体和教学环境等五种要素；由学习过程、教学过程和评价 / 反思过程这三种活动过程交织在一起。

教育心理学关注心理发展与教育、学习与教学、认知与个性、一致与差异，内容包括：心理发展与教育、学习的基本理论、学习动机、学习的迁移、知识的学习、技能的形成、学习策略、问题解决与创造性、态度与品德的形成、心理健康教育、教学设计、课堂管理、教学评价、教师心理等。

联系保护教育人员实际工作需要，本书选择了其中几部分内容进行介绍。

一、学习的基本理论

（一）学习的定义

广义的学习指人和动物在生活过程中，凭借经验而产生的行为或行为潜能的相对持久的变化。狭义的学习是指人类的学习，是在社会生活实践中，以语言为中介，自觉地、积极主动地掌握社会的和个体的经验的过程。

（二）学习的特性

1. 学习表现为行为或行为潜能的变化。从不知到知，从不会到会，从不懂到懂就是变化过程。

2. 学习所引起的行为或行为潜能的变化是相对持久的。这样，最佳的学习往往是能获得长时间地影响有机体，并成为有机体第二天性的结果。当个体表现出一种新的技能，如游泳、驾车等，就认为学习已经发生了。

3. 学习是由反复经验而引起的。由经验而产生的学习主要有两种类型：一种是由有计划的练习或训练而产生的正规学习，如中小学生在学校中的学习；另一种则是由偶然的生活经历而产生的随机学习，如路遇交通事故而体会到遵守交通法规的重要性等。

（三）学习的一般分类

著名教育心理学家和教育学设计专家加涅（Robert M. Gagné）认为人类的学习活动由四个要素构成：学习者、刺激情境、记忆内容、动作。他在《学习的条件》一书中先后提出学习层次分类和学习结果分类。

1. 学习层次分类

加涅早期根据学习情境由简单到复杂、学习水平由低级到高级的顺序，把学习分成八类，构成了一个完整的学习层级结构。这八类学习依次是：

（1）信号学习。指学习对某种信号刺激做出一般性和弥散性的反应。这类学习属于巴甫洛夫的经典条件反射。

（2）刺激——反应学习。指学习使一定的情境或刺激与一定的反应相联结，并得到强化，学会以某种反应去获得某种结果。这类学习属于桑代克（Edward LeeThorndike）和斯金纳（B.F.Skinner）的操作性条件反射。

（3）连锁学习。指学习联合两个或两个以上的刺激——反应动作，以形成一系列刺激——反应动作联结。

（4）言语联结学习。指形成一系列的言语单位的联结，即言语连锁化。

（5）辨别学习。指学习一系列类似的刺激，并对每种刺激做出适当的反应。

（6）概念学习。指学会认识一类事物的共同属性，并对同类事物的抽象特征做出反应。

（7）规则或原理学习。指学习两个或两个以上概念之间的关系。

（8）解决问题学习。指学会在不同条件下，运用规则或原理解决问题，以达到最终的目的。

2. 学习结果分类

加涅提出五种学习结果，并把它们看作是五种学习类型，分别是：

（1）智慧技能，即能力。指学生应用概念符号与环境相互作用的能力，是学习解决“怎么做”的问题。表现为使用符号与环境相互作用的能力。它指向学习者的环境，使学习者能处理外部的信息。

（2）认知策略，即学会如何学习。表现为用来调节和控制自己的注意、学习、记忆、思维和问题解决过程的内部组织起来的能力。它是在学习者应付环境事件的过程中对自身认知活动的监控。

（3）言语信息，即教育者通常所称的“知识”。表现为学会陈述观念的能力。

（4）动作技能，表现为平稳而流畅、精确而适时的动作操作能力。

（5）态度，表现为影响着个体对人、对物或对某些事件的选择倾向。

3. 我国心理学家的学习分类

我国学者依据教育系统中所传递的经验的内容不同，将学生的学习分为知识的学习、技能的学习和行为规范的学习。知识的学习，即知识的掌握，是通过一系列的心智活动来接受和占有知识，在头脑中构建起相应的认知结构。技能是通过学习而形成的符合法则要求的活动方式，它是来自于活动主体所做出的行动及其反馈的动作经验。行为规范是用以调节人际交往，实现社会控制，维持社会秩序的思想工具，它来自于主体和客体相互作用的交往经验。

二、学习策略

学习者为了提高学习效果和效率，有目的、有意识地制定的有关学习过程的复杂的方案，即学习策略。

学习策略概括为认知策略、元认知策略、资源管理策略。

认知策略是信息加工的一些方法和技术，有助于有效地从记忆中提取信息。

元认知策略是学生对自己认知过程的认知策略，包括对自己认知过程的了解和控制策略，有助于学生有效地安排和调节学习过程。

资源管理策略是辅助学生管理可用环境和资源的策略，有助于学生适应环境并调节环境以适应自己的需要，对学生的动机具有重要的作用。

三、问题解决与创造性

问题解决是指个人应用一系列的认知操作，从问题的起始状态到达目标状态的过程。

（一）问题解决的过程

1. 发现问题：在众多信息中识别问题信息。

2. 理解问题：就是把握问题的性质和关键信息，摒弃无关因素，并在头脑中形成有关问题的初步印象，即形成问题的表征。

3. 提出假设：就是提出解决问题的可能途径与方案，选择恰当的解决问题的操作步骤。常用的方式主要有两种：算法式和启发式。

4. 检验假设：就是通过一定的方法来确定假设是否合乎实际、是否符合科学原理。检验假设的方法有两种：一是直接检验，二是间接检验。

（二）影响问题解决的因素

1. 问题的特征；

2. 已有的知识经验；

3. 定势与功能固着。

功能固着也可以看作是一种定势，即从物体通常的功能的角度来考虑问题的定势。个体的智力水平、性格特征、情绪状态、认知风格和世界观等个性心理特性也制约着问题解决的方向和效果。

（三）提高问题解决能力的教学

在学校情境中，大部分问题解决是通过解决各个学科中的具体问题来体现的，这也意味着结合具体的学科教学来培养解决问题的能力是必要的，也是可行的。具体可从以下几个方面着手：

1. 提高学生知识储备的数量与质量；

2. 教授与训练解决问题的方法和策略；

3. 提供多种练习的机会；

4. 培养思考问题的习惯。

四、心理健康教育

心理辅导是指在一种新型的建设性的人际关系中，教师运用其专业知识和技能，给学生以合乎其需要的协助与服务；帮助学生正确地认识自己、认识环境，依据自身条件，确立有益于社会进步与个人发展的生活目标；克服成长中的障碍，增强与维持学生心理健康，使其在学习、工作与人际关系各个方面做出良好适应。

要做好心理辅导工作，必须遵循以下基本原则：面向全体学生原则、预防与发展

相结合原则、尊重与理解学生原则、学生主体性原则、个别化对待原则、整体性发展原则。

培养学生心理健康的方法途径很多。首先教师要提高自身的心理健康辅导能力和素质，在教学过程中营造利于学生心理健康的环境和氛围，采用各种形式开发心理健康的教育方式，课程结构中每个环节融入心理健康的教育引导，增设教与学的互动机会，培养学生的人际交往能力，尤其关注有交往障碍的孩子，鼓励他们融入集体、积极交流，逐步建立健康的心理素质。

教育过程中，具体的技能很多，例如：强化法、奖励法、行为塑造法、示范法、暂时隔离法、自我控制法等。这些方式各有差异，但它们也有共同之处，就是鼓励正确的行为，限制改正不良的行为，从而引导学生在学习、生活中做出良好的适应。

教育实践中经常使用的“正强化”教学方式，即在一个确定的情景中，当某人做出某种行为后，随之而来的是一个好结果，那么今后类似的情况下出现相近行为的概率增大。这种方式即是强化形式、又有奖励因素，还是一个塑造过程，也有示范作用。总之心理健康教育是一个逐渐摸索和实践的过程，“正面鼓励”是最基本的原则。

五、教学设计

（一）设置教学目标

1. 教学目标及其意义

教学目标是预期学生通过教学活动获得的学习结果。在教学中，教学目标有助于指导教师进行教学测量和评价、选择和使用教学策略、指引学生学习等功能。

2. 教学目标的分类

布卢姆（B. S. Bloom）等人在其教育目标分类系统中将教学目标分为认知、情感和动作技能三大领域。

（1）认知目标

认知领域的教学目标分为知识、领会、应用、分析、综合和评价六个层次，形成由低到高的阶梯。

（2）情感目标

情感领域的教学目标根据价值内化的程度而分为五个等级：接受、反应、形成价值观念、组织价值观念系统、价值体系个性化。

（3）动作技能目标

动作技能教学目标指预期教学后在学生动作技能方面所应达到的目标，包括如下目标：知觉、模仿、操作、准确、连贯、习惯化。

（二）组织教学过程

1. 教学事件

确定教学目标并进行任务分析之后，教师要组织教学过程中几个基本要素，如教学事项、教学方法、教学媒体和材料以及教学情景等。加涅指出，在教学中，要依次完成以下九大教学事件：

①引起学习注意；②提示学习目标；③唤起先前经验；④呈现教学内容；⑤提供学习指导；⑥展现学习行为；⑦适时给予反馈；⑧评定学习结果；⑨加强记忆与学习迁移。

按照以上九大教学事件顺序展开实施的教学最合乎逻辑且成功的可能性最大，但也并非一成不变。众所周知，在教学实践中，“教学有法而无定法”，九大教学事件只是提供一个参考和反思的依据，而在具体教学中需要人们灵活应用。

2. 教学方法

教学方法指在教学过程中师生双方为实现一定的教学目的，完成一定的教学任务而采取的教与学相互作用的活动方式，它是整个教学过程整体结构中的一个重要组成部分，是教学的基本要素之一。

以下是针对中小学生教育活动中常用的教学方法及其基本要求：

（1）以语言传递信息为主的教学方法

教师通过口头语言向学生传授知识和技能、发展智力、指导学生学习的方法。有讲授法（分讲述、讲解、讲演）、谈话法（问答法，分引导性的谈话、传授新知识的谈话、复习巩固知识的谈话、总结性谈话）、讨论法（整节讨论、几分钟讨论、全班性讨论、小组讨论）、读书指导法（预习、复习、阅读参考书、自学教材）等。

（2）以直接感知为主的教学方法

教师通过对实物或直观教具的演示和组织教学性参观等，引导学生利用各种感官直接感知客观事物或现象而获得知识的方法。

（3）以实际训练为主的教学方法

通过练习、实验、实习等实践活动，引导学生巩固和完善知识、技能和技巧的方法。

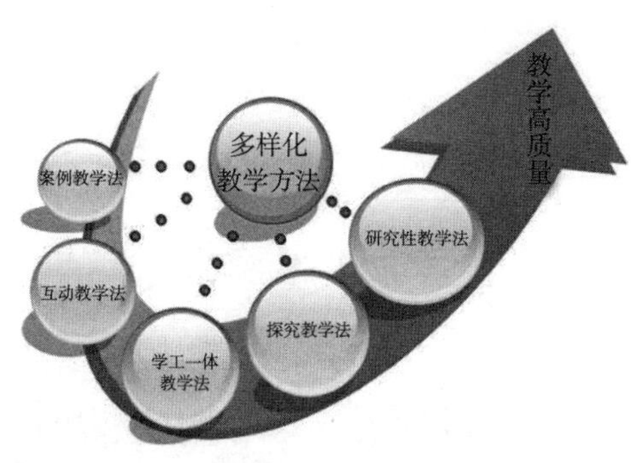

（4）以引导探究为主的教学方法

学生在教师的组织引导下，通过独立的探索和研究，创造性地解决问题，从而获得知识和发展能力的方法。包括发现教学、探究教学和问题教学。

（三）选择教学策略

教学策略是实施教学过程的教学思想、方法模式、技术手段这三方面动因的简单集成，是教学思维对其三方面动因的进行思维策略加工而形成的方法模式。教学策略是为实现某一教学目标而制定的、付诸教学过程实施的整体方案，它包括合理组织教学过程，选择具体的教学方法和材料，制定教师与学生所遵守的教学行为程序。

1. 以教师为主导的教学策略

指导教学是以学习成绩为中心、在教师指导下使用结构化的有序材料的课堂教学。

2. 以学生为中心的教学策略

发现教学：又称启发式教学，指学生通过自身的学习活动而发现有关概念或抽象原理的一种教学策略。

情境教学：指在应用知识的具体情境中进行知识教学的一种教学策略。

合作学习：指学生们以主动合作学习的方式代替教师主导教学的一种教学策略。

六、教学评价

教学评价指依据以一定的客观标准，对教学活动及其结果进行测量、分析、评定的过程。

教学评价以参与教学活动的教师、学生、教学目标、内容、方法、教学设备、场地和时间等因素有机结合的过程和结果为评价对象，是对教学工作的整体功能所做的评价。

教学评价主要包括对学生学习结果的评价和对教师教学工作评价。

从学生学习结果看：知识、技能、智力等人士领域，态度、习惯、兴趣、意志、品德、个性形成等情感领域。

从教师教学工作看：教学修养、教学技能、教学各环节，尤其是教学质量。

七、教师的专业素养

教师是履行教育、教学职责的专业人员。教师专业需要某些特殊能力，其中最重要的可能是思维的条理性、逻辑性以及口头表达能力和组织教学活动的能力。在教师

的人格特征中，有两个重要特征对教学效果有显著影响：一是教师的热心和同情心；二是教师富于激励和想象的倾向性。

教师应具备专业知识包括：专业学科知识、教育学科知识、实践性知识等；也应拥有以下专业技能。

● 教师的教学技巧

导入、强化、变化、发问、媒体运用、表达补救等。

● 教师的教育教学能力

教学设计、实施、评价的能力；师生、师师之间的交往能力；教学组织管理能力；课程开发与创新能力；自我反思与教育研究能力。

第二节　适合年龄的教育方式

动物园教育工作者应该在构思、操作、评估项目时考虑目标人群的发展阶段，他们的年龄决定了他们的理解和接受信息的能力，他们能够从项目中学到什么。动物园教育的目标和要求必须符合受众心理发展特点。针对不同年龄阶段的受众采取适当的教育方式能够更好的传达保护教育信息。

一、儿童认识发展的阶段

（一）孩子是如何认识世界的

社会普遍认为在孩子对社会有了几年的阅历以后，就相当于一个小大人了——与成年人有着一样的脑力，仅仅需要更多的培训。到 19 世纪中叶，瑞士心理学家皮亚杰（Jean Piaget）提出一个基本理论——随着大脑的发育以及个人对世界的经历，智力发育是分阶段的。后来其他心理学家的研究支持和发展了这个意识发展阶段理论。

皮亚杰认为，逻辑思维是智慧的最高表现，因而从逻辑学中引进“运算”的概念作为划分智慧发展阶段的依据。这里的运算是指心理运算，即能在心理上进行的、内化了的动作。他将从婴儿到青春期的认知发展分为四个阶段：感知运动阶段、前运算阶段、具体运算阶段和形式运算阶段。

1. 感知运动阶段（0 ~ 2 岁）

这一阶段儿童的认知发展主要是感觉和动作的分化。语言能力发展之前，通过知觉感受物体的存在；通过身体随意搜寻，指认看不见（或藏在身后）的物体；发展实际的基本知识，奠定日后具象的知识基础。

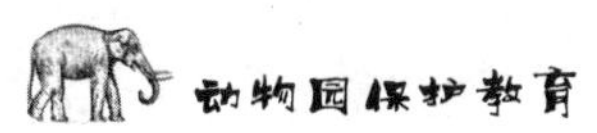

2. 前运算阶段（2 ~ 7 岁）

这个阶段儿童的思维有如下主要特征：①单维思维；②思维的不可逆性；③自我中心。开始具组织性的语言及符号机能，并发展处想象力和思想；直觉导向，非逻辑思考，无法从关联里做推理、判断；形事依单一目标，活动包括原始性的试验及错误更正；对于容易改变的事物无法协调，具有复杂特性的物质亦无法认知，但能满足于复杂矛盾的解释；思想与行动不会运用反面做法。

3. 具体运算阶段（7 ~ 11 岁）

这个阶段的儿童认知结构中已经具有了抽象概念，因而能够进行逻辑推理。这个阶段的标志是守恒观念的形成。这个阶段的儿童的思维主要有如下特征：①多维思维；②思维的可逆性；③去自我中心；④具体逻辑推理。想法变得具体，能运用基本逻辑思考完成基本分类和相互关系；能依数字、物质、长度、面积、重量、体积之序，逐渐发展保存概念（守恒观念）；无法区别易变的事物，思考阶段逐渐进展，但对事物彼此间关系仍无法理解。

4. 形式运算阶段（11 ~ 15 岁）

本阶段的儿童的思维是以命题形式进行的；能够根据逻辑推理、归纳或演绎的方式来解决问题；其思维发展水平已接近成人的水平。开始发展形式上的抽象概念能力；能根据各种组合的逻辑，假定演绎的推理，组合系统的发展和整合操作步骤成一个具有架构的整体。

从皮亚杰对个体认知发展在进行上述年龄阶段的划分中，可以看出具有以下特点：

1. 儿童认知发展的四个阶段出现的顺序是固定不变的，既不能跨越，也不能颠倒。因而这些阶段具有普遍性。

2. 每一个阶段都有独特的认知图式，由这些相对稳定的图式决定了个体认知活动及其行为的一般特征。

3. 认知图式的发展是一个不断建构的过程，每一个阶段都是前一阶段的延伸，前一阶段的图式是图式发展的先决条件，并被后者所取代。

（二）10 周岁以内不要涉及阴暗面

智力发展阶段对于动物园工作人员选择涉及保护话题的时机来说是相当重要的。

同样是对数字“8”的表达，对不同年龄阶段的学生采用不同的教学手段让他们理解与认识。

索贝尔（David Sobel）和其他一些教育学家已提出他们的忧虑——如今的孩子与自然的联系要比以前的孩子少得多。现在孩子很少有机会去直接体验大自然，越来越多的自然地区被占用——建房、种庄稼，或用作其他用途。同时，随着以消遣娱乐技术的发展（电视、视频和电脑游戏），孩子们很少喜欢到户外去探索。与自然界的分隔开始变得越来越平常，如今的孩子还日益受到关于星球环境恶化的信息轰炸——在电视上，甚至在学校里。索贝尔发现对这些年轻孩子来说，他们没有因此而产生环保道德；相反，由于在孩子的发展过程中过早的涉及保护话题，让他们产生恐惧和困惑，引起他们对此话题自我封闭，对改变这一环境问题感到无助（如网络上“2012 末日论”的宣传对儿童造成的负面影响）。保护话题不仅让孩子们感到无法应对，而且对他们来说是在让他们保护一些和他们毫无情感联系的东西。

如果人们目标是有效的鼓励孩子采取保护行动，人们必须在提出环境问题，要求学生加入解决这一问题前，首先帮助他们与自然和野生动物建立起一种联系。人们必须在孩子还小的时候就让他们对自然和科学感兴趣。一个重要的原则就是绝对不要在孩子没到 10 岁的时候涉及阴暗的事实，即不要在这个年龄以前以不适当的方式涉及保护话题。

二、适合年龄的动物园环境教育目标

教育部颁发的《中小学生环境教育专题教育大纲》总目标指出：在各学科渗透环境教育的基础上，引导学生欣赏和关爱大自然，关注家庭、社区，国家和全球环境问题，正确认识个人、社会与自然之间的相互关系，帮助学生获得人与自然和谐相处所需要的知识、方法和能力，培养学生对环境友善的情感、态度和价值观，引导学生选择有益于环境的生活方式。

（一）动物园教育选择性

结合我国《中小学生环境教育专题教育大纲》，动物园的环境教育应该达到以下目标：

7～9 岁：亲近、欣赏和爱护动物；感知动物园内大自然环境，了解和关心野生动物，将日常生活与环境保护建立联系；掌握简单的环境保护行为规范。

10～12 岁：了解野生动物需要的生存环境；感受自然环境变化与人们生活的联系，对物种保护的影响，养成对野生动物以及环境友善的行为习惯。

13～15 岁：了解区域和全球主要环境问题及其后果；思考环境与人类社会发展有相互联系；理解人类社会必须走可持续发展的道路；自觉采取对环境友善的行动。

15～18 岁：认识环境问题的复杂性；理解环境问题的解决需要社会各界在经济技术、

政策法律、伦理道德等多方面的努力；养成关心环境的意识和社会责任感。

（二）教育项目中适合不同年龄段的主题选择建议

0～3岁的主题选择建议

智力发展阶段	● 感观
适当的主题	● 动物很可爱 ● 感官体验 ● 熟悉的动物（家庭宠物及常见小动物） ● 家庭（爸爸、妈妈、孩子）
不适当的主题	● 概念性问题——如：生态系统、生物多样性等（太抽象） ● 濒危物种 ● 环境问题 / 主题
适合的教育活动项目	● 近距离观察（花、草、动物、环境） ● 触摸类活动（动物皮毛、食物、花草树木等） ● 亲子活动，简单的动物模仿比赛等
教育活动建议	● 故事（听故事） ● 音乐，动物的叫声 ● 涂色彩 ● 在自然中采景绘画（2～3岁） ● 在自然中收集树叶和草来做他们能接触（20个月～3岁）的拼贴画
需要注意问题	● 注意力无法长时间集中，坐不住 ● 喜欢颜色鲜艳、可爱的物体 ● 缺乏安全意识，无法保护自己

4～7岁的主题选择建议

智力发展阶段	● 感观、同理心
适当的主题	● 动物的家园 ● 宠物知识，照顾动物 ● 同理心 ● 动物群落 ● 生命周期（出生，死亡等） ● 介绍一些好的环保方式（回收，再次利用，随手关灯等）
不适当的主题	● 概念性问题，如生态系统、生物多样性等（太抽象） ● 濒危物种 ● 环境问题 / 主题 ● 不执行环保方式的后果（栖息地丢失、污染、物种濒危等）
适合的教育活动项目	● 环保小游戏 ● 项目动物 ● 夏令营 ● 栖息地的保护 ● 了解节能环保的日常生活行为 ● 动物厨房，了解动物的饮食特点 ● 丰容游戏

续表

教育活动建议	● 故事（讲故事） ● 与动物和环境保护有关的各种比赛 ● 培养好奇心 ● 扮演模拟动物的角色、动物的吃、动物的声音、动物的运动、动物睡觉 ● 用回收物制作艺术品或拼贴画活动
需要注意问题	● 有互动的参与性活动更能吸引这一年龄段的孩子 ● 对游戏的兴趣很高 ● 传达正面的信息鼓励，热爱大自然

8～11岁的主题选择建议

智力发展阶段	● 感观、同理心、探索
适当的主题	● 生态系统 ● 动物栖息地及动物需求 ● 感知身边环境特点及变化，表达自己对身边环境的感受 ● 知道日常生活需要空间，需要自然资源和能源，感知日常生活对自然环境的影响 ● 直接、简单地介绍（不是压制性的）不采用环保方式的后果，如“如果人们不回收，垃圾填埋将占用人们更多的空间” ● 明智的产品消费
不适当的主题	● 濒危物种 ● 不采用环保方式的可怕后果（栖息地丢失、污染、物种濒危） ● 有争议的问题（实验动物）
适合的教育活动项目	● 与动物及环境保护有关的摄影、绘画、作文、辩论赛活动 ● 探索性活动 ● 照顾动物 ● 使用望远镜和放大镜来研究自然 ● 丰容制作类活动（动物玩具、鸟类巢箱等） ● 在一个箱子内创造 / 建造一个有益于动物健康的栖息地的复制品 ● 用回收物制作艺术品或拼贴画活动
教育活动建议	● 在专业人员的指导下，参与动物园一些简单的关于动物和环境的调查研究工作并在指导下完成研究论文 ● 通过手工制作、广告设计或编小报等方式，展现他们所了解的动物园的自然和文化特色 ● 围绕动物保护主题，以小组形式讨论其原因、后果、解决办法 ● 分组设计一组动物展区建设规划并介绍原因 ● 收集有关垃圾分类的资料，讲座垃圾分类的好处及具体做法 ● 通过表演、漫画、制作标语等方式向周围人宣传对环境友好的行为方式
需要注意问题	● 适当的环境保护理论知识介绍是非常必要的 ● 动物园教育活动应该与校园教育内容相结合，与《中小学环境教育大纲》的要求统一并衔接 ● 更多地采用有别于校园教育的实物教材 ● 实践参与性，社会实践能力的锻炼非常重要 ● 有受教育者向环境保护宣传者的角色过渡

12 岁及以上的主题选择建议

智力发展阶段	● 感观、同理心、探索、行动
适当的主题	● 了解濒危物种和全球性环境问题，探究其后果 ● 具体体验、考察生态系统 ● 了解可持续发展基本含义，理解可持续发展的必要性 ● 反思日常消费活动对环境的影响，倡导对环境友善的生活方式，不采用环保方式的后果 ● 运用各学科相关知识，综合分析环境问题的社会根源 ● 知道人们对环境的不同认识和价值取向对其环境态度和行为有所影响 ● 知道个人有责任通过一些公众参与活动为保护和改善环境做出贡献，如向有关部门提出关于地方环境规划和建设的合理化建议；参加环保公益活动等
不适当的主题	● 如果是不用敏感的方式提出，大多数主题都是适合的 ● 要考虑避免孩子们无能为力的主题（比如非洲的丛林动物吃肉的危机）
适合的教育活动项目	● 讨论华南虎、金丝猴、大熊猫等成为濒危物种的原因（人类行为影响，栖息地破坏，繁殖周期） ● 角色扮演：社会各界（包括一次性用品的研究者、生产者、消费者、经营者、回收者、环卫工人、环保部门和民间环保组织的代表、普通居民等）对限制一次性用品的生产和使用的讨论 ● 收集各学科中描述人与自然相互关系的古语和评论，并相互交流 ● 根据实际发生的由环境问题引起的法律纠纷（如环境保护税、住房的阳光权等），组织“模拟法庭”活动 ● 根据学校的实际情况讨论和制订一份环境保护行为规范，向全校师生宣传，并与其他学校交流
教育活动建议	● 管理学校的废物回收项目 ● 加入自然俱乐部或校外环保俱乐部 ● 计划和进行学校组织的探险 ● 鼓励朋友和家人成为保护者 ● 列出环保问题的清单和动物的名单。让学生从每个列单中选一个来研究是否这些问题影响到动物 ● 用回收物制作艺术品或拼贴画活动 ● 在当地动物保护站当志愿者或者收养动物 ● 联系国际环境保护组织（WWF、WCS、TNC）或者当地的组织

（三）谨慎回应严肃的保护话题，中小学生的心理承受能力是有限的，他们的认知能力和解决问题的能力都没有成熟。在这种情况，谨慎回应他们提出的严肃问题。一般性原则是“面对严肃问题、陈述已有成就、明确努力方向，鼓励行动”。下面是针对不同年龄孩子，对问题的回答。

7 岁及以下

● 回答问题要简洁诚实。“是的，老虎已经濒临灭绝了，那是非常不好的现象。人类正在为努力保护它们，但形势比较严峻。”

● 减轻孩子的负担，不要让他（她）感到无能为力。“我知道你们很关心动物，有很多成年人都在为这个问题而努力工作。也许当你们长大的时候，你们也能帮助解决。”

● 让孩子们宽心，不是所有动物都是濒临灭绝的。“有些动物找不到家，但大多数动物都生活得很好。”指出其他一些他们家附近和很远地方的动物都生活得很好。

8 岁到 11 岁

● 承认孩子的感受。“你从哪里听说偷猎大象的事情呢？当你听说这件事后有什么感觉？我知道这是一件悲伤的事，但人们正在尽力帮助它们。”

● 转移到一些更局部和具体的事情上来。“我知道要想出怎样帮助大象是很困难的。但人们能为这附近的动物做点什么呢？这也是很重要的，而且对人们来说或许更容易！”建议一些他们可以做的保护行为：在自然地区拾垃圾，维护蝙蝠的巢穴和鸟巢，种植本地树木花草，并邀请朋友帮助。

11 到 14 岁

● 这个年龄阶段的孩子已经准备好行动了！可以和他们讨论他们可以在当地做的事情，如在附近的动物园认养动物，或者是在动物收养中心做志愿者。建议他们在学校或社区开展回收活动。

● 讨论支持环境保护组织。

● 做一个榜样——分享愿意参加的保护行动。

第三节　不同的学习方式

亮点：

只要情感被激发起来了——对于美，对于新鲜与未知的兴奋与好奇，同情、怜悯、赞美、爱——然后才是这些情感所对应的知识。一旦找到，它们对孩子而言就会有持久的意义。

——雷切尔·卡森

为动物园游客设计丰富的体验和教育项目的目的在于通过一些有意义的方式将人和自然联系起来。作为动物园的教育工作者，人们的目标就是促进人们对动物和自然世界的意识，对自然的欣赏，对野生动物的同理心，鼓励人们用实际行动从身边点滴做起去支持保护野生生物，野外空间和自然资源，激发人们对自然的责任意识。教育不只是传递信息和传授技能，教育的重点在于情感上的共鸣，人们希望借此影响人们的态度和改变他们的行为。根据不同年龄群体的心理特点及智能情况设计个性化的活动和项目用以满足不同心理特点及学习风格就显得尤为重要。

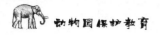

一、体验式学习

亮点：

我看到了，我忘记了；我听到了，我记住了；我做过了，我理解了。

——（意）玛利亚·蒙台梭利

耳听为虚，眼见为实，学以为本。

——孔子

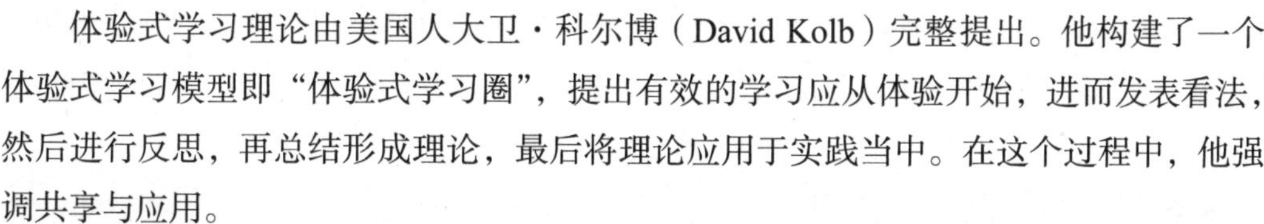

体验式学习理论由美国人大卫·科尔博（David Kolb）完整提出。他构建了一个体验式学习模型即“体验式学习圈”，提出有效的学习应从体验开始，进而发表看法，然后进行反思，再总结形成理论，最后将理论应用于实践当中。在这个过程中，他强调共享与应用。

体验式学习是一种以学习者为中心的方式，前提是人们亲身经历学习效果为最好——特别是边做边学。在设定学习目标的前提下，学习者在真实或者模拟的环境中，进行切实的实践或体验，然后通过反思、感悟分享，实现自身知识、能力以及态度的提升与重构的一种学习方式。体验式学习通过实践来认识周围事物，或者说，通过能使学习者完完全全地参与学习过程，使学习者真正成为课堂的主角。利用参与者自身的体验，以及他们对此体验的反应（而非全部是讲座），以便更好地传播知识，传递技巧。这些体验是可以看到，听到，可以感觉到的。体验式学习强调以学习者为中心，使学习者在智力上、情绪上及行为层面的整合上都会有所提升。成果将显示在学员实际的态度与行为改变上。

在保护教育领域，让每个参与者使用全身所有感官，去听、尝、看、闻、摸，充分调动五感功能，被研究者认为这样的直接体验是有效并无法取代的，尤其对于年龄小的学生能有助于其形成具体的经验，因为学习经验的层次与种类与学习者年龄心智复杂程度相关，越具体的体验参与，越能保证学习效果。

作为教育者，人们可以通过鼓励参与者去观察，发现他们自己，去发展他们关键的思考能力，分析、评价、应用他们的所学等来丰富游客的体验。

二、儿童认识的个体差异

（一）认知方式差异

认知方式，又称认知风格，是个体在知觉、思维、记忆和解决问题等认知活动中

加工和组织信息时所显示出来的独特而稳定的风格。学生间认知方式的差异主要表现在场独立与场依存、冲动型与沉思型、辐合型与发散型等方面。

（二）智力差异

智力是个体先天禀赋和后天环境相互作用的结果，个体智力的发展存在明显的差异，包括个体差异和群体差异。

（三）性格差异

性格的差异表现在性格特征差异和性格类型差异两个方面。

1. 性格的特征差异

包括以下四个方面：一是对现实态度的性格特征，二是性格的理智特征，三是性格的情绪特征，四是性格的意志特征。

2. 性格的类型差异

性格差异是指一个人身上所有的性格特征的独特组合。它有多种分类，主要有：外倾型和内倾型、顺从型；理智型、情绪型和意志型。

三、学习风格

一般是指学生对学习方法的定向或偏爱，指明某个学生在教学过程中通常喜欢采用的学习方式。学习风格最先是由瑞士心理学家荣格（Carl Jung）于 1927 年提出来的。他注意到了人在知觉（感觉 / 直觉）方式上的差异,制定决策（逻辑思维 / 想象性情感）的方式上的差异以及人们在相互交流（外向 / 内向）时所持积极的或沉思的态度的方式上的差异。

● 视觉学习者通过看来学习。视觉学习者以图画的方式思考——他们通过看图表，插图，视觉媒体（PPT 演示）、制图和印刷品。视觉学习者也许喜欢在讲座中记非常详细的笔记来帮助他们吸收知识。当他们学习一些新东西时，视觉学习者喜欢阅读材料和看图片。

● 听觉学习者通过听来学习。听觉学习者最好的学习方式是通过讲座、讨论与其他人交谈和倾听学习。听觉学习者经常大声阅读以领会字面意思。当他们学习新东西时，听觉学习者喜欢其他人帮助他们一起学习。

● 触觉 / 行动学习者通过运动和触摸学习。触觉学习者最好的学习方法是通过动手体验，探索他们周围的自然世界。当他们学习新东西的时候，触觉学习者会试图用不同的途径，在动手做的过程中学习。

四、教学风格

所谓教学风格，是指教师在长期的教学实践中逐步形成，并通过较完美的教学活动在教学观点、教学方式方法、教学技巧、教学作风等方面稳定地、综合体现出来的独特的教学个性特点与审美风貌。它是教师教学上创造性活动的结果及其表现。

在传统的教育模式下，学习是从教师那里被动地接受知识而忽略课堂主体的学生的学习意愿。研究表明，动物园非正式学习环境知识更有效的方式是更多地以学生或参与者为中心。辅导员此时变成一名引导者，而不仅仅是传统课堂中传播知识的人。也就是说，一个辅导员的作用是引导参与者通过融合了不同学习方式的体验式学习来发现,体现他们的主动性,让他们自己去探索发现。辅导员可以为人们提供不同的机会，边做边学，鼓励他们与别人分享自己的想法（通过提问的方式），并将他们的所学在其他情况下应用。

五、多元智能

传统上，人们通过一个人的口头 / 语言和逻辑 / 数理能力来判断其智力的高低（想想传统学校是如何测试并评定孩子的）。但智力的范围远超出且复杂于这两方面。心理学家霍华德·加德纳（Howard Gardner）提出了“多元智能”概念，在人们如何看待教育这个问题上产生了深远的影响。加德纳指出，至少有八类智力同等重要，即大多数人都在用的“语言”，贯穿了文化、教育和能力的差异。根据加德纳的概念，多元智能并非典型的单独运用——人们不是只有这样或没有那样。每个人都是独特的，人们拥有不同的智能或技能——也就是说人们为什么有着不同的学习方式的原因。

多元智能包括：

●语言智能 涉及对语言的读写能力。有语言智能的人有着学习语言，有效的通过口头或书面方式来应用语言表达自己的能力。主要表现为口述历史、讲故事、文学等，演说家、创作家及小说家等都能充分发挥这方面的智能。

●逻辑 / 数学智能 由应用逻辑分析问题的能力组成。有逻辑智能的人对于应用数理能力非常的得心应手,他们有着科学地探索问题的能力,推理论证和感知模式的能力。主要表现为科学发现、数学理论、计算和分析系统等,科学家、会计师、电脑程序设计师、天文学家等都拥有这方面的智能。

●视觉 / 空间智能 是一种能把视觉 / 立体的图形精确、形象地想象出来，并能够以视觉 / 立体的方式将之画出来。富有这种技能的人对色彩、线形、形状、格式、距离和空间非常的敏感，并能清楚地弄清他们之间的关系。主要表现为美术作品、航行

系统、建筑设计创作等，建筑师、艺术家、绘图员等最具这方面的智能。

●音乐智能 涉及人们对音乐的欣赏能力，包括辨别音色，音调和节奏。有音乐智能的人通常在表演和音乐合成方面比较出色。主要表现为音乐作曲、演奏、录音等，歌唱家、作曲家、指挥家都是这方面的佼佼者。

●肢体/运动智能 是控制自己肢体运动，熟练的掌控物品的能力（比如有良好的协调感）。主要表现为工艺、体育表演、戏剧表演、舞蹈形式、雕塑等，运动家、舞蹈家及演员等人士最能表现出这方面的智能。

●人际智能 是理解他人的意图、动机和需要的能力和意愿。有人际智能的人能够与他人有效地协作。主要表现在政治领略、社会机构协调等，社会工作者、宗教领袖及政治家等都是这方面的佼佼者。

●内省智能 指人们清楚自己的感觉、恐惧和动机——认识自我的能力。主要表现在宗教系统、心理学理论等。心理学家及哲学家最能发挥这方面的智能。

●自然智能 指人们辨别区分植物和动物，及其他自然世界特征如岩石和云的能力，学习欣赏并建立与大自然的关系的能力。具有这方面能力的人热爱物质环境和生物。他们观察和注意生物的特征，并区分他们。动植物学家、形象设计家等均善于将这方面智能发挥于工作之中。

加德纳认为：每个人都同时拥有这八项智能，只是八项智能在每个人身上以不同的方式、不同的程度组合存在，这种不同的组合及表现构成了每个人不同的智能结构，使得每个人的智能都有各自的特点。大多数人的智能只要给予适当的激励、机会和引导，加上个体本身的努力，可以得到更好的相应的发展，同时各种智能的发展又是相互配合、相互促进的。

根据加德纳的多元智能理论，人们了解到每个人拥有八项智能及不同的智能结构，并且大多数人的很多智能有待于他自己和别人（教师）去认识、挖掘、开发。这就为动物园非正式教育工作人员提供了新课题，如何在活动教学中实施多元智能的教与学的策略？人们可以通过特有的展区和动物来设计游客体验和教育项目，满足他们不同学习风格的需要。并且，作为高效的教育人员，应该确保自己的项目和展示能基于不同人的这些学习风格为他们提供不同的学习方式。

六、基于学习方式和多元智能理论的运用

学习风格来源于心理分析学，强调人在思维、解决问题时的情感、产品创造和人际互动方式上的差异。多元智力理论则是认知科学的产物，反映了对智力测量理论的重新认识，强调文化和学科知识对人的潜能的影响。学习风格和多元智力理论都是生物学、人类学、心理学、医学个案研究以及艺术和文化调查的综合反映，这两个理论

都提出，目前占主导地位的智力思想与方法阻碍了人们对人类差异的理解。前者涉及在学习过程方面的差异，后者则集中探讨了学生在学习内容和学习结果上的差异性问题。学习风格和多元智能理论的融合可以把人的各自的局限性降低到最低程度，提高人的智能强项，从而为教师在课堂教学中成功地形成学习风格奠定基础。以下是多元智能理论与学习风格关系表。

多元智能与学习风格关系表

智能类型	思考方式	学习需要	学习优势	学习风格
语言	通过语言	书籍、日记、会话、讨论、争辩等	阅读，写作，讲故事，做文字游戏	主要通过听、说、读、写的方式学习，喜欢听故事、讲故事，谈话能激发他们产生学习的欲望。教师应为他们提供丰富的阅读与视听材料，尽量创造运用写作能力的机会
逻辑 / 数学	通过推理	做实验用的材料、科学素材、喜欢到科学馆、天文馆参观	做实验，提问题，逻辑推理，复杂计算	主要通过概念形成和型式识别等方式学习，长于计算、善于收集资料。教师应为他们的实验和操作提供具体的材料，如魔方、益智游戏等
视觉空间	通过想象和画面	艺术、电影、想象游戏、迷津、插图、喜欢参观艺术博物馆	设计，绘画，想象，涂鸦	教师应通过想象、画面、图片和丰富的色彩进行教学，同时还应帮助孩子的父母亲对他所幻想的内容进行生动的描述
肢体 / 运动	通过身体的感觉	角色扮演、戏剧创作、运动	跳舞，跳跃，触摸觉，做手势	主要通过触觉、身体运动等方式学习，角色扮演、戏剧的即兴创作等均能激发他们的学习欲望。教师应安排用手操作的活动来为他们提供最佳的学习机会。如，有可用于搭建的材料、体育比赛、要有触觉性的经历、动手操作性的学习等
音乐	通过节奏和旋律	唱歌、听音乐会、演奏音乐	唱歌，吹口哨，哼唱，倾听	喜欢听音乐，主要通过节奏和旋律进行学习，喜欢把所学的内容唱出来，喜欢在做事时拍打节奏
人际	通过与他人交换想法	要有众多的朋友、喜欢小组学习、集体活动、社会参与	带头，组织，交往，管理，协调，参与社会活动	主要通过与他人的联系、合作、交往等方式学习，小组教学是适合他们学习最好的方式。教师应为他们提供与同伴交往的机会，安排他们参加各种学校与班级的活动
内省	通过自身的需要、情感和个人目标	需要有单独的时间、需要自定步调、自主选择	自定目标，不断调整，有条不紊，自我内省	主要通过自我激发的学习，通过自定计划能学得更好。教师应尊重他们的业余爱好，承认他们所从事的活动，成为他们的“保护人”，使他们具有心理安全感

续表

智能类型	思考方式	学习需要	学习优势	学习风格
自然	通过自然和自然形态	接近自然、需要有与动物交流的机会、需要探索自然的设备和工具	喜欢做园艺工作，探究自然的奥秘，与宠物玩耍，关心地球与太空	运用科学的仪器来观察自然，喜欢从事一些与自然（如食物链、水循环或环境问题）相关的项目； 预测与人类定居有关的自然问题，参加环境 / 野生动物保护组织； 积累和标示出各种自然搜集物

学习方式和多元智能理论在动物园保护教育活动中的专题性运用，以下以“昆虫”教学活动为例。

语言	数理逻辑	身体运动	视觉空间
讲昆虫故事	提出问题	采集昆虫样本	制作影集
转述	把问题转化为公式	角色扮演或模仿	画昆虫图
发言	规划做事的时间表	创作动作描述昆虫形态	设计昆虫展示海报
写作（观察日记、童话、短剧等）	设计、实施实验	实地考察	创作艺术品
进行访问	利用演绎法论证问题	制作标本	其他
其他	利用类推法解释问题	设计与昆虫相关产品	
	为……（如搜集的昆虫）设计代码	其他	
	将一些现象分门别类		
	其他		

音乐	人际交往	自我认识	认识自然
在音乐伴奏下介绍……	就……召开个会议	为自己设计一个目标并去实现它	搜集昆虫资料并加以分类
为……写一首歌	与同伴就某个问题交流观点	描述自己对于这件事的感觉	把昆虫与……作一比较
用唱歌解释	参与小组活动	就某事表明自己的观点	利用放大镜等观察
比较一首乐曲与某种昆虫有何相似	从事某种服务；教其他人	自学	描述某种昆虫的具体特征
为某种昆虫的“舞蹈”配音乐	合作制定规则或程序	解释自己学习某方面知识的原因	参加户外考察
为某人的介绍配背景音乐	给别人反馈或接受别人的反馈	自我评价	其他
其他	其他	其他	

为了吸引人们参与学习，影响他们的态度，鼓励他们采取不同的行为方式，动物园设计的教育体验和活动对参与者来说必须是很有意义的。人们有不同的学习方式，

在项目设计中，可以根据不同学习方式的需求，将不同的活动融合到一起。人们或许对于“以教师为中心”的教育方式比较熟悉，教师传播信息，参与者听讲。动物园教育工作者可以通过创建一个“以学员为中心”的氛围，更有效的鼓励听众们。在设计游客体验、展区和项目的时候，运用多种方式一一试验，并看看哪种方式对不同的听众更有效。

不同学习方式设计不同的活动

智能类型对应的学习方式	体验活动
语言	讲故事，杂志写作，群策群力，讨论，字谜游戏
逻辑 / 数学	在其他领域中运用数学技能使用计算、定量、分类和归类活动，玩策略游戏
视觉 / 空间	使用视觉（闭上眼睛想象……），绘画或是其他艺术活动，使用符号，创作概念图、拼图、谜语和色彩
音乐	混合音乐，歌唱，将文字加到歌曲中来帮助人们记住信息，节奏游戏，舞蹈
肢体 / 运动	让参与者创作一个幽默故事，用触摸和探索的方式，全身参与的游戏如动物奥运会，比较质地，使用地形图，手工如做喂鸟器
人际	让参与者与团队分享，团队合作，模仿活动，纸板游戏，角色扮演
内省	包括一些比较安静地思考，杂志写作，个人游戏，允许自由选择（参与者选择他们想做什么），加上个人接触（与参与者的个人经历相关），目标设定
自然	对自然事物进行分类（比较树叶的形状），有关自然的阅读和写作，野外探索，观察并记录自然观察的数据，做实验，重建自然环境

第四节　游戏式教学法

美国教育学家杜威（John Dewey）认为“游戏教学对孩子而言，能有效增进学习效能。”可见游戏在儿童的学习中具有重要影响，在保护教育课程设计中，游戏式教学也经常被运用到室内或户外课程中。

一、现代游戏理论

现代游戏理论通过定义游戏在儿童发展中扮演的角色，分为心理分析论、认知理论以及其他学派。

现代游戏理论	心理分析论	Sigmund Freud 认为游戏可以调节孩子的情绪，可治疗因创伤带来的负向情绪
	认知理论	皮亚杰认为游戏可以反映并促进认知发展，练习并牢固掌握技巧
		Vygostsky 认为游戏可以提升新的潜在发展能力，促进认知发展

续表

现代游戏理论	其他学派	警觉调节理论，Berlyne 认为游戏是一种寻求刺激的活动
		Bateson 认为需发展一套游戏脉络，并操作游戏中的意义与真实生活的意义

二、游戏教学类型

法国学者 Roger Caillois 将游戏分为四种类型。

竞争型	随机型	模仿型	晕眩型
游戏者在公平的情况下，依据比赛规则，与对手竞赛。入各项运动比赛、棋类或儿童追逐游戏等	在公平条件下，胜负的决定完全掌握在命运。如猜拳、丢筛子	游戏者沉浸在自己的想象中，忘记或暂时隐藏自己，模型成别的角色	游戏者在游戏中制造知觉上失衡，呈现紧张、失魂或狂喜等状态

三、游戏教学的影响

根据相关的研究发现，游戏在教学上带来的正面影响有下述几点：

- 使学习者积极参与，提高学习兴趣。
- 帮助学习者集中注意力、记忆、思考与口语表达。
- 提高学习自信心。
- 增进学科的理解力。
- 增进学习者的经验，让他们自然而然从经验中学习到认知。
- 游戏的过程中，学习尊重、公民责任、团体合作的态度。
- 引起学科更多的思考，创造力的增强。
- 轻松自在的学习，减轻不必要的学习压力。

四、游戏教学的设计原则

设计游戏式教学可考虑以下原则：

- 目标：即学习目标。
- 规则：让游戏者知道游戏的某些限制及所能采取的行动原则。
- 竞争：游戏通常含有某种程度的竞争。
- 挑战：游戏之所以吸引人，最重要的就是提供某种形式的挑战。
- 幻想：游戏须依赖想象来引发动机。
- 安全：游戏可用安全的方式来表现具有危险的真实现象。
- 娱乐：通过娱乐的吸引来引发兴趣加强学习效果。

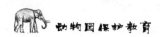

在游戏设计过程中，不能为游戏而游戏，需要思考游戏设计的趣味性，更需要考虑与学习目标相符，并注意游戏的安全性，激发参与者兴趣，达到学习效果。

第五节　课堂管理

课堂管理是教师对课堂上学习情景的创设，对教学时间的合理分配，对达成本课时教学目标的策略使用，对课堂气氛的调节，对学生学习方式的指导，协调课堂中人与事等各种因素及其关系。

教师管理课堂的基本技能及预防或处理学生行为失当的对策对于需要带领团体受众进行室内或户外活动的动物园保护教育工作者来说，是一项常用且实用的技能。

一提课堂管理，很多人都把它和纪律联系在一起，认为课堂管理就是课堂中管理学生的纪律。实际上不然，课堂管理不仅包括教师对学生的管理，还包括教师的自我管理，教师对教学内容的管理以及教师对课堂环境的管理等。

一、课堂纪律

根据课堂纪律形成的原因，可以将课堂纪律分成四种类型：教师促成的纪律、集体促成的纪律、任务促成的纪律、自我促成的纪律。

课堂纪律管理方法包括：

1. 规范预防法：提前告知应遵守的规则；
2. 有意忽视法：对不正确的行为采取冷处理的方式；
3. 突然沉默法：保持片刻的停顿或沉默能够集中注意力；
4. 接近安慰法：无意间的安慰和安抚能够起到引导正确行为的作用；
5. 直接提醒法：简短明确的提示对更多的人产生影响；
6. 及时转换法：关注受众的注意力及时调整教学内容，顺应大多数受众的心理需要是明智的；
7. 语调变换法：抑扬顿挫的语调是让受众产生共鸣的方式；
8. 幽默调节法：幽默的教学永远受到大家欢迎；
9. 表现激励法：营养激励的教学氛围是主动掌握教学进程的有利方式；
10. 教育合同法：形成契约能够有效促进教学任务完成。

二、课堂问题行为的管理策略

课堂问题行为是指在课堂中发生的，违反课堂规则，妨碍及干扰课堂活动的正常进行或影响教学效率的行为。

课堂问题行为的处置与矫正：正确对待学生的课堂行为，采用行为矫正以及心理辅导来处理课堂问题行为。

（一）先行控制策略

运用先行控制策略，事先预防问题行为。学生的问题行为有些是出于无知，有些是出于故意，有的则是初始时的不慎。因此，最好的管理就是采取先行控制，实施预防性管理，避免或减少问题行为产生的可能性。简而言之，就是提前告知学生哪些行为是被允许的，哪些是不被允许的。

1. 确立学生的行为标准

明确学生常规的行为标准，是一种有效的先行控制方法，因为这样可以事先确立起对学生在课堂中的期望行为，让每一个学生都明了哪些行为是可以被接受的，哪些行为是不被接受的。如开展一日游或夏令营中规则的制订。行为标准的内容可包括团队合作、爱护动植物、拒绝投喂、游园安全、课堂纪律、走失应对等方面展开，以具体的语言增加学生的理解。如尊重动物，不要拍玻璃，不要擅自喂动物食物等。

2. 促进学生的成功经验，降低挫折水平

学生的成功经验，通常会激发他们的愉悦情绪，降低挫折水平，从而避免或减轻问题行为的发生。

3. 保持建设性的课堂环境

良好的课堂环境不仅可以减少产生问题行为的可能性，而且可以消解许多潜在的问题行为。具体到桌椅的摆放对于小组讨论的便捷程度，户外课堂中存在的干扰因素等都在考虑范围。准备充足的活动材料、宽敞的活动场地等也是良好课堂环境的保证。

（二）行为控制策略

运用行为控制策略，及时终止问题行为。行为控制策略包括强化良好行为和终止已有问题行为两个方面。

1. 鼓励和强化良好行为，以良好行为控制行为问题

教师通常采用社会强化、活动强化和榜样强化等方式。社会强化也就是利用面部表情、身体接触、语言文字等来鼓励所期望的行为。活动强化，也就是让学生参与其最喜爱的活动，或提供较好的机会和条件，例如有与动物互动的优先权。榜样强化，

只要给学生提供某种具体的行为范例，学生就会自觉不自觉的模仿，并朝着这样的行为而努力。

补充：有学生出现不当行为时，教师可以采用社会强化的方式给学生一个暗示，例如：可以给学生一个眼色或手势，也可以一边讲课一边走过去停留一下，还可以向他提一个比较容易回答的问题，让他感觉到老师在注意他。

课堂控制良好的秘诀有一部分在于，一定要确保学生拥有适于学习的外部环境。这就需要人们对课堂的学生有所了解，根据其年龄及智能特点设计符合其需求的课程是获得成功课堂管理的前提。英国教育家洛克说："教育的巨大技巧在于集中学生的注意，并且保持他的注意。"因此集中并保持他们的注意是课堂管理的核心所在，将教学内容与学生的需要和兴趣联系在一起，引发学生探究的兴趣，始终保持好奇心。

课堂保持学生兴趣的阶段		
开始	中间	完成
让学生开始学习	保持兴趣	提高学生对能力与成功的认知
开发学生的好奇心	提供成功范例	帮助学生认识努力与成功的关系
让新知识与以前学习成果发生联系	肯定努力与进步	认识任务与它们的兴趣和好奇心的关系
将大的学习任务分割成小部分	诊断困难并帮助学生纠正问题	发现人物完成后产生新问题和好奇心

2. 选择有效方法，及时终止问题行为

通常采用的影响方法包括：信号暗示；使用幽默；创设情境；有意忽视；提问学生；转移注意；正面批评；劝离课堂；利用惩罚。同时在课堂中运用积极性引导语言能产生意想不到的效果。以下是积极性引导语言与消极性引导语言的两组对比。

积极性引导语言	**消极性引导语言**
关门要轻一点。	不要"砰"的一声关门！
自己多想方法试着做。	不许抄袭同学的来骗人！
看谁坐得好。	不要没精打采地坐在椅子上。
如果你能回答问题就举手。	怎么不举手？
你尽最大的努力就能进步。	你怎么老是这样不争气！
你完全可以做得更好些。	你怎么这么笨！
你能把东西收拾整齐该多好啊！	为什么总是乱丢东西！

3. 行为矫正策略

运用行为矫正策略，有效转变问题行为。课堂问题行为矫正的原则，坚持奖励多于惩罚；坚持综合考虑多种因素，协调有关人员保持矫正的一致性，避免互相抵消矫正效果的原则；坚持与心理辅导相结合的原则。

应用问题行为矫正的有效步骤是觉察问题行为—深入诊断问题行为—确立矫正措施和方法—改正问题行为—评定改正效果—塑造、发展良好的行为。

课堂问题行为矫正通常包括三个方面：

- 认识问题行为，它是行为有效矫正的前提条件。
- 改正课堂问题行为。改正是课堂问题行为的关键，这就要求教师首先要进行观察和了解，判明问题行为的性质、轻重和后果；其次要运用多种知识，分析问题行为产生的原因或背景，形成对问题行为的正确态度；然后要选择适宜的方法进行矫正。
- 改正学生的问题行为只是行为矫正的一部分。理想的矫正不但要改正学生的问题行为，而且要塑造和发展学生新的、良好的行为模式。

三、课堂管理技巧实例（3～12岁）

如果在整个活动中都使用良好的管理技巧，活动将会顺利进行、富有教育意义且值得回味！动物园开展保护教育的课堂不仅是室内的，更多是在户外进行，这就对课堂管理提出了更高的要求。在户外开展课堂建议做好场地调查，在课堂开展过程中如果能配备助教也是不错的选择。以下表格从活动开展先后顺序的不同侧重点给出了一些参考建议：

户外保护教育活动尤其需要熟练掌握课堂管理技巧，确保活动的顺利开展

教学活动不同时期的管理方法

阶段	要求	具体管理方法
活动开始	分组竞争 制订准则 明确预期	将学生分成几个小组，通过小组长负责制及组间竞争的方式相互监督形成课堂良好氛围
		强调活动准则，内容包含尊重人与动物、活动安全、课堂秩序等，将这些内容以具体的实际可操作语言增加学生的理解
		形成统一的肃静信号
		赞扬或奖励预期行为

续表

阶段	要求	具体管理方法
活动期间	注重活动安全强化良好行为终止问题行为	确保活动安全永远是第一位的，并应贯穿整个活动
		户外活动强调小组成员间相互监督及走散找不到队伍后的正确方式
		在展示项目动物前需强调哪些行为是被允许的，哪些行为是不被允许的
		通过奖励卡、口头表扬、活动参与优先权等方式强化良好行为
		选择有效方法及时终止问题行为
活动结束	总结回顾 优秀评选	每个小组均有其各自优势，逐一点评表扬

以下就活动实际开展给出了可操作的具体参考建议：

（一）活动开始

1. 如果带一个学校团体，问一下带队老师一般都使用什么肃静信号。如果没有，和他们共同商定一个肃静信号（肃静手势、弹响指、喊口号等）并和他们练习一下。

2. 明确表达活动要求。例如：

● 尊重其他人——以诸如“不要在别人讲话时说话”，“把你的手放在自己身边”等来说明尊重其他人所包含的意思。

● 尊重动物——以诸如“保持安静”“温柔地对待动物”等来说明尊重动物所包含的意思。

● 当你有话说时，请举手。

● 听从其他讲师的指示。

3. 迅速而明确的赞扬根据要求行动的学生。这么做是为了奖赏那些很守规矩的学生，并提醒其他人也这么做。例如，不要只是说“非常好”，可以说：

● “我喜欢芳芳举手的方式。”（对于 3 ~ 7 岁的儿童）

● “王老师的班真是安静啊。”（对于 7 ~ 12 岁的儿童）

（二）活动期间

1. 至关重要的是——千万不要去回应大声喊出答案的小孩，这么做了以后，其他小孩也会以大声喊叫的方式引起教师的注意。如果真的想让整个班都在课程中的某个时间点回答问题，教师可以让小孩们在某个信号或词（例“同学们”）后回答。例如“同学们，这是爬行动物吗？”

2. 继续运用赞扬的力量 例如“啊，小明举手了，有什么问题吗？”同样的，在某个活动中需要帮手时，选一个守规矩的学生并表现出这就是选他 / 她的原因。这样其他人也会变得守规矩，希望以此得到注意。

3. 明智地对信息进行次序和措辞处理，以此来减少骚乱和行为失当。

- 次序的例子——在进入教室以前告诉他们应该怎样坐和坐在哪里。
- 措辞的例子——不要说“这是什么”，说“如果你知道这是什么动物，请举手。”

4. 指点不同的学生——这样可以鼓励更多的小孩去听和参与。

5. 利用手势使得整个团体互动，并向教师表示他们听懂了。例如，设计一个手势让大家一齐做！

（三）活动期间如果事情已经有偏差该怎么办？——进行最低限度的中断

1. 如果造成问题的是某些学生，靠近他们。首先是眼神接触，什么都不要说。如果问题仍然在，告诉他们希望他们安静，坐下等等。请不要选择行为失当的小孩去当某个活动的帮手，给他 / 她些别的事干，这样只会变成对他们糟糕行为的奖赏和鼓励其他人不遵守规矩。

2. 如果班里大多数人都行为失当，可以这样做：

- 不讲话——学生们会想知道发生了什么事并停止他们不当的行为。
- 提醒他们在活动继续以前想让他们怎么样，例如“等所有人都坐在地板上以后我才向大家展示动物。”

3. 等待变化并迅速称赞好的行为，例如“我非常喜欢你们这组这样安静地坐着。”

4. 如果问题仍然存在，向带领这组的老师寻求帮助，确保小组的安全并让他们在没有打断的情况下学到东西，不要为管理几个行为失当的学生花太多的时间。

（四）活动结束

1. 想一想这组有什么做得特别好的并表扬他们。例如举手，安静聆听，问好问题，回答难问题，努力填写活动卡等。

2. 庆贺大家的耐心和细心吧！

第六章　传播学基本理论

第一节　传播学的概念

“传播”在汉语中是一个联合结构的词，其中“播”多半是指“传播”，而“传”是具有“递、送、交、运、给、表达”等多种动态的意义。这就指明了“传播”是一种动态的行为。所以在汉语中常作为动词使用，如：传播信息、传播谣言、传播疾病、传播花粉等。“传播”在英语中（communication）则是个名词，原意中包含着“通信、通知、信息、书信；传达、传授、传播、传染；交通、联络；共同、共享”等意思。

传播学是研究人类一切传播行为和传播过程发生、发展的规律，以及传播与人和社会的关系的学问。简而言之，就是研究人类如何运用符号进行社会信息交流的学科。传播学是20世纪30年代以来跨学科研究的产物。由于传播是人的一种基本社会功能，所以凡是研究人与人之间的关系的科学都与传播学相关。传播学运用社会学、心理学、政治学、新闻学、人类学等许多学科的理论观点和研究方法来研究传播的本质和概念；传播过程中各基本要素的相互联系与制约；信息的产生与获得、加工与传递、效能与反馈，信息与对象的交互作用；各种符号系统的形成及其在传播中的功能；各种传播媒介的功能与地位；传播制度、结构与社会各领域各系统的关系等。

第二节　传播过程的基本要素

传播的基本过程，指的是具有传播活动得以成立的基本要素的过程。传播学创始人威尔伯·施拉姆（Wilbur Schramm）认为传播至少要有三个要素：信源、讯息和信宿。但是，仅有上述三个要素尚不足以构成一个现实的传播过程，也就是说，还必须要有使这三个要素相互连接起来的纽带或渠道，即媒介。有了上述四个要素以后，一个物

理学意义上的传播过程基本上具备了成立的条件，但对考察人的社会互动行为的传播学来说，这个过程仍然不算完整。在传播学中，一个完整的传播过程，应该把受传者的反应和反馈包括在内。综上所述，一个基本的传播过程，是由以下要素构成的：

传播者：又称信源，指的是传播行为的引发者，即以发出讯息的方式主动作用于他人的人。在社会传播中，传播者既可以是个人，也可以是组织或群体。

受传者：又称信宿，即讯息的接收者和反映者，传播者的作用对象。作用对象一词并不意味着受传者是被动的存在，相反，他可以通过反馈活动来影响传播者。受传者同样可以是个人，也可以是组织或群体。

讯息：由一组相互关联的有意义的符号组成，能够表达某种完整意义的信息。是传播者和受传者之间社会互动的介质，通过讯息，两者之间发生有意义的交换，达到互动的目的。

媒介：又称传播渠道、信道、手段或工具。媒介是讯息的搬运者，也是将传播过程中的各种因素相互连接起来的纽带。现实生活中的媒介是多种多样的，邮政系统、大众传播系统、互联网络系统、有线和无线电话系统都是现代人常用的媒介。

反馈：指受传者对接收到的讯息的反应或回应，也是受传者对传播者的反作用。获得反馈讯息是传播者的意图和目的，发出反馈讯息是受传者能动性的体现。反馈是体现社会传播的双向性和互动性的重要机制，其速度和质量因媒介渠道的性质有所不同，但它总是传播过程中不可或缺的要素。

第三节 传播模式

传播学研究者从不同角度探索传播理论，先后提出了种类繁多的传播模式，运用诸如文字、图形和数学公式等加以表述。以此来解释信息传播的机制、传播的本质，提示传播过程与传播效果，预测未来传播的形势和结构等。传播学者戴光元等在其主编的《传播学通论》一书中谈道：传播是人类社会关系内部的一种凝聚力，是社会成员交换信息相互作用的过程，因而，传播现象、传播过程是极其复杂的。传播模式，既是对复杂的传播现象、过程和环节的高度概括和抽象，也给予了人们了解、认识，进而深入研究传播学以极大的启迪。同时，模式研究同人类社会、传播活动本身一样，也是一个不断发展、逐步完善的过程。

20 世纪 20 年代以来，西方传播学研究中出现了反映不同观点和不同研究方法的多种模式，但没有一个被普遍接受的模式。早期多为单向线性模式，20 世纪 50 年代以来普遍强调传播是双向循环过程。具有代表性的传播模式有：

"5W"模式：又称传播的政治模式，即：谁（who）、说什么（says what）、通过什么渠道（in which channel）、对谁说（to whom）、产生什么效果（with what effect）。1948年由美国政治学家H.D.拉斯韦尔提出，后广为引用。西方认为"5W"模式概括性强，对大众传播的研究起了很大的推动作用，但它忽略了"反馈"因素，具有局限性。

香农-韦弗模式：又称传播的数学模式，1948年由美国数学家C.E.香农和W.韦弗提出，特点是将人际传播过程看作单向的机械系统。西方认为，此模式开拓了传播研究的视野，模式中的"噪音"表明了传播过程的复杂性，但是"噪音"不仅仅限于"渠道"。

两级传播模式：20世纪40年代由美国社会学家P.F.拉扎斯菲尔德提出。此模式强调"舆论领袖"的作用。西方认为，两级传播模式综合了大众传播和人际传播，但夸大了"舆论领袖"的作用及其对大众传播媒介的依赖性，把传播过程简单化了。将受众截然分为主动和被动、活跃和不活跃两部分，不符合传播的现实情况。

施拉姆模式：20世纪50年代由美国传播学者威尔伯·施拉姆提出，是较为流行的人际传播模式。此模式强调传者和受传者的同一性及其处理信息的过程，揭示了符号互动在传播中的作用，表明传播是一个双向循环的过程。

德弗勒模式：大众传播双循环模式。20世纪50年代后期由美国社会学家M.L.德弗勒提出。在闭路循环传播系统中，受传者既是信息的接收者，也是信息的传送者，"噪音"可以出现于传播过程中的各个环节。此模式突出双向性，被认为是描绘大众传播过程的一个比较完整的模式。

韦斯特利—麦克莱恩模式：由美国传播学者B.韦斯特利和M.麦克莱恩提出。此模式在突出信息的同时，特别强调把关人在大众传播中的作用。

波纹中心模式：由美国传播学者R.E.希伯特等在20世纪70年代中期提出。大众传播过程犹如投石于水池中产生的现象——石子击起波纹，波纹向外扩展到池边时又朝中心反向波动；在扩展和回弹的过程中，波纹（即信息）受到许多因素的影响。此模式强调大众传播同社会、文化等的关系，显示了传播过程的复杂性和动态性。

一致性模式：又称传播效果的心理模式。源于认识心理学理论。此模式认为，传播效果往往取决于传播内容对受传者固有信仰、观点、态度的威胁或强化程度。持这种观点的主要代表人物有美国心理学家T.M.纽科姆、L.费斯丁格和D.卡特赖特等。

综合比较上述模式，以德弗勒"大众传播效果依赖模式"最为人们所熟知。该理论把社会看作一个有机的结构，并把媒介系统设想为现代社会结构的一个重要部分，它与个人、群体、组织和其他社会系统都有关系。这种关系在大众传播中表现为媒介系统中的依赖关系。这个理论认为媒介、受众与社会极其复杂关系是影响受众对大众媒介依赖程度的主要因素。①社会的变迁冲突越剧烈，公众对外在世界的"不确定感"也就越大，受众对大众媒介的依赖也就越深。②社会越复杂，大众媒介在一个社会中

发挥的功能越多，则人们对大众媒介的依赖也就越深；同样地，大众媒介对社会的功能越重要，则此社会对媒介的依赖也就越大。③受众对大众媒介的依赖程度也会因人、因团体与社会文化的不同而有所差异。

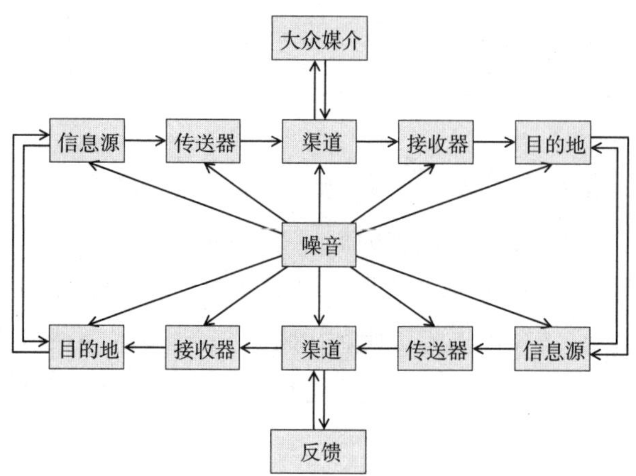

大众传播效果依赖模式图

第四节　传播学的主要分支

研究传播学本质上其实就是研究人，研究人与人，人与其他的团体、组织和社会之间的关系；研究人怎样受影响，怎样互相受影响；研究人怎样报告消息，怎样接受新闻与数据，怎样受教于人，怎样消遣和娱乐等。因此，比较成熟的传播学分支都是建立在基本的人类传播行为类型之上的。人类的传播行为，是由个人自身传播、人际传播向团体传播、组织传播、大众传播等由低级向高级的逐步发展与综合。各种类型的传播行为之间，不能互相取代，而是互相渗透、互相补充，在数量、质量、速度、范围和效果上，形成纵横交错、无比庞杂的传播网络。由此产生的传播学的各个理论分支，也在纵向上深入探讨了各自领域内的特殊规律，在横向上互相补充、互相渗透、互相促进。

个人自身传播：又称个人的内向传播。指个人对外界信息的处理过程，属个人的内向心智活动，是人类一切传播行为的基础。

人际传播：人与人之间面对面的信息交流，信息反馈比较及时、充分，信息共享的可能性较大。但传播的范围小、速度慢。人际传播理论着重研究如何通过分享信息来建立、维系和发展人际间的联系。

团体传播：2人以上的人群内部或之间进行的信息交流，如小组讨论、团体会议等。

团体传播的特点是，由于群体动力或群体压力，既可以为各成员接受某种信息、观念或立场形成某种动力，也能为其制造某种障碍。团体传播理论着重研究群体内部或之间的信息交流在改变或增强成员固有观念、立场方面的机制和作用。

组织传播：组织、机构内部以及与其他组织、机构之间的信息交流。着重研究现代社会里，组织、机构开展内外信息交流的特点、性质、模式、手段等，从而改善内部的管理机制，改进外部的社会关系环境。由此形成了一门现代新兴管理科学，即公共关系学。

大众传播：通过报纸、广播、电视、电影、书籍、杂志等媒介，向为数众多、范围广泛的人们传递信息的过程。大众传播是现代社会速度最快、范围最广、内容最多、影响最大的传播现象。大众传播学就是专门研究这一现代特殊传播现象规律的科学。大众传播学的重点，是研究传播者、信息、媒介、受传者、传播效果、信息反馈及传播政策等诸方面，在社会大系统下的性质、特点、作用机制。大众传播学是传播学中最重要和最大的分支。

第五节　人际沟通及技巧

一、人际沟通的过程

人际沟通是个人之间在人际交往中彼此交流思想、感情和知识等信息的过程，是信息在人与人之间的双向流动。与大众传播相比，人际沟通更多地表现出沟通的本质含义。它不仅表现为人们之间各种活动、经验、能力的交流，还表现为人们情感、意向、意见、思想、价值和理想的相互沟通与理解。人必须具备内向沟通的特性，才能进行人际沟通，但并不是非要有语言做载体才能够进行人际沟通，也不是说只有面对面的交流才是人际沟通。

人际沟通一般被理解为这样一个过程，即信息从信息发出者（传者）传递给信息接收者（受者）。也就是说，信息被一个人传给另一个人。事实上这一过程看似简单，但传播的实际效果却受到了多种因素的影响。下图表明一个简单的信息沟通过程，包含了以下四种含义：①自我表达；②向沟通对象传达的含义；③信息本身表达的客观内容（环境）；④沟通双方的人际关系。可见，对于客观内容来说，沟通的效果取决于传者对信息的表达和受者对信息含义的理解，同时更大程度上受到人际关系（社会、心理、文化、地位等）的影响。沟通并不是单纯的自我表达和传播主观信息含义的过程，沟通双方的心理情绪和当时的客观环境都会对其造成影响，只有双方对这些因素报以

相似的认识，达成共识性的理解，沟通才会富有成效。

人与人信息沟通过程

二、人际沟通中的反馈与障碍

反馈可以发生于任何的沟通形式之中，无论是大众传播还是人际沟通都需要反馈，但是从反馈的及时、连续性和具体化等方面比较，人际沟通显得更为突出。通常反馈的类型可简单地划分为正反馈、负反馈、直接反馈和间接反馈等。如果根据沟通特定情况下受者的态度、与传者的关系、对内容的理解程度来划分，则有助于人们对反馈行为的认识和提高沟通中主动应对反馈的技巧。这样，反馈又可分为提问型反馈、理解型反馈、讨论型反馈、回避型反馈等。

出于各种原因，人际沟通中经常会存在一些障碍。比如，传者缺乏自尊心、自信，用词不当，使用言语和非言语表达的不协调，操纵或误导别人等；受者不认真倾听，对传者或迷信，或怀疑，或固执己见等；此外，沟通的环境、沟通双方的文化差距等都会成为沟通的障碍。追根溯源无外乎两个方面：一是沟通者的缺点所致；二是欠佳的沟通策略所致。

三、人际沟通的技巧

人际沟通中传者与受者只有在相互理解的基础上才可能实现高效的沟通，因此，充分了解将要与之沟通的对象，在适当的时机和环境下勇于自我表露争取对方的理解，这才是取得成功的前提条件。要克服人际沟通的障碍、提高沟通水平，务必坚持做好以下几点：①与沟通对象在理解上寻找共同点，学会使用对方的语言，说话时务必清楚、简练。②做到言行一致，切忌说一套、做一套。③运用非言语行为强化表达效果，在语言、表情、动作等方面都应有所准备。④不必担心言之不尽，真诚地说出想要说的话，努力营造信任与支持的气氛。⑤注意倾听、理解他人，切勿强加于人。⑥换位思考，注意别人的看法和意见，避免偏见、固执和盲目下结论。⑦展现对他人的兴趣、热诚和专注，给人以乐于助人的感觉。⑧尊重他人，可以持不同意见，但是不要有抵触情绪，不要随意打断别人的话。⑨切不可装腔作势，这只会招致怀疑失去信任。⑩克服心理

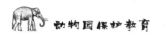

障碍，不可自负也不必自卑，放下个人偏好与成见。

总之，真诚、热情、通情达理都是营造和维系良好人际关系的要素。热情诚恳的态度能够给人以温暖，没有人愿意与装模作样的人交往。设身处地地理解对方，体验对方的内心世界，理性地思考和回答对方的问题。归根结底，人都渴望获得尊重，在人际沟通中，对方感觉不到你的尊重，沟通必然受阻；如果对方感觉到你一味地想要改造他们的想法，很可能会感到压力而拒绝与你沟通。所以，一切人际沟通的技巧都应建立于尊重之上。

第六节　环境传播及策略

一、何为"环境传播"

环境传播学者兼环保专家罗伯特·考克斯（Robert Cox）在最新著作中写到"环境传播是人们理解环境本身以及理解人们与自然世界之关系的一种实用和建构的手段。通过这样一种符号方法和手段，人们用它来建构环境问题及协商社会各界对环境问题的不同反应。环境传播有两方面功能。一是实用的功能。它教育、警示、说服、调动和帮助人们解决环境问题。它关注在行动中进行传播的工具意识。它不仅是解决环境问题或者进行辩论的工具，也经常是公众环境教育运动的一部分。二是建构的功能。环境传播帮助建构、表征人们所理解的主体自然和环境问题本身。通过形成人们对自然的观念感知，让人们理解和讨论，森林、河流是一种威胁还是一种富足的表征，自然资源是视为开采的对象还是应视为主要的生命支撑系统，是可以征服的还是值得珍爱的。"此外，考克斯在环境伦理问题上进一步指出"环境传播是旨在构建良性环境系统和培育健康伦理观念的危机学科。"从而将环境传播与环境危机管理、风险管理联系起来，进一步有效地寻找到了自己的学科定位。

二、传播战略

在复杂的传播环境当中，作为传播主体如何达到传播目的，就像轮船要航行，除了传播的内外动因作为动力源头之外，传播战略的制定是传播成功与否的关键所在，如同灯塔指名航向。从传播学研究角度看，传播战略在传播模式的考察中是最容易被人忽略的一个环节，但在实际传播中，传播战略对传播的过程有着非常重要的作用，是组织传播的宏观指导。不论是企业传播，还是组织的公益传播，传播战略都是不可

忽略的一环。

以下以 WWF 为例，并结合商业项目一般的传播战略进行阐述。WWF 的传播战略划分为下面四种：①主动式——主动的发起针对不同的目标群体的宣传与沟通攻势，举办相应活动，传递组织或项目信息。例如：与政府定期沟通对话机制、新闻发布会、定期或不定期主动与媒体联系，积极运用新媒体在线发布，还有运用其他媒介的宣传攻势等。②应对式——适用于组织项目在某个特定领域已拥有专长和话语权，在媒体采访、合作伙伴要求技术支援、政府部门咨询时，准确及时地传递提供相关信息。③合作式——项目与政府、媒体、公众、其他非营利机构等形成合作关系，在对方或多方约定的领域共同投入资源，赢得预期产出，达到项目预期宣传沟通之目的。④参与式——通常有两种情形：一是项目参与受众举办的活动，利用这个机会传递适当信息；二是受众或宣传媒介参与项目发起举办的活动，并通过受众向外界传递相关信息。

以上四种方式各有优势，也都有不同的应用场合，一般来说，主动式传播能够自主的通过合适的渠道对准合适的对象，开展传播攻势；应对式传播比较易于操作，节省资源、时间、精力成本；合作式传播能够有效调动多方资源，参与式传播避免了资源重复使用和浪费。但是四种方式都需要组织对自身项目有清晰的了解，即对项目的专业领域擅长，还能独立与政府、媒体、公众的技术专家进行沟通。在多数情况下，这四种方式是综合使用的。

三、传播机制与策略

再以 WWF 为例，既要将各个项目点上的工作进展传播给组织内成员，以利组织内部的策略调整与完善，更要将整个组织的工作向外界进行传播。一是出于环境 NGO 的融资考虑；二是要将组织的环境理念传播给每一个普通公众，促使公众环境态度及行为转变；三是期望通过媒体最终影响政府的环境决策。这就形成了环境基本的传播运作机制。

常见的环境传播机制

组织内传播	组织外传播
项目间	公众、媒体、资助者、政府
新闻通报、工作报告、项目会议、培训、论坛	新闻通报、电子邮件、国内外论坛、项目进展报告、媒体考察、记者沙龙、环境倡议运动、刊物、网络

媒体报道对于环境传播至关重要，环境 NGO 在进行组织的媒体推广时，需要采取的策略是将其语言符号和行动话语作为一个整体经主流媒体呈现给社会公众。首先，在语言符号上要具备绿色环境议题的生产能力；其次，在行动话语上要具备直接参与

环境保护的行动力。比如世界自然基金会设有个野外项目办公室。这些具体的野外项目每年、每季度甚至每个月在环境保护方面都可能有新进展，与此相对应的环境保护议题就涉及污染、生物多样性、气候、能源、森林等多方面，而各类项目在进展过程中，往往都衍生出庞大而多样的专家网络。世界自然基金会原长江项目曾经将与他们常年并肩工作的专家集中起来，对整个洞庭湖流域进行了一次大型的科学考察活动，发布了洞庭湖流域科学考察报道，当地十几家报纸、广播电视及网络进行了连续一周的关注与跟踪报道，生产出与洞庭湖生态相关的各类“绿色”议题。此外，环境 NGO 对于主流媒体的新闻框架非常熟悉，传统新闻写作往往强调事件的重要性、煽情性、反常性、及时性，关注最新事件、趋势及变化，既注重政治事件又偏重大众喜好，并且还涵盖了与地方利益及全球普遍利益相关的方面。

四、微媒体对传播受众理论的冲击与挑战

传统大众传播学传播受众理论，关注并极力夸大传者作用，把受众视为被动接受信息的人，处于边缘地位。微媒体使传统受众理论中传者不可动摇的地位开始动摇，受众被高度重视，消解了传、受二者之间的界限，传、受双方泾渭分明的身份区隔被消融。微媒体草根化的特点，也强烈冲击着传统媒体垄断话语权的地位。在微媒体环境中，传统媒介主导的“传—受”话语模式也会被彻底打破，每一个独立的个体，都能够成为一个自媒体平台，拥有社会大众信息传播过程中的话语权。更进一步来讲，在新媒体赋权的背景下，微媒体的出现为受众实现了自我赋权，其独特的传播特性，决定了信息传播的平民化、草根化，一定程度上也解构甚至颠覆了传统精英文化，改变了少数精英垄断话语权的媒体格局，并在此基础上重构了权力格局。

第七章　保护心理学基本理论

第一节　保护心理学的由来

全球的生态变化带来了严重的环境危机，自然资源的衰竭和可持续发展成为国际上最受关注的问题，这些问题的背后包含着人与自然的关系及其有关的心理与行为根源。保护心理学家们意识到，人类对于自然环境的破坏最终威胁着人类自身的生存与生活质量。必须改变人类的行为，以减少对自然资源的过度开发和破坏，以促进和增强负责任的环境行为；同时，人们也需要一种新的理解，来欣赏和处理人与自然的关系和体验。心理学的研究一向以人的行为为主题，并且为“行为”赋予认知、情感、态度、动机以及信念和价值等内容。而这些以人类个体和人与人关系为重点的传统心理学的研究，都将在人与自然的全新层面，获得新的意义和价值。

作为新兴的交叉学科，保护心理学（Conservation Psychology）是环境心理学（Environmental Psychology）在当代的一种新的发展。肇启于20世纪60年代的环境心理学，从关注环境对人的心理和行为的影响，到关注环境因素对人的工作与生活质量的影响，以及关注环境与人的行为的交互作用，发展为关注人的行为对周围环境与生态系统的影响，以及关注自然与社会的可持续发展问题，进而形成了环境保护心理学的基本思想。

2003年，卡洛儿·桑德思（Carol D. Saunders）在“环境保护心理学领域的突现”一文中，把环境保护心理学定义为“人与自然互惠关系的科学研究”。保护心理学的研究者们致力于运用心理学及其相关学科的知识和研究，来理解人们为什么维护或者是破坏自然环境，并据此探究如何保护自然环境，维护并促进社会和自然的可持续发展。

保护心理学家对于使用“保护”（Conservation）一词已经达成了共识，即：“保护”不仅是“保存”（Preservation），而且具有“保持”、“维护”或“保卫”的意义，也具有“守恒”和“促进”的意义。也就是说，保护心理学的宗旨就是要求人们智慧地使用自然资源，

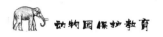

尊重并且维护环境对于现在与将来的最大利益和价值。这是“环保”被保护心理学所赋予的基本的心理学意义。

第二节　环境态度

环境态度作为环境行为的一个重要影响因素，得到了学者们的普遍关注。在环境保护领域中所研究的态度包括两类：对环境的态度（或一般环境态度）与对某种环境行为的态度（或特定环境态度）。大部分学者都认为一般环境态度预测一般环境行为，特定环境态度预测特定环境行为。限于篇幅本章仅探讨一般环境态度，即对生态环境持有的普遍态度与看法，以下简称环境态度。环境态度通常可划分为三个维度：环境敏感度、环境关注和环境价值观。

1. 环境敏感度：是一个人看待环境的情感特质，即个人对环境的发现、探究、欣赏、尊敬与关心。研究发现，环境敏感度主要形成于童年时期。有学者通过实证证明了环境敏感度受下列因素影响：①户外活动；②接触自然环境的机会；③父母、师长和书籍等的影响；④目睹居住地的环境变化。

2. 环境关注：是指个人对生态环境的普遍关注和所持有的一般信念。邓拉普（Dunlap）提出的“新环境范式”（New Environmental Paradigm，NEP）被普遍认为就是环境关注。“新环境范式”认为地球负荷能力有限，经济发展不能以牺牲生态环境为代价，主张人类应当重新认识在生物界中扮演的角色，建立人与自然和谐的关系模式。与之相对应的是“主流社会范式”，主张追求经济发展和繁荣、追求物质生活享受、强调个人利益。

3. 环境价值观：指个人对环境及相关问题所感觉到的价值。斯特恩（Stern）提出了环境价值观的三个层次：①自我为中心的价值观——基于个体自身的利益关注环境问题，采取保护环境的行为是因为“我”不想呼吸受污染的空气、饮用受污染的水等。②社会利他的价值观——以人类为中心的价值观，基于人类整体利益的角度关注和保护环境。③生态的价值观——以生态为中心的价值观，关注整个自然环境的内在价值，强调人类不能破坏自然，因为人类是自然的一部分，各种物种都有生存的权利，自然界也有自我的权利。

第三节　环境行为

广义的“环境行为”是指能够影响生态环境品质或者环境保护的行为。不同领域的学者对环境行为有不同的描述和分类，其中以海因斯（Hines）和斯特恩（Stern）等的研究较有代表性，并被后续研究广泛引用。海因斯（Hines）等将“负责任的环境行为”定义为“一种基于个人责任感和价值观的有意识行为，目的在于能够避免或者解决环境问题。”斯特恩（Stern）提出从行为的“影响”和“意向”两个维度来界定“具有环境意义的行为”：影响导向的定义强调人的行为对环境产生何种影响；意向导向的定义强调行为者是否具有环保的动机。

环境行为的分类比较见下表。

环境行为的分类比较

提出者	分类	涵义
Hines 等（1985）	说服	通过言辞说服人们采取环保行为
	财务行动	利用经济手段保护环境的行为
	生态管理	为维护或改善现有生态系统所采取的实际行动
	法律行动	为加强环境立法和环境法律的执行所采取的法律行为
	政治行动	通过政治手段促使政府部门采取行动，解决环境问题
Stern（2000）	激进的环境行为	表现为激进的环保行为，如参与示威活动等
	公共范畴的非激进行为	表现为积极的环保公民行动；支持或接受公共政策等
	私人范畴的环境行为	包括重视使用与维护影响环境的用品；分类回收；绿色消费等
	其他具有环境意义的行为	其他对环境有影响的行为，如设计在其制造过程中低能耗、低污染的产品等

上述两种分类虽然研究视角有所差别，但涵盖的范围基本一致。就普通个体而言，最容易做到的是生态管理和财务行动等“私人范畴的环境行为”，而政治行动与法律行动等“公共范畴的非激进或者激进的环境行为”都比较难做到。公共领域的环境行为对公民的能力要求很高，要具备一定的环境和法律等方面的知识和技能，同时还要有公民参与意识，是文明社会的公民特征。人们往往会从较低程度的行为开始，逐步提高行为的层次，这是一个循序渐进不断提高的过程。

第四节　影响保护行为的因素

环境态度与环境行为的关系研究一直是研究的热点。确定影响个体参与环境行为的各种因素是进一步改善环境行为的核心问题，其涉及的变量十分繁杂。总结国内外学者的研究结果，可以归纳得出影响个体环境保护行为的几类变量：①人口学变量——即个人信息特征，包括年龄、性别、受教育程度、职业、经济状况等；②居住地污染状况变量——环境污染会迫使人们面对环境保护问题；③认知变量——对环境问题的正确认知指导环境行为意向的产生，包括环境知识、环境行为策略知识、行动技能、环境态度等；④个性变量：包括控制信念、口头承诺、环境责任感等，这些变量协同作用于行为的意向，而行为意向会预测行为结果；⑤社会情境变量——主要指个人"卷入社会的程度"，即个体的环境保护行为会受到他人和社会的影响度，包括环境教育、环保活动的参与、社会规范、政策法规、物质诱因、同辈团体、他人压力、示范作用、行为代价等。

基于"态度影响行为"这一基本的心理学认知，学者们对以上繁杂的影响变量进行整合，提出了一些经典的理论框架，为后续研究奠定了基础。海因斯（Hines）、亨格福德（Hungerford）和托梅尔（Tomera）利用元分析法（Meta Analysis）总结提出了一个"负责任的环境行为模式"。该模式指出，环境行为受行为意图所影响；而行为意图又受若干变量，包括行动技能、策略和环境问题的相关知识所影响。此外，另一个强烈影响环境行为的因素就是情境因素，如经济上的限制、社会压力、是否有机会从事环保行动等都属于情境因素。

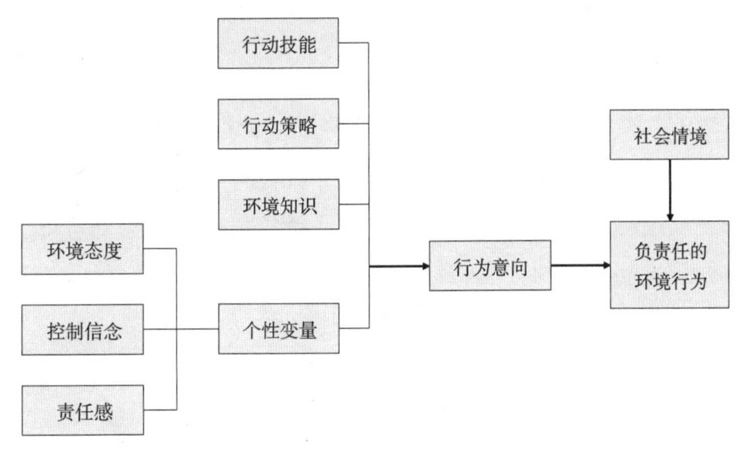

负责任的环境行为模式

第五节 鼓励公众的保护行为

一、公众教育

2013 年在教育部推出的首个《中小学环境教育实施指南》中，明确指出中小学应在各学科渗透环境教育的基础上，通过专题教育的形式，引导学生欣赏和关爱大自然，关注家庭、社区、国家和全球的环境问题，正确认识个人、社会与自然之间的相互联系，帮助学生获得人与环境和谐相处所需要的知识、方法与能力，培养学生对环境友善的情感、态度和价值观，引导学生选择有益于环境的生活方式。

除了学校的正式教育，自然保护区、博物馆、动植物公园等与生态环境有关的组织机构以及民间的环保团体也承担起了公众教育的职责，虽然称呼各有不同，如环境教育、自然教育、保护教育、生态道德教育等，但是其公众教育的宗旨都在于普及环保知识，增强环保意识，使公众关注环境问题，促使人们改变态度，进而改变行为。

以动物园行业的保护教育为例，在保护心理学理论引入之前，历史上的公众教育基于一个假设，即：如果教给游客越多的知识，就越能够影响其对野生动植物的态度，这样游客就会自动地采取保护行为。而事实证明，即使是在强化或重复学习的情形下，这种模式都是无效的。保护心理学的研究显示，知识和意识的增加并不会直接带来积极的环境保护行为。相反，真正采取行动的人未必对相关问题有很深刻的认识。为此，动物园必须针对影响人们保护行为的变量因素，进行行为干预和引导，并提供可行的环保实践机会。比如：动物园教育工作者引导人们正确地安装并且维护一个野生鸟类的饲喂器、清扫海滩垃圾、引导人们直接参与到当地的环保行动之中。现在，动物园的教育工作者不再只着眼于知识的灌输，而是以动物为纽带，建立人与自然的联系，为人们创造体验的机会，激发人们对动物的同理心，进而倡导保护行为，注重教授与保护行为的相关技巧，鼓励儿童探索自然，在自然中快乐地成长。

二、社会营销

在公众教育中，运用社会营销的手段和技巧遵循了保护心理学的原理，它所包含的特定策略能够排除特定变量因素的影响，激发目标人群的动机，促使其采取行动。即使不能实现教育的长期目标，但也能够在短期内促成人们付诸行动。

在面对学生团体的教育活动中，以下方法值得借鉴：

1. 宣誓：让人们用口头或书面的方式承诺采取行动。比较而言，书面承诺更有效，如果是签名承诺效力就更大，如果有其他人一起见证这一仪式效果会更好。

2. 提示：当人们的行为改变时，要适时再次提醒，如将垃圾进行分类等。

3. 假定心理：首先肯定某人是爱护环境的，这样他更可能以此要求自己保护环境。

4. 许诺递增：愿意许下一个小承诺的人，就有可能许下一个更大的承诺。

5. 大势所趋：告诉听众许多人都在做这件事，鼓励其效仿也采用同样的行为，“你要试一下吗？如果每个人都这样做，结果会更好！”

善用这些社会营销的技巧，能够帮助人们特别是青少年克服性格和心理障碍，营造和强化有利于保护行为的社会情境，鼓励他们采取力所能及的行动。社会营销相关内容详见第十三章第四节。

第八章　保护教育形式

第一节　创造富有魅力的游客体验

一、丰富游客参观体验的重要性

游客体验，是指游客参观动物园的印象和感受。普通公众进入动物园在很大程度上是出于娱乐休闲的目的，前来观看形态各异的野生动物。人们前来动物园的这一出发点无可厚非。重要的是，动物园要努力让游客在动物园度过寓教于乐的一天。动物园提供的活动不仅应该有教育意义,也要吸引人。如果动物园只是简单地罗列动物知识，游客是不可能从他们的参观中得到乐趣，也难以记住动物园所说的东西，更无法从中感受到野生动物世界的神奇所在、体味到人与动物及环境的和谐之美，当然也无法深刻意识到保护野生动物维护生态平衡的重要性。动物园可结合自身实际，创造丰富多彩的游客体验项目，以满足不同受众的需求；任何游园教育体验项目都应尽可能地让受众参与，鼓励游客与动物建立情感联系。

对于保护教育部门来说，“寓教于乐”是创造有魅力的游客体验的指挥棒。富有魅力的游客体验，不仅让游客本人有再次参观的想法，通过口口相传、网络传播亦开始影响其他游客的体验。创造积极的游客体验对动物园的成功至关重要。

游客对动物园的体验是从什么时候开始的？其实，在进入动物园之前就开始了。人们通过网络、电视、报纸杂志等媒介或多或少地会了解到动物园的讯息，也可能从朋友或者家人那里听说了他们在动物园的所见所闻。这时，人们就对动物园就有了初步的印象。这些因素会触发人们是否前往动物园，而当他们到了动物园亲身体验后，如果留下了众多积极而又难忘的体验，那么，人们重复光顾的可能性就极大地增加，对动物园游客量的提升起到促进作用。游客量毕竟是一个动物园成功与否的重要指标。

游客接收到的信息有些是动物园主动宣传的，有些则不是。动物园应努力创造一种游客体验，因为如果动物园不这样做，游客将创造他们自己的体验，可能会错过动

物园传递的保护信息，形成的体验也不会达到动物园的预期。

创造游客体验并不仅仅是保护教育部门的责任，动物园必须进行整体规划，包括游客为进入动物园站在购买门票的长队中等待的体验开始，餐饮服务质量，地面和休息室的清洁程度，园区的园林景观，动物展区的面貌等。只有当动物园满足人们的基本需求时，他们才准备好加入到学习中来。在竞争激烈的今天，动物园需要努力地从人们休闲活动的开销中分得一杯羹。动物园只有让园内各部门的通力合作、集中更多的资源，满足游客的需求，提高游客在动物园的快乐体验，才能使游客易于接受保护教育信息并乐于重复访问动物园。

为游客所能创造的游园体验的水平，对于动物园来说亦是一个整体水平的考验。全面检查所在的动物园，确保所有区域和项目都传递正面的信息，这包括（也同时是最重要的）动物展出方式、员工与动物互动的方式等。

有时，动物园无意地给游客传递着相互矛盾的信息。例如，动物园的教育项目表现的是所有人要尊重动物这一重要的信息。可是，在动物园的某一地方，游客看到动物被关在空荡荡的水泥地铁栏杆内的或者不卫生的笼舍中；或者，游客看到饲养员粗暴地对待动物。这些情况传递着动物园如何对待动物的负面信息。动物园尤其需要向人们展示如何保证动物的福利，如何保护野生动物的生存。如果动物园想要游客恰当地、尊重地对待动物，那么，动物园自己就必须率先垂范。员工和志愿者应以积极的态度对待游客，尊重地对待动物，帮助游客对动物产生情感关注，加深游客对保护信息的理解。

虽然说规划游客体验不仅仅是保护教育部门的责任，但保护教育部门的人员应充分认识到为游客创造有魅力的动物园体验的重要性，通过各种丰富多彩的体验项目强化游客对野生动物的正确认识，鼓励再次来访并传递野生动物保护的重要信息。

二、创造成功游园体验的几点要素

（一）与受众建立联系

询问姓名：对于小群游客，要询问游客的姓名并在整个活动中使用他们的名字。这易于拉近与游客的距离，增加亲和力，让游客动物园体验个性化。

了解游客已有的知识：每名游客都有其自身经历。他们以往与动物接触的经历、动物知识的掌握程度、甚至是成见，都会影响他们在动物园中的教育体验。与游客的沟通通常在与游客过去的经验相联系起来的时候才是有效的。

如何在活动中了解受众以往经验呢？方法之一就是提出引导性的问题，比如“谁能够告诉我关于大熊猫的一些事情？”然后，把受众的反应联系到所开展的项目上。另一个就是使用类推法。例如，保护教育人员可以把鳄鱼眼睛上的瞬膜与人游泳时佩戴的护目镜做比较，将人们所熟知的事物与讲解的内容相联系，易于理解。

用积极的方式做出反应：表扬正确的答案，温和地纠正不正确的答案。当他们给出正确或者有见地的答案时，要认可受众的回答，这一点对儿童尤其重要，特别是得到动物园专家赏识的时候。如果他没有给出正确地答案，不要说“不，那是错的”，应当说，“嗯，这个想法不错，但不是我想要的答案，还有其他的想法吗？”换句话说，就是要尝试指出回答中积极的一面，把他们引导到正确的答案上，而不是努力去挑出游客的错误之处。

把错误观点视作施教的良机：当与游客进行交流时，常会遇到各种各样对动物的误解和恐惧，比如有人认为蛇是黏糊糊的或者蝙蝠是恐怖的。一些这样的观点通常是受电影、电视、口头和其他媒体传播的错误引导，而缺乏与自然世界的亲身体验。在设计活动时，最好尝试预见一些容易出现的误解，最好尝试给游客机会让他们自己去发现事实的真相，比如给游客亲自触摸蛇机会。在活动期间，保护教育人员要倾听游客的评论，有礼貌地纠正任何误解。例如，保护教育人员应当说，“大多数的人认为，但事实上……”

（二）紧紧围绕主题

当开展活动时，记住仅仅包含与主题相关的信息，而不是与话题有关的任何信息，教育质量比数量更重要。关于野生动物、环境保护等各方面的知识广袤无边，但游客一般仅仅记住他们能够直接联系起来的信息，这也是需要重视质量而不是数量的另外一个原因。让受众集中注意力紧跟动物园的活动主题，会使活动开展得更加顺利而有效。

（三）尽可能多地让游客参与

依据受众的年龄，可以使用下面的演示技巧吸引住参与者：故事、歌曲、肢体运动、提问开放式问题等。例如，在解释大象如何使用它的鼻子时，保护教育人员可以说那就像人们使用自己的手一样，可以让小孩子用手假装象鼻并尝试用“象鼻”捡起东西。努力让游客参与到游戏或角色扮演中来。在项目中全面触发游客的视觉、听觉、触觉和嗅觉，被触发的感官越多，游客的理解就得越深，更能感受到活动带来的快乐。

食物链游戏让每个人都有机会参与其中

（四）鼓励游客与动物建立感情联系

最新的研究已经表明，仅仅拥有丰富的动物知识并不能鼓励个人改变他们的行为

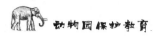

补充：户外活动项目顺利进行的诀窍

带领大群游客在动物园中行走、进行户外群体教学是保护教育人员时常要做的工作，亦是一项挑战。有许多问题让人分心，但使用一些小窍门会让活动进行得更加顺利：

- 吸引过路游客的注意，邀请他们加入到动物园的演示活动中来；
- 让游客能够听到保护教育人员的讲话，感受到他们的活力。户外活动的组织人员需要话语生动、富有热情、声音明亮；
- 采用有效的教学方法，比如不断向游客提出问题，了解他们知道些什么，提供他们能够看见，触摸和动手做的事物等；
- 与儿童或成年人交谈时，使用与年龄相适应的方法吸引他们的注意力。必须找到与这两种受众交谈的方法，以便于交谈时另一部分游客不会感到无聊。无论是成年人还是儿童都需要听到保护教育人员传递的讯息。保持游客投入的一个重要的技巧是向他们提出挑战，让他们一起研究，或者一起做一个项目，比如制作一个鸟类饲喂器等；
- 把游客的问题作为施教良机以及转换到下一个话题或项目的机会；
- 当与一群游客一起行走时，尽可能地面对游客。否则，游客将不能够听到保护教育人员的讲话，而转移对活动的注意力；
- 经常地停顿下来，让游客能够跟上来。有些游客总想要在每个展区或者休息室停留。保护教育人员要让游客知道他们将要何时休息、目的地在哪里，使群体活动步调一致；
- 通过提问的方式过渡到下一个展区或者演示；
- 在转换到一个新话题或者展区之前，询问游客是否有任何问题。

来更好地保护动物及环境。在他 / 她打算帮助拯救野生动物之前，他们 / 她们必须关心野生动物。因此，动物园的每个公众活动都应当鼓励游客与动物建立情感联系。为了做到这点，国内外许多动物园采用了下列策略：

1. 明星动物效应

通过分享特殊动物的故事，产生类似的明星效应，鼓励公众关心特定的动物，建立与动物间的情感联系。例如，在亚特兰大动物园，游客会一遍又一遍地来观看大象维多利亚和她的绘画技能。与特定的动物产生联系不仅促进游客的再次访问，游客对某个动物的关心会升华到对该物种整体上的关心。于是，在这个例子里，游客可能就会想要知道他 / 她做些什么才能有助于保护野生大象。

中国台湾台北动物园的大象“林旺”牵动了几代人的心。林旺过世后，台北动物园在教育馆竖立了它的标本供人们继续怀想

2. 正确地选择标本，示范如何尊重动物

标本来自于活的生命体，比如蛇蜕下的皮、大熊猫头骨、竹子。对保护教育人员使用标本提出下列建议：

● 保证所有的标本得到正确的照管。了解并遵守任何清洁或者专门操作的要求；

● 确保标本贮存条件安全。重要的是，对于濒危动物的标本和存放在游览区域的标本，在不使用时，应当把标本锁起来，保存在不受天气影响的地方；

● 把易碎的标本存放在于有填充物的容器中，或者分别用泡沫包裹，放置在较大的容器 / 贮存空间里；

● 在开展项目期间，总是用尊重的态度使用标本，这种尊重的态度应当延伸到任何活体动物。保护教育人员的态度会影响到动物园游客。对标本态度漠然将间接地减少物种在游客心目中的价值；

● 操作标本的方式或者发表与动物有关的评论不要直接或者间接地鼓励人们获取相似的标本。动物园的目的是鼓励人们保护野生动物，不是鼓励人们购买野生动物产品；

● 要注意活动的对象和所选择的教育材料。虽然一些标本可能让人们印象深刻，但这样的标本可能不适合孩子，从本书第五章第 2 节“适合年龄的教育方式”中知道“10 岁前的儿童，不宜接受忧伤和阴暗的保护信息”。

（五）指导游客参与保护活动

除了传递准确的、有魅力的信息，给予游客与动物建立联系的机会之外，保护教育人员在活动中还应鼓励采取实际的行动来帮助和保护野生动物。保护教育人员可以根据不同年龄的游客提供不同的建议，让他们了解其实在日常生活中加以留心，也能

帮助保护野生动物、保护环境。这些实例包括：

1. 多了解

- 加入致力于保护野生动物及其栖息地的组织；
- 参加课程、讲座，观看自然展览和阅读文章，关注那些影响环境问题的动态；
- 光顾其他的动物园、水族馆、自然中心、公园和植物园。

2. 采取行动

- 成为野生动物保护或者复原组织的志愿者；
- 种植本地植物，制作鸟巢、鸟类洗浴装置和喂鸟器；
- 组织社区或者学校清除垃圾；
- 通过环保组织资助濒危物种。

3. 让日常生活发生改变

- 用电子邮件代替传真或信件；
- 出售或者捐献不用的服装或者家用物品，而不是把它们扔掉；
- 尝试打包“无废物”午餐，使用可再利用的午餐袋、容器和杯子；
- 白天使用自然光线，打开窗户阅读或者走到户外；
- 节省水：减少洗浴的时间，刷牙时关掉水龙头等；
- 不让宠物乱跑，保护当地的鸟类和其他野生动物；

……

三、创造丰富的游客教育体验

创造丰富的游客教育体验，对于保护教育部门来说，是项责无旁贷的任务。游客教育体验应该是充满活力、充满趣味性、互动性的一个过程。每个动物园可结合自身的特点，充分利用各种资源，策划各种项目，丰富游客的游园体验。

以下是丰富游客教育体验的几个参考项目。

（一）人员解说项目

包括解说站、与饲养员交谈、动物训练示范、动物饲喂、引导游览等，具体见第十八章《展区解说与科普讲座》。

（二）与动物亲近

动物园员工或者志愿者向游客展示动物，给予游客触摸这些动物的机会，这些动物通常是受过训练用于教育项目的。具体见第十三章第三节“项目动物”。

（三）教育设施

在园内科普馆或动物展区周围设置富有知识性、趣味性、互动性的教育设施，供游客自行参观与体验，是丰富游客体验非常重要的一个渠道。具体见第十七章“动物园教育设施开发设计”。

（四）公众主题活动

动物园举办的主题性公众活动。可以吸引和教育对特定主题感兴趣的游客。

公众主题活动是各动物园都会开展的活动，活动的形式多种多样，内容亦丰富多彩。公众主题活动具有互动性强的特点，往往给游客留下深刻体验。

第二节　保护教育的形式

保护教育工作者必须明白，动物园的最终使命是加入到野外保护工作当中。动物园中开展的保护教育可以渗透到动物园运作的所有层面。圈养动物的繁育、饲养也应该以增加野生种群数量为长远目标，科研、繁育、教育等工作都服务于这一目标。

保护教育的最终目的是让受众首先了解圈养动物，进而关注它们的野生同类，以及它们赖以生存的野外环境，并让受众知道对“环境友好”的生活方式可以对保护野外环境有所帮助。所有的保护教育都应该基于这一目的，如此可以这样认为，动物园中开展的保护教育可以渗透到动物园运作的所有层面。

一、动物园开展保护教育的基本条件

（一）资源

包括掌握技能的教育人员、用于教育的设备设施和场地、可用于教育题材的项目动物，以及其他相关资源。而人员是最重要的资源。

（二）敏锐的洞察力

了解动物园内的哪些内容、场所可以用于开展保护教育，哪些信息能够抓住游客心理，对突发事件及热点资讯的适时把握。

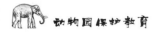

（三）资金

启动项目时的资金支持。可以是申请的项目资金，动物园拨付的经费，也可以是企业或个人的赞助、捐款。

二、间接教育与直接教育

保护教育形式可以归类的方法多种多样，暂且从教育人员是否与受众面对面交流这个角度把它们分为两类：间接教育和直接教育。

（一）间接教育

间接教育，或者说单向式教育，是指那些不需要与游客面对面产生交流的教育方式。有些可以将信息用文字和图片明确地表达出来，包括一些功能性设施，如说明牌，导向牌，警示牌等。另外，展板、宣传折页、导游手册、招贴、公园内的宣传栏等也属于间接教育方式。景观设计在近几年越来越多地融入了教育内涵，尤其是沉浸式展示设计的涌现，将设计范围从平面设计扩大至立体设计，用置身其中的方式促进游客领会教育内容。随着动物园越来越重视自身的宣传，各种形式的媒体报道使动物园越来越多的发挥出其环境舆论导向的作用。

补充：

沉浸式展示：是将复杂的动物生活环境延伸至游客活动区域内，使游人无论行走坐立，都能体验置身其中的感受。目的是唤起游客这样的感觉：他们是作为礼貌的闯入者进入了动物的野外领土，而不是作为旁观者站在围栏之外检阅动物。种植与动物栖息地类似的植物，采用枯树、石头、水、地形变化，以及其他相关的展品，共同形成多元化的景观，提供一组表现动物自然生境的视觉信号。

1. 间接教育的特点

间接教育在过去几十年中一直是中国动物园的主流教育方式，它的特点是知识性强，覆盖面广，内容直观；而缺点也是显而易见的：太多灌输性的说教、艰涩难懂的学术内容使游客望而却步。大多数游客到动物园的目的是休闲娱乐，通过这种方式进行的教育产生的效果有局限性。

但同时也看到间接教育项目近年也发生了很大变化，一些游客可参与互动的设施，有趣的图画、新颖的报道被设计制作出来，并不断改进发展，发挥着积极作用。其中最重要的是景观设计类，实际上它们才是动物园的灵魂，近年动物园的展区发展方向是生态化展示，这是对游客最直观的教育，它不仅使游客了解到动物所处的自然环境，也昭示了动物园对待动物的尊重态度，这是核心。此外展区周围教育设施的发展也是重点。许多国外优秀动物园展区设施的建设形成参观亮点，那里是孩子们玩耍的天堂，是大人们情感的寄托之所，各种设施让游客感到动物园的用心和情谊，把游客和这里的动物联系起来，游客在驻足的同时爱上动物园。所以发展创新是动物园保护教育的生命。

2. 间接教育的主要类型

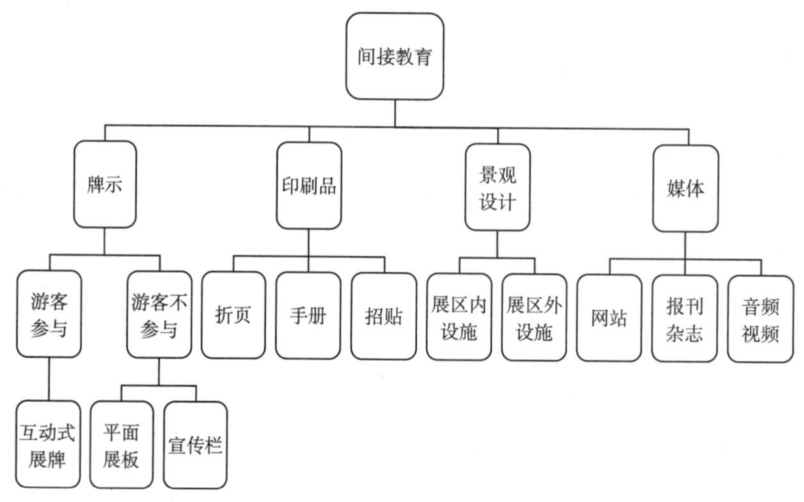

（1）牌示

牌示在游人和动物、展区之间起沟通作用，它为游人提供了一个提示，使他们能够更方便、更全面地了解相关信息。

牌示设计的基本要求是能被受众看到，能被受众理解。

好的牌示内容具有两个主要特征：一是清晰表达参观展区的相关信息；二是提供展区本身以外的信息，游人能够通过参观展区理解这些相关信息。

（2）印刷品

印刷品主要用于专项宣传，具有即时性，如同 DM 广告。除了导游册沿用时间稍长，其他大多为某一活动而临时制作。此外动物园出版的杂志和印刷的年历等也越来越多地成为保护教育的手段。

示例：

“说明牌”类牌示的设计要素：

● 物种信息必须是正确的。物种的中文名和拉丁名要清楚标注，同时还应该介绍物种的地理分布及习性；

● 濒危物种和有地区、国家和全球合作繁殖项目的动物应该在说明牌上突出显示。

（3）景观设计

保护教育工作者应该加入到展区设计队伍当中，直接参与展区内外的环境设计。包括预留教育场地、设计保护教育展品、将可用于保护教育的素材提前设计在展区中、确保景观设计符合保护教育的理念等。

展区中可开展的保护教育内容包括：

◆ 日常工作展示；

◆ 体验式展览；

◆ 地域文化标志；

◆ 故事情节线索；

◆ 丰容说明；

◆ 图解生境（如本杰士堆）；

◆ 游客可参与的保护行动；

◆ 休闲娱乐设施；

……

补充：

《如何展示一只牛蛙：一个动物园人的梦》的作者是纽约动物学会会长。这篇文章首次发表于1968年，被誉为动物园的“行业圣经”。它如同一本教科书，向动物园人阐述如何将动物园展示动物与保护教育进行完美整合。

（4）媒体

动物园通过网站、报纸杂志、电视广播等媒体宣传自己，介绍动物园的工作，获得大众的关注。保护的定义是要保护物种在任何可能的自然生态系统和栖息地有永续的种群。在公众面前，动物园必须用大众能够接受的方法解释动物园的所有行为，清楚地表明动物园的使命是保护，并以最高的动物福利标准来实现。

当保护教育人员清楚地认识到动物园应该以这种形象站在公众面前时，向媒体描述的重点就会放在动物园为动物福利所做的努力、保护教育取得的成果、动物园为野外研究所做的贡献这些方面。动物园也才能在环境保护领域建立起自己真正的社会地位，获取公众的理解和支持。

（二）直接教育

直接教育，或者说面对面的教育，是指由受过培训的教师或饲养员与游客面对面，以互动交流的方式传达保护信息。

主要的方式有：讲解、游戏、动手操作、剧场，以及其他尽可能多的手段。

1. 直接教育的特点

直接教育项目，特别是互动式教育活动，可以及时了解游客的兴趣，并根据保护教育的原则加以引导，使游客体验到“VIP”式的服务，使教育更易传达，增强教育效果及其可持续性。

2. 直接教育的主要类型

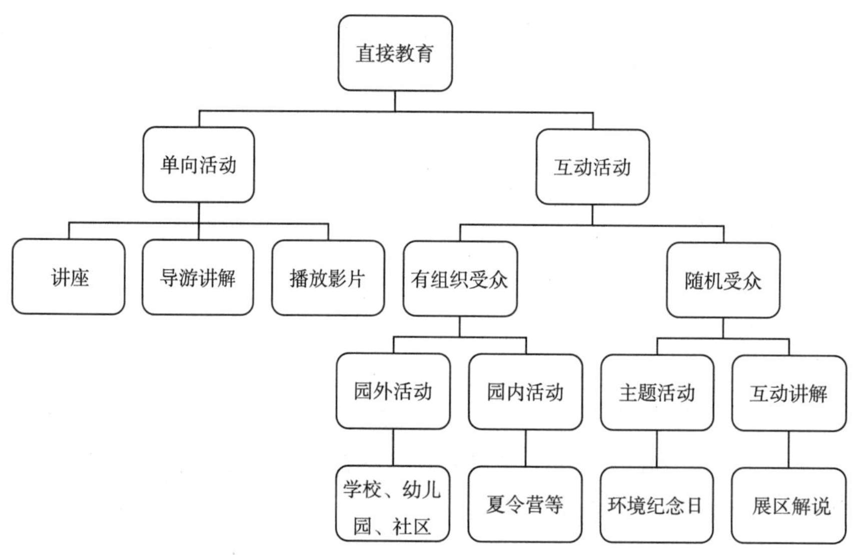

（1）单向活动

单向活动是由教育工作者把经过准备的讲稿或 PPT、视频文件等以演说的形式讲给受众。

● 科普讲座：由专家学者或教师在一个特定环境内就某一环境话题公开讲述保护知识；

● 导游讲解：由受过培训的导游人员带领一个固定的游客群体在动物园内或某些展区提供讲解服务，通常会有固定的讲解词，内容涉及展区、物种介绍、个体趣闻、

动物园的工作等。所介绍的展区一般是动物园最具特色的动物场馆；

● 播放影片：在具备一定设施的室内播放动物及环境相关的电影、纪录片，通常会在播放影片的前后做一些简单介绍、总结或主题讨论。

（2）互动活动

互动活动是由经过专门培训的教育人员开展有计划的教育项目。通常面对两种人群：

1）组织受众：通常是收费项目

● 园外活动：教师到园外讲课，如学校、幼儿园或进入社区；

● 园内活动：教师在园内开展的有固定时限的活动，如夏令营、一日游、动物嘉年华、生态课堂等。

2）随机受众：通常是免费项目

互动讲解：选择园内特殊地点进行讲解的活动，如场馆丰容、特色生态展区、特色动物介绍等。

主题活动：配合各种环境纪念日组织活动，如爱鸟周、生物多样性月、科技周、其他环境日活动。

主题活动是各动物园都会开展的活动，活动的形式多种多样，内容亦丰富多彩。公众主题活动具有互动性强的特点，往往给游客留下深刻体验。以下是在动物园中开展主题活动的几点建议。

● 选择特定的公众节日举办主题活动易于引起公众的注意，特定的节日可以是人文性的节日，如春节等，从特定的人文主题入手，与动物联系起来，容易引起人们的共鸣；也可以是环保性的节日如生物多样性日、爱鸟周、湿地日、地球日等，在这些环保性节日里，公众目光较为集中在环保主题上，此时开展保护教育活动能吸引较多的人前来参加并体验到不一样的动物园。

● 围绕动物主题，开展各种活动。如亚特兰大动物园有一年一度的丰容日，在丰容日，游客能够了解并尝试动物园给动物的丰容实物，亲身体会到动物园对动物福利的关注，并联想到自身的保护行动。

● 做好宣传工作，保证活动的效果。

● 主题活动的精彩与否决定于策划的内容，贵在于创新。每年的节日一样，动物种群变化亦不大，如果不创新，主题活动就会失去对公众的吸引力。

● 有些活动并不需要很多的经费，同样可以达到很好的保护教育及宣传效果。以实际的工作绩效让领导理解保护教育的重要性与可行性，是影响领导支持保护教育工作的渠道。

选择哪种保护教育工作的形式，很大程度上取决于两种不同类型的受众。国内各动物园已经开始把多种体验式教育引入项目设计，并进行各种探索，目前的活动形式

还比较有限，主要的有夏令营、一日游、亲子游、生态教室等。主要的教育对象是儿童和学生。儿童的世界观还没有形成，他们对世界充满好奇，比较容易接受各种思想，是一个相对容易入手开展教育的人群。这类项目的受众是有组织参与的，每期有确定的人数，可以限定年龄，便于开展为不同年龄制定的特别课程。

春节期间举办生肖文化节，将动物科普与人文紧密地结合起来，通过设计互动性项目，让游客体会到动物与人类的密切联系。

针对成年人的有组织的活动目前开展较少，可根据成年人的特点，重点选择那些对动物感兴趣的成年人参与保护教育活动或项目，如饲养员工作体验、志愿者活动等。

同样，保护教育工作者也不能忽视随机受众，他们大多是成年人，在环境问题上能够自主地做出选择。在保护教育还没有在动物园所有方面都能有效贯彻的情况下，展区讲解是一个重要的手段。

第三节　团体活动的类型

一、非正式教育

正规教育是指在有资格教师的带领下，以课堂为基础的学习。

非正式教育是发生在课堂之外，是课余时间的活动，如社区、博物馆、图书馆。它可以包括游客希望参加的动物园园区内的活动，或者是动物园之外的社区活动。一些活动可能是临时的，游客可选择性地参与。非正式教育形式有很多，有些是公益的，有一些可能是收费项目。

动物园提供的非正式教育形式和内容要和团队访客的特点相一致。

二、动物园团体的种类

到访动物园的团体人群很多，如学校团队、亲子团队、企业团队、老年人团队、动物爱好者等。由于年龄、兴趣、团体人数、预算、访问时间和其他因素的不同，这

些团体有不同的需求。为最好地满足不同团体的需求，同时也为提高动物园收益，动物园应该提供特别制定的活动项目，设计活动项目时应考虑到不同团体特征需求等因素。与项目相关的材料，如活动之前的准备和之后用的延伸活动及评估跟踪，可以提供额外材料。

三、团体教育项目的种类

到访动物园的团体类型很多，每种团体都有各自的需求和特点，保护教育人员不可能用一套项目内容满足多种不同团体类型需求。为满足来访团体的需求，动物园活动项目应能根据主题、目标年龄层次、访问时间、活动形式、费用和其他因素进行教育项目的不断调整完善。每个动物园都可以根据自己的特色，创造符合自己动物园目标的活动。下面列出各地动物园成功实施过的团体活动项目。

1. 团队导览

预约了游览活动的团体希望有经验的导赏员给他们讲解感兴趣的动物展区、并回答他们的问题。这类游览可以是动物园的一般的讲解服务项目，也可以是有特别安排的体验活动。如饲喂体验、参观动物食堂、动物医院等。

2. 学校团队游

春秋游是中小学生每年重要的团体户外活动，动物园可以抓住机会和学校或组织活动的旅行社进行沟通，为不同年龄段的团队设计不同的游园项目。项目可以是开放式的自助游，提供自助活动手册，活动中完成观察、研究、答疑等探究学习。也可以是把动物园定点定时开展的展区讲解提前预告，为不同的班级建议不同的游览路线。也可以结合学校时间安排和经费预算，提供礼堂活动、课堂教学等。

3. 课外实践课程

各地教育系统有不同程度的课外实践要求，动物园越来越成为中小学生生物、科学相关的课外实践的重要基地。根据各年级学习内容和目标不同，配合学校正规教育，开拓课外实践的课程活动，如物种分类、行为观察、生物多样性调查研究、物候观察等。

4. 雏鹰假日小队

学校在寒暑假为促进学生深入了解社会，发动学生以班级小组为单位的假日社会实践活动。动物园可以结合自身条件，开发不同深度的教育项目，可以是职业探访、职业体验、帮助动物做丰容或者是爱心义卖、主题教育课程等。

5. 研学游团队

一般为异地学生在寒暑假期间到访不同城市的主题式旅游活动。如成都大熊猫基地每年就有来自世界各地的研学旅游团队，了解本土文化同时对有代表性的物种进行深入了解。动物园可以将本园具有代表性的本土物种或者别的城市没有的物种作为吸

引研学游团队到访的亮点。

6. 营日活动

针对不同年龄段孩子开展的主题营日活动，特别是夏令营、冬令营是寒暑假市场需求度较高的教育项目。动物园可根据自身师资、接待能力等因素，确定营日时间的长短，如一日营、二日营、三日营、五日营甚至更长。活动可以是连续过夜的，也可以是仅白天活动，晚上需要回家的。这类活动一般为无监护人陪同的活动，所以，要在组织好教育活动的同时，做好饮食起居的管理，在食品安全、活动安全等各方面都要非常重视。

7. 夜间活动

不少动物园为市民提供“动物园奇妙夜”这样的夜间活动。活动可以是针对亲子的，也可以是针对儿童的或者成年人的。这为访客提供了一个独特的经历，因为普通游客已经离开了，而夜间动物的声音和行为通常不同于白天。可以利用夜视仪、红外观测设备等探究一些白天无法感受到的内容。有些动物园仅提供夜间访问，有些动物园为团体游客提供在过夜的机会。夜间活动，需要对动物园内夜间活动的很特别的资源充分掌握，并且注意行动时的安全。

8. 家庭亲子活动

这类活动是为家庭共同参与而设计的。一般在周末或节假日父母有时间陪伴孩子的时间安排。国内不少动物园组织在植树节、端午节、中秋节这样的节日里组织家庭体验活动，全家一起参与劳动、传统文化活动等，有家庭互动和动手参与活动，突出亲情、互动。国外有动物园针对家庭不同角色在同一时间段设计不同的活动内容，如妈妈上瑜伽课、孩子做自然探索活动等。也有专门针对低龄儿童的亲子活动，有专门的参观线路和活动互动，家庭团队推着婴儿车中的宝宝一起到访动物园，参加动物园为宝宝们特别设计的触摸、玩耍等活动。

9. 团体聚会

集体生日会、企业员工团队建设、家庭聚会等，属于需要针对不同人群进行特别定制和服务的活动内容。动物园需要为团体聚会提供活动场所、氛围布置和必要的设备、餐饮等服务外，可给出可供团队选择的教育项目清单，如主题讲解、项目动物展示互动、动物特色装饰、面部动物彩绘等服务。

10. 儿童自然俱乐部

一些父母希望为他们的子女找到既有趣又有教育意义的课外活动。国外许多动物园都创建了周末儿童俱乐部课后活动计划，这些组织定时活动，每次活动专注于一个特定主题。主题可以用于支持儿童的学校学习或仅仅是特定年龄组的兴趣。儿童甚至可以是活动中的决策者，他们决定接下来的主题或他们想探索的活动。由于活动不是正式的，孩子们也开展长期或者几天才活动一次，取决于他们可以留在动物园时间的

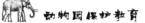

长短。

11. 动物园外访活动

针对团体的教育项目，除了在动物园内组织以外，还可以走向社会，与学校、社区及其他教育机构合作，开展专题课堂、专题展览等。如爱鸟周、科技周、科普日等合作互动，国际生物多样性日、藏羚羊保护等全国联动宣讲活动。在制定外出活动规则时，动物园还应考虑汽车保险、员工责任心和用于活动的动物健康要求（如温度、时间、交通）等。

示例：

团体项目注意事项：

1. 所有的教育项目应遵循健康和安全的原则。
2. 实现教学目标的同时也要满足动物福利的相关要求。
3. 激励各个年龄段的游客尊重和爱护动物，保护生态环境，尽量减少在本地和全球层面对环境的影响。
4. 开展教育项目应使用经过培训的工作人员或志愿者。
5. 教育方案和项目可以使用恰当的量化手段进行评估，并在游客、教师和学生反馈的基础上不断完善。

四、团队项目资源与合作

1. 教师职业发展培训。国外动物园有专门本地区正规教育体制内的教师以及其他自然教育机构生物相关教师的培训课程。学校通常要求他们的教师持续参加各教育课程。一些教师有兴趣参加这样的课程仅出于丰富个人经历或专业知识的目的。作为保护教育机构，动物园可以是为教师提供准确信息和有趣活动的来源，教师可以在课上和课下利用这些信息和活动。专业的发展课程可以为教师提供与管理员、研究人员的对话、特定的游览、课程组合、和封闭的动物接触经历。一些环境组织如世界野生动物基金已经设计了一些课程，参与合作的动物园可以把这些课程作为职业发展计划来使用。

2. 教师资源包。学校教师通常很难得到教辅材料，特别是动物标本，一些动物园设立了课程资源包租借，教师可以根据不同主题如生物多样性、栖息地或濒危物种，借用这些活动箱。外租课程活动箱可以包括：课程、标本、视觉辅助设备（显微镜、放大镜）和其他课堂教学需要的教辅材料。动物园应该尽可能选择耐用的物品，让资

源包中的物品在丢失时应能容易找到相同或相似的物品以替换。

3. 教师咨询委员会。为了最好满足教师的要求，一些学校招募教育工作者与动物园员工定期开会，讨论当前或未来的活动项目。为了吸引咨询委员会参与者，动物园可针对票价、活动项目和教辅材料为教师提供折扣。

4. 教师优待资格。许多动物园针对教师提供有折扣的成员资格，目的有两个：一是鼓励教师支持当地动物园；二是显示动物园对教师作为教育工作者所做努力的认可。

动物园教育者可以根据自身资源情况，不断调整和开设全新的活动以满足访客团体的需求。长期性地针对团体访客开展各类活动，需要准备的教室、礼堂等项目活动空间，如针对教室活动可手工、实验、接触小动物和接触标本的机会，针对礼堂活动可开展接触大动物、动物训练展示、讲故事、放幻灯等，提高活动内容的丰富度和教育项目的深度。

第九章　保护教育资源

在保护教育项目中，教育资源十分重要。这里所指的资源可指一切能被用于项目开发和保障项目顺利进行的条件要素，包括自然资源与社会资源，内部资源与外部资源，显性资源与隐性资源等。动物园的各类教育资源是其开展保护教育活动的优势所在。本章从硬件资源和软件资源两个方面来进行介绍。

第一节　硬件资源

一、展区资源

广义的展区指动物园按区域、功能等分设的可向公众开放的区域，如按区域划分有非洲动物区、亚洲动物区等；按功能划分有售检票区、展览区、餐饮区、休憩区等，诸如此类。狭义的展区则专指动物展区。

在传统的科普教育观念中，教育往往是单向的灌输，教育项目资源仅利用狭义的展区范围，在展区周边制作一些说明牌或宣传展板，或是以科普展览、科普讲座的形式进行传授。作为游客，参加到这种形式的科普教育活动时的感受是在“学习”。现在已有一些动物园、水族馆、植物园把教育的方向转为“自然教育”或“环境教育”。这些活动使参与者融入身边的环境，一草一木在教育过程中都能发挥重要的作用。

正像辛弃疾在《鹧鸪天》中写的：“一松一竹真朋友，山鸟山花好弟兄”。活动策划要从“热爱”开始，使参加者感到“感动”并引起思索。教育的内容配合强调人与动植物、人与自然、人与环境之间的关系，强调每个人的思维和行为对自然环境的影响力和重要性。“大科普”的观念使得动物园开发利用广义的展区教育资源，将所有可对外开放的场所都视作开展教育项目的区域，建立人与环境最直接的联系。为传递正确的教育信息，展区的设计应尽量生态化，体现与动物的相关性和本土的生物多样性，

建设“生态园区”。

“资源无处不在”，除了明确圈定的展览区域外，展区周边的池塘、植被、道路、墙体、广场都不应被忽略，纳入教育项目开发的可用资源中来，为生态教育提供更直观、更丰富的素材。

动物园的内部工作区域也是一处独有魅力的教育场所，如饲养后场、饲料间、实验室、标本收藏库房等。在开展小型教育项目时，以不影响日常工作为前提，创造条件向少数特定人群开放这些内部区域，将会深度激发受众的探索欲望。南京市红山森林动物园的夏令营活动中就会有组织地带领小营员参观动物医院、动物厨房等。

二、科普设施

科普设施不仅仅是展品说明牌、科普知识版面、科普长廊，还包括具备趣味性、体验性的互动科普设施、多媒体设施等。完善和运用园区科普展示设施对于提高动物园的保护教育水平，创造游客体验，开展教育项目起着非常重要的作用。本书有对科普设施会作详尽阐述，在此不作内容的展开。

三、科普教室

每个动物园都应有一间至少能容纳 40 人的科普教室，有条件的动物园还可建一座小剧场，用于开展室内教育项目。科普教室是小型实验室、会议室、展示室的多功能综合体，是各类教育活动的根据地。小讲座、小实验、观看视频、活动的前期预热、后期总结都可在科普教室中完成。科普教室的地点应靠近门口或处于园区的中心。

四、教学资源包

教学资源包包括课程方案与教具。课程方案是某一主题的资源合成，有时稍加改动就可形成一份解说方案。教具是解说活动重要的辅助道具，包括实物展品、活体展品、标本、折页、活动材料、音视频资料等。重视对课程、教具的开发与收集，形成教学资源包，配合各类主题应用于解说项目中。

五、工作成果资源

动物园基本工作内容涵盖动物饲养繁育、科学研究、保护、公众教育等多个方面。与之相应，动物园会产生多个方面的工作成果：饲养繁育方面有多年的种群管理记录、

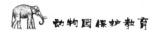

饲养员日记等资料；科研方面有各种研究课题的研究成果及科研管理体系、研究轨迹资料等；动物保护方面有动物现存状况、野外调查记录、保护手段等基本资料；公众教育方面有各类图文信息资料和典型公众教育活动案例。这些资源是开展保护教育丰富的土壤，是活动策划与开发的灵感源泉。让公众了解动物园各类工作的特点、目的和过程，公众并酌情亲身体验具体环节，将是有趣而难忘的经历。

第二节　软件资源

一、专家

专家是保护教育项目的珍贵人力资源。在他们从事科学研究的同时，应积极邀请他们参与撰写科普文章、图书，客串保护教育活动，把关保护教育文案等工作中来。另一方面，还可以聘请专家对动物园员工进行讲学、培训，拓展员工的保护教育视野和知识技能，指导和参与动物园日常保护教育工作。

专家可以是大学院校的专业教授、行业翘楚，也可以是本单位的饲养技师、工程师等专业人才。他们在本行业有着丰富的专业知识，是动物园进行保护教育的优质资源。发挥他们的积极性也是保护教育人员的工作重点。

二、保护教育教师

保护教育教师是保护教育工作中最重要的资源。

现在保护教育项目形式灵活多样，工作内容繁琐复杂，保护教育教师需要具备良好的综合素质。保护教育教师在本职工作中应不断充实专业知识与技能，通过阅读、培训、实践来提升专业水平，才能成为一名合格的保护教育教师。

补充：

保护教育教师的专业素质：

●**先进、科学的教育理念：**教育理念是以观念或信念的形式存在于教师头脑中的对教育现象和教育问题的看法。保护教育一般与学校的素质教育、探究式学习、亲子教育、成人教育相配合，在此类教育形式中，需要教师掌握先进、科学的教育理念，所有努力都要有利于学生精神世界的丰富、人格尊严的维

护和美好人性的成长。

●**合理的专业知识**：教师合理的知识结构包括：①本体性知识，即特定学科及相关知识，是教学活动的基础；②条件性知识，即认识教育对象、开展教育活动和研究所需的教育学科知识和技能，如教育原理、心理学、教学论、学习论、课堂管理、现代教育技术等；③实践性知识，即课堂情境知识，体现教师个人的教学技巧、教育智慧和教学风格，如导入、强化、发问、课堂管理、沟通与表达、结果等技巧。

●**复合型的专业能力**：教师的专业能力是教师在教育教学活动中表现出来的，促进教育教学顺利完成的能力与本领。其主要包括：①处理教学内容的能力；②分析研究学生的能力；③设计教育教学活动的能力；④良好的表达能力；⑤教学组织管理能力；⑥教学自我调控能力和反思能力；⑦教学研究能力；⑧终身学习能力；⑨课程开发能力；⑩专业发展规划能力等。

●**崇高的专业道德**：教师专业道德是教师在教育教学中必须遵循的基本规范和行为准则，主要包括爱岗敬业、甘为人梯，热爱学生、诲人不倦，以身作则、为人师表，合作创新、共同发展等。

●**强健的身体素质**：教师的身体素质是指教师在教学活动中的自然力，是教师的身体健康状态和身体素质状态在教学中的表现。它主要通过健康的体魄、旺盛的精力、蓬勃的活力、有节律的生活方式和锻炼习惯等体现。保护教育多为体验式教育活动，教师的身体素质在教育教学中具有重要的教育意义。

●**健康的心理素质**：教师教学的心理素质是教师素质的重要组成部分，是教师在教学实践中沉积的为教学所必备的心理品质，具体包括认真、负责、亲切的教学态度，积极、丰富的教学情感，坚韧不拔的教学意志，多种兴趣爱好，机智果断的办事作风，善良、随和的性格特征等。

作为一名保护教育教师应该要：热爱本职工作、有正确的生态道德观、有良好的沟通能力、有良好的学习欲望和学习能力。

保护教育教师同时承担着科学传播者及教师的角色。就目前国内动物园的情况来看，大部分专职的保护教育教师大多精于本行业专业知识，常常忽视了作为教师所应具备的专业素质与专业技能，而这恰恰是保护教育教师在实施教育过程中最需要掌握的，培养这方面的能力是很重要的。正因如此，本书中有大幅章节阐述教育学及教育心理学方面的概念知识。

三、其他部门的员工

每一个动物园从事保护教育的人员不只是职能部门的人员，动物园其他部门的员工也是进行保护教育的宝贵资源，他们发挥着不可替代的积极作用。保护教育项目在设计策划中可以充分利用这些资源。参观中国香港海洋公园，在动物医疗中心可以看到饲养员和兽医怎样对待动物、怎样为动物做身体检查，工作人员在不麻醉动物的情况下，为海洋动物做抽血检查、口腔检查。受众看到这样工作场景得到的感受胜过任何语言说教。请园艺规划部门向游客讲述如何设计动物展区、植物配置与展区的关系，甚至可以请公众参与展区建设等，这样的体验所达到的教育目标是其他方式难于实现的，这样的例子数不胜数。因此其他部门的宝贵资源是保护教育项目开发取之不尽用之不竭的源泉，也是保护教育项目很好的人力补充。

四、志愿者资源

志愿者能很好地解决保护教育项目人力不足的困难，志愿者可以成为传递保护信息的喉舌，志愿者也有可能带来你所需要的各种资源，但请记住志愿者不是无偿的劳动力，志愿服务也不是对他人的一种施舍，志愿者和服务对象之间应该是一种平等的服务与被服务的关系。动物园在使用志愿者资源时，要对志愿者队伍进行规范的管理，以维持志愿者队伍的相对稳定，保证志愿者工作的顺利、持续开展。动物园应该重视志愿者队伍的建立与管理，让他们成为动物园进行保护教育工作的中坚力量。

关于志愿者工作的相关内容，将在第十九章中进行详细介绍。

五、传播平台资源

保护教育是一种信息传播，社会上的各种媒体资源都是保护教育信息的传播渠道，包括书籍、报纸、杂志、广播、电视、地铁海报等。此外，动物园有相当大的部分已经建立起自己的宣传网站、信息简报、内部期刊、微博、微信公众号等传播媒介，这些传播媒介平台可以刊载各类保护教育信息，并拥有一定数量的受众。在这些传播平台上，各类保护教育文章、图片、音视频、活动信息等可以得到持续登载和传播，随着动物园保护教育工作者进一步熟悉传播学规律，熟练运用传播学技巧，保护教育信息传播的潜在受众还会进一步扩大。

六、历史文化资源

中国有五千年的文明历史，文化积累十分丰富；而人与自然的联系由来已久。在中国的传统文化中，就有不少语言、文字、音乐、舞蹈、习俗、节庆等与动物相关，典型的例子如十二生肖；还有众多与动物相关的童话故事、卡通人物等。文化源于生活，在保护教育项目中，融入相关文化资源，让游客将知识与实际的生活建立联系，更易于引起兴趣与共鸣，激发同理心，提升保护教育宣传效果。历史文化资源在保护教育项目中的开发与利用重在教育，必须体现正确的价值观，唤醒人类珍惜自然、爱护环境的家园意识。这应该是历史文化资源参与保护教育项目的先决条件。

此外，有些动物园建在风景名胜区，园区内的古迹名胜也是可利用的保护教育历史文化资源。

历史文化资源的开发及利用在第十九章进行阐述。

七、品牌效益及合作资源

动物园应着力于创建优秀的品牌活动，利用品牌效益，以点带面，进一步扩大保护教育的社会影响力，这是一个良性循环的过程。

社会各界的相互合作也是重要资源。这方面实际上也是建立合作平台意识的一种体现，这部分在第十五及十九章有相关介绍。

第十章　保护教育项目策划模型

第一节　ADDIE 模型

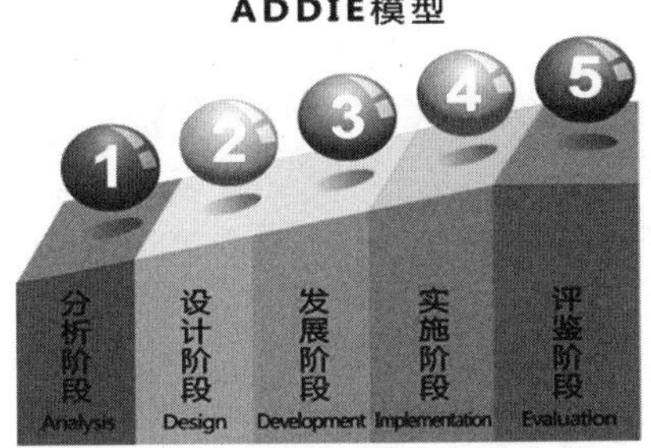

一、ADDIE 模型

在一个非正式的游客体验或项目中，能传递的信息有很多，可以利用项目设计模型来帮助保护教育工作者设计一个项目，厘清各要素之间的关系与顺序。指导完成整个项目或展出设计。在项目设计过程中，有很多现成的模型会有所帮助。随着设计项目经验的丰富，就会形成自己的模型，这样的模型将最适合保护教育工作者及其所在的机构。

对于动物园教育工作者有用的一个项目设计模型是 ADDIE（首字母缩写词）模型。

ADDIE 模型是教育系统设计（ISD）的一个模型，它主要通过分析（Analysis），设计（Design），发展（Development），实施（Implementation），和评估（Evaluation）五个动态阶段，对一个项目进行系统地开发和检验，以保证课程在教学活动中的针对性和有效性。

二、ADDIE 模型的步骤

ADDIE 分为五个阶段。这五个阶段共同帮助保护教育工作者设计一个有效的项目

示例：

例如，如果针对所在动物园计划一个关于大熊猫的项目，让受众学习大熊猫的自然历史知识、大熊猫为生存而具有的身体上的适应能力、大熊猫行为、大熊猫为什么是濒危动物、为什么要在动物园中饲养大熊猫、如何饲养管理大熊猫、拯救大熊猫的栖息地以及许多其他的话题。这包含大量的信息。实际上，一个项目无法传授所有的大熊猫知识——想让游客知道或感受到的有关大熊猫最重要的要点是什么？使用项目设计过程会帮助保护教育工作者开发出重点更为突出的项目，那样，游客才会获得最重要的信息。

或展出。

步骤 1：**A——分析**

开发项目的问题是什么？项目需要什么信息？谁是项目的受众？他们的特点是什么？他们的需求是什么？评估项目的工作进展。

在分析阶段，要将收集信息，进行前期评估，也包括需求评估以确定题目或想要解决的问题。

步骤 2：**D——设计**

项目的目的、目标、成果对于这项目合适的媒介是什么？是否拥有完成这个项目所需的资源（预算、专门知识和人员）？

一旦完成“分析”阶段的工作，进行了需求评估，明确了主题，就可以开始设计教育项目活动了。在设计阶段，将描述出目的、目标、成果、主题和资源，评估项目的进展。

以上分析与设计环节参考第十一章以进一步获取指导。

步骤 3：**D——发展 / 开发**

在发展 / 开发阶段，创建项目，评估进展。需明确项目或展出的内容和流程。此阶段将完成课程计划，包括完成项目的每个细节和后勤保障。

步骤 4：**I——实施**

开展项目，自我评估进展。一旦项目准备就绪，就是实施项目的时候了——展出开始。设计和开发阶段的策划一经完成，就应把项目传递给目标受众。

步骤 5：**E——评估**

在这一阶段，将评估项目进展如何，是否实现了项目目标。

体验或项目在参加者中产生了预想的结果了吗？项目进展得如何？不期望的事情发生了吗？产生了哪些良好的结果？哪些方面仍然需要调整？时间的把握是按计划进

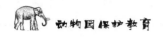

行的吗？活动在受众中产生效果了吗？从各种信息来源获得对项目的反馈——受众、同事、出资方等，他们也将提供宝贵的信息。项目评估将分析整理有价值的信息，当再次推出这个项目时，能够使用这些信息来改进项目。

以上开发至评估环节将在第十二章有详细指导。

为游客设计有效的非正式教育体验或项目时，涉及几个步骤。重要的是，要从了解需要完成哪些目标入手，明确项目的目的、目标、成果和主题，这有助于让项目顺利推进，也便于保护教育工作者与别人清楚地交流观点。建立项目主题将帮助保护教育项目让体验或活动重点突出，那样，听众能够记住最重要的部分，体验能够取得预期的结果。

开发阶段开始列出项目的内容，确定适合题目、年龄和受众的学习方式以及特定背景的活动类型。项目的执行会让保护教育工作者把辛苦努力付诸实践并展现最终结果。项目的评估会进一步帮助其确定项目的有效性，而有效的评估会确保项目的成功。

第二节　项目评估

项目评估是指运用系统性、定性研究、定量研究等方法来分析资料、搜集证据，以客观判断项目方案或展区等的成效与影响。

在 ADDIE 模型中，项目评估贯穿始终，保护教育工作者可以在 ADDIE 的每个阶段进行评估并执行评估结果。一旦项目收到评估反馈，就要在必要时调整项目。然后，再次开展项目，再次进行评估。这个修订和评估过程是 ADDIE 的反馈循环，它从出资方和受众的角度上，保证项目的成功。这个反馈循环永远不会结束，将评估永远进行下去。

在设计多种内容构成的项目或展出的时候，可单独地评估每个组成部分，之后合并起来作为项目的一部分。召集参加者练习或试验性地测试项目会有助于衡量项目将会取得的成果，并对项目进行修改，之后将项目推广到更广泛的受众。也应预料到项目的一些部分可能会没有达到预期效果，进度的时间可能没把握好或如手工制作对于所选择的受众难度可能太大。当知道项目需要进行改变时，就要做出调整。

一、对项目和展区进行评估的重要性

资源总是有限的。因此，一个项目或展区需要最有效地利用时间和财力资源，以产生最大的效果。

如果不进行评估，动物园如何知道投入到项目或展区中的工作是否有效？评估的

结果不是指出“做错了什么”，而是利用评估分析的结果，持续改善保护教育的工作，这样就节省了时间和金钱。

为得到有意义的信息，有几种分析是有用的：首先要明确了解项目或展区的目的和预期结果。其次其他人（如同事、单位领导和资助方）了解上述情况也很重要。这就是为什么有明确目标、目的和结果的书面说明是至关重要的。一旦定义清晰了，就可以评估项目的进展。

二、不同阶段的评估方式

评估对于创建有效的教育项目和展出至关重要。一般来说，项目或展出策划的不同阶段都应进行有效的评估。

（一）前期评估（分析）

评估是一个过程，始于项目的策划之初，而不是结束时才进行。在项目开始时了解的信息影响着以后的每个步骤。创建一个教育项目之前，要先了解受众对某个主题的思考和感受，使用这些信息就能够创建满足受众需求的展出或活动，从而解决他们的疑惑，创造一种激励游客的体验。前期评估是在项目开始前开展的可行性分析，并为了项目能够更好地开始而做的各种准备。前期评估节省了大量的时间、资源，确保尽可能有效地产生保护方面的影响。

之所以需要前期评估，是因为不能靠自己的想象去臆测其他人的想法。前期评估旨在了解目标受众是谁，对于主题，他们已经知道了些什么（或不知道什么）、他们的误解、某一主题对于他们的意义以及他们对于某一主题的感受、他们想更多了解哪些。尽管有些前期评估的专业化的方法，比如访谈和目标群体，需要具有经验，但大多数的前期评估都很简单易行，只要细心的策划。

实际的考虑是确定关于项目需要明确地知道些什么，然后，是否有开展前期评估所需的时间和资源？如果没有，应当如何转移一部分当前的工作能够有时间来开展前期评估？一旦确定了前期评估需要回答的问题之后，还需要决定选用哪种工具。

前期评估的方式可能相对简单，例如查阅现有的文献，与游客进行非正式的交谈，或比较复杂，例如对游客进行正式的面谈，了解有关特定展览的主题，他们所知所感所做。

进行前期评估，使用评估结果来指导项目设计和展出设计的方方面面，清晰地敲定项目的目的、目标和成果，这将有助于项目的开发，向别人清晰地传递项目的观点；有助于更有效地提高保护教育项目的影响力，能进一步确保项目取得成功，而项目的成功会服务于机构的宗旨。

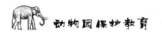

（二）构成性评估

构成性评估在项目和展区开发阶段中实施，针对一些目标受众所进行的测试性或“原型化”活动或其他的项目组成部分的检验。

比如，项目中想教授一种新活动，可以针对在动物园内有代表性的观众中进行尝试。如果是针对儿童的内容，选择一组与目标听众年龄相仿的儿童中先进行试验。注意观察活动如何有序进行、时间长短是否合适、参与者是否已经明白活动的目的等。如果没有特别的安排，通常可以考虑把项目的第一次活动当作尝试性测试。

构成性评估包括可以评估听众在活动前后知识和态度变化的事前和事后简短问卷；参与者在活动中和活动结束时的反馈；主讲老师和其他教师的观察等。评估检验一种或多种做法，评估数据或结果可以指出什么方法有用，什么方法没有用，使保护教育工作者在实际开展项目前做出必要的调整。

构成性评估的方式包括面谈、书面调查、电话调查、问卷和观察等。

示例：

展区的构成性评估

如果要为一个展区做说明牌，可以做一些简单和便宜的原型化的牌子并安装起来。为了评估这些说明牌的效果，可以了解以下方面：

- 游客阅读牌子的时间。
- 从牌子学到了什么，感受到了什么？
- 是否发现牌子上的某些地方没说明白。
- 问题牌子是否起作用？怎么改善它们？

通过观察跟踪游客来回答以下问题：

- 他们是否停下来阅读牌子上的内容？
- 他们阅读牌子上的内容用了多长时间？
- 他们是否触摸或以其他方式接触了牌子？

此外，可以通过一个简短的调查让他们回答问题。拿着一块便宜的原型牌子，在动物园中与游客交谈。

- 从这个牌子上学到哪方面的内容？
- 牌子内容想说明什么问题？
- 牌子上是否有什么地方没讲清楚？它其实更清晰？
- 是否想修改牌子上的内容以使它更吸引人？

（三）总结性评估

项目策划的最后阶段是总结性评估。这种评估既可以在游客刚参加完项目或展区体验后就马上进行，也可以在几个月后再进行，以评估体验的长期效果。

总结性评估在项目结束时搜集评估性的数据和观察所得，参照事先确定的目标来检查结果。项目进展得如何？不期望的事情发生了吗？哪些产生了良好的结果？哪些仍然需要调整？时间的把握是按计划进行的吗？活动在受众中产生效果了吗？从各种来源获得对项目的反馈——目标受众，团队同事，出资方等，他们也将提供宝贵的信息。开展总结性评估经常是为了表明展示结果，是向利益相关者展示项目的效果。当主办方再次推出这个项目时，能够使用这些信息来改进项目。

总结性评估可能的方法包括收集定性和定量数据，最好两者都收集。大部分评估都使用一种以上的方法。

总结性评估需要了解的问题

1. 受众需求分析是否准确，项目内容是否满足受众需求（参与者在活动中和结束后的反馈）；
2. 主题内容是否清晰；
3. 自然保护信息传递（活动前后知识和态度的变化）；
4. 执行步骤是否考虑周全；
5. 团队合作是否协调；
6. 预期结果是否合理；
7. 评估方式是否得当；
8. 项目的创新性；
9. 项目的可持续性；
10. 项目资源的可循环型。

示例：

一份总结性评估示例（为利益相关者提供的报告）：

开展本次评估的目的是评估大熊猫展区的效果，即传递主要信息、达成期望结果的评估。

可能的方法

- 可以跟踪游客并观察他们在展示中使用了什么信息，停留了多长时间；
- 可以问游客他们带走了什么信息。

事后总结性测试例子（针对大熊猫展区的游客）

● 刚刚参观了大熊猫展区，你认为动物园希望你通过参观这个展区留下什么信息？

● 在这次访问中，关于大熊猫你学到了什么？

● 访问大熊猫展区之后，你对保护野生栖息地有什么看法？

● 是否学到了一些你个人可以采取的方法来保护大熊猫？如果是，具体是什么？

事前 / 事后总结性测试例子（针对大熊猫展示的游客）

事先测试在游客参观大熊猫展区之前问他们

● 关于大熊猫你都知道什么。

● 对大熊猫有什么感想？

● 是否认为野生大熊猫处于危险中？如果是，为什么？

● 为拯救大熊猫，你可以做什么？

● 愿意采取什么行动（具体列出）来帮助保护大熊猫？

事后测试在游客参观大熊猫展区之后提问

● 关于大熊猫你都知道什么。

● 对大熊猫有什么感想？

● 是否认为野生大熊猫处于危险中？如果是，为什么？

● 为拯救大熊猫，你可以做什么？

● 愿意采取什么行动（具体列出）来帮助保护大熊猫？

第十一章　保护教育项目分析与设计

第一节　鉴别目标人群

在动物园教育活动中，将游客按照不同的特点进行分类，并且在此基础上有针对性根据他们的需要开发适合并且有意义的教育项目，这在动物园教育部门开发满足听众需求、有意义并且成功的教育项目活动中至关重要，可以有效提高项目开展的成功率。

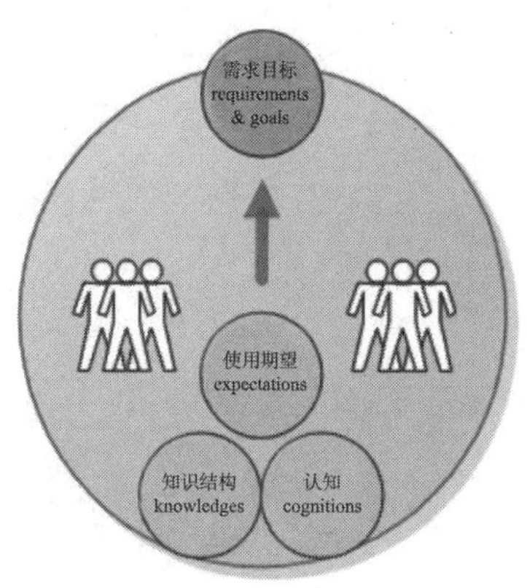

一、人们为什么参观动物园

游客从哪里来以及他们需要什么，保护教育工作者是否了解？每个人是不相同的，把其人生的不同体验带到他们的动物园游览中，这些体验影响着游客的感知。不同的游客群体来到动物园有不同的目的和需求，只有充分的了解和有效的区分，才能有针对性地开展活动并传递保护信息。

如同在本书关于教育学的章节中看到，孩子们有能力依据其年龄和生长阶段学习不同的事物。各个年龄段的人们也有不同的学习风格。选择教授什么和如何教授不同

的受众是一件复杂的事情。因此，在能够开始计划受众教育项目之前，尽可能去更多地了解受众是非常有帮助的。

要从多个角度了解目标群体不同需求：

1. 将不同变量中的数据结合在一起：地理分析，人口统计，心理研究，行为研究和需求研究的数据，对目标群体需求定义轮廓。

2. 有技巧地进行目标群体的调查研究：问卷、座谈、家庭访问、组织训练营、了解目标群体生活及习惯。

3. 了解除了功能利益之外的其他需求：未满足的个性需求或者未被重视的心理优越感等。

二、受众信息：人口统计数据

人口特征分析是区分目标群体的首要一步，人口统计是按照一定的目的，有计划、有组织地调查搜集有关人口资料，整理、汇总人口数据，综合分析人口现状、变动及其与社会经济发展之间的关系，揭示人口发展变化规律的整个工作过程。可以为项目的媒体传播确定目标群体的基本面，确定传播的大方向目标。人口统计数据是人口特征或者部分人口特征。这些信息往往可以通过检查公众记录，比如人口普查数据中找到。人口统计数据包括性别、民族和年龄等信息；也要收集游客如何利用动物园的信息，那样，才能够基于参观动物园的人群类型设计教育项目。例如，人们是以家庭形式来到动物园的吗？如果是，最常见的是哪些家庭？妈妈和孩子？祖父母和孙子？年轻的夫妇参观动物园吗？人们会独自参观动物园吗？

动物园可以根据需要去做自己的游客人口统计数据或游客构成分析研究，调查研究的方式和评估方法会在与评估相关的章节里讲述。

三、以目的划分游客参观动机

许多不同类型的人来到动物园和水族馆，参观的原因多种多样，这些差异影响个人如何利用这些机构以及他们从中得到什么益处。历史上，动物园通过使用人口统计分类，比如年龄、社会群体、民族、受教育水平和访问频率、罕见度作为区分游客的一种手段。可是，游客自身的人口统计学数据显示参观期间游客获得了怎样的知识和看法，但对随后他们可能如何改变上没有一点帮助。

当用一系列目的相关的动机来区分游客，可以更有利于理解和区分动物园和水族馆的游客。游客的期望可列为下述五种类别之中的一种或者几种：

- 寻找体验的人：主要从光顾这一重要景点的事实中得到满足。他们往往是旅游

者，想获得参观动物园的体验，因为这是外地游客参观这个城市时要做的事情。

● 专业人士 / 爱好者：动物园的服务内容与他们专业或者爱好有紧密联系。他们的光顾出于对动物园相关领域的特殊兴趣、知识或者训练，他们正期待专门地扩大其兴趣、知识和训练。

● 精神朝圣：主要寻找一种思考的或返璞归真的体验。他们出于沉思的目的参观动物园；远离城市的喧嚣或者享受动物园中的宁静环境。

● 帮助者：主要目的是让他们相伴的社会群体中的其他人获得体验和学习。他们参观动物园是满足其他人的需要，比如，他们的孩子。

● 探索者：被好奇心驱使，寻求了解到更多在动物园中遇见的事物。他们参观动物园是为满足他们自己的好奇心和学习的愿望。

以上划分的类型之间不可能是绝对分明的，多数情况下同一个游客不只有一个目的。

研究表明，个人选择参观或者不参观动物园，不仅基于这些游客目的动机不同，也很大程度上决定游客如何进行他们的游览，强烈影响长期的学习和动物园之行带来的满足感。

在动物园获得积极体验的访客会再来，并且还会把他们的体验告诉其他人！这将增加动物园的门票收入，同时也让教育工作者有机会把保护信息一遍又一遍地传递给他们。

四、如何了解游客

能够通过登载在所在城市官方网站上的人口统计信息了解所在城市的人口。地方性组织和协会也可以追踪其成员数量，可以是很好的信息来源。

动物园可能已经记录了游客和会员的人口统计学信息：例如，已经收集的资料可能会分析出游客数量、以家庭为单位来访的有多少及占多大的比例，以家庭团体到动物园的孩子的平均年龄是多少等数据。

教育工作者也可以通过简单的观察和询问游客来了解他们。当获得了游客的数据后，可以用来设计教育项目、策划社会行为营销等。

五、游客的需求

到任何动物园参观的游客都需要并且有权利要求他们的需求得到满足。下面是一些动物园应该为游客做的事情：

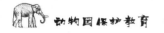

舒适："满足我最基本的需求"。

引导："让我容易找到路"。

欢迎 / 归属感："让我感到受欢迎"。

享受："我想玩得开心"。

社交活动："我来这里与我的家人和朋友共度时光"。

尊重："无论我是谁，不管我知道什么，都要接受我。"

交流："帮助我理解，也要让我说话。"

学习："我想学习一些新东西。"

选择和支配："让我选择；给我一些控制权。"

挑战和信心："给我一个挑战，我知道我能应付。"

恢复精力："当我离开时，我会精神抖擞，精力充沛。"

以上内容是朱蒂兰德在 1977 年提出的"游客权利法案"的内容。

1954 年在一项人类行为管理的研究中，亚伯拉罕 · 马斯洛（Abraham H.Maslow）发现只有满足了人们基本的和适当的需求，或是他们自愿放弃这些需求，人们才能实现"更高的自我"。图为马斯洛需求层次理论模型。

马斯洛需求层次理论

美国心理学家亚伯拉罕 · 马斯洛(Maslow.A.H.)从人类动机的角度提出需求层次理论，该理论强调人的动机是由人的需求决定的。需求层次分为5个层级，是由低到高逐级形成并得到满足。而且人在每一个时期，都会有一种需求占主导地位，而其他需求处于从属地位。

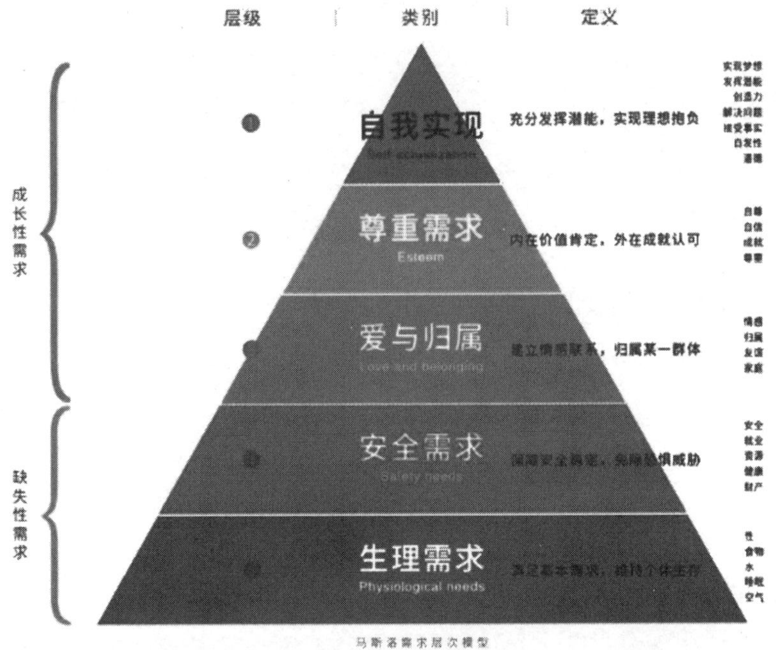

马斯洛需求层次模型

在马斯洛看来，人类价值体系存在两类不同的需要，一类是沿生物谱系上升方向逐渐变弱的本能或冲动，称为低级需要和生理需要。一类是随生物进化而逐渐显现的潜能或需要，称为高级需要。

人都潜藏着这五种不同层次的需要，但在不同的时期表现出来的各种需要的迫切程度是不同的。人的需要是从外部得来的满足逐渐向内在得到的满足转化。

马斯洛的研究指出，如果想让人们的需求转移至较高的层次，首先必须要满足其基本需求：

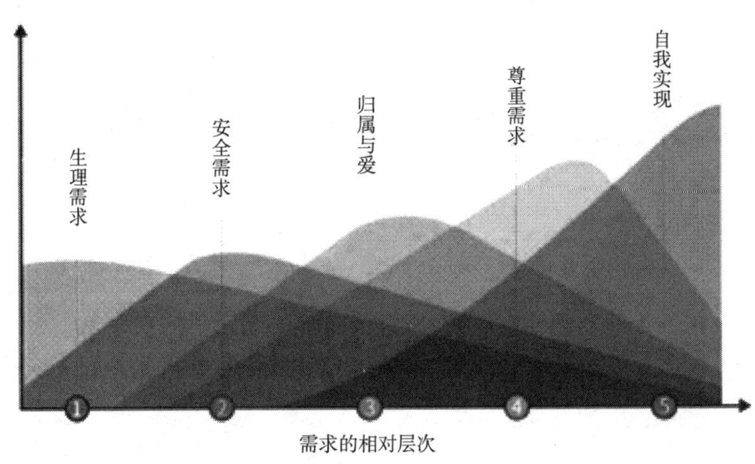

六、为满足访客需求，动物园能做什么？

访客需求	描述	动物园如何满足这些需要
生理需求	健康，安慰，公共卫生，身体健康	提供干净卫生的场所、展区和厕所；方便、干净的食物设施、水和遮阴、休息的长椅
安全需求	安全：感觉安全和受保护，没有危险。保安：自己的生存和团体生存，一致性	确保动物园场所没有危险；给展区提供安全的隔离；确保孩子能安全地玩耍，父母能总是看到他们
爱和归属的需求	作为个体被接受，在团体中被接受	视所有人为个体，包括活动中的所有团体成员
尊重需求	尊重：被承认自己是唯一的，独特的和不同的。关注：感激和欣赏、尊严。信心、能力，需要有刺激性的信息和了解事物的含义	尊重地对待所有的成人和孩子。在活动中，为参加者创造挑战机会，助其取得成功
需求或生存需求	理解：知识的关联，新知识和理论的整合	通过有组织的讨论，鼓励参加者发现关系并应用他们的新知识
成长需求或生存需求	美学的：欣赏生命的秩序与平衡；一种美好和博爱的感觉	讲解所有生物的互相依赖和人类作为环境的组成部分的重要性
	自我实现：发展一种和谐而灵活的生活哲学；让自己成为或期望成为一个真实人	这不是能在动物园参观中可以提供的，然而给访客提供一种积极的体验很重要

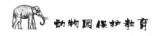

七、创造游客没有的需求——社会行为营销

如前所述，很少有游客来动物园是抱着学习科学知识和参与保护行动的目的，是否动物园只需为游客提供良好体验，满足他们的参观游览需求就足够？答案是否定的。现代动物园朝着保护中心的方向发展，作为专业的野生动物和生物多样性保护机构，动物园不仅仅是保护工作的参与者，同时也是保护行动的倡导者和引领者，需要公众加入到保护行列成为动物园的同盟。

有关社会行为营销的内容详见第十三章。

第二节　项目设计

动物园开展的任何保护教育工作，都要在开始策划之前进行项目设计，确定主题和目标，也就是要知道“为什么要开展工作？”“开展什么样的工作”“希望获得的成果是什么？”。保护教育工作宏观上的目标和主题、教育目的永远保持一致性和统一性。

一、项目主题

主题，是所有保护教育项目目标与价值的集中归纳和表达，要贯穿整个项目主线之中。整个项目过程中，人人都要有明确的“主题意识”，积极构思、完善项目主题。

给项目的体验建立一个主题可以帮助保护教育工作者思考：想让人们从体验中要记住些什么。选择一个主题意味着不会把有关一个题目所知道的一切知识都传递给受众，而是要突出最重要的部分。参与者记住的是主题，而不是事实罗列。这是为什么主题是如此重要的原因。

（一）项目主题的确定原则

● 动物园自有资源和优势

动物园开展的教育主题，要充分了解本单位资源及特点。每项活动的主题应彰显资源特色，以巧妙、精致的语言将活动亮点嵌入到主题的表述之中。

● 社会发展的需要

符合社会发展需求，适应社会文化热点，主题应紧扣社会发展趋势，捕捉社会热点，

体现广大百姓生活中关注的热点问题。如十八大提出生态文明建设，这一主题应该成为动物园教育项目的重要主题。

● 公众（主要游客或受众）的需求

确定保护教育项目主题，首先需要了解最主要的受众群体是谁，幼儿、青少年、成人、老人，还是其他人员？明确受众后，需要对他们的需求做出分析。针对不同的人群，要开展不同的主题活动。新颖、友好且激动人心的主题是吸引受众的关键。

● 本单位本行业发展需求

在满足受众需求的基础上，应该通过系统的调查和分析，明确本单位本行业的发展需求，项目主题应该是随着行业发展需求，进行不断地完善和持续改进。

（二）项目主题构成

● 野生动物保护相关的科学知识普及

奇妙的动物世界一直是公众的兴趣点所在，野生动物保护相关的科学知识普及是动物园过去科普工作中的重点，今后仍然是保护教育工作的主要内容。近年来，动物园保护教育知识普及的范围已不仅限于动物，还扩展到与动物相关的文化、自然、环境内容。

● 生态文明教育的工作主题

生态文明建设已经成为我国社会主义建设总布局的内容。环境保护是我国的基本国策之一。生态文明教育是向社会公众普及生态保护的科学知识，提高全民的环保意识，促进公众对国家政策的关注、理解和支持的重要措施。

生态文明以建立可持续的生产方式和消费方式为内涵，以引导人们走上持续、和谐的发展道路为着眼点。保护教育项目需要为公众树立一个既满足需求，又不对后代所需构成伤害的可持续发展观念。提高公众人与自然应和谐相处的意识，认识到对自然、社会和子孙后代的应负的责任，使他们树立可持续发展的生活理念，主动采取可持续发展的生活方式。

● 社会关注热点有关知识的宣传普及

动物园也是一所科普教育基地，需要以通俗的方式把科学知识传播给大众，需要帮助大众解决热点问题。如对于 SARS 病毒、禽流感、非洲猪瘟等热点问题，动物园可以开展相关项目，教育人们科学认识这些现象，不产生不必要的恐慌。

● 国家相关政府管理部门组织实施的各类工作主题

国家相关政府部门或社会组织会在固定的时间段集中向社会开展科普活动，如科普日、科技周、生物多样性日、地球日等主题活动。这种集中开展大型活动的方法能有效吸引公众参与，扩大保护教育工作在社会上的影响，动物园应积极配合相关部门组织开展主题活动。

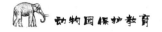

● 国家相关法律法规的宣传普及

“国有国法，行有行规”，中国是一个法制社会，每一个行业都有相应的法律法规。这些法律、法规要向受众宣传，对他们进行教育，这也是动物园自身发展的需要。例如，在每年 11 月全国“野生动物宣传月”可以向受众宣传、普及《中华人民共和国野生动物保护法》《中华人民共和国环境保护法》等相关的法规和条款，提高公民环境保护、生态保护意识。

补充：

与保护教育相关主题节日及纪念日：

全国科普日：全国科普日由中国科协发起，全国各级科协组织和系统为纪念《中华人民共和国科学技术普及法》的颁布和实施而举办的各类科普活动，定在每年 9 月的第 3 个双休日。

科技活动周：中国政府于 2001 年批准设立的大规模群众性科学技术活动。根据国务院批复，每年 5 月第 3 周为“科技活动周”，由科技部会同中宣部、中国科协等 19 个部门和单位组成科技活动周组委会，同期在全国范围内组织实施。

爱鸟周：每年的 4 月底至 5 月初的某一个星期。源于 1981 年，最初为保护迁徙于中日两国间的候鸟而设立。1992 年国务院批准的《中华人民共和国陆生野生动物保护条例》，将“爱鸟周”以法规的形式确定下来。

世界地球日：每年的 4 月 22 日。1970 年，由美国盖洛德·尼尔森和丹尼斯·海斯发起，随后影响越来越大，是一项世界性的环境保护活动。

国际生物多样性保护日：2001 年 5 月 17 日，根据第 55 届联合国大会第 201 号决议，国际生物多样性日改为每年 5 月 22 日。

（三）确定项目主题的要素

● 传播要素

保护教育工作主题应具有大众传播性。确定一个有趣、能够满足人们好奇心，并且能够令大众感受到项目有用、实用的主题，从而推动受众通过各个渠道扩大传播力度。

● 创新要素

千篇一律的主题，不能吸引大众的眼球。保护教育工作者要通过认真思考，用精准、新颖的语言描述出项目主题。

● 审美要素

美是事物促进和谐发展的客观属性与功能激发出来的主观感受。美好的东西总是

受到人们的喜爱和追捧。保护教育项目的工作主题不但要表述出科学的内涵，还要展现出事物本身的美。

● 普及要素

面向不同年龄与知识水平的受众群体，项目主题应具有知识普及性。要以通俗易懂的语言、生动典型的事例或直观形象的画面，采用群众喜闻乐见的形式，将深奥的科学知识、思想和方法，传播和介绍给广大公众，让他们能够理解、掌握和接受。

● 启发要素

带有高度启发性的主题不但可以引起受众的好奇心，还将引导受众自发探索、自主学习。例如，某动物园开展“哪些动物在夜晚翻腾我们的垃圾箱”主题活动，不但引发大家对夜行动物认知的兴趣，还可以启发受众对动物深层探索。

● 互动要素

保护教育主题应具有互动、交流的潜在基因。动物知识的普及，为的是给大众提供一个了解、解决某个问题的平台。在确定主题时，需要体现出该项目可以和参与者发生互动。例如，上海动物园开展“游客自主探索”主题活动，引起受众对动物，对探索问题的好奇心，参与的人自然会络绎不绝。

● 新闻要素

保护教育主题应具有一定的新闻性，保证对社会媒体的吸引力。各种媒介都是教育宣传的载体，然而在这个新闻爆炸的时代，没有响亮标题的新闻不足吸引媒体和受众的兴趣。有媒体效应的主题活动才能够“热”起来。动物园在开展保护教育项目时，可以采用新、奇、特、珍、名人效应等作为关键要素，确定主题。例如，某动物园开展“为熊猫宝宝征名”主题活动。作为国宝级的大熊猫原本就是人见人爱的稀缺物，如若自己起的名字被采用，岂不是一件值得兴奋和骄傲的事？无论大人还是孩子都会踊跃参与。

● 可持续要素

保护教育主题应具有一定的延续性，有深入开发的可持续性。

可持续发展是既满足当代人的需求，又不对后代人的需求构成危害的发展。因此应该使保护教育项目主题如可再生能源一样，持久长效的开展。主要体现在两方面：①单项活动在特定周期内可持续性；②长远工作可持续性。前者主要体现在主题活动环节衔接上，后者则更加侧重主题内容持续改进中。

一个好的主题具有以下特点：

● 是一个完整的、容易理解的句子，朗朗上口；

● 重点突出，而不是泛泛而谈；

● 与社会热点相结合、与生活（节日、人文等）结合。

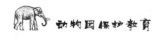

示例：

单项主题衔接案例：动物园举办“小小讲解员”夏令营活动。大方向上使孩子成为讲解员，为了完成这样主题工作，科普教师把活动拆成“语言训练、朗诵课程、礼仪课程、表演课程、动物科普知识”等多个小的主题项目，通过6天课程逐步延伸到最终的工作主题上。把多学科知识融到一起，使活动形成一个良性周期。

具有持续性的主题项目案例：动物园开展“生肖动物系列活动”主题项目，可以每年结合生肖动物开展，长期地向受众普及动物知识，影响受众的心态和行为。

二、项目目的、目标与预期成果

目的与目标常常会混淆，它们是不同的。项目目的是指从事该项事业的人们意识和观念中预想的事业发展的长远结果和状态。目的较为抽象，是一种宽泛的陈述。目标是为达到目的所需要的行动步骤，很多行动步骤，也就是很多小目标的实施才能达到目的的实现。预期成果则是可测量的数据。比如足球联赛，打败对手，赢得冠军是目的，而目标就是进球，赢得每场比赛而进几个球则是预期成果。

要确立成文的目的、目标和成果，用于和其他人（包括同事、员工、主管、园长和资助人）进行交流。

（一）项目目的

目的是机构的宗旨服务，是正在做的项目的原因、清晰地表明希望实现什么、描述将完成什么？而不是如何完成。

有时，找到正确的词语写出目的似乎很难。通过思考如何描述项目的成功，可以有助于写出项目的目的。

目的实例：

以大熊猫为主题的中学生研学活动的目的：

促进对大熊猫野外栖息地的保护。

提高学生的保护意识，知道动物园在大熊猫保护中的作用。

（二）项目目标

需要做哪些事情来实现目的？目标应是对行动的陈述，明确的、具体的，合理并

且可实现。

1. 项目目标的三个递进层次

保护教育活动以从“情感到道德”为目标，需要从“情感→认知→行动”逐渐引导公众。情感目标是初级阶段，“有爱才有兴趣”，有情感作为基础，受众才愿意深入了解，跨出第一步，才能有第二步。而认知目标则是一个长久的、渐进的过程，无论是以灌输形式还是互动形式，只要能让受众在科学上有认知就是成功的。最终通过行动目标促使公众形成一个良好的生态道德观念，使保护教育工作形成一个良性的、可持续发展的事业。

2. 情感目标的分解与实现

● 定义：在教育过程中关注受众的态度、情绪、情感以及信念，以促进受众的个体发展和整个社会的健康发展。

一般性目标：制定具体目标的出发点和依据，也是情感教育理论的核心。

阶段性目标：根据不同受众群体特征，结合不同项目主题及任务，设计各个阶段的目标。各个阶段之间前后相接、螺旋发展，共同构成整个情感教育体系。

● 实现方法：

（1）分析受众的情感需求；

（2）设计能够与受众心灵产生共鸣的主题活动；

（3）通过视觉、听觉、触觉及情感的碰撞，影响受众对动物保护的理解和信任；

（4）对活动效果进行评估，是否达到预期的目标，进行持续改进。

3. 认知目标的分解与实现

● 定义：凡是有关知识、思考和其他知识方面的教学或学习的目标均属于认知的领域目标。

● 实现方法：

（1）分析受众知识需求；

（2）结合资源及受众需求，设计主题活动；

（3）通过听觉、视觉的刺激，让受众对科学知识有直观的了解和认知；

（4）对活动效果进行评估，是否达到预期的目标，进行持续改进。

4. 行动目标的实现

● 定义：对事物有了情感和认知沟通，确定行动方向，完成整个工作目标。

短期行动目标：参与动物园或水族馆主题活动后，立刻采取的相关行动，其动机与行为直接与教育活动主题相关。

长期行动目标：通过参与动物园或水族馆主题活动，将科学思想、生态道德植入受众潜意识中，由此在未来产生的行动。

● 实现方法：

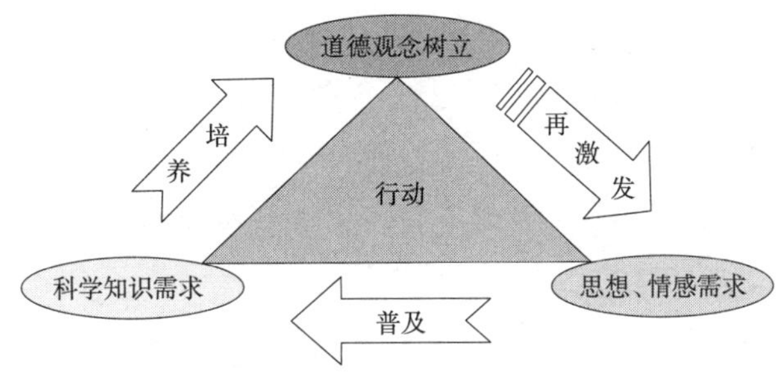

行动目标实现需要满足受众3个大方向需求

（1）受众需求分析（情感需求、知识需求、价值观）；

（2）通过情感、认知等多主题活动环节引入到道德观培养；

（3）抓住活动主题，以环环相扣的分项活动，逐渐调动受众各个感官，树立受众的生态道德意识；

（4）总结评估，持续改进。

目标实例：

以大熊猫为主题的中学生研学活动的目标（针对“提高学生的保护意识，知道动物园在大熊猫保护中的作用”这一目的）：

- 感受饲养员工作；
- 了解大熊猫作为旗舰物种的保护意义；
- 参加大熊猫丰容活动。

注意这里每项都是一个行动步骤，以一个动词开头。在这种情况下，目标是从了解学员会哪些事情的角度而写下的，是明确的步骤，而不是预期的学习效果。

三、预期成果

目标与预期成果都可测量，但预期成果作为项目的结果，预期学员将知道些什么或做些什么，更落实到数据的表达。预期成果往往与目标相对应，应设计具有不同要求、不同层次的预期成果。最终的评估将测量是否已经达到了预期成果。

预期成果实例：

在大熊猫研学活动结束的时候（与目标相对应）：

- 90% 的学员能描述 3 项动物园为保护大熊猫而做的工作；
- 60% 的学员能列举 3 条保护大熊猫的意义；
- 40% 的学员能设计制作一种大熊猫丰容物品。

从目标和成果出发，想要游客获得的不仅仅是知识。可能也希望影响游客们的态度。例如，希望鼓励游客对动物的爱心。然后，动物园会创造一种游客体验

或项目，并且学员们会证实，该项目或体验产生的结果是：游客更加理解、更加尊重某种动物。

作为最终目的，保护教育热切希望影响人们的行为：采取行动，支持野生生物和资源的保护。不是所有的动物园和水族馆教育体验和项目设计得都能实现这点。可是，如果想要游客采取行动，作为参与体验或项目的结果，需要创建导致这种成果的体验，证实参加项目的人会采取那些行动。

第三节 资源分析

从第九章可以看出，动物园本身具备不少资源，但可能也需要外部的合作。在项目分析、开发时，对资源进行分析筛选是重要的工作，其中的一个诀窍是：紧紧围绕主题，努力达成目标！

一、所需的资源

一个保护教育项目的开发需要多种资源的集合。如下都是进行资源分析需要考虑的重要方面，这些内容没有按重要程度排序。

◆自然资源：现有资源？例如明星动物、展出动物及园区内外的自然环境。

◆人文资源：列出与主题相关的人文资源，如诗词、歌曲、动画等。

◆人力资源：可能参与的人员有专职教员、饲养员、志愿者、保安等。评估员工和志愿者的才能、专业知识和积极性。在必要时考虑外请顾问。

◆场地资源：可以利用的场地有哪些？

◆活动资源：是否有可供参考的历年来活动方案？如果有，在此基础上进行改善与创新将事半功倍。活动资源还包括活动材料、教具、标本等。

◆传播资源：项目将如何进行推广？自有媒体和外部可利用媒体分别有哪些？

◆成果资源：可应用于项目开发的成果资料，例如相关文献、区域物种调查报告、物种图鉴等。

◆资金资源：资金预算是多少？确定可能的筹资来源，是自筹、外部资助还是收费？

◆合作资源：与另外单位的伙伴关系能够有益于项目实施吗？需要考虑的其他资源吗？

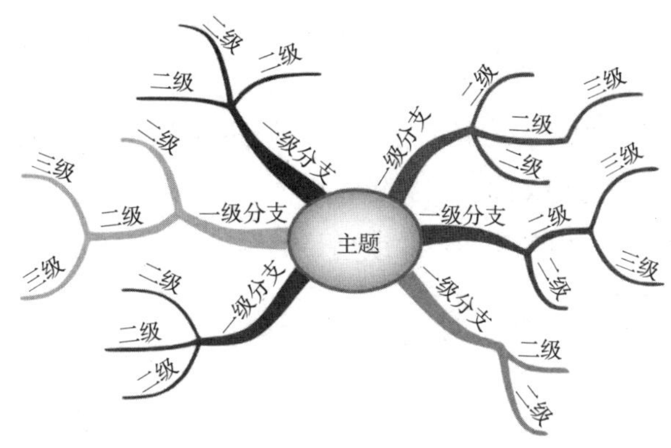

二、运用思维导图进行资源分析

思维导图：是用一个中央关键词或想法以辐射线形连接所有的任务或其他关联项目的图解方式；且运用图文并重的技巧，把各级主题的关系用相互隶属与相关的层级图表现出来，是表达发散性思维的有效图形思维工具，适合用于“头脑风暴”式的讨论中。

当确定主题与目标之后，可以纵观动物园及合作方所有资源，选取合适恰当的资源应用到项目中。保护教育工作者将经历“去哪里找资源→有什么样的资源→需要什么类型的资源→是否找到资源→如何解决资源缺口”的分析与思考过程，此时可以运用思维导图法进行部门内讨论，一步步厘清思绪，进行资源分析，直至确定最合适的资源。

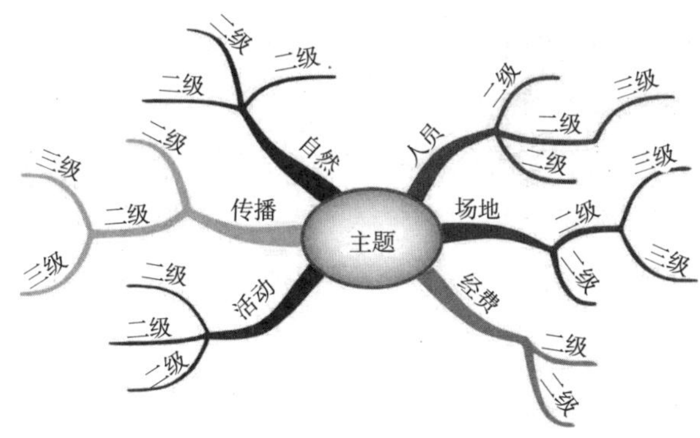

上图只是例图，可以根据项目主题在一级分支上列出所有涉及的资源大类，例如还有成果、文化、教育设施等。

第四节 团体游客需求评估

当进行项目设计时，考虑较多是个体的需求，但当接待的是团体游客（如学校团体）时，需认识到团体游客的需求与一般游客不同。动物园教育工作者需要对团体性需求进行了评估，以便更好地接待动物园的游客并带来回头客。

一、后勤

交通和停车：一些游客团体乘公共汽车来动物园，其他人选择自驾车或其他公共交通工具。对于动物园来说，提供足够的停车空间以同时满足团体和一般游客的需求很重要，这包括在高峰时间为多个团体提供停车场。

时间安排：教育性活动应安排在对于团体游客最方便的时间。团体的领导可能更喜欢一年中的某些时间，一周中的某几天或一天中的某几小时。在制定活动时间安排时，考虑到国庆节、学校假期或学校考试时间也是很重要。此外，如果一年中一个团体访问多于一次，那么第二次再来时，他们可能希望参加一个不同的活动。

餐饮设施：根据访问的时间长短，团体游客可能需要有一个买食品或吃自带的食物的地方。为招待大团体，可以考虑有折扣的盒饭。对于自己购买食物的游客，价格、多样性和数量是应该考虑的因素。

商业设施：大多数的团体的普遍需求，完善的商业设施可以提供具有动物园特色的文创商品和纪念品。

二、注册

团体人数：动物园应考虑一个典型学校团体的人数，以决定每个活动要接待的人数。为招待不同人数的团体，需要安排各种各样的活动。例如，大团体可能喜欢在礼堂里举行活动，小团体则可能倾向于较小的教室。

在团体访问的高峰期，为避免拥挤，每天要设定所有团体人数和一般游客人数总和的最高限制。

年龄段：设计不同的活动以满足不同年龄团体的需求。为经常访问动物园的年龄段多准备一些团体活动。

时间长短：某些团体可以在动物园停留一整天，但有些可能只能待几个小时。应准备不同长短的活动以满足不同团体的时间安排。

定价：为鼓励团体访问，动物园可为达到一定人数的团体提供折扣。此外，动物园可以以不同的价格提供不同的活动以适应不同团体的预算。设定活动开销时，要考虑其他动物园的活动价格，考虑团体针对特定活动的预算。

三、注意

做广告：做广告是最快捷地让受众知道动物园提供活动项目的最好办法。这将决定你动物园的市场关注度和交流策略。

选择地点：评估游客团体需求的优先级。当他们决定游览地点的时候，娱乐价值、教育体验还是其他因素最为重要，然后确定与其他动物园或相似机构相比，什么是本动物园独一无二之处，将这一信息告诉游客团体的领导。

四、责任

课程相关性：为鼓励学校来访，开发与国家或当地课程标准相符的活动项目，在活动项目的广告材料中应宣传这种相关性。此外，还可考虑提供事前 / 事后活动以支持教师的课堂教学。

管理支持：与当地学校管理机构建立联系，了解他们所关心的重点，并说明非正式的动物园活动可以支持他们正式的教育。为建立这种关系，动物园可以提供特别招待和折扣给管理人员。

安全：父母和学校特别关心动物园旅游的安全性。了解他们对动物园设施所不放心的地方，然后决定如何改进。

第十二章　项目的开发与实施

第一节　项目开发

项目开发好比准备一场家宴，各类食物、餐具、地点有很多选择。主人通常会按举办家宴的目的、宾客身份及喜好等，从材料、碗碟、环境布置等多方面考虑，开发确定合适的菜单。同样在保护教育项目开发阶段，也需要明确活动或展出的内容和流程，完成课程计划。它们是在前期分析和设计的基础上进行的。

一、列出游客体验的内容

当一个教育项目或体验确立了主题，需考虑项目中如何向受众传递这个主题？项目将包括哪些内容？哪些内容会由于不适合主题而没有包括进来？如果是给儿童设计的项目，需要考虑哪些内容迎合他们的年龄段？需要考虑体验或项目的内容怎样能在受众中产生预期的成果，还需要考虑传递讯息的方法。为了取得预定成果，哪些活动最适合？是否需要纳入一些活动，以解决受众学习方式的差异。

为解决以上问题，前面章节讲述的保护教育形式、不同的学习方式、不同年龄段的学习特点等内容是关键的钥匙。众多资源和方式的选取取决于项目的主题和目标，其中所有选择的内容要服从于项目的目标，要尽最大的可能成就项目的预期成果。如小学生的夏令营项目，项目目标中可能有一项是：让学生认识物种的多样性。在对应的预期成果中可能是：参加学生认识 10 ~ 20 种动物并能说出它们的物种名称。那么在活动中可以进行“神奇动物大家谈”的活动，这项活动即服从于目标，又帮助实现成果。

二、活动计划编制

在项目开发的这个步骤，应确定活动人员、时间等要素，确定项目内容的顺序。

如何从项目的一个部分过渡到另一个部分，项目将如何结束。哪些教学步骤适合参与者，还要考虑具体情形，比如，项目完全是室外内容，还是也会使用室内空间？要考虑这两种场所在后勤保障上的可行性。

示例：

以大熊猫为主题的中学生研学活动体验内容：

- 知识讲座；
- 情景剧表演；
- 行为观察记录；
- 准备熊猫食物；
- 打扫兽舍；
- 制作丰容物等。

第二节　项目实施

一、项目实施

当一道菜从菜单上的名字变成做好的实物端到宾客面前即项目的实施阶段。一旦项目准备就绪，就是实施项目的时候了——展出或活动开始。

示例：

大熊猫中学生研学活动实施细则：

- 物料准备：讲解器、学习单等。
- 人员分工：总协调 1 人、活动指导 2 人、后勤保障 1 人、志愿者若干。
- 部门协作：与园领导沟通，获得支持；取得饲养员配合。
- 使用道具：熊猫标本、丰容玩具。
- 团队管理：安排人员维持秩序、辅助活动。
- 应急预案制定：如遇恶劣气候，延期举办；配备医药箱；购买保险。

二、后勤保障

后勤是指相对一线工作而言，主要工作是围绕一线工作，为一线教育项目工作顺利开展而提供的保障服务。后勤保障是项目实施中重要的一环。

1. 教育项目后勤保障的重要性

一个教育项目的成功推广与开展都离不开后勤保障的支持。从教育部门开展单项活动来说，活动材料与道具需要采购与分组分类、标本收藏库房需要管理、教育项目走进学校与社区需要车辆、供应的午餐需要统计人数——这都离不开后勤保障的支持。对教育项目的参与者来说，他们的停车、吃饭、喝水，甚至突发安全问题的应对等都离不开后勤保障的支持。后勤保障的方方面面只要有一项没做好，直接就导致活动没法进行下去，还会影响到访客的体验感受，其重要性不言而喻。

2. 保护教育项目后勤保障的内容

以下以一日游为例来看后勤保障的内容：

- 活动报名登记（联系方式）；
- 通知参与者注意事项并确认参与情况；
- 场地的协调，需书面材料明确时间、地点及事项；
- 水、创可贴、风油精及应急物品如雨披、雨伞等日常物品的准备；
- 科普教室布置及活动路线布置；
- 安排分组并准备好统一标志物（姓名贴、帽子等）；
- 根据活动内容设计活动手册，让参与者带着问题去体验；
- 活动中需用到的文具，手工材料纪念品及道具等的采购与准备；
- 扩声器、电脑及投影仪的准备与调试；
- 参与者停车安排或告知停车场位置；
- 根据参与者及志愿者人数事先联系好午餐并确定标准；
- 活动评估调查问卷的打印。

项目实施是整个策划过程中水到渠成的一步，当计划好所有环节，实现它是一件容易的事，剩下的就是评估效果了。项目实施是一个注重细节管理的过程。

第三节　实施项目评估

项目评估是根据一定的目标，采用科学的态度和方法，对保护教育活动中的人员、执行状态和成果等进行质和量的价值判断。

评估可以分辨投入到项目的工作是否是有效的，是否获得认可；是否把时间和资金用在将会收益最大的方法上。利用评估分析的结果不断改进工作，为今后类似活动的更好开展积累经验。

评估反馈可以从各种来源获得，不只是受众，还可以是同事、出资方、合作方等。项目评估也并不只在最后进行，在ADDIE的每个阶段都可以进行评估并执行评估结果，这将确保项目的质量和效果。

一、评估方式

评估方式可分为定量和定性两大类研究方法。

定量研究是指运用现代数学方法对有关的数据资料进行加工处理，通过数据统计，建立反映有关变量之间规律性联系的各类预测模型，并用数学模型计算出研究对象的各项指标及其数值的一种方法。定量研究以数字为基础：举办了多少次游客教育活动，有多少人参与？在比较事前和事后结果时，这些数据从参与者的知识、自觉性、态度变化和采取行为的主动性方面说明了什么？如果需要精确的结果或需要推出结论时，可以使用定量研究方法。定量研究通常包括跟踪研究、访谈和问卷调查等技术。

定性研究是指研究者用非量化的手段对获得的教育研究资料进行分析、获得研究结论的方法。虽然定量数据可能更精确，也容易理解，但定性研究也能产生非常有价值的信息。与定量研究相似，定性研究也是一种严格和系统化的过程。定性方法尤其适用于逻辑能力较差的低龄儿童。使用定性方法取得的详细反馈和印象可提供深度的认识。通过定性测量，也可以评估态度和行为的变化。在保护教育项目评估中可使用定性研究的方式有文献分析、回顾、观察、口头访问、绘画、分享会、情景剧表演、日志、视频等。

二、常见评估方法

（一）文献分析

查阅现有的文献（已出版的或未出版的），查找评估问题是否已有答案。

例如，如果正在计划一个新的大熊猫展出，可以在已出版的研究文献中找到目标受众已经知道哪些关于大熊猫的知识以及他们对哪些内容感兴趣；如果没有这类研究的文献，需要自己与游客交谈来了解。

（二）观察

前期评估或分析的方法之一就是观察在动物园看动物或与同伴交谈的游客。当然

这种方法也能用于项目其他阶段的评估。

例如，机构正在计划一个新的大熊猫项目，可以趁游客在大熊猫展区观看大熊猫或阅读大熊猫解说标牌时观察游客。游客们在与孩子或其他家人谈论时，注意到大熊猫什么？他们有什么疑问？游客如何给孩子解释大熊猫的行为？他们对大熊猫有什么误解？人们阅读动物解说标牌吗？如果阅读，他们做出什么评论？

工作人员需要在每个星期的不同日子以及每天不同的时间进行观察，以便对成人和儿童进行有效的取样。在纸上记下观察结果，然后将观察结果分类，分析这些结果。记录观察者的姓名、观察日期。记下天气情况，寒冷、下雨或非常炎热的天气常常都会导致游客在展区有不同的行为表现——他们可能匆匆而过，而在其他的天气条件下他们可能停留得久些，所以天气会影响观察结果。

示例：

一份用于展区前期评估的游客观察工具样表：

游客观察工具样表

观察者姓名：　　　　　　日期：

观察地点：　　　　　　　时间：

天气：

群体游客组成：

成年男性

成年女性

男孩（估计年龄 ___ ~ __）

女孩（估计年龄 ___ ~ __）

这群游客花在这个展出的时间：

观看大熊猫时的行为和评论评论：

阅读大熊猫解说标牌时的行为和评论：

（三）访谈

与游客交谈，调查询问与主题相关的问题。通过询问来知道游客预先形成的印象和已经了解的知识。通过这些问题来确定一般性误解和误传。虽然开放性问题分析起来较难，但有时这样的问题却最有用。

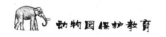

示例：

例：为了确定游客已经知道些什么、还有哪些东西不知道，可以这样提问：

- 大熊猫的故乡是哪个国家？
- 什么影响野外大熊猫的生存？
- 大熊猫吃什么？

为了解游客关于大熊猫已知道什么或不知道什么，还可以提问（使用 1 ~ 5 作为等级）：

- 大熊猫的重要地位。
- 大熊猫是危险的。
- 大熊猫需要我们的帮助。

（四）调查问卷

调查问卷又称调查表或询问表，是研究者依照标准化的程序，把问卷分发或邮寄给予研究事项有关的人员，然后对问卷回收整理，并进行统计分析，从而得出研究结果的研究方法。问卷调查法以其效率高及实施方便等特点在社会研究领域广泛使用，特别是在社会学、心理学、教育学、管理学领域。在动物园中开展的保护教育属于非正式教育范畴，因此也适用此研究方法进行活动评估。

1. 问卷设计技巧

设计问卷，是询问调查的关键。完美的问卷必须具备两个功能，即能将问题传达给被问的人和使被问者乐于回答。要完成这两个功能，问卷设计时应当遵循一定的原则和程序，运用一定的技巧。

- 首先确定要探讨与解决的问题，常见问题有：基本信息、参与动机、活动满意度与忠诚度、教育效果等。
- 第一段的卷首语很重要。它的作用是向被调查者介绍和说明调查目的、调查单位、调查的大概内容等，还可以注明填写要求，如问卷页数，由谁填写等。
- 把项目的主要部分设成问题提出，一般要求游客按照满意度回答，设置为 3 ~ 7 个级别，但是要注意受众对象，他们适合回答怎样的问题。最后可以提问 1 ~ 2 个开放性问题。
- 匿名问卷的好处是可以消除被调查者的顾虑，获得真实感受；具名问卷则可以在后期分析遇到问题时进行进一步调查，如有游客对活动报名流程表示极度不满意，则可电话调查具体原因，采取改进措施。匿名还是具名，按调查目的而定。

● 结构合理、逻辑性强。问题的排列应有一定的逻辑顺序，符合应答者的思维程序。一般是先易后难、先简后繁、先具体后抽象。最想了解的问题先问。

● 通俗易懂。问卷应使应答者一目了然，并愿意如实回答。问卷中语气要亲切，符合应答者的理解能力和认识能力，避免使用专业术语。对敏感性问题采取一定的技巧调查，使问卷具有合理性和可答性，避免主观性和暗示性，以免答案失真。

● 一个问题对应一个方面的内容。问项表述清楚易理解，不会引起歧义。

● 为避免答案排列顺序对被调查者的回答产生影响，可尝试为一套调查问卷设计2 ~ 3个版本，在每一套问卷的不同版本中，所提出的问项完全一样，只是问卷中一部分问题的选项排列顺序有所不同。

● 控制问卷的长度。回答问卷的时间控制在10分钟左右（如在园内随机抽取游客进行调查，站立回答，则控制在5分钟内），问卷中既不浪费一个问句，也不遗漏一个问句。

● 问卷编号与统计编号统一，便于资料的校验、整理和统计。

示例：

对项目流程接受度问卷评估：

请给这个大熊猫项目打分。针对下列陈述，选择最能准确描述你的意见的选项。

项目	非常不赞成	不赞成	无所谓	赞成	非常赞成
容易注册					
活动时间的长度正合适					
这个活动物有所值					
活动在讲座、讨论和动手实践之间有较好的平衡					
讲师准备充分					
讲师保持了儿童的参与感					
讲师回答了我的问题					
活动达到了我的期望					
我明白了动物园是怎样保护大熊猫的					
这次活动让我明白了可以怎样帮助大熊猫					
我会向朋友推荐这个活动					

如果您对上述任一陈述的回答是非常不赞同、不赞同或无所谓，请告诉我们该如何改善（如果空白处不够，可以写在背面）。

2. 问卷调查技巧

● 选择合适取样人数与时间。对于小规模的活动，一般是要求所有人填写问卷。对于大规模的问卷调查，如针对全园游客，样本数至少 1068 份。样本数越大，数据误差越小，但也要考虑后期的统计成本。为使样本更具典型性，平均分配调查时间。

示例：

大熊猫项目满意度评价：

请给项目的下列部分打分，在相应的数字上划圈。

1= 差；2= 一般；3= 好；4= 很好；5= 优秀

介绍性讲座	1	2	3	4	5
动手活动	1	2	3	4	5
参观熊猫展区	1	2	3	4	5
饲养员讲解	1	2	3	4	5
竹子讲解 / 食谱讲解	1	2	3	4	5
动物园熊猫研究的发言	1	2	3	4	5
熊猫保护讲座	1	2	3	4	5

您最喜欢活动中的哪部分？为什么？

____

在参加这次活动前，我从来不知道……

____

请告诉我们各部分可以怎样改善（如果需要更多地方，可以写在纸背面）

____

您对讲师的评价是（如果需要更多地方，可以使用纸背面）______________

____

非常感谢您花时间完成这次调查

● 当面发放的问卷要选择恰当的抽样地点。例如想对某动物展区进行满意度调查，则应在展区附近进行。进行全园的游客满意度调查，出口处是个合适的地点。此外，还要选择较为舒适的环境，如树荫下、凉亭内或长椅旁。

● 在动物园中进行的问卷调查多为由被调查者自行填写，问卷反馈也可以电话采

访的方式获得。

3. 问卷统计技巧

● 收集问卷时注意检查是否有漏填、多填，避免产生无效问卷。

● 数据录入之前，检查问卷，剔除无效问卷。

● 对有效问卷进行编号，以便后期数据查验。

● 基本信息、参与动机与满意度调查数据，除简单计算频率外，还可以相互交叉进行相关性分析，以提供更为深度、有效的分析结论。

调查问卷数据的常用统计软件是 SPSS。

需要注意的是：目前有不少成熟的问卷调查软件可供使用，例如问卷星、麦客、金数据、灵析等。调查软件的好处是便于快速统计数据，但如果不是当面发送回收的话，存在回收率低的问题，是否回复问卷全凭被调查人的自觉。相对来说，传统的纸质问卷操作简单，成本低，而且因为调查人员与被调查者一般面对面交流，可以当场提问和解答，有时还能获得问卷之外的反馈。

此外，我国公民大多对研究性调查的认识不够，在接受调查时容易出现顾虑、敷衍了事、拒绝调查等现象。有些问卷会出现评分全部一致的情况，因此问卷调查并不能完全表现受众的真实感受，还可结合观察、访问等定性研究方法评估活动效果。

三、报告评估结果

既然已经完成了项目评估，分析了结果，并得到了某些结论，保护教育工作者就有了一个非常有力的工具，可以根据数据做出关于项目和展示的决定了。把结果、学习心得、为改进项目和展区必须采取的行动等写入总结报告中，把总结报告再精简成只有一两页纸的“执行总结”，并向上级汇报。项目评估报告也是保护教育成果报告的重要组成部分。

评估数据可以非常有效地证明动物园的资源如何得到最有效的利用，构成性评估如何节省了资金。评估数据还可以证明活动的重要性，以及教育对于动物园的重大意义。

四、评估需要实践

评估能够帮助确定项目是否达到既定目标。一旦收到反馈，就要在必要时调整项目内容。然后，再次开展项目，再次进行评估。这个修订和评估过程是 ADDIE 的反馈循环，保证项目的成功实施。这个反馈循环永远不会结束，将评估永远进行下去。

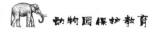

第四节　保护教育项目效果的报告

一、保护教育效果报告概述

保护教育工作已经成为动物园的一项主要工作内容，旨在建立动物与人的联系，了解个体动物的需求、情感或故事，进一步了解并欣赏野生动物，培养受众对动物、环境的关心，并最终做出保护行动。最近几年全国各地动物园都不同程度地加强了对保护教育的重视程度，不少动物园已经开展了形式多样的公益或者收费的教育项目，或被列为不同级别的科普宣传教育基地。

以是否收费为依据，教育项目可以分为付费和免费项目或活动。

无论进行何种保护教育项目和形式，应通过采访、问卷等调查手段对受众进行前期、中期以及后期评估，并对活动的基础资料如前期准备材料、活动影像资料、绘画或手工作品等素材进行搜集。明确动物园开展保护教育的目标和意义，以及单次教育项目希望达到的效果，以此来评估和总结每一次活动的开展情况。在进行项目成果的展示和汇报时，确保根据动物园的首要目标有的放矢、有针对性地进行介绍。整理出的数据最好以图像、表格等直观方式表现，总结汇报成果时能更加直观明了，体现保护教育项目的成绩。

当园区领导担心免费教育项目产生过多花销时，教育人员可以通过长期搜集的数据和材料，有力证明游客体验的有效性，以此能尽可能多地影响潜在人群到动物园参观体验或参加收费项目。

二、如何汇报教育成果

有效的总结和汇报非常重要，不仅能更好地完善项目本身，还能在展示成绩和争取园区领导、其他部门甚至外部资源支持中发挥重要作用。保护教育的效果可以从经济效益和社会效益等方面进行量化测定和汇报。

本书针对免费教育项目和收费项目分别列出了一些量化指标，用于测定和汇报项目效果。

（一）免费教育项目

1. 影响人数。教育人员每天可以记录与他们交流的人数，以及在活动现场的人数。

2. 每天提供的活动数量以及每小时与公众互动的员工人数。

3. 通过调查评估公众是否在园区获得了有教育意义的体验；观看指定展板并理解其内容的人数；或评估游客在动物园体验的感受。

（二）收费项目

对于收费项目，可以汇报不同类型的指标，例如：

1. 参加人数和产生的收益。

2. 扣除项目花费后的净收入。

3. 接受捐助所获得的现金或实物收益。

4. 申请项目课题获得的收入。

最大限度地扩大教育项目的影响是汇报工作的终极目标。应该不间断地向领导和其他部门的同事汇报项目进展。建议方法如下：

1. 每月向领导汇报最新数据。

2. 提交年终总结报告，突出项目成果。年终总结时，提交一个书写流畅、包含大量游客在动物园参加体验的图片、大数据的报告，以展示项目和个人的工作成果。 如有必要可制作配套 PPT，包含诸多活动视频、照片等，用于全园大会展示。

3. 在动物园的网页上、官方微博、微信等平台发布每一次教育活动的新闻。在园区内部，可通过电子邮件、QQ 群等方式向动物园的员工展示部门的活动。如有机会，可在员工中通告项目成果，并对那些活动中做出贡献的员工表示感谢。

4. 如果动物园成立了市场营销部，可为其提供素材，合作制作精美的宣传册、海报、展板等，突出教育项目成果，同时赠送给学校老师、家长等潜在参加活动的目标人群。当然，这些宣传材料更有助于向个人或企业申请资助。

保护教育者的工作是辛苦的，更需要充满热情。作为一名保护教育者，需要认识到与领导、动物园员工和动物园的公众沟通的重要性。良好的沟通不仅有利于获得各方支持和赞助，也激励人们了解保护教育部门在完成动物园使命中扮演的重要角色。有效的保护教育是连接动物与公众的关键，如果教育工作者不主动与公众沟通交流，他们可能不会来动物园参观。要得到所在动物园的理解和支持，最好的途径便是充分展示所做的工作。

第十三章　实现项目目标的有效途径

第一节　保护信息与保护教育的有效融合

保护教育与以往开展的科普宣传最大的区别是强调每个项目必须传达出相应的保护信息。这个清晰、明确的保护信息是动物园希望游客在参与项目后能够铭记在心的，并对他们的态度产生影响，在以后的生活中能够改善行为，选择对环境有益的生活方式。

在传递保护信息时，应该注意每个项目内容或展示内容中，只侧重传达 1 ~ 2 个保护信息，如果传递的信息点太多会分散受众的注意，淡化他们的印象，如同人们通常所说的重点太多等于没有重点。

一、动物园的保护信息

（一）动物园保护信息的宗旨

1. 动物、人、环境三者间的关系是共存、共生、共荣的关系。

2. 鼓励公众建立理解、产生情感、促进行动。让受众了解动物在野生环境下的生活习性、行为，鼓励受众欣赏它们的美丽与神奇之处；培养受众的同理心，促使受众情感上的改变，对动物和环境产生兴趣和关爱之情；最终在行为上让受众了解个人如何在日常生活中帮助和保护动物与环境。

（二）适合动物园的保护信息

以下信息是保护教育工作者必须认同、理解和掌握，并体现在项目设计上的，且在项目运行中以实际言行加以印证的：

1. 所有的动物（无论圈养与野生）和植物都有其价值及地位，不仅是体现在使人类受益上。

（1）所有动物具有相同的需求，包括食物、清洁的水源、栖身之处，以及用来养育后代的安全庇护所等。

（2）动物跟人类一样是有感觉的，如疼痛等。有的动物甚至拥有嫉妒、爱、友谊等复杂的情感。

（3）所有动物都是值得欣赏的。

（4）所有动物都应当受到尊重。这种尊重包括不在身体及精神上伤害它们。

2. 自然界不仅提供了人们精神上的享受，也提供了人们生存的保障，激励人们选择可持续的生活方式。

（1）无论独处或与朋友、家人同行，大自然都为人们提供了精神愉悦的场所，在那里人们可以休闲娱乐、探索冒险、激发灵感、获悉知识与享受欢乐时光。

（2）自然与人的生活紧密相连，人们的生存离不开自然界的赐予，自然界提供人们新鲜的空气、食物、水、药品等生存必需品。

3. 人类有责任关爱地球。

（1）地球正在发生空前的改变，人类是这一变化的始作俑者，人类必须立刻行动，挽救野生生命及其栖息地。

（2）关于环保问题的决策制定，往往面对复杂的境况，必须兼顾人类与动物的需求。

（3）我国建立了为数众多的自然保护区和制定强制法律法规来保护濒危动植物及其伴生动物，以及它们生活的环境。而对自然、动植物的了解和尊重，则需要通过研究与教育来实现。

4. 通过明智的、对环境友好的行为选择，每个人都可以对野生生命的生存产生积极影响，这些行为包括：

（1）在日常生活中做对环境和动物有益的选择，包括营造小花园吸引动物，购买本地产蔬菜以减少运输环节，选择可持续捕捞的海产品，购买绿色产品和包装简单的消费品，明智地选择宠物（非外来动物），不食用野生动物，不购买野生动物制品，正确处理垃圾并随手拾起垃圾，循环利用及使用再生材料，节约能源等。

（2）保护并恢复野生动物自然栖息地，包括退耕还林及禁止采集野生植物。

（3）向他人传播保护自然及选择有益环境的积极生活方式的必要性。

5. 动物园有责任为保护生态系统而努力，并有责任促进人们积极行动起来关爱自然：

（1）动物园有责任传播那些能够促使公众主动采取保护行为的知识、观念和方案。

（2）动物园传播有关野生动物和它们栖息的生态系统的宝贵信息。

（3）动物园有责任作为动物饲养管理的先导者，建立动物管理模式。

（4）动物园是保护团体的积极合作伙伴，为保护问题寻求可行的、切合实际的解

决方案，协助世界各地的保护工作。

（5）动物园有责任向公众提供与动物或自然的体验，使人们能欣赏动物和自然的神奇。

二、信息与项目有效地融合

为了有效地向受众传达保护信息，以上所列的保护信息的传递，应以适合受众年龄、性别、文化背景等的方式传达，并且运用各种手段，使受众理解、认同、接受这些信息。

保护教育工作者的作用体现在对信息的解读上。大多数游客来动物园的目的都是为了休闲娱乐，而不是被教育，因此保护教育工作者应该以“共同探索”的平等态度带领游客进入野生动植物世界，而不是以教师身份去教导游客。不过，有时候在引导中小学科学探索项目上，也不要忽视建立教育者的权威感，这有利于学生跟随和信任教学活动。在设计保护信息与项目融合时，应思考以下几点：寻找主题与保护信息之间的关联；找到启发受众的切入点；最容易引导受众认同和接受所传达的保护信息的方式。

比如，冬天的时候在川金丝猴展区给游客讲解川金丝猴的野外食物，可以用雾霾天作为切入点，雾霾是一个特别能引起游客共鸣的话题，从这里谈及到川金丝猴冬季赖以生存的食物会因空气污染影响，导致金丝猴冬季食物匮乏影响生存和繁衍。在这个话题中，找到了对人和金丝猴都有不良影响的环保话题，有利于传达的保护信息得到有效地传达。

上面所列出的保护信息以及信息与实际操作的融合，是一些笼统的表述。在实际应用中，应该针对项目内容进行分解，围绕保护信息给予解释、举例、引导，调动受众的感官，鼓励他们参与保护并能从中获益。

值得注意的是，保护信息不是一成不变、照着模板一用到底的。任何一家动物园可以根据自己的实际情况把很多积极的保护信息进行整合和创造希望可以不断增加和完善上面给出的保护信息清单。

但是应该注意，对一个项目或展区来说，包含一到两个重点保护信息就可以了。

信息融入项目的方向：

传递知识、增进情感、引导行为。

信息结合入项目的手段：

示范、表演、游戏、体验、互动、故事……

三、创建一个有效传递保护信息的框架

（1）建立价值观：保护信息应该对目标听众（游客）的现有价值观有触动和启发。比如，他之前觉得蜜蜂这么小的昆虫无足轻重，或觉得细尾獴没有狮子那么重要或好看。保护教育工作者要传递的保护信息就要针对这样的价值观进行“敲打”。

（2）克服行为障碍：保护信息应帮助听众识别自己的行为障碍，并且去消除和克服它。

（3）提出合适要求：保护信息应要求或建议目标受众采取切实可行的行动。

（4）展示行为愿景：保护信息应向目标受众解释，做到所要求的行为的益处，并将它与目标受众想要的东西和前景连接起来（应该与价值观建立的那个信息点连接起来）。

示例：

气候变化和海洋

目标受众：参观水族馆的父母们

父母看重的价值：父母想要健康的海洋和繁荣的海洋野生动物，他们和他们的孩子可以一起享受的未来。（这和哪一条保护信息关联呢？）人类在野外或动物园的经历可以丰富人们的生活，激发了人们对下一代的未来做出正确的选择。

行为障碍：没必要把气候变化看成是对海洋或海洋野生动物的威胁。（受众会觉得没有必要凡事和气候变化关联起来，一旦他们这么认为，就会形成下一步行动的障碍。）

与他们看重的价值关联：告诉他们，世界各地都有危险的迹象表明，他们珍视的海洋和海洋生物，如鲸鱼、海豹、螃蟹和小丑鱼等，正遭受着气候变化的影响。还可以进一步解释气候变化是如何影响这些动物的。

行为愿景：通过解释解除了他们心中的行为障碍，他们才会采取积极的行动，在日常生活中减少对气候变化的影响，参与到保护海洋环境和海洋生物多样性中来。

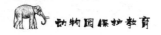

第二节 培养同理心

随着科技的发展，各种娱乐项目如电脑、电视、IPAD、游戏机、游乐场等充斥着孩子们的世界，让他们少有亲历大自然和与动物们亲密接触的体验。孩子们关于自然和环境的认识基本来自于媒体的导向，使得孩子们难以有机会作出自己的判断。为改变这一现状，孩子们需要通过亲近大自然和接触动物来维持他们的兴趣、产生信任感、最终关注自然和动物。动物园拥有活体动物这一资源优势，其开展的保护教育活动在搭建动物与公众之间的桥梁中扮演着至关重要的角色。如果实施得当，它会是一个引导公众正确对待野生动物的、培养同理心、激发保护行为的强有力机构。

在20世纪90年代的科学评估发现，知识并不一定会导致行为的改变。人们可能对一个环境问题了解得很清楚，却不采取行动；相反，人们也可以在没有很多背景知识的情况下却采取行动。这些评估结果显示，虽然公众到动物园学到了有趣的知识，得到了智性的快乐，但是它们通常也不足以对与动物和自然环境形成“情感上的联系”。

因此，“为了让人们做出行为改变，他们必须在情感层面上体验一些东西”（Ham，1992）。当保护教育工作者了解了情感影响在学习中的重要性时，动物园的教育应将注意力转移到培养个人联系、欣赏和关心动物和自然环境的情感上。

一、什么是同理心

同理心是指体会他人的情绪和想法，理解他人的立场和感受，站在他人的角度思考和处理问题的能力。同理心通俗的说法就是换位思考。世界上若干不同的机构致力于培养同理心，以解决犯罪问题、虐待儿童、学校中的恃强凌弱等问题。如加拿大有一所名为“同理心之根”的非营利机构，该组织通过培养儿童和成年人的同理心，建议一个关爱和和平的社会。目前，该组织的工作重点是提高小学生的同理心水平，培养人与人、人与动物之间更加尊重、友爱的关系，减少恃强凌弱和攻击行为。

而说到对待动物的同理心，不得不提到美国著名哲学家彼得·辛格（Peter Singer）及其著作《动物解放》。他的书被称为“动物保护运动的圣经”、“生命伦理学的经典之作”他在书中系统地阐述了自己的动物解放论，把道德关怀的范围从人扩展到人之外的动物身上。他的理论建议人与自然、人与自然界中的动物、植物等的关系上，应当从人的本性（比如关爱生命、善待生命）出发，建立与自然及动物、植物等互利共生、和谐相处的关系。

另一位是马克·贝科夫（Marc Bekoff），他是科罗拉多大学有机生物学教授、动物行为学会会员，他的主要研究领域包括动物行为学、动物认知生态学和行为生态学。他发表了关于动物权利的大量著作。比起辛格，他更关注动物园圈养野生动物的福利。在他的《与我们的动物朋友相伴》一书中，鼓励儿童自己思索和对现状提出问题，还对家长和教师可能了解甚少的问题为他们提供了信息，如动物智能、感觉疼痛的能力、为娱乐目的训练动物等，所覆盖的内容相当广泛。该书目的是激发儿童对动物世界的好奇，培养儿童对待动物的同理心。

建议教育工作者可以利用这些书籍，一是可以作为理论参考，二是可以用于开展亲子活动，如阅读分享会或“科普讲堂”等。

补充：

同理心理论的基础。

- 人对自然天生的兴趣；
- 人与动物个体的信赖；
- 相互影响形成社会化。

二、如何在动物园培养同理心

（一）强化动物“个体”的概念

培养游客和动物园员工的同理心，是动物园的保护教育使命之一。动物的展示和保护教育项目应有助于培养同理心，让游客和动物园员工了解动物的情感，更加尊重动物，最终转化为保护行动。

如果目标群体是儿童，建议让儿童讲述一些亲身经历的与动物有关的故事，或是让他们与动物“一对一”接触，他们会逐渐将动物看成是独立的个体而不仅仅是一个物种。为了强化这种概念，保护教育将重点放在了培养对动物的爱心、同情心，以及对圈养和野生动物的关爱之情。

（二）强调动物自然的行为

要培养对动物的同理心和怜悯之情，尊重动物，并以人道的方式来展示它们非常重要，如鼓励动物表达自然行为；拥有正常社群活动，而非为取乐于人，训练动物们表演出“非自然”的行为。在大自然中，动物不可能骑自行车，平白无故倒立，不会在球上表演平衡，也不会跳火圈，更不会穿衣服。事实上，在生态环境中，恰恰是动物们形成了复杂的关系链，并且扮演着重要的角色。

照顾圈养野生动物时，请谨记，圈养动物是野生动物而非驯养的宠物。驯养动物是经过选择性培育，人为控制其繁殖、为饲养人所用、并在驯养下比较其祖先有所变异的动物。清楚两者的差异，既能让公众正确了解动物园对待动物的态度，又能保证动物的福利和公众的安全。动物园向公众传递圈养野生动物并不是驯化动物这一概念非常重要。例如，动物园提供游客与老虎等动物合影的服务，通常这些动物都被铁链拴住或束缚在狭小的空间里，动弹不得，无法展现出森林霸主的力与美。会给游客传递以下错误的信息，其一老虎是软弱的，温顺的，如同宠物一般；其二这样对待老虎的方式是正确的。动物园给游客传递了错误对待动物的导向，而且这样的合影也难以保证游客及动物的安全。

（三）使用项目动物

在管理良好的保护教育项目中加入项目动物，为游客提供了近距离接触动物的机会。既能满足游客接触动物的愿望，又能保证动物的安全。应仔细挑选合适的项目动物，保证它们的福利。北美动物园与水族馆协会（AZA）支持适当使用项目动物作为重要、有力的教育工具。使用项目动物有利于传递动物的情感和保护信息。项目动物能为游客创造难忘的体验，有助于培养同理心、吸引和保持游客与动物个体的联系。运用项目动物，也能了解、反映出动物与自然的关系。

（四）展示圈养动物的饲养和管理

动物园饲养、管理动物的方式，能够帮助体现和培养对动物的同理心。动物园中人与动物的互动最常发生在饲养员和动物之间。饲养员要完成常规的饲养、管理工作，他们谈论动物的言论以及与动物的互动（如动物训练），能够作为关爱动物的榜样。比如，为了减轻大熊猫在医疗检查中造成的不必要的损伤，同时让大熊猫得到锻炼，成都大熊猫繁育研究基地对大熊猫进行“正强化”的行为训练，让大熊猫们自愿抽血、做超声波检查。

三、培养同理心的技巧

（一）对于动物园员工而言

1. 了解动物的个体信息；
2. 花时间观察动物；
3. 了解动物的需求和情感；
4. 理解如何保持动物的自然行为；
5. 将所了解的信息传递给游客。

（二）对于保护教育人员而言

1. 与动物建立个体联系。讲解时，把动物当作一个个体，可以提到它们的名字、个性、有趣的故事、它们的爱好等；

2. 除了传递动物的科学信息外，更重要的是讲述如何正确全面照顾动物；

3. 讲述客观知识时穿插对动物个体和其独特行为描述；

4. 强调动物的环境价值；

5. 寓教于乐。

（三）饲养员如何表现对动物的同理心

1. 成为对待动物的正面榜样；

2. 在对动物友好的环境下饲养动物；

3. 在饲养和管理动物时，表现出对动物的尊重；

4. 在谈论动物的时候，表现出对动物的敬意；

5. 鼓励动物展现自然行为，而不是展示那些供人们取乐的行为。

四、培养同理心的案例——保护教育野营课程

保护教育野营课程的开发建立在对多个领域的探索研究。开发和评估该项目的基础是，调查研究哪些是儿童及其家庭需要学习的和被激发的，从而使他们建立对动物、环境的同理心。

野营课程的理论基础之一是 1984 年威尔逊（Wilson）提出的“亲生命假设”，认为人类对大自然和动物有天生的兴趣和联系。人们与大自然紧紧相连并深深被其吸引。自然世界为人类提供所需的能源、无与伦比的美丽、成为灵感之源。然而，人们时常忘记没有大自然，人类将无法生存。

奇尹·迈尔斯（Gene Myers）的研究和保罗·舍培德（Paul Shepard）的哲学著作中提到的“多次与同一动物接触”也是野营课程的理论基础。迈尔斯博士与舍培德认为儿童应该建立对新认识的动物的信任感，同时需要有足够的时间让动物也能逐渐信任儿童。相互的信任关系建立在观察彼此在不同状况下的反应。多次体验后，他们能预判彼此的行为。动物和儿童的行为一致性由此建立，双方能预知和信任未来的良好互动。保护教育野营课程提供了与动物多次接触、频繁重复的体验，使动物成为参与者熟悉的个体并利于培养对动物信任之情。

野营课程的另一个理念基础是班杜拉（Albert Bandura）提出的“社会学理论”。辅导员应作为关爱动物的模范，以及示范做一名对动物有兴趣的充满情感的人。同时，

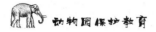

也可寻求儿童父母的支持，起到模范作用和培养儿童对动物的怜悯之心。家庭的参与，能延长和强化儿童在野营中学习到的思想和行为。

保护教育工作的第一步就是培养对动物的同理心和建立人与动物的联系。这已被许多野营的参与者证实。其中一个人说得最好："过去，我只知道我们要爱护和保护动物，但缺乏真正的体验。通过这个项目，我懂得了我们应该从动物的角度思考和感受事物。你将深深体会到热爱、拯救动物不仅仅只是一句口号。它将转变成人们的意识和行为。我们应该将动物视为人类甚至是朋友。我们应该尊重他们、热爱他们。这说明我们对动物的感情已达到了一个新的里程碑。"

最后，留一句保护教育领域著名的引言给大家思考，大家仔细体会同理心和情感教育在保护教育中的重要作用，以及保护教员的责任。

We conserve only what we love. We will love only what we understand. We will understand only what we are taught.

——Baba Dioum

第三节　项目动物

一、在教育活动中使用项目动物的目的和意义

亮点：

恰当利用教育活动中的动物是重要而有力的教育工具，当动物园教育者试图传递有关保护以及野生动植物的感知和感性（情感）信息时，它们有许多的益处。

——《AZA保护教育委员会项目动物立场陈述》

动物园是城市人群唯一能方便见到各类野生动物的场所，动物园有责任向游客传递这些动物的野外信息，以促进公众关注环境问题。活体动物作为"大使"扮演着传递教育信息的角色，使用"可控的"项目动物作为展示的一部分来传达这些信息，增加了教育信息传达的有效性并对转变受众的态度产生影响。培养人与动物之间的情感联系，有很多渠道，然而与可爱动物的一个拥抱、一次零距离接触，有时会胜过长篇累牍的说教。

当然需要强调的是项目动物并不是作为个体单元出现，单纯的展示或触摸，而是

与计划好的保护教育项目捆绑来实现动物园想要达到的对公众的教育目的和目标。而这些项目动物在活动中的应用，可以为动物园提供快速建立活动参与者与相关的目标动物心理联系的桥梁,正当的获得项目动物、适当的训练内容以及主题与信息开发政策，是对动物、员工和游客的安全与福利的基本要求,能够确保动物园保护教育工作的实效。

二、项目动物定义

项目动物指在动物的常规展区或动物被“持有”的区域的内部或外部，该动物与训练员、操作员或公众有秩序地接近或身体接触，而动物本身作为正在进行的保护教育项目及类似项目的一个组成部分。

项目动物从属、服务于保护信息。只为让受众触摸而使用项目动物是没有意义的，项目动物的选择是为了利用它们所包含的保护信息，项目动物的使用是为了促进保护信息更容易被受众接受。

三、项目动物使用原则

（一）动物园中饲养的动物与公众产生近距离或身体接触时，必须遵从以下原则

1. 不迫使动物模仿人类的行为。
2. 不以营利为主要目的。
3. 活动过程中必须包含保护信息。

（二）当决定在教育活动中引入活体动物时，使用者的责任

1. 满足照料动物的最高标准；确保动物健康、活泼、舒适和安全。
2. 对项目动物的管理和操作过程中，要彰显对动物福利的关注，并成为展示同理心的表率。
3. 确保所有员工和项目参与者在实际照管和操作中都能对动物表现出足够的尊重。
4. 使项目动物与教育目标产生关联。
5. 讲述该物种的保护需求。

（三）为了使受众通过项目动物获得更完美的体验，在包含项目动物环节的保护教育活动中，必须考虑的因素

1. 为体验项目选择一个适当的环境（展示时所处的兽舍环境是否符合物种需求）。
2. 选择合适的项目动物物种及个体。
3. 动物福利和人的安全在项目运行过程中至关重要。

4. 在操作及对待项目动物上表现出同理心。讲解人员对待动物的方法与态度，是对游客的一种言传身教，注重小至摘掉首饰和腕表的细节。

5. 所有游客、员工和参与者以尊重的态度对待动物。

6. 在解说中以尊重和维护动物尊严的方式描述动物。

7. 讲解中包含有意义的保护信息。

四、在保护教育中使用项目动物的保障条件

（一）选择适合用于保护教育项目的动物

选择项目动物的标准包括：

1. 安全——既要照顾到动物的舒适，也要使动物可以接受被 2 个以上的饲养员握在手中。

2. 保护教育信息承载量——如本土动物或在重要保护区有自然分布的物种。

3. 能体现除哺乳动物以外的物种多样性。

4. 动物在教育场所中能舒适地展现行为。

5. 在活动中动物能表现出令人感兴趣和有教育意义的自然行为。

合适的动物应该是容易照顾、没有较高要求且易与游客亲近的。

家养动物和经过训练的野生动物可以用来作为项目动物，并且应该包含一条保护信息：“家养动物适合作为宠物，野生动物不适合作为宠物。”

（二）项目动物的饲养和管理

1. 项目动物在饲养条件标准上必须不低于其他圈养动物。它们居住的环境要包含适合该物种的隐蔽所、丰容、兽医照管、营养及其他福利标准。

2. 动物在被带出常规饲养环境参与项目活动时，运输用的笼箱必须足够宽敞，项目运行结束后，应尽快送回常规饲养环境。

3. 动物应按照可触摸的难易程度进行分类，在带离和送回饲养场所时应有明确的记录。

4. 训练应作为日常管理的一项重要内容。

5. 那些太老或已经不适合作为项目动物的个体应与其他动物一样得到良好的照顾，安度余生。

（三）员工培训

确保所有参与照顾和操作项目动物，或进行项目动物体验教育的员工、志愿者，都经过认真的训练和评估。培训应包括动物饲养规程，包括如何清洁和消毒笼舍及运

输笼箱。为操作人员指定必要的医疗化验和疫苗接种项目（如结核测试、破伤风注射、狂犬病疫苗、常规粪便检查、体检等）。

培训应说明相关规程以减少疾病传播（如人畜共患病的传播，正确的卫生保健，对洗手的严格要求），此外还包括汇报动物、员工、志愿者或项目参与者受伤情况的规程。培训还应包括与安全相关的个人着装和行为上的安全规范。操作动物的人员不能带长耳环或手镯，因为这样可能会卡住动物，也不能留长指甲。有动物在周围时不能擦香水，也不能抽烟或者饮食。

教育活动的讲解人应该持续完善项目内容，了解与教育内容相关的自然历史、保护教育知识、表达技巧和解说技巧等知识。任何接受训练的人员都应经过观察和评估合格后才能从事使用项目动物工作。复训和评估应当定期进行（通常每年一次）。

每一个使用项目动物的教育工作者对所有工作细节必须努力做到最高标准的专业化表现！因为这是对受众最直接、最强烈的信息传递！

（四）选择适当的活动场所，身体也不应有非自然的气味，包括香水和烟味

多数情况下，项目动物应在动物园专门的保护教育场所内使用，如生态教室、教育活动场馆等室内环境。如果需要带到动物饲养区以外的场所，动物必须得到保护，远离那些太吵、太挤、太热或太冷的环境干扰。如果允许游客适当接触动物，那么这种接触必须受到控制，不能对动物造成压力。不允许游客在动物周围吃东西或吸烟。动物与游客的接触必须受到严密监控和全程指导。如果现场情况危及动物福利或对参与者的安全构成风险，应立刻把动物收回运输笼箱。

（五）安全

动物：触摸两栖类动物前应保持手指湿润，手上不能有汗液或化妆品；触摸龟类动物时不能使动物的腹部朝上；触摸有鳞动物时应顺着鳞片的排列方向；触摸动物时，可食指与中指并拢，沿从头至尾的方向触摸，总之，避免对动物造成任何伤害，并要向游客解释原因。

人：当动物表现出防御行为时，游客必须受到保护。游客应该与动物保持适当距离，按照示范过的轻柔方式抚摸动物（只有在动物情况适宜时）。持握动物时，动物的头部向着讲解者的方向，避免游客触碰动物的头部。3 岁以下的儿童因手无轻重，在抚摸动物时需要特别注意。

对教师的培训应说明相关要求以减少疾病传播（如人畜共患病的传播和正确卫生和洗手的要求），此外还应包括汇报动物、员工、志愿者或活动参与者受伤情况的程序。

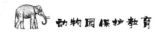

示例：

正确握持项目动物的方法：剪短指甲，洗净双手；去除身上的长耳环、手镯、戒指和吊牌，确保身上的金属饰品不会伤害到动物；在靠近动物时，轻轻将小动物捧在手上，必要时应佩戴手套，防止被动物抓伤。将小动物的头部对着自己的身体，避免游客触碰动物的头部，只允许游客用二指轻轻抚摸动物。较大的动物应用绳牵住，利于控制动物的行动。与任何动物接触后，都应提醒游客洗手或使用消毒纸巾、消毒液擦手。

五、项目动物训练目的及方法

（一）主要目的

在活动参与者近距离观察和触摸它们时，能够减少紧张带来的压力，并且舒适地展现行为（训练行为和自然行为）。这极大的区别于马戏动物的训练目的和方法。每个项目动物都应建立单独的训练计划，针对不同的物种和项目需求，训练目的要有所区别。比如在设置两栖爬行动物的训练目的时就应该考虑到它们的接受能力，对于更聪明的哺乳动物应区别对待。

（二）训练方法

在项目动物训练中最常用的训练模块是“动物脱敏训练”或是训练它们完成一些自然行为展示，比如打开翅膀、张嘴或是抬起脚展示足底结构。当然所有的训练都离不开正强化训练方法。

1. 脱敏训练：脱敏训练是在日常饲养过程中进行的持续性训练，使动物们能够慢慢适应饲养员或参与训练的教师近距离接触以及与其他参与者人群的近距离接触，减少或缓解项目进行过程中产生的紧张感，避免因为紧张产生过大的压力，给动物带来身体或是心理损害。

2. 训练方法：首先需要制定训练目标及时间表，无论是脱敏训练还是行为管理训练都要使用正强化训练方法，也就是根据条件反射原理和操作性条件反射原理来进行。使用哨子和响板，作为工作人员与动物之间沟通的媒介（也就是桥），食物或抚摸，玩具等作为奖励，也就是强化物，当动物实现了工作人员希望看到的行为时，给予“桥”来肯定动物行为，并为它们发放奖励。要区别对待不同物种的接受能力，理解项目动物存在只需要利用脱敏训练消除紧张感或是表达自然行为，或有利于公众理解圈养条

件下野生动物的需求的行为管理训练。

六、与项目动物相适合的项目与主题

（一）适合使用项目动物的主题活动

项目动物被用于多种主题活动中，包括学生团体、VIP 旅行团、亲子班、过夜游、动物解说等。通常的主题包括动物的适应性、自然史知识，特殊主题如夜行动物、雨林动物、动物宝贝、亚洲动物等专题项目。

（二）保护信息的传达

动物园应该制定“教育性动物饲养计划”，计划中的每个动物都要适合于传达一个预定的主题或保护信息，使用哪些动物作为项目动物是由主题决定的。

（三）项目动物与解说

行为和语言应该能够相辅相成。永远不要以羞辱或有损它们尊严的言辞或举止描述动物。动物不应受到取笑或被当作幼稚的婴儿看待。它们不应被穿上人类的衣服或使其做出违反它们自然习性的事。它们应以动物本色并配合原有栖息地环境的方式出现在公众面前。与动物一起做解说项目时，要使用适合听众年龄的保护信息。

示例：

关于大麦虫的讲解：大麦虫富含蛋白质及多种微量元素，是很多食虫动物的美味佳肴。动物园的营养师会根据动物的营养需求为它们提供这种大麦虫，丰富动物的食物品种，使动物们生活得更健康。（使游客了解动物园在食物丰容、动物保护方面做出的努力，内容还可以扩展，如进行不随意给动物投喂食物的讲解）。

——上海动物园使用几条小小的大麦虫讲解，也令孩子们新奇不已！

（四）媒体陈述

在媒体活动中使用项目动物，应该提供一份说明，包括报道内容不得与保护信息相悖。在活动过程中饲养员永远是主要控制动物者（如电视节目工作人员不能在没有饲养员辅助的情况下“持握”动物）。

七、项目动物的应用前景

《世界动物园与水族馆保护策略》（2005 版）发布至今，动物园有了更为明确的发展方向——以科研、教育和物种保护为目标的保护机构。动物园致力于提高圈养动物的福利，让它们展现更多的自然行为，这也是为了能帮助恢复野外环境及物种放归做出的积极努力。从长远来看，项目动物的应用会逐渐淡出保护教育的教育手段，即使使用项目动物的手段温柔、目的纯良，也不能完全避免项目动物们会遭遇紧张，或是展示了非自然行为的结果。因此未来保护教育工作者将会使用更多的标本、模型、相关的道具，或仿真教具来替代项目动物这个环节，完善保护教育项目的内容，以此来达到传递保护教育信息的目的。

第四节　鼓励员工和游客采取保护行动

现代心理学已经证明，人的意识活动是主动自觉进行的，是有目的、有计划进行的。而行为哲学进一步指出：人的这种意识活动依据活动的目的或指向的不同，可以分出认知活动和意向活动。认知活动是人以认识对象自身特性或规律为目的的活动；意向活动则是人的本能及由本能发展而成的人类需求对外在环境做出的反馈，或更进一步为满足需求而采取的行动。

一、人们为什么采取行动

动物园是如何影响访客保护行为的？近年来，动物园已经开始反思：

1. 当游客离开公园的时候，他们带走了哪些保护信息？

2. 作为该次体验的结果，他们都做了什么？

3. 游客真的采取了所希望的保护行动吗？

4. 动物园或水族馆能够把游客所采取的保护行动，归功于他们在动物园的体验吗？

保护教育工作者已经开始通过现场的访客调查以及访后的纵向评估来研究上述疑问。新兴的保护心理学正是研究与保护相关的行为的科学，来自这一领域的专业研究为保护教育工作者的知识积累做出了巨大贡献。研究者也不仅仅只考察动物园、水族馆和博物馆行业，同时还考虑其他学科是如何成功地改变人们行为的，尤其是在人类健康领域。以下就是应用于美国动物园的保护心理学和访客行为研究内容：

1. 参与保护的成年人在儿童时期往往花大量时间在大自然中游玩，或者在其生活

中有一位重要的成年人鼓励其与自然交流。儿童需要与自然自由接触，动物园可以提供这样的机会，也可以在服务的社区中鼓励室外或自然中游戏的机会。这是将来学习与行动的基础。

2. 人们已经了解到许多会带来可怕后果的严重而复杂的保护问题。虽然较年长的儿童和成年人能正确对待这类信息，但年龄偏小的儿童却不能。负面的保护经历可能使儿童产生恐惧而远离大自然。所以，应该避免向学龄前儿童传达灾难性的环境信息。

3. 成年人有亲历自然的体验,或者有为了社会、为了环境的变化而积极工作的经历，将来更有可能采取保护环境的行动。争取人们加入一些保护行动，就能引导他们采取更进一步的行动。可以为他们提供包括清理当地垃圾和恢复当地动植物的生活环境等的工作机会。

4. 访问动物园并不仅仅是人类出于娱乐的需要，人们受动物吸引似乎是有生物学基础的，因此参观动物园与动物亲近也满足了人类的内在需要。

5. 不同文化背景的人对动物和人的感知也不同。动物展览的方式不同，其所能影响的文化群体也将不同。

6. 人们往往愿意把注意力集中在人与动物的关系和共性所在。通过体察人类和动物行为之间的相似性，人们就能更好的理解动物及其生存的环境，也更能感受到人与动物是息息相关的。在知识型的保护信息里应该贯穿着人与动物紧密相连的观念。

7. 游客认识到教育已经成为现代动物园的功能之一。

8. 虽然接受教育不是大多数人参观动物园的主要原因，但游客认识到在动物园受到的教育与其他休闲活动有着重要的区别。

9. 游客可以从动物园的展览和展示中能够更好地理解保护教育的相关问题。

10. 参观动物园，尤其是能够近距离观看和感受活生生的动物，这会影响游客对动物的感情和看法。动物作为动物园的核心资源会激发起游客强烈的情感回应。

11. 图示或图表虽然对某些特定类型的学习者具有吸引力，但不可能像生动展示那样有效，面对面的解说通常才是最有效的沟通形式。

12. 动物园展区对游客的保护意图有积极影响。设计良好的展区能够有效地影响游客对于保护行动的感受。

13. 动物的生活与展示的环境非常重要，展示效果的好与坏，其影响力会有极大差异。与老式的笼舍相比，游客愿意花较长的时间观看生活在贴近于自然生境里的动物，游客也更容易因此而接受积极正面的影响。

二、动物园保护教育

在历史上动物园教育基于一个假设，即：如果动物园教给游客越多的知识，就越

能影响其对野生动植物的态度，这样就能引导游客采取保护行为。这种模式假定，对人们进行环境教育会让他们自动采取保护环境的行为。可是人们现在知道即使是在强化或重复学习的情形下这种模式都是无效的。行为心理学研究显示，在大部分情形下，知识和意识的增加并不会带来积极的环境保护行为。同时，真正采取行动的人并不一定对这个问题有很多认识。

动物园教育工作者现在不再只着眼于知识的灌输，而是为人们创造体验动物的机会，激发人们对动物的同理心，进而倡导保护行为，鼓励儿童探索自然，在自然中快乐地成长。

动物园保护教育现在更注重教授保护行动的相关技巧，比如：正确地安装并且维护一个野生鸟类的饲喂器；引导人们直接参与到保护行动之中，比如：清扫海滩垃圾等。动物园也开始更多的应用保护心理学和社会营销技巧来确定其如何能最有效地鼓励保护行动。

三、社会营销

（一）什么是社会营销

社会营销是一种运用商业营销手段达到社会公益目的或运用社会公益价值推广商业服务的解决方案。1971 年，在西方社会出现能源短缺、通货膨胀、失业加剧、污染严重、消费者保护运动盛行的背景之下，杰拉尔德·蔡尔曼（Gerald Zeeman）和菲利普·科特勒（Philip Otler）最早提出了“社会营销”的概念，促使人们将市场营销原理运用于保护环境、计划生育、改善营养、使用安全带等具有重大推广意义的社会公益事业。

社会营销和保护教育的一项重要的不同之处是，采取行动是社会营销最重要的目标——至于为什么采取行动就不大重要了。比如，在社会营销活动中，可以让人们在车上等候时关掉汽车引擎，而不是让引擎空转。这中间某些人可能是因为意识到要减少空气污染而采取行动，而其他人却会出于不同的原因而采取相同的行为——他们可能意识到汽车尾气对孩子的健康有害，也可能只是为了节省燃料等。社会营销能利用一种情感工具把人们联系起来，争取他们采取行动。

动物园针对游客的社会行为营销大致分为两大类：第一类是让游客认同动物园价值的营销：如让公众了解和认同动物园是野生动物保育的重要机构，是公众教育的重要场所；让公众认同和遵守动物园的参观要求，对待野生动物的积极正确的态度、不投喂动物等。第二类是动物园作为倡导和引领者，向公众营销环境态度、环境价值观等，并付出可持续行为（sustainable behaviors）。如抵制野生动物贸易行动、地球一小时活动等。

社会行为营销与之前谈到的同理心的培养、保护信息的传递等都是相关联的。当然，

社会行为营销更重要的是需要科学知识作为基础，比如不吃野生动物的社会行为营销需要相关的营养学、公共卫生学等作为参考。

（二）社会行为营销的基本方法和步骤

第一步：确定一个要推广的行为。可以用简洁生动又直击人心的一句话来归纳。如倡导低碳生活的行动：绿色骑行，健康你我，造福环境；抵制动物制品和动物贸易的行动：你看中的局部，夺走了我生命的全部。

第二步：找出障碍和分析收益。行为障碍有外因和内因两种，比如某单位要鼓励骑行，产生行为障碍的外因是单位和家没有自行车棚，内因是不太想让人觉得你没车显得寒酸等。找到障碍后分析障碍，制定解决的方法。分析收益是如果这么做了会带来哪些好处。

第三步：有针对性地制定策略。针对营销行为实施的内外因进行分析，以鼓励骑行为例：外部解决自行车棚问题、职工沐浴间；内部给员工积极的心理鼓励，工会奖励参与骑行的人，尤其当他们的健康指标达到预期后。

第四步：测试和完善。项目前期开展小试点和小规模的评估分析，针对不合理的地方进行调整，直到觉得接近有效实施的时候再进行推广。

第五步：大范围的推行和评估。主要评估受众的行为改变，评估应该由营销策划人员直接评估，不要收集受众的主观报告。收集到的信息可以进一步用于完善营销策略和为项目提供数据证明。

（三）社会营销手段

1. 宣誓：让人们用口头或书面的方式承诺采取行动。比较而言书面承诺更有效，如果是签名承诺效力就更大。如果有其他人一起见证这一仪式就更好了。

2. 提示：当人们的行为改变时，要适时再次提醒。如，将垃圾进行分类等。

3. 假定心理：首先肯定某人是爱护环境的，这样他更可能以此要求自己保护环境。

4. 许诺递增：愿意许下一个小承诺的人，就有可能许下一个更大的承诺。

5. 大势所趋：告诉听众许多人都在做这件事，鼓励其效仿也采用同样的行为。要试一下吗？如果每个人都这样做，结果会更好！

四、鼓励人们采取行动的实践

改变人们对待环境的行为的方法，通常有长期的保护教育和短期的社会营销两种。保护教育着重发展关键的思考技巧，以期作出明智的决定。这种方式有助于形成一种

生态道德观，但这是一项长期的工作。动物园面对的关键保护议题显示，必须运用更直接的方法，社会营销可以针对特定人群的特定行为在短时间里到达效果。动物园需要辩证地运用这两种方法。

由于人们能力不同、兴趣各异，为了吸引大家，动物园可以鼓励：

◆ 消费行为——与日常生活息息相关的行为，比如生活及购买习惯。鼓励购买生态绿色食品、多乘公交车而少自驾行、减少能源消耗、多使用循环资源等。

◆ 生态行为——包括直接参与保护自然的行动，比如搭建鸟巢、恢复鲑鱼的栖息环境、消除外来入侵物种等。

◆ 支持行为——体现正确价值观的行为，比如参加公益组织、捐赠、支持保护事业、签署承诺书等。

另一方面，动物园的内部也应该是保护行为的示范者。动物园可以计划和实施各种资源的保护规范，使保护信息在动物园内部“活”起来。鼓励员工实行节水计划；在各个办公室推行节能计划；使用再生纸及双面影印以节约用纸；重复使用纸张、纸箱、塑料、电池等可再生资源；食物残渣、动物粪便等用于堆肥；在食堂推行节约计划；以及其他的环保措施。当保护教育工作者与游客分享这些故事，他们也就有了行为模范。当然，每个地方的情况不同，可以结合当地的自然资源和本动物园的现实状况建立属于自己的“绿色团队”。

动物园保护教育倡导人们采取行动，但保护教育期望建立的生态道德观需要长期的努力。考虑到保护野生动植物、环境和资源的急迫性，动物园可以选择短期容易见效的社会行销方法以改变人们的行为。动物园里活生生的动物是最为宝贵的资源，他们能够成为联系人与动物、人与自然的情感纽带，动物园以尊重生命的方式展出动物和开展活动，可以影响人们的情感、观念甚至改变其行为。而动物园自己也可以通过建立“绿色团队”加入到保育行列。在全球每年有超过六亿人次参观动物园和水族馆，保护教育工作者有巨大的机会来影响野生动物的未来！

第十四章　以物种为目标的教育项目开发

第一节　旗舰物种在保护教育中的特殊意义

一、旗舰物种与生态保护

旗舰物种主要是指具有极高知名度的特定生态系统下的动物，以其魅力（外貌或其他特征）赢得了人们的喜爱和同情，唤起人类对保护动物及其栖息地的关注。

《WWF 全球物种项目 2020 战略》中提出全球旗舰物种，分别是:非洲象、大猩猩、非洲犀牛、虎、亚洲象、亚洲犀牛、大熊猫、红猩猩、鲸、淡水海豚和鼠海豚、海龟、北极熊和受威胁的袋鼠。

大熊猫是世界上最可爱的动物之一,已经在地球上生存了至少 800 万年,被誉为“活化石”和“中国国宝”，也是最具代表性的中国本土物种，国家一级保护动物，是世界自然基金会的形象大使，世界野生动物保护和生物多样性保护的旗舰物种。

旗舰物种仅分布于某些特定的生态系统中，是这些生态系统存在的标志。这类物种的存亡可能对保持生态过程或食物链的完整性和连续性无严重的影响，但这类动物的保护易得到更多的支持与资金。通过关注一个旗舰物种和它的保护需求，管理和控制与其相关的大面积生境，不仅保护了这些受关注的物种，更保护了其他影响力较小而鲜为人知的物种。

以大熊猫为例，从 1963 年中国建立以卧龙为代表的第一批大熊猫保护区开始，截至 2014 年底，中国政府已经在大熊猫分布区内建立了 67 个保护区，保护面积超过 33000 平方公里，可以说针对大熊猫这一物种的保护力度是史无前例的。这些保护区的建立不仅庇护了大熊猫，而且还保护了羚牛、川金丝猴、四川山鹧鸪、川陕哲罗鲑、横斑锦蛇、大鲵、独叶草、岷江冷杉等大量的物种。

2016 年 9 月 4 日，世界自然保护联盟（IUCN）公布了最新濒危物种红色名录，将大熊猫受威胁等级从“濒危（EN)”下降至“易危（VN)”，这是对中国在大熊猫保

护上所做出努力的肯定。

大熊猫作为就地保护和迁地保护的成功典范，向公众很好地展示了我国在野生动物和生态环境保护上所作出的努力和取得的成就。让公众了解就地保护、迁地保护工作背后的理论基础和做法，有助于获得公众的支持和理解，并鼓励公众在日常生活中采取环保行为支持保护工作。

二、旗舰物种与保护教育

旗舰物种大多具有重要的精神价值、美学价值或文化价值，它们就像是一个生态环境保护广告中的代言明星，可说是地区保育的主题物种。在保护教育项目中，以旗舰物种为主角开展各类活动，易提升公众的参与度，从而激发公众的同理心，提高保护意识，采取保护行动。

大熊猫是最吸引公众的可爱动物。2005 年 7 月 9 日，华盛顿美国国家动物园的大熊猫“美香”生下幼仔“泰山”，立即成为大众的宠儿。当“泰山”第一次与公众见面的消息在网上公布后，1.3 万张参观票在两小时内被抢订一空，以至于服务器都崩溃了。而网络世界里，熊猫粉丝更是遍布世界各地，常年关注大熊猫的网络活跃粉丝就高达 2900 万人。在“猫粉”圈里，每一只明星熊猫都有特定的昵称，粉丝们可以不眠不休地盯着直播镜头观看“心上熊”的日常生活，为它们的生活琐事操碎了心。2015 年 8 月，成都大熊猫繁育研究基地发布了将通过日本 NICONICO 网、YOUTUBE、优酷土豆等平台直播曾旅居日本的大熊猫“爱浜”产仔的公告。消息发布后，全球粉丝特别是“浜家族”在日本的粉丝激动不已，据统计，仅仅 48 小时内直播观看量就高达 52 万余人，参加弹幕互动人数达 27 万余人，荣登日本 NICONICO 网 2015 年直播栏目收视率榜首。

正因为大熊猫受到如此多公众的喜爱和关注，也让它成了生态文明建设和保护教育的重要载体。每年数以亿计的游客到动物园参观，还有通过媒体、书籍、网络等方式关注大熊猫的广大公众，都是保护教育的最佳资源和巨大的目标群体。大熊猫传播出的野生动物保护和生态环境保护理念，也影响着广大公众，在认识，理念和行为方面发生着改变。

三、大熊猫教育项目在国际合作中发挥的特殊意义

大熊猫是中国对外文化交流的“友好使者”。最早的大熊猫外交可以追溯到唐朝，武则天送了一对活体大熊猫给日本天皇。自 1869 年戴维神父发现大熊猫并科学命名以来，到中国猎杀、捕捉大熊猫的西方探险家和博物馆们不计其数。抗战时期，先后有十余只大熊猫被当作“熊猫川军”送往美国、英国。中华人民共和国成立以后，大熊

猫曾被当作国礼赠送给其他国家。1982 年起，我国政府停止赠送大熊猫（包括交换），并逐步由租借改为大熊猫合作研究。

截至 2018 年 12 月，我国与日本、美国、奥地利、泰国、西班牙、澳大利亚、英国、法国、新加坡、加拿大、比利时、马来西亚、韩国、荷兰、德国、印度尼西亚、芬兰共 17 个国家的 22 个动物园开展大熊猫合作研究，旅居海外的大熊猫及其幼仔共有 56 只。大熊猫的到来受到了国外民众的热烈欢迎和喜爱，成为中外人民友谊的使者和桥梁，进一步推动了国际生物多样性保护，特别是动植物保护领域的合作。

通过大熊猫国际合作，吸引了一大批科研资金，专项用于中国自然环境和野生动物保护。同时，在合作过程中，引进国外先进技术和经验，提升我国生态环境、野生动物保护水平。

中国通过大熊猫保护，向世界展示了在生态环境保护上的决心。世界各国也通过大熊猫了解到中国在生态环境保护上所做出的努力和成就。

第二节　旗舰物种教育项目开发的特点

一、与其他教育项目开发的共性特点

作为一个教育项目，不论是旗舰物种还是其他主题活动，都可以参照 ADDIE 的项目策划模型来进行。一般按照以下步骤进行项目开发，有些步骤之间是穿插进行的：

（1）了解分析受众；

（2）设定项目主题；

（3）确定项目目标和成果；

（4）分析可支配资源；

（5）开发项目内容；

（6）宣传推广项目；

（7）执行实施项目；

（8）进行总结评估。

在教育项目的开发与实施过程中，当面对某一种动物时，保护教育工作者应以尊重的态度介绍及对待它们。以大熊猫教育项目为例，注意以下几点：

1. 动物福利：动物福利是兽舍设计、饲养方式、食物、丰容、环境温度、游客行为等的综合体现。只有当动物在一个较好的健康状态，表现出自然行为时，才能更好地向公众传递关爱之情。

2. 与动物建立个人联系：向公众介绍大熊猫时，应介绍名字、生日、喜好等个体信息，可加入大熊猫的故事，向介绍一个新朋友一样把大熊猫介绍给公众，以帮助建立人与动物之间的情感联系。

3. 积极正面的语言：教学过程中注意言辞用语，并引导公众对大熊猫行为和生活方式行程正确理解。比如当大熊猫在休息时，不能说懒，这是因为大熊猫每天进食量大，需要花很多时间来消化食物，且竹子能量较低，大熊猫需节约自身能量，减少运动量。

4. 正确的信息：确保所传递的信息是正确的。当遇到不确定的内容时，应向饲养员或科研人员确认，切忌自己编造信息。

5. 舆论要求：大熊猫是被全世界所喜爱的珍稀动物，它已有的名望成为一把双刃剑。全世界的每一只圈养大熊猫都被公众熟知，每一只个体都受到公众的关注。在开展教育活动时在活动设计、开展、宣传时要尤其注意可能带来的负面影响。

6. 进入饲养区域的要求：

（1）穿着一次性防护服或清洗消毒好专用服装，一次性鞋套或清洗消毒好的橡胶靴；

（2）长发扎起；

（3）不佩戴首饰；

（4）不喷涂香水或使用气味浓烈的化妆品；

（5）服从带队饲养员和科普教员的管理，并且随时和工作人员一起；

（6）在任何情况下都不得打开或关闭兽舍的门；

（7）不要背对着动物；

（8）一定不要接触大熊猫，或站在它们可以接触的范围内；

（9）不惊吓大熊猫或者对大熊猫做进攻性的动作；

（10）除饲养员提供给大熊猫的食物外，不向大熊猫扔任何东西；

（11）不在兽舍区内大声说话；

（12）参与人员不可与大熊猫有身体接触；

（13）参与人员不可与大熊猫身处同一空间；

（14）为了保障活动质量、参与者安全以及舆论安全，建议活动参与者不携带相机入内，不自行拍照。

地球上的每个动物都和人一样，有感受、有思想和独特的需求，并且在生态系统中扮演着非常重要的角色。保护教育项目不仅带给参与者乐趣、知识，还希望让游客产生正面的行为改变，让他们的整个游览过程更有意义，这是保护教育项目的终极目标。

通过旗舰物种及其他教育项目的宣教，使游客愿意采取以下行为来保护动物：在园内他们可以做到不因游客的不当行为给动物带来痛苦，例如为了动物的健康不向动

物投食；不逗弄动物，比如敲打兽舍围栏或敲打玻璃，对动物吼叫，惊吓动物；拍照不使用闪光灯等。回到家中，他们也可以改变一些日常习惯来对生态环境更为友好，例如节约用水、参与垃圾分类、不消费野生动物制品等。

二、特定物种教育项目开发的特殊性

诚如前文所说，旗舰物种代表的不仅仅是它自己，它是一类生态环境的代言明星。在特定物种教育项目开发过程中，从旗舰物种的角度出发，赋予教育项目更多的特殊意义。

1. 生态环境保护意义。通过旗舰物种，激发公众对其背后所代表的特殊生态环境的了解与关注。以大熊猫为纽带，引领公众关注大熊猫与环境的联系、与竹子的联系、与“邻居”物种的联系，引出一个大的环境保护概念，进一步明白生物多样性的重要性。

2. 物种保护意义。通常来说，旗舰物种是一个需要保护的濒危物种。通过对旗舰物种的宣传，让人们对其生存现状、致危原因，以及物种保护的意义有所了解，并采取保护物种的行动。

3. 社会的共鸣作用。利用公众对旗舰物种的关注与喜爱之情，产生信息接收的积极性和主动性，带来较好的传播效果，使人们乐于参与到动物保护活动中去。

4. 对教育工作本身的旗帜作用。旗舰物种是教育项目开发的敲门砖、高潮区、亮点、主旋律等，具有引领作用。一个旗舰物种教育项目的设计开发，可以带动其他教育项目的开展，有的还可以互相结合成为系列活动。

因为圈养大熊猫种群，动物园工作者有幸了解每一只大熊猫的独特个性和故事。他们有自己的名字、谱系号（类似于人们的身份证号码）、何时出生、父母是谁，都会有详细的记载。在和饲养员的朝夕相处中，对每一只个体都有了深入的了解。这些故事和个体信息拥有强大的力量，是旗舰物种教育项目中重要的资源，让公众像认识一个新朋友一样认识一只大熊猫，建立情感连接。当人们静下心来观察大熊猫，慢慢去提出问题，向富有专业知识的大熊猫专家询问，了解大熊猫个体的独特，而不仅仅是“看热闹”，人们会惊讶地发现，对大熊猫会产生发自内心的真爱，从而达到保护教育的目标。

第三节　大熊猫展出教育活动的形式和内容

对大熊猫展出教育活动的形式和内容多种多样，随着工作的推进和社会的发展、

科技的进步，新的教育形式还将不断涌现，它不是一成不变的。传统的方式包括如下形式：

展示：对于绝大多数游客来说，科普展示是他们了解大熊猫的最重要方式。除文字展板外，还应辅以图片、插画、浮雕、模型、互动设施等提高游客观看展板的兴趣，加深记忆。

熊猫课堂：在园区或学校、社区开展大熊猫主题讲座。内容既可以熊猫为主，也可拓展到与熊猫相关的生态、物种（如大熊猫的邻居等）。

熊猫生日会：在大熊猫生日这天，征集公众为大熊猫准备蛋糕（由水果、蔬菜、竹笋和冰块做成），为大熊猫制作礼物（丰容物品）等。提前做好每个人的消毒工作，戴手套口罩，注意蛋糕和礼物的卫生。

熊猫征名：为新出生的熊猫开展征名活动。这项活动因参与的便利性，易造成较大的社会影响力。公众在参与过程中与熊猫建立情感连接，使公众能够进行持续的关注。

熊猫竞赛：以熊猫为主题，开展绘画、摄影、演讲等竞赛活动，增进对熊猫及其栖息地的了解。

研学活动：让公众体验大熊猫饲养工作的某些环节，比如打扫兽舍、准备食物、行为研究、观察大熊猫粪便等。

熊猫主题活动月：将系列活动进行组合，如游园会、探索活动、展区讲解及以上提到的单项活动。以熊猫为话题，通过持续一段时间的宣传与推广，将动物保护的理念深植人心。

近年来，成都大熊猫繁育研究基地在尝试新的教育方式，产生很好的效果，如大熊猫艺术展、大熊猫音乐会、熊猫话剧等形式。微信和微博的宣传教育方式更加普遍，相关内容和形式的变化更是层出不穷，吸引更多公众关注大熊猫的保护。探索与时代相吻合的教育方式已经是保护教育的常态工作。

第十五章　保护教育项目宣传与推广

亮点：

每年动物园和水族馆已由社会重新定义为在野外救护野生种群，同时为圈养动物提供高水准的照料和福利，并为游客提供非同一般的体验、促使其行为发生有利于环境变化的机构。

——世界动物园与水族馆保护策略 2015

全世界有超过 7 亿人次的访客到动物园和水族馆参观。动物园在与社会发生联系，面对每年数以万计的公众时，确定什么样的价值定位，传播什么样的价值理念，是动物园品牌形象确定的基础。品牌定位决定动物园的营销策略和发展方向。

第一节　动物园的品牌定位

一、动物园的价值定位

很多人相信物种保护和栖息地保护很有价值，也有很多人需要经过说服才能相信保护现存野生动植物的重要性。人们必须受到启发才能理解地球上生命的脆弱，构成地球生命形态的不同物种必须相互依赖才能生存，人类的生存依赖于自然生态系统中其他物种的种群健康。每个动物园都在全球生物多样性保护计划中扮演着重要角色。

二、动物园的品牌定位

（一）动物园是保护中心

动物园关心园内动物，必须宣传自身在动物福利及馆舍设计方面所持续进行的改

善工作。动物园持续的努力为动物及游客两者均带来好处——宽敞及自然的栖地能够丰富动物的生活，而且也可以带给游客更多有趣的体验。

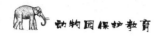

（二）动物园的教育性

教育长期以来被视为是动物园的主要成就，但是动物园必须解释更多有关教育的实际意义：动物园如何成为终生学习及探索的地方、动物园的话题如何提供给各级学校作为课程内容以及如何引导人们改变。

（三）动物园改变大众固有观念

今日的都市小孩会是明日的保护人士及领袖。有效的宣传不只影响人们对于动物园的观感，也影响人们对于身边世界看法，以及他们对保存生物多样性及其栖地所能提供的协助。动物园鼓励游客了解他们所看到的动物与野外动物之间的联系，以及游客对这两者是多么有帮助。再利用与再生的相关信息，也包含于动物园所传达的环境永续信息中。游客到访后，动物园给予游客实际的构想，并建议他们可以采纳的个人行动，无论多么微小，积少成多就可能造成改变。

（四）动物园的趣味性

动物园使人想起了生命的惊奇以及自然世界的欢乐。即使是精心制作的野生动物纪录片，也无法取代亲眼看到真实动物的鲜明体验。动物园相对而言是祥和、宁静，有时候甚至是神圣的地方；人们能够在动物园重新接触自然，让访客感到舒服，以及享受所处环境的自然规划。动物园是人们可以像家人及社团一样聚在一起，学习及分享关于野生动物及自然世界价值的地方。

（五）动物园的娱乐性与保护角色并不相互排斥

动物园的保护教育要达到鼓励行动的目标，这种行为来自教育、教育来自启发、启发是因为具有乐趣，动物园的教育要从乐趣开始。因此动物园的保护角色与动物园让游客感到有趣的角色，可以完全兼容。在达到公众参与之前动物园宣传的侧重点更在于其趣味性。

第二节　动物园的个性化品牌识别系统

每个动物园都需根据自身历史背景、区域特色、发展愿景、保育教育理念、服务理念、

社会价值观等确定属于自己的个性化品牌识别系统。

补充：

企业形象识别系统 CIS（Corporate Identity System），是指企业有意识，有计划地将自己企业的各种特征向社会公众主动地展示与传播，使公众在市场环境中对某一个特定的企业有一个标准化、差别化的印象和认识，以便更好地识别并留下良好的印象。CIS 一般分为三个方面，即企业的理念识别——Mind Identity（MI），行为识别——Behavior Identity（BI）和视觉识别——Visual Identity（VI）。

一、动物园理念识别

动物园理念识别属于动物园文化的意识形态范畴。动物园在长期经营过程中形成的动物园内部和外部共同认可和遵守的价值准则和文化观念，以及由动物园价值准则和文化观念决定的经营方向、经营思想和经营战略目标，是动物园对当前和未来一个时期的经营目标、经营思想、营销方式和营销形态所作的总体规划和界定，主要包括：精神、价值观、宗旨、方针、定位、社会责任和发展规划等。

标语口号是动物园理念的概括，动物园可以根据自身的营销活动或理念设计属于自己的文字宣传标语。标语口号的确定要求文字简洁、朗朗上口。准确而响亮的标语口号对内部能激发出职员为动物园目标而努力，对外则能表达出动物园发展的目标和方向，提高动物园在公众心里的印象，是对动物园形象和相关产品形象的补充。

二、动物园行为识别

此为动物园理念的行为表现，包括在理念指导下的对内和对外的各种动态行为识别形态。动物园通过对内建立完善的组织制度、管理规范、员工教育、行为规范，对外开拓市场调查、完善服务质量，透过以最高福利标准的野生动物保育、沉浸式展区模式、环保节能设施、循环利用、公众自然教育活动、公共关系、营销活动等方式来传达动物园的核心理念。

三、动物园的视觉识别

动物园理念的视觉化，通过动物园形象广告、标识、商标、品牌、包装、内部环

境等媒体及方式向大众表现、传达动物园理念，是将动物园理念、文化特质、特有物种等抽象语意转换为具体符号的概念，塑造出独特的动物园形象。

视觉识别的基本要素系统主要包括：名称、标志、标准字、标准色、象征图案、宣传口语等。应用系统主要包括：动物园吉祥物、内部及外部建筑环境、视觉导览系统、科普牌示、陈列展示、办公事务用品、商品包装、交通工具、衣着制服、旗帜、广告媒体等。视觉识别在动物园品牌形象识别系统中最具有传播力和感染力，最容易被社会大众所接受，据有主导的地位。

员工服装：动物园员工服装服饰统一设计，可以提高员工对动物园的归属感、荣誉感和主人翁意识，改变员工的精神面貌，促进工作效率的提高，并导致员工纪律的严明和对动物园的责任心，可以根据工作范围、性质和特点，涉及符合不同岗位的着装，含饲养及园林等岗位需要的工作靴、工作帽，管理人员的制服、领带、文化衫、胸卡等。

印刷出版物：动物园的印刷出版物品代表着动物园的形象直接与动物园的关系者和社会大众见面。设计是为取得良好的视觉效果，充分体现出强烈的统一性和规范化，表现出动物园的精神，编排要一致，固定印刷字体和排版格式，并将动物园标志和标准字统一安置在某一特定的版式风格，造成一种统一的视觉形象来强化公众的印象。如科普读物、导览图、活动手册、台历、年刊等。

纪念品：动物园纪念品及满足游客的消费需求，同时也是一种行之有效的广告形式，通过动物公仔、动物特色生活用品、办公学习用品、支持就地保护的艺术品售卖等形式以动物园识别标志为导向传播动物园形象。

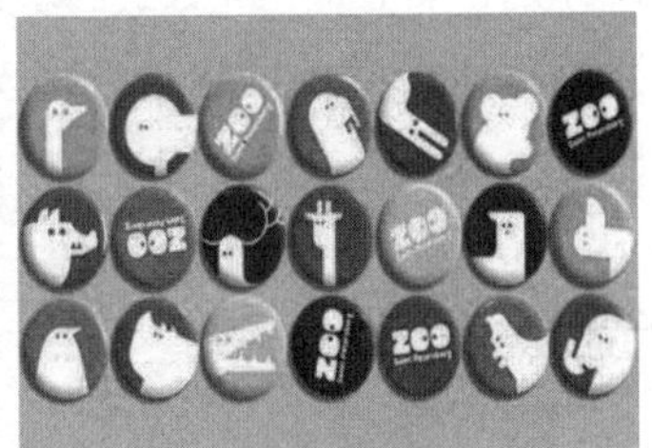

圣彼得堡动物园的视觉设计概念应用于户外广告及纪念品

巴西索罗卡巴动物园的ＬＯＧＯ及文化衍生品（一）

巴西索罗卡巴动物园的ＬＯＧＯ及文化衍生品（二）

第三节　动物园的品牌营销

一、动物园的品牌营销战略

动物园的营销与宣传，最终目的是要把动物园的相关信息及活动、项目告知大众，在大众心目中形成深刻的印象，从而促进大众对动物园的认可度，支持动物园保护工作,并能积极参与动物园举办的相关保护教育活动。因此,如何将想要传递的信息准确、巧妙的表现出来达到预想目的，就需要营销的策略和技巧。

动物园应该把握每次机会，以任何方法解释本机构正在为保护而做的努力。除了应用公众媒介进行宣传和营销外,动物园可以利用自身的诸多资源进行宣传。如:网站、论坛、微博、微信、会员 QQ 群、电子邮件、短信平台、园区广告牌、讯息栏、广播站、宣传单页、宣传册、海报、月历等纪念品传递园内信息。同时，也可利用艺术摄影展、讨论会、讲座、社区互动等形式向大众传递信息。

从传播理念上讲,将“访问动物园购买一次门票即是一次支持野生动物保护的行动”这样的价值导向作为动物园营销的定位，既传递了动物园的保护角色，又把游客的来访带来对动物园发展的支持巧妙结合，让每一位来动物园的访客都感觉自己的到访是有意义的，为野生动物保护做出了一份贡献。

二、动物园品牌营销规划

动物园对外营销可以进行的第一个实际步骤，就是构思一个整体的营销规划。这个规划应该包括阶段性的宣传重点及营销目标、具体的营销计划。

（一）确定好营销目标

营销的目标决定着营销活动的方向。动物园的营销目标主要有:提高动物园知名度,

加强公众对动物园品牌及商标的印象，吸引访问动物园；告知动物园公众关注事件的进展，公布动物保护工作的成就及科研新发现；提供新的游园亮点及服务信息，推广动物园的免费或收费教育项目，提高动物园活动的参与度；促进社会对动物园事业的支持，募集社会捐助等。

营销的目标要与动物园总体规划与发展理念相结合统筹考虑。在设定营销目标时要具体明确。每一项目标的内容既是确定的，又可以被测定。同时，要能使营销目标可被分解为一系列营销活动的具体目标。这样，通过一个个具体的营销活动目标的逐步实现，达到整个营销活动的整体目标。

（二）选择营销宣传的重点信息

营销过程，需要明确应该突出哪些方面的内容。一次宣传的信息含量是有限的，因此，选择什么样的内容作为营销宣传重点十分重要。

动物园对外宣传必须保证保护信息的准确性，动物园内部的营销及教育人员必须密切合作，以确保他们即使是用不同的管道，或针对不同的对象宣传同样的讯息。宣传人员必须清楚有关保护的含义，信息必须清晰、简明、前后一致，尽可能使用简单直接的语言，避免专业术语或难以解释的技术用语。

动物园应该建立宣传人员、科研专家、动物管理员及教育人员之间的连接，以确保在每一个机构内部，知识可以分享。同时他们应该连接地区的同行与野生动物机构所进行的野外工作，以及国内从事保护工作的机构。

三、组合式营销策略

动物园可以利用自身的诸多资源进行组合，将传统媒体与新媒体进行整合传播。以内容创意策略和内容传播策略为原则，在动物园品牌理念推广、园区票务促销、活动及教育项目的营销推广，拓展新的潜在客群中，广泛应用大众媒介的传播。

如何准确恰当地选择和运用各类媒介是营销活动的重要环节。不同的宣传信息和营销目标需要选择相对应的合适媒介。好的营销宣传计划需要针对不同的宣传媒介准备相对应的宣传素材，并能充分结合不同媒介的辐射受众群，整合一个综合的宣传媒介构成。越多媒体宣传效果越好，但针对性较强的媒体组合可以达到事半功倍的效果。

（一）充分了解各类媒介的传播特点

报纸、杂志、书籍、电视、广播、网络任何一种传媒传播效果都有自身明显的优缺点。

（二）恰当地选择各类传媒

每一种传媒在自身的目标受众上有较为明确的区域性和目标群体定位。

（三）精心组合各类媒介

根据媒介的特点和单位传播体裁、营销目标的不同，对媒体进行组合。

结合新媒体营销特征，动物园可以根据营销事件的不同，尝试用多种传统媒体与新媒体整合营销的传播模式。如：

传统媒体引爆—传统媒体跟进—口碑扩散—现场高潮；

传统媒体引爆—互联网跟进—传统媒体扩散—传统媒体揭秘；

新媒体引爆—新媒体跟进—传统媒体扩散—传统媒体揭秘。

第四节 动物园自媒体运营

除了利用社会媒介进行信息传播外，动物园应充分挖掘自身资源，建立自己的自媒体经营团队，以最便捷、快速、全面的方式为自己代言、发声。

一、官方网站

官方网站，是在互联网上进行网络营销和形象宣传的平台，相当于动物园的网络名片，主要向公众介绍企业文化、大事记、新闻动态、服务资讯及教育产品等。建设官方网站的目的在于：宣传和营销。要根据动物园需要达到的效果，进行适当页面布局和主次安排。

网站网页设计技巧

事项	技巧
确定网站栏目	注重色彩搭配，便于阅读，内容要精、专、及时更新，提供交互性
确定网站栏目	参考同行栏目设置，设立最近更新或网站指南栏目；设立可以双向交流的栏目，如论坛、留言簿；设立下载或常见问题回答栏目
网站设计的整体风格	确定整体风格，注重网页色彩的鲜明性、独特性、合适性、联想性

二、官方微博

微博是一个基于客户关系的信息分享、传播以及获取平台。微博的内容可以由文字、图片、视频、网页链接等组成。官方微博有利于开展低成本的营销、用微博跟踪和整合品牌传播活动、舆情监测、危机公关服务、提升网络品牌知名度、客户服务等。

微博运营可以通过文章、视频、直播、互动问答等形式进行多样化信息传播，同时可以通过抽奖、私信、粉丝红包等形式与动物园粉丝之间搭建桥梁，实现与粉丝的零距离接触和互动。

微博有推广功能，通过粉丝通、粉丝头条、搜索推广、热搜榜等形式，对信息进行精准投放扩散，达到海量触达效果。但近两年个人微博使用率随着微信的广泛应用呈明显下降趋势，微博主要成为政府舆情监控和权威信息发布、媒体资讯传播与收集、意见领袖观点宣扬、明星形象营销等的重要平台。

三、官方微信

微信公众号有服务号、订阅号、企业号和小程序等类型。通过微信公众号，动物园可以在微信平台实现和粉丝及目标人群的文字、图片、视频全方位沟通、互动，形成一种主流的线上线下互动营销方式。微信公众号便于和顾客沟通、获得新顾客、开展品牌宣传和多元化精准营销，利于后期维护及反馈。

微信公众号建立后，一般需要经历三个时期：种子用户期、初始用户期、用户增长期。种子用户是值得信赖的、影响力大的、活跃度高的粉丝，可以从合作伙伴等入手；过了种子用户期后积累的一定粉丝是初始用户；用户增长期是大力发展粉丝阶段，需要进行大量的推广工作。

微信公众号运营，内容是关键。要清楚定位目标用户，针对性的推送并做好内容规划，内容无论是原创还是转发，都要做出差异化的内容运营策略，要对粉丝有用或者能产生共鸣。

微信公众号内容运营

事项	技 巧
内容产生	非原创内容应关注博客、百科、社交化媒体、新闻客户端以及同行公众号，原创内容要每天搜集素材、思考加工创作、坚持特有风格，及时回顾总结
内容运营	做好内容规划；内容形式差异化，通过音乐、视频、互动游戏等；内容整合；招募投稿者，选择优秀稿件推送；每天按时推送，读者形成习惯，内容分批推送，让用户产生时间和内容上的依赖

不断提高公众号内容质量的同时，还应该关注与粉丝的互动。在这个过程中，公

众号要首先确立自己的沟通调性，如严肃型、幽默型等。这样有利于公众号形成自己特有的个性、有差异化，进而让粉丝们感到亲切而有力量。同时，公众号可以设置关键词回复、内容推荐、人工智能自动回复及策划活动等。粉丝互动使公众号留住粉丝，让公众号更有黏性，提高运营价值。

四、网络视频营销

网络视频营销通过视频网站或客户端提供在线视频播放的传播形式。视频营销发展有三个趋势：品牌视频化、视频网络化、广告内容化。

网络视频要想脱颖而出，点击传播率高，需要从以下几方面入手：

1. 不盲目选择。受众广的视频网站，而是要选择与动物园自身品牌形象和目标人群定位相符的媒介。选择与行业相关或者地域性的门户网站，最大限度提高营销转化率。

2. 内容简短。注意趣味性和内容表达的完整性。时间控制在 10 ~ 30 秒之间，跳出率最低。

3. 结合时兴热点。跟专家团队合作，制作动物园野生动物保护等相关的科普、话题剖析，过程中植入本单位的形象信息，目标更精准、效果更突出。

“直播 + 网红”营销

通过视频客户端或者网站对动物园焦点动物、热门话题开通阶段性直播互动，或者在固定平台、固定时间开通固定栏目实施视频直播，满足网络时代信息传播的多元化需求。

网红直播门槛低，但技术要求高。动物园可以选择与自身形象相符的明星、网红进行合作，也可以尝试打造自己的网红形象，如行业意见领袖、资深饲养员、形象或语言表达有独特风格的员工等。

常态化的直播营销，需要进行良好的前期策划和内容规划，做好技术保障和部门之间信息的协调沟通，确保直播过程不出意料之外的情况，通过弹幕互动、抽奖、赠送礼物等形式增加观众的黏度。结合动物园官方微信、微博、QQ 群等平台配合推广，形成多种自媒体营销相结合的组合营销。

第五节　新闻与广告传播

一、新闻传播

不管是动物园的整体营销还是具体的活动、保护教育项目推广，省钱且宣传面较

广最具权威性的信息传播的手段为新闻宣传。可通过引导媒体进行新闻跟踪、深度报道及专访、专栏的形式对需要宣传的信息和题材进行挖掘。从而达到扩大影响力和知名度、公信力的目的。

新闻价值五个重要构成：时新性、重要性、显著性、接近性（相关性）、趣味性。

就普通读者而言，新闻价值主要体现在：是否对他们有用、是否与他们有关、是否有趣。而动物园的新闻报道线索的重点应突出两个方面，即趣味性和相关性。

（一）新闻媒体选择

本地及动物园目标宣传范围的电视、报纸、电台、网络等主流媒体为最佳媒体合作伙伴。根据动物园受众群的特殊性，同时可以与少儿类、教育类、环保类、科技类栏目加强交流。

（二）新闻素材

- 园内动物趣闻。
- 动物引进、生长繁育信息。
- 动物保护研究成果。
- 保护教育项目及活动。
- 节假日园事活动。
- 本地野生动物救护。
- 动物园建设发展动态等。

（三）新闻写作与新闻点的挖掘

新闻五要素指的是通常所称的“5W”“1H”：WHEN（时间），WHERE（地点），WHO（人物），WHY（原因），WHAT（事件），HOW（“怎样”包括结果、过程、经验、做法等）。新闻通稿写作，需要完整、全面地将新闻时间的5个基本要素表达清楚。

新闻通稿撰写要以事实为依据，尽可能多的提供背景资料。同时，把握新闻材料的五个基本要素，充分挖掘报道线索的新闻价值。

日常新闻宣传中，要尽可能地挖掘动物园内有趣的、新鲜的、市民喜闻乐见的消息。同时，引导媒体关注动物保育幕后的感人故事。如动物园中的动物发生的新鲜事，动物繁育中发生的“首次”、“最后”、“最大”、“最好”，同时寻找动物新闻中老百姓关注的动物明星，或者动物之间、人与动物之间发生的富有人情味的、戏剧性、新奇性、反常性的故事。

动物园活动策划及教育项目推广的新闻宣传，应尽可能地寻找新闻点，有意识的与一些环保主题日、社会热点挂边，或者策划一些大众未了解或神秘度、互动性和参

与度较高的环节，制造新闻点吸引媒体关注。也可以通过与政府机构、社会团体合作共同开展的形式，提高媒体关注度和社会影响力。要做好活动及项目推广开展过程中各阶段新闻宣传点的合理安排，引导媒体持续关注。与媒体直接合作开展活动并进行独家报道也是推进一些社会关注度不高项目的有益尝试。

在公众面前，动物园必须用大众能够接受的方法解释动物园的所有行为，清楚地表明动物园的使命是保护，并以最高的动物福利标准来实现。当人们清楚地认识到动物园应该以这种形象站在公众面前时，向媒体描述的重点就会放在动物园为动物福利所做的努力、保护教育取得的成果、动物园为野外研究所做的贡献这些方面。动物园也才能在环境保护领域建立起自己真正的社会地位，获取公众的理解和支持。

（四）新闻采访

组织媒体采访之前，应根据媒体报道形式与素材需要的不同，安排好采访要点。如报纸摄影记者照片如何拍摄，电视画面如何采集，广播声音录制从何入手等。

根据采访内容及宣传信息的重要程度，安排不同工作人员接受记者采访。但任何时候，媒体采访都尽可能做到事先沟通准备，新闻接待人员全程陪同，以确保对外信息准确一致。

接受采访：

● 动物引进、繁育、趣闻等可安排饲养员、饲养技术人员接受采访，以增加亲和力。

● 动物园普通园事活动、保护教育活动等可由宣传人员接受采访，以增加可信度。

● 动物园大型园事活动、建设发展动态、保育研究发现等由园领导接受采访，树立动物园良好形象。

● 新闻发言人制，遇到新闻情况较为复杂，表达不准确或消息容易引起争议的报道，由单位指定的新闻发言人接受媒体采访。

（五）新闻发布后的工作

1. 跟踪。及时跟踪所邀请媒体记者，过问拟播发情况，日常宣传报道争取尽可能发，尽可能多发。

2. 归档。及时将反馈回来的各种信息收集、分类、归档、制作简报；重要的、有广泛影响力的信息应上报相关领导，并写简讯上传至动物园、上级主管局、中国动物园协会网站。

3. 统计。将在各大媒体上发布的新闻条数按日期、版面、标题、主要内容进行记录。对正面积极且影响力大的报道或者有偏差的报道进行总结。

（六）媒体的沟通与联络

1. 指定固定的通讯员与媒体进行日常联系。

2. 建立媒体记者联络表、工作群，做好与本省、本市主流媒体的密切联系，并掌握中央级媒体的记者联络方式，即时通报动物园新闻亮点，挖掘专题素材。

3. 即时了解媒体动态，在重要宣传活动之前与主流媒体记者取得沟通，寻求意见。

4. 即时总结各家媒体对动物园的报道情况及态度，遇到存在误解或报道体裁方向不符的情况适时做出调整。

5. 通过短信、电话等形式向媒体朋友送上节日问候与祝福。

6. 根据媒体宣传报道情况，对合作较好，表现突出的媒体及记者予以一定的奖励。

在与媒体记者的沟通中，任何时候都要尽可能地保持友善和持续的热情，即便是在非常忙碌时他们的突然到访。

二、广告传播

（一）借助形象代言人

选择一个代言人对于动物园品牌形象和市场营销有着至关重要的作用，无论是选择一个艺人还是单位员工作为代言人，要非常慎重，且尽可能做到以下几点：

1. 真正了解促销的产品或者服务。

2. 能够在社交场合中感到自在，能够享受媒体的采访和雇员对他的痴迷。

3. 最好是选一些特别的人，是专属贵机构的——没有参加其他的行销活动。

4. 代言人必须能够广泛吸引大众，必须不被某个年龄段人所排斥。

5. 符合综合性的媒体角色。如电视、广播、手册、网站、记者招待会、现场活动等。

动画人物和动物作为形象代言人是动物园宣传不错的选择。它们没有任何偏见，不会惹麻烦，比较容易引起消费者的注意、唤起他们的情感。他们可爱的形象会长久存在消费者心中；但在动画人物的形象及动物的选择上，需要有独特性。

（二）让广告词经久难忘

成功的广告词应有特色，并反映动物园的发展重点，或者推广项目的主要特点。好的广告词应做到精确、相关、让人为之一振。

创造一个有力、有意义的广告词一个重要因素是使用记忆术和顺口溜。

设计广告词的几条原则：

1. 将单位的名称包含到广告词中；

2. 使用一个让所有员工都能念得顺口的短语，不管他在哪部门任职或干什么；

3. 即使不在世界范围内活动，也要假设你在那么做；

4. 不要总是使用一个口号，可以将老广告词翻新；

5. 尽力使之动感或顺口，使广告词融入生活。

（三）广告传播中 3 个最关键的因素

视觉效果：广告或者广告系列应该在视觉上有一种说服力，能够吸引观众或者读者的眼球。

一个有效的方法就是在屏幕上依次闪现三行广告词，最后消失在单位的商标中。为什么是三行呢？因为三行能创造一种视觉兴奋，让观众的注意力在广告或者显示上停留十秒钟，给他们留下一个欢快、积极、持续的印象。

位置：广告需要出版物的版面、电视或者广播的时段，以便让足够多的人群看到或听到广告。

频率：应该在预算内尽力做到广告出现的次数最多。

平面媒体的最佳广告版面。杂志：封底、封面内的第一页和最后一页、目录的顶部，还有刊物相对受欢迎的部分。报纸：最佳位置是第一部分的第三页，其次是第一部分的末页。当然，还与报纸的版面安排有关，尽可能不与同类广告放在一起。

电视和广播中投放广告的技巧。电视广告最有吸引力的时段是在插播节目的第一次商业性休息空挡。广播是资金预算不多情况下很好的宣传途径。广播广告安排的时间很简单：驾车时。即早上 6：00 ～ 8：30 和下午 4：30 ～ 7：30。

资金有效利用的最佳方式是减少刊物版面及广告播放次数上，把额外的钱花在买最好的版面最佳的收视收听时段上，以使每个目标受众都有可能接收到动物园发出的信息。

第六节 动物园危机管理

动物园危机管理一般针对园内突发的或有可能将要发生的，可能引起有损动物园形象的事件，如动物疾病、死亡、事故，游客投诉等。

危机管理一般分为三个阶段：危机前、危机中和危机后。

（一）危机前的防范

建立危机处理的制度体系，做好分工，明确责任，有奖有惩，通过培训、预演等形式，形成完善细致的部署。

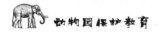

（二）危机中的处理

视危机轻重缓急采取不同的应对方案。有合理回应、淡化、转移、否认、表明态度、纠正行为等修复策略维护动物园形象和声誉。

通过建立新闻发言制，组织培养一批跨领域的发言人，制定多种情况下的应对办法，使得信息能够以最快的速度传播到利益相关者，尽可能的缓解危机的难度。

（三）危机后的处理

危机事件之后，要通过总结经验，深入剖析问题发生的原因，在建立内省基础上，进一步梳理各类环境，建立预防危机的文化氛围和应对能力。

危机处理需注意以下原则：

面对动物园可能发生的媒体曝光或负面报道事件，视事情影响面确定应急预案。

一般性事件，如获悉有媒体关注，园内相关责任部门应第一时间与分管领导及宣传推广部取得沟通，做好应对媒体的统一态度意见和接待处理方法等准备工作。

遇到园内重大新闻隐患，需召开新闻应急专题会议，达成对外媒体应对的预案，并及时行文向上级主管局部门汇报，寻求支持。

如果事情发展及消息外传可控制性较强，做好媒体应对预案，但原则上不主动对外发布消息。如果事情向恶性发展且消息外传可控制性弱，应采取积极态度，在事情发生后的第一时间召开媒体通气会，通过单位领导或者新闻发言人正式发布消息，说明事件原委，园方所采取的努力及事后处理方案（主动组织媒体报道的好处在于出席新闻会的记者基本上是单位日常联系的记者，报道方向会从有利于动物园的方面入手）。

第七节　公共关系维护

对动物园运行过程中给予特别支持的单位和个人，在节日或假日到来之前，开展答谢活动。形式可以为发祝福短信、贺卡、派发特色小礼物、举行答谢晚宴或举办聚会等。为活动的支持单位和个人间交流提供了解的机会，同时深化与动物园之间的下一步合作。动物园的动物认养人或者赞助者如果被告知他们的钱如何直接帮助野外保护、改善动物园里的动物福利以及动物园怎样利用事件、促销、展示会等方式与其他保护团体合作，人们可以基于利他而非经济考虑，受鼓励而去支持动物园。动物园应该永远把握机会去感谢人们通过游园参观、捐款、赞助，对动物保护及保护生物多样性所做的支持。人们第一次捐赠是因为某个呼吁触动了他们的感情之弦，动物园的募

捐机构要将这份记忆——激励第一次捐助的动因——保存下来。这份触发因素，无论何时何地都应该成为捐赠呼吁主题的一部分。

第八节　动物园教育项目营销与推广

良好的教育项目营销与推广是基于良好的教育项目策划和动物园在大众心目中长期积累的正面、积极品牌形象。动物园组织的各类教育体验具有专业性、独特性、灵活性，在众多非正式教育产品中拥有独特的魅力和天然吸引力。但随着自然体验及自然教育产品日趋丰富，动物园的教育项目营销需紧跟市场规律，遵循顾客为导向的核心观念。

（一）以顾客为导向的营销策略

1. 满足消费者对一种产品的全部需求

对教育活动品质的要求，对价格的要求，对服务的要求，符合现代营销观念所强调的广义产品概念。

2. 满足消费者不断变化的需求

如果教育产品不推陈出新，总是一副老面孔，必然会被市场淘汰。必须不断更新换代，通过产品生命周期理论满足消费者动态发展的需求变化。

3. 满足不同消费者对不同教育产品的需求

动物园教育产品需要通过不断的市场细分和目标人群定位，推出具有不同特色、满足不同人群需求的产品。

4. 注重双向沟通，树立整合营销理念

整合营销理论认为，营销即传播，传播即营销，所以，教育项目的宣传推广必须重视与消费者的双向沟通，想顾客所想，创造顾客所需，以顾客需求为中心，打造受市场欢迎的教育产品。

（二）巧妙表现营销内容

1. 成功营销的三要素

- 令人兴奋；
- 新鲜、有创意；
- 一个能够使消费者行动的口号。

营销的重点就是刺激潜在的消费者，让他们在看到动物园的营销宣传时感到兴奋

和激动，并把注意力转移到动物园的活动和服务上来。

2. 制定一个独特的营销方案

每一个即将要营销的活动项目或服务必须要有一些好的特点。把其中三个最吸引人的特点拿出来，然后把它们放在营销计划的首要位置。

一个项目特点描述很长的清单往往会扰乱消费者，导致那些可能促使消费的优点因此被忽略。冗长的描述不能给人留下深刻印象。三个最主要的特点就足以给潜在的消费者足够的信息，以至于最后做出决定。

3. 动物园活动和教育项目的营销推广技巧

（1）新颖独特的创意

创意，是社会实践、知识积累、探求精神、触发信息和类推能力的合成。需要创作人员通过对营销内容及活动项目的充分了解和挖掘，找出最吸引人的点，进行宣传点和宣传手法的包装。

（2）鲜明生动的特点

宣传和推广动物园的一项活动或项目，需要突出活动的特殊性，大众需求且动物园独有的。

（3）掌握形式多样的营销宣传技巧

在推出一个夏令营项目中，设计内容丰富多彩且具有教育内涵。如夜间活动可能有的吸引点有：帐篷夜宿；夜间探秘；萤火虫。

幕后之旅可能有的吸引点为：体验动物营养师；体验动物医生；探访大熊猫的家。

大自然探索活动中可能有的吸引点为：自然调色板；生物多样性调查；观察蝙蝠。

最恰当的方式是突出夜间活动、幕后之旅、大自然探索三个有吸引力的主题。在传播媒介时间、版面允许的情况下，可以有针对性地逐一罗列，对细节进行说明。

常用的营销宣传技巧有：

美化与赞美：通过对优点、特点的突出给受众产生良好印象。但赞誉要恰如其分，实在可信。语言表达要适度、慎重。

印证：进行典型示范或现身说法，利用印证者的知名度和可信度吸引大众。

号召：应用大众的从众心理，号召关注、参与动物园的活动。

重复：通过信息的反复传递，达到公众的关注、认同和支持。

（三）培养回头客

动物园在提高客流量及保护教育活动的项目参与度的营销和推广工作中，培养回头客与挖掘潜在客群同等重要。

针对曾经参与过动物园相关活动的访客资料进行分类整理，建立信息更新和反馈体系。通过直邮、电子邮件、短信、电话访问等形式进行直接的宣传。有吸引力并且

附带促销信息的电子邮件可以发给承诺及时告知其信息的那些客户，可以考虑附加奖励或者礼品卡，为活动做预热。对活动进程进行信息反馈。在一项活动的进程中及结束后，以邮件或视频、图片共享的形式给活动参与者以动态信息跟踪，鼓励有意参与者的实际行动，与活动参与者建立联络，稳固感情。与新客户建立良好关系的关键期是他消费后的第一周。了解参与者对服务的满意度或者对不足的地方加以补偿时，最好在一周之内与顾客进行沟通。与忠实客户间关系要保持热度。客户参与贵单位的活动越多，他越应该得到认可和重视。无论互动活动持续何种形式，一定要内容相关，主题明确，并且要坚持下去。

第九节 营销宣传成效评估

有许多指标可以用来评估宣传策略的成效。

短期内动物园必须检验他们对外宣传的信息是清楚且易懂的。长期，动物园应该调查自身保育工作的公众认知，特别是在动物园在野生动物的保育角色上的认知度。可以通过游客增加的数量、动物园会员增加的数量以及赞助计划的增加量，尤其是那些支持保护的计划，来衡量动物园的公众支持度。也可以用关于动物园保护新闻的正面报道或专栏增加量来衡量针对一般媒体的宣传效益。

第十六章　保护教育项目实施效果提升

第一节　影响技巧

教育和游客体验对于动物园的成功是至关重要的。富有魅力的教育性游客体验建立起人们对动物和自然的情感、传达动物园的保护角色、影响游客的知识和态度。这些机会将强化游客在动物园体验的乐趣。他们可能再回来，也可能与其他人分享他们的看法。因此，教育有助于增加动物园的访问量和创收。动物园工作的核心是通过教育传达动物园保护信息，因此，动物园应明确教育是动物园使命的完整部分。

作为动物园保护教育工作者希望让人们承认教育的重要性，希望批准一个新的项目预算，还想让同事接受富有想象的教育观点，或是激发他人采取行动，游说是一项极其重要的技能。因为每个人是不同的，有不同的个性，没有唯一正确的方法去影响他人。然而，我们可以应用一些证明行之有效的技巧建立自己的领导力和影响力。

影响技巧包括：人与人之间关系维持技巧，沟通技巧，表达技巧，同理心（换位思考），学会倾听（了解他人的技巧）。

一、影响他人

有效影响他人的技能包括人际关系、交流、表达和自信的技能。真正地承认和欣赏他人，真诚地去理解他们的观点对赢得他人的支持大有帮助。影响技能要求教育工作人员了解自己以及其他人如何看待自己（这也包括有勇气询问他人如何看待自己）。影响他人依赖于洞察力以及足够灵活以适时改变自己行为来改变他人对你的看法。影响他人也是通过你的交流风格、热情和身体语言创造一种产生效果的能力。

如果有一个教学项目，发现它正在“失去”受众，可能需要调整它的表达风格来更好地满足受众的要求。影响他人的能力包括评估他人反应的能力以及调整自己的交

流以适应他人风格。这种被称作“同步”的技巧让自己与他人建立一种和谐，有利于坦诚交流。

最重要的交流技能是仔细地听他人正在说些什么，提出问题以保证真正理解了。总结一次讨论的要点是一个好主意，那样，每个人都明白现行讨论进行到什么地步了。设想一个情景让他人讨论出可能的解决方案，这样就能引出他人的好主意。

补充：

美国普林斯顿大学曾对1万份人事档案进行分析，结果发现，“智慧”“专业技术”和“经验”只占成功因素的25%，其余75%决定于良好的人际沟通。哈佛大学就业指导小组1995年调查结果显示，在500名被解职的男女中，因人际沟通不良而导致工作不称职者的占82%。

二、影响的两个层次

当人们定义自己同他人的关系时，当人们影响其他人时，有两个重要的变量——同意和信任。同意层次可以涉及目标、方向或者大的事宜。信任层次涉及可信性、可预见性以及可靠性。在这些情况下练习应用自己的影响技能，自己的方法将如何不同？

思考自己现在处于以下哪个位置，未来发展的目标和影响力追求哪个位置，这样可以不断调整影响技巧以逐步提升影响力：

卓越的领导人：将个人的谦逊品质和职业化的坚定意志相结合，建立持续的卓越业绩。

坚强有力的领导者：全身心投入，执着追求清晰可见，催人奋发的远景，向更高标准努力。

富有实力的干部：组织人力和资源，高效地朝既定目标前进。

乐于奉献的团队成员：为实现集体目标贡献个人才智，与团队成员通力合作。

能力突出的个人：用自己的智慧、知识、技能和良好的工作作风做出积极贡献。

三、提高影响技能需要这些特征

- 灵活，调整自己的风格去适应情境和他人。
- 当使用通常的方法获得需要的结果时，尝试用不同的方法思考困难的情境。
- 致力于“双赢”的解决方案，那样每个人得到一些想要或者需要的东西。

● 对待他人要前后一致、态度明确。

● 使用简单、更精确和更恰当的语言。

要具备更大的影响力：

● 真正地倾听他人，首先理解他人，然后再被人理解。用简单的语言清楚地表达自己。

● 解决问题，而不是总带来问题。

● 对自己的能力、实力和员工的能力与实力充满信心。

● 不抱怨如何忙碌，让他人对自己充满信心。

● 对工作中的困难客观表述但要表现出知难而上的积极态度。

● 向领导和同事证明自己的价值和才智，有策略地获得更多资源，而不是抱怨没有什么。

● 让每个人知道自己部门在做什么以及如何与动物园的使命保持一致，为自己的项目和行动争取支持。

● 建立同事沟通平台，及时告知日常工作信息及进展。

● 用游客或参与者现身说法说明所开展的保护教育工作的影响力和有效性。

● 客观评价自己，用完整的评估数据说明工作的成功与不足。

● 报告工作进展——向园长和领导定期书面汇报与其相关的新进展。

● 在开任何会议之前，想想自己和他们想要得到什么样的结果。

● 与人友善，考虑他人的需求。

● 邀请单位同事一起开展他们感兴趣的活动，寻找能突出他们自身优点、兴趣点及工作成就的内容开展活动。

● 指定亲属优先优惠方案，号召同事的孩子或其他亲友参加本部门开展的趣味教育活动。

● 注重与直接领导和部门同事在观念上的沟通，适时推荐可以引导其观念的资料或专业性培训。

● 寻求和考虑他人的观点，以非正式的咨询、讨论形式寻求帮助与支持。

● 以开放的心态面对思考情形和事宜的不同方法。

● 实践！对于任何重要的影响情境，计划好你的方法，将说什么，怎样说，做什么。

● 通过设计、开发、执行，或者推动新的系统、过程或者政策，在促进组织改变上担当积极的角色。

● 寻找改变的机会——寻找新的和更有效的方法去工作、管理和领导。

补充：

库孜斯提升领导力的五大任务和十个步骤：

第一任务：以身作则

1. 有明确的信念、理念和方向；
2. 把理念变成行动，做出榜样。

第二任务：激励人心

3. 给他人掌声、鲜花和肯定；
4. 善于集体庆祝，鼓舞气势。

第三任务：追求变革

5. 挑战现状，抓住机会，敢于决策；
6. 对决策组织落实和执行。

第四任务：联合众人

7. 建立事业的合作联盟，整合资源；
8. 协调好各方面的关系，团结一心。

第五任务：共同愿景

9. 展望未来多种发展的可能性；
10. 将美好愿景变成大家的愿望。

四、形成网络

形成网络就是要培养与他人有意义的关系，那样，当自己需要信息和支持时，就可能找到可以帮助自己的人，当他们需要别人帮助时，也能够帮助他们。这种网络可以从专业上帮助自己，助自己成为未来的领导者。

形成网络是要结交这样的人们，他们能够在事业上帮助自己，帮助把工作做得更好,学习有效地处理挑战,过得开心。具有这种保护教育专业需要的特殊的才能和兴趣，与自己的同事形成网络是让别人知道自己的才能。只有当人们把自己当作一个资源时，人们才会需要你的时间与才能，那就等同于形成最容易的网络类型。

已经拥有了一个在其中工作的网络，动物园同事、家人、大学朋友、邻里支持；所有能为自己服务的人都在名单上面——所有这些人们组成自己的核心网络，也是能够有效交流的人。

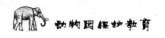

第二节　解释争议性问题

在动物园开展教育活动时，经常要面对并解释有争议性的问题。活动参与者可能会对动物园的观点提出异议或挑战，如果回应不当甚至会相冲突，本节将阐述如何有效应对这种局面，并为大家提供这方面的实践案例。

一、要做到知己知彼

动物园的教育工作者可能会发现，自己解释问题的立场与有些听众的观念和价值观有冲突，这样可能引起他们反击心理甚至将他们激怒。认识到可能发生的情况并且事先做好准备十分重要，因为只有知己知彼方能从容应对。

（一）了解可能引发争议的问题

动物园里的动物福利问题、在教育活动中是否正确使用项目动物、用于中药材的动物制品以及宠物的买卖等，这些问题都可能引发争议，这些争议有可能直接来自于动物园的游客，并且可能会对动物园造成影响。比如：

- 为什么要把野生动物关在动物园里？
- 游客向动物投喂食物对不对？
- 游客与一些动物近距离的合影好不好？
- 某动物园用活体动物投喂肉食动物，是尊重自然习性还是展现暴力血腥？
- 某些动物园的展览设施为什么还在沿用着陈旧不堪的铁笼或铁窗式笼舍？

而有些问题即使在动物园的同行中间也可能产生分歧。比如：

- 人口过剩的问题；
- 过度捕猎的问题；
- 食用野生动物的问题；
- 中国传统医学里使用野生动物制品加工成药材；
- 将外来物种当作宠物。

（二）了解问题的主题

在遇到争议问题之前，必须作好应对的准备。保护教育工作者要尽可能多地知道争议性问题，并且了解这些问题可能会具有哪些不同观点，以及这些观点是基于怎样的事实，并能够清楚地将事实与观点加以区分。如果有人陈述他们了解的实际情况，

补充：

外来物种：也称“入侵物种”，它的引入确实或可能引起经济的或环境的损害或者伤害人的健康。从广义来说，生物入侵早已有之，它是一种“自然”的生物现象。只是近来由于人为的因素造成物种迁移的速度加快，对人类造成的损失和伤害越来越严重，特别是人们原本为了自身的利益而引进的动物和植物，其中一部分最终导致无法控制的局面，反过来给人们带来重大损失，人们才倍加关注这个问题。

可以分享你所掌握的相关信息。这样可能会缓解争论，但争辩者也可能始终坚持他们的观点。保护教育工作者应该接受这种分歧，并从始至终以友善的、尊重的态度对待他们的观点。

（三）了解动物园的立场

保护教育工作者必须清楚地知道，自己的动物园是否在有关问题上有正式的立场。如：对在动物园饲养野生动物的看法究竟是怎样的？野生动物为什么要“关”在这里？动物园中饲养的动物个体是如何为拯救野外种群作出贡献的？

（四）了解自己的看法

保护教育工作者时常要思索、梳理潜在的争议性问题，探究自己对这些争议的感受，形成自己的立场和看法。同时更不要忘记，自己身为动物园的教育工作者，必须自如地解释动物园的立场。

二、回应争议的实践演练

假设在一些具有争议的问题上有听众提出质疑，保护教育工作者平时就可以练习如何回应这些质疑，必须学会平和而自如地应对这种状况，但是也别指望这样就可以改变人们的看法，因为这种情况未必会出现。

当保护教育工作者面对听众提出的具有争议的问题时，首先，让他们发表自己的观点，千万不要急于打断他们。接着，简要地重复他们的观点以便明确他们的意思，同时也让他们知道你理解了他们的问题。然后，根据所了解的情况以及动物园在此问题上的看法加以回应。如果不知道答案，就直接说“我不知道”，但要表示乐意在交流结束之后为提问者寻求答案。

三、回应争议性问题的实例

1. 如果你们真的关心动物福利，为什么还要将他们“关”在动物园?

在动物园中饲养野生动物有以下原因：第一，动物能够向公众传播物种知识、动物习性以及与其相关的环境知识；第二，在动物园中经常开展科研工作，比如动物行为学研究,使研究者更充分地了解动物的需求,并能够更好地保护自然界中的野生动物；第三，动物园是动物繁殖和再引入项目的重要环节，为保护某些特定物种发挥了巨大作用，由于某些物种的稀缺性，在动物园繁殖后代是他们生存的最后希望。此外，为了减少听众对动物园中的动物福利方面的质疑，还可以说明，由于野生动物在动物园中获得了精心的照顾、营养和有规律的食物，隔绝了掠食者的干扰，因此存活的寿命往往高于它们在野外的寿命。

2. 中国人口太多了，人们能够为拯救环境做些什么?

中国的人均资源消耗量并不高，可正因为中国人口庞大，在世界上中国所带来的环境压力常常被拿来与发达的工业国家相提并论。中国已经就人口、资源、环境和经济发展等各方面制定了发展战略，并在一定程度上进行了总体上的协调。就个人而言，当然有权利追求更好的物质生活，但同时也不要忘记，只要每个人都降低一点对能源、水等资源的消耗，人们就能够为拯救环境形成巨大的力量。

3. 你吃肉吗?你穿皮革制品吗?

实事求是地告诉大家吃或不吃、穿或不穿。是否吃肉或者是否穿皮革制品这是个人的选择。大多数供人们食用或用来制造皮革的动物，都是经过人类长期驯化的家养动物，它们不是濒危动物也没有面临绝种的生存危机。动物园劝告您不要购买受到保护的濒危动物和濒危动物制品，因为这些动物被消耗的速度远远超过了其繁衍的速度，人们会面临永远失去这些物种的危险。

4. 中国还有贫困人口需要帮助，难道救助动物比这更重要?

事实上帮助人类的和救助动物是一致的，例如两者都需要清洁的水和空气等。虽然每个人的力量很弱小，只要大家齐心协力就能够解决贫困人群和野生动物共同的需要。而且更不必要将这两件事情对立起来，无论你是去帮助了一个失学儿童，还是救治了一条流浪狗，或是参加了一次志愿者活动，都是有意义和值得称赞的。

5. 为什么不允许游客给动物投食?

动物园的工作人员会在动物来到动物园前，研究每一个种群所需要的食物构成、喂食频率，等动物来到动物园后，又会对动物饲养情况进行严密地监控。如果随便给它们喂食，会扰乱动物原本均衡的膳食结构，引起动物进食过量或吃到不健康的食物，甚至因为误食导致动物生命危险。所以请游客不要向动物投食。另外，即使动物园监控了游客携带食物的类型和数量，也不能任由人们向动物投食。因为动物会习惯和依

赖人们的投喂，从而逐渐丧失野外的自然摄食行为。显然，动物园更希望游客能够观察到动物真实的自然习性。

6. 怎样看对动物园过去的动物表演？

住房和城乡建设部 2010 年发布的《关于进一步加强动物园管理的意见》（建城〔2010〕172 号）中明确规定：“全面清理各类动物表演项目。各地动物园和其他公园要立即进行各类动物表演项目的清理整顿工作。”这里提到的“动物表演”，指的是不符合动物的福利需求，通过残忍的、不人道的传统驯兽训练方式，是动物在承受痛苦的前提下，获得一定的表演能力，但这种表演所传达的信息主要集中表现在“人类对野生动物的控制”或“野生动物获得了部分人类的能力”，或者仅仅限于“野生动物对人类行为的模仿”等方面，总之，传统意义上的“动物表演”是“通过错误的手段传达错误的信息”。由于经济利益的驱使和人们文化水平的局限，使得这样的动物表演在一定程度上“颇受欢迎”，但作为动物园保护教育工作者，必须认识到自身的使命：如果对公众仅仅是迎合而不是引导，将永远使自己陷于被动局面。相信在不久的将来，就像目前世界上很多先进动物园的“神奇动物展示项目”一样，通过符合动物福利标准的训练方式，最终实现动物神奇能力的展现并最终传达保护教育信息，激发大众对动物的热爱和赞美。在动物园中，通过系统的学习正确的行为训练方法，掌握“正向刺激”的原则，在动物自然行为的基础上，选择动物的神奇之处向观众展示，并达到传播保护教育信息之目的的“表演”项目，一定会逐步取代现有的以营利为目的、通过虐待动物和低俗广告宣传手段的“动物表演”。

7. 怎样看待动物园里零距离接触动物？

国家林业局 2010 年发布的《关于对野生动物观赏展演单位野生动物驯养繁殖活动进行清理整顿和监督检查的通知》（林护发〔2010〕195 号）中指出：“动物园、野生动物园、野生动物观赏园、马戏团等单位要依据有关野生动物保护、驯养繁殖的

示例：

动物行为展示的典范：日本北海道旭山动物园曾经因为经营不善而濒临倒闭，自 1996 年以来，因为推出体现自然生态的动物行为展示，其中也不乏人与动物的近距离互动，不仅改善了动物福利，强化了教育效果，也使游客趋之若鹜，从而使其一跃成为日本人气最旺的动物园。

法律法规和技术标准等，对本单位野生动物驯养繁殖场所设施及条件、技术能力、经费保障、规章制度、应急预案、档案记录、活体标记、广告宣传、经营管理等各方面，进行全面的自查自纠，并立即停止低俗广告、野生动物与观众零距离接触、虐待性表演、违规经营野生动物产品等各种不当行为”。对其中提到的“野生动物与观众零距离接触”一项，应该按照动物园保护教育的总体要求认真分析和理解。首先，要明确以营利为目的的与动物合影活动在国内已被禁止。目前，在动物园开展保护教育活动的过程中，引入“项目动物”，会大大提高保护教育的效果。这里所说的“项目动物”指“在动物的常规展区或动物被‘持有’的区域的内部或外部，该动物在被介绍时，与训练员、操作员或公众有秩序地接近或身体接触，或动物本身作为正在进行的保护教育项目及类似项目的一个组成部分”。项目动物在公众教育以及实现教育终极目标——野外保护中发挥着强有力的作用。项目动物的角色是作为“大使”代表其野外的同类，与公众建立情感联系，促进公众接受保护信息，关注野生环境。

四、保持对教育流程的控制

因为每次教育活动的时间都很有限，如果有人说得太多了，要尝试以尊重的态度恢复对讨论进程的控制，并按照预定的时间流程继续下去。首先，要感谢游客的参与，并对他们表述自己的观点表示谢意，同时解释需要按计划继续下面的内容。最后，要表明工作人员很乐意在活动结束后，与任何人就此问题进行单独的讨论。

第三节　成功窍门——细节管理

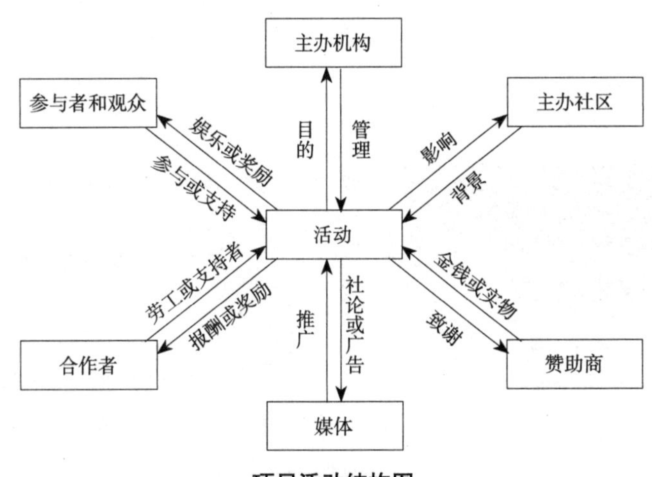

项目活动结构图

亮点：

所谓绝招，是用细节的功夫堆砌出来的。

——汪中求

认真做事只是把事情做对，用心做事才能把事情做好。

——李素丽

公众中能做大事的实在太少，多数人的多数情况总是只能做一些具体而琐碎的事，单调的事，也许过于平淡，也许鸡毛蒜皮，但这就是工作，是生活，是成就大事的不可缺少的基础。对于敬业者来说，凡事无小事，简单不等于容易。因此，人们一贯倡导：花大力气做好小事情，把小事做细。

为了事情做到位，把小事做细，一些行之有效的办法是：承诺制、表格化、工作细节标准化等，使工作细节的完成和落实更加专业化和标准化。这样人员在长期的工作过程中可以养成习惯，并体会到这些细节的重要性。考虑到细节、注重细节的人，不仅认真对待工作，将小事做细，而且注重在做事的细节中找到机会，从而使自己走上成功之路。

把重视细节、将小事做细培养成一种习惯。通过长期积累，自然会使自己在所做的工作中有大的提高。项目要想成功，一定要不遗余力地重视细节的不断改进。而细节改进的方向，就是满足人们对教育活动精致化的要求，一句话，就是人性化的要求。

成功是一个日积月累、持续不断的过程，任何企图侥幸、立时有成的想法都是注定要失败的。只有那些能够自如地应对环境变化，不断进行自我变革的团队和个体，才可能超越时代的保持住自身的优势。

以下罗列了活动执行中需要注意的一些细节，可以整理出自己的细节管理档案。

一、活动日程安排

● 尽早安排好活动的场地。

● 考虑这个项目是否适合安排在节假日，避免与学校活动、教师培训、考试、放假或教师节冲突。

● 精心编制一个与年龄相适应的日程安排，关注每一个细节。

二、检查信息的准确性

● 校对所有手册、宣传单和网站公告的准确性。确定时间、日期和地点正确无误。

● 核实相关的动物情况和统计数据。

三、活动报名和推广

● 建立一套高效的记录系统以跟踪活动的报名和取消情况。

● 根据活动的内容和教师的情况，评估活动的接待能力以确定恰当的人数规模。

● 如果活动对参加者的条件有一些限制要求，应在报名条款中明确地说明。

● 在报名资料中应包含明确的退款制度，并保证参与者都能够清楚明白。

● 要求父母告诉孩子的出生日期而不是年龄，这样就可以知道一个孩子是刚刚 5 岁还是快 6 岁了。

● 建立并保存活动参加者的信息库，这样在以后的活动推广中，可以有针对性地向可能有兴趣的人，通过发邮件或电话等方式进行推介。

● 利用正在开展的活动机会，向所有参加者口头推介其他活动项目，还可以在本次活动结束时分发相应的推广教材。

● 借助动物园内的标牌、宣传栏、小册子、导览图等媒介，张贴或印刷上活动广告，把动物园的教育项目推介给更多普通游客。

四、为参加者提供方便

● 通过发邮件、海报、信息报，或者手机短信提醒人们活动时间、地点及相关细节，如：在约定的时间教师会在动物园的正门外等候，并且会穿蓝色的衣服、举着卡通的活动标牌。

● 选择方便而且醒目的地方集合，即使不能一一引领，也要确保他们知道怎么在动物园里找到活动预定的集合地点。

五、关注人们的基本需求

● 清楚地传达后勤保障上的详细安排，如：如何用餐，如何获得相关的材料，并要关照到大家有什么特别的要求。

● 确定午休和午餐时间，并要适应活动流程的安排。

● 提供必要的饮料和点心，可以体现温馨和细节。

● 保证室内空间的适宜温度。

● 确保每个人（特别是成年人）都知道卫生间的位置。

● 如果有残疾人参加，确保活动地点是无障碍的。

● 为了使活动进程流畅，在开始前要让每个人都明白规则，如：告诉大家，有问题请举手。

● 使活动形式多样化，讲座、互动和游览可以交替进行，让人们能够始终保持活跃和有兴趣。

● 灵活运用不同的技巧，以保持成员的注意力，特别要管理好那些调皮的孩子。

● 如果活动成员精神不集中，可能教师需要临时调整一下，比如在“乏味”的讲座中增加一些互动游戏。

● 在针对教师的培训讲座中，不要在午餐后安排太长的讲座，听众很容易疲劳。

● 采用恰当的方式与听众交谈，如果教育者和 5 岁的小孩讲话，就应该避免使用很专业的术语或讨论过于复杂的问题。

六、确保安全

● 儿童项目报名时要询问他们的健康状况，如孩子是否有什么过敏症？

● 对于学校项目，要求学校有足够的成人前来陪护，以确保每个学生都得到有效的管理。

● 对于儿童项目，要求父母或监护人陪孩子进教室，在教师处登记，并要清楚谁会在活动结束后来接孩子。

● 在紧急情况下或孩子生病时，教师能够及时与其父母或监护人取得电话联系。

● 在活动中，孩子应该随时得到看管，即使孩子去厕所也要有人陪伴。

● 在任何项目中，参加者的安全都是组织者首要考虑的问题。

七、确保人们听懂教育人员所说的话

● 如果使用电脑幻灯片进行演示，应确保房间可以遮光，这样才能看得清楚。

● 在电脑幻灯片中，背景和文本应该有鲜明的反差，文字要足够大，以保证即使在教室后面也能看清楚。

● 确保听众能听到教师的声音，如果声音小，请用扩声器。

八、必须有后备计划

● 预先精心的准备可以防止延误。

● 提前印制并装订好要分发的材料，以防活动当天复印机出故障。

● 如果发现时间不足以按时完成项目，应该知道删减哪个部分。

● 如果活动时间有所富余，也应该清楚补充哪些活动。

● 如果出现下列情况，将怎么做?

——进行户外活动时下雨了。

——活动需要的动物因故不能展出。

——有人迟到了。

——本想在活动中重点介绍的动物生病了。

——动物做了些出乎预料的举动。

——本来要一起带队的同事请假了。

——参加者比预期的多来了几个人。

——某些原因不得不取消活动。

九、保持灵活性

最重要的是要随时保持灵活性。任何活动都不会一成不变地按照计划中的方式进行，所以教育者必须要懂得随机应变。

十、不断改进

设计活动评估表，活动结束时请参加者填写。这样，动物园就可以了解他们对于活动的安排喜欢些什么，而动物园又应该做些什么样的改进。

在开展动物园教育项目中，通过精心策划的后勤保障、准备预案并注重细节，能够避免许多问题。但是，不可预料的情况总会发生，因此必须保持灵活机动，而且要相信自己有能力通过创造性思维来解决问题。不要害怕失败——每个人都是从一次次的错误中学习和提高，而且通过冒险尝试新的方法往往会令保护教育工作者受益匪浅。正如探索任何新知，设计和执行教育项目也需要实践和经验。

第十七章　保护教育设施开发设计

教育设施：动物园教育设施是指科普馆、动物展区周围以及展区内展示动物生活习性、生物特点，宣传生物多样性保护及环境保护教育的设施。这些设施既有教育性，又有互动性，对丰富游客的参观体验具有非常重要的作用。

第一节　教育设施的重要性

一提到教育设施，国内动物园会有不少人把它与说明牌等同起来。的确，当前国内一些动物园的动物展区周围除了说明牌，没有更多的展示设施。而但凡去过国外先进动物园的人，都会被其内容丰富、形式多样的教育设施所吸引，整个园区呈现出浓浓的保护教育氛围以及文化氛围，让人时不时地为所呈现的动物神奇之处而感叹。如华盛顿动物园、新加坡动物园、鹿特丹动物园、奥克兰动物园等，其园区的保护教育设施可谓无处不在，而又精益求精，颇有点睛之意。

鹿特丹动物园有一片展示兽医幕后工作的互动区，深受游客欢迎。图中展示了一名游客在大象模型前模仿兽医伸入直肠检查大象妊娠情况，在模型中甚至可以摸到大象胎儿的腿。边上还有版面解释兽医的直肠检查工作。

一、创造富有魅力体验的重要渠道

为游客创造富有魅力的游园体验，对动物园的重要性之前已有专门的陈述。精彩的野生动物世界是吸引公众进入动物园的主要原因，亦是动物园最能体现其魅力以及让游客留下深刻印象的地方。然而，动物们令人惊叹的各种本领及特性，并不是在一次的参观

上海动物园大猩猩馆的环保柱通过箴言、触目惊心的数字、名人名言等传递了多方面的保护信息。

首尔动物园象展区教育展板通过漫画形式向公众介绍他们在提高动物福利方面所做的工作，这些工作使公众一目了然，无需更多的语言和文字介绍。

中就能全部遇见的。就以黑叶猴宝宝为例，除了新宝宝出生后一段时间内，游客能见到体色金黄的小宝贝，而后见到的就是一群全身透黑的猴子。这时，通过展区周围的教育设施就能进行常年的说明。所以教育设施是动物魅力展示的重要补充。

此外，教育设施本身要求图文并茂，富有艺术美感，本身给游客以美的享受和体验。一些富有趣味性、互动性的教育设施更让游客在了解到动物神奇所在的同时留下了快乐的体验。所有愉快的体验，都会促使游客再次来到动物园。

二、宣传保护教育理念的重要途径

2005 年发布的《世界动物园保护策略》中提到，动物园应该成为未来环境保护者的孵化器。这也是动物园存在的社会价值所在，亦是动物园的重要公益职能。要履行这一职能，需要动物园从多方面入手，开展保护教育项目。许多动物园都意识到了保护教育对动物园的重要性，于是要求动物园的保护教育部门尽可能多地开展各种形式的保护教育活动，而对园内教育设施的建设往往不提要求，究其原因，一方面，是国内动物园尚未完全认识到教育设施的重要性；另一方面，可能是教育设施需要有一定的经费投入，且其产生的社会效益并不是立竿见影。

实际上，教育设施与保护教育活动都是动物园保护教育工作的重要内容。动物园内教育设施展示的内容除了动物的特性，很重要的一部分内容是动物的生存状况、保护状况并倡导环保低碳的生活方式等，是动物园宣传生物多样性保护与环境保护理念的重要途径。此外，通过教育设施向公众介绍动物园在综合保护及保护教育中所做的

努力，亦有助于动物园树立良好的社会形象。

三、开展保护教育活动的物质基础

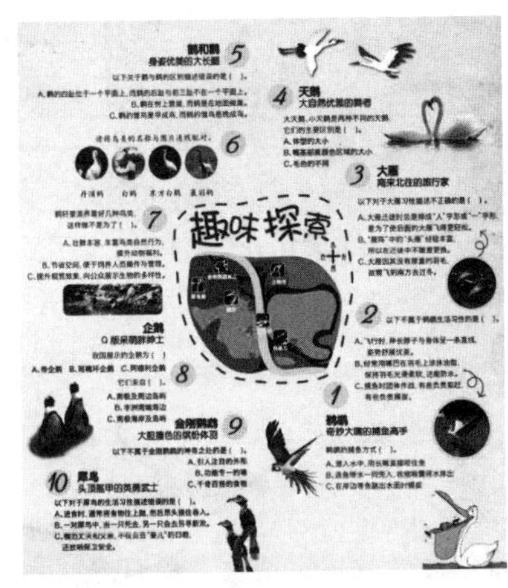

寻鸟探隹——鸟类趣味探索活动，在2017年鸡年生肖文化节中结合鸟区教育设施开展，主要面向亲子和学生群体。

良好的教育设施可促进保护教育活动的开展，尤其是针对青少年的保护教育活动。动物园的职能决定了它理所当然地成为当地的科普教育基地，时常要接待一大批的学生前来参观学习，这时，一种有效的教育方法就是引导其观看教育设施进行自主学习。但一个动物园如果缺乏丰富的教育设施，保护教育人员往往是“巧媳妇难为无米之炊”，很难以设计出生动有趣的自主学习清单。以上海动物园为例，他们近几年结合动物展区教育设施和生肖文化节等科普活动开展了游客自主探索活动，设计了生动有趣的探索任务单，丰富了游客的游园体验。

第二节 教育设施的分类

对动物园里的教育设施进行分类，目的是让保护教育人员了解从哪几个方面入手，丰富动物园的教育设施。动物园教育设施的分类暂且可有以下三种方法。

一、按教育设施放置的位置分

（一）动物展区周围

动物展区周围的教育设施是动物园教育设施中最重要的部分。绝大部分游客来动物园的目的，是欣赏各种各样的动物，所以将教育设施设置在动物展区周围，游客可以在欣赏动物的同时关注周围的教育设施，并从中了解到更多有关该区动物的特性及相关保护信息。

（二）动物展区内

成功的动物园展区，应该营造成为野生动物野外栖息地的一个微缩景观，一方面满足动物对生活环境的需求，另一方面也向公众传递了该动物与环境的关系。环境丰

豪猪展区改建后增设了树洞，在饲养上不仅提高了后代的成活率，同时也让参观者了解到，豪猪在野外通常将窝安在树洞中，在树洞中产仔、休息（需辅以版面说明）。

容属动物饲养管理的范畴，但同时也与保护教育范畴有交叉。

（三）科普馆

科普馆同样是动物园野生动物展示的重要补充。展区教育设施一般讲述展区所展物种的特性，而科普馆可从动物科学、自然科学的体系上入手，让参观者对自然科学有整体的认识；也可以专题的形式，讲述某一主题内容。当然，展示仍然要采取寓教于乐的方式，不能是说教式的呆板展示。

除了保护教育内容的展示，科普馆还是保护教育活动开展的重要场所，科普馆内应该设置科普教室。作为动物园保护教育人员开展活动的基地，科普教室是科普馆必不可少的部分，可以布置得富有动物世界的氛围，让动物园里的课堂别有特色。还应该有图书资料室、活动材料储存室等。

为让科普馆更具有吸引力（直接地说，也是为了迎合动物园参观者更热衷于参观活体动物的取向），有些动物园的科普馆还专设了小型动物或项目动物的展示区，如小家畜、无脊椎动物、两栖爬行动物等。此外，也可以在科普馆预留 1 ~ 2 个临展厅，一方面展示内容可以常换常新更具时效性，另一方面也可以配合保护教育活动进行更具针对性的展览。

国外有些动物园还将图书阅览室、影片播放厅、小餐厅或小咖啡厅安排在馆内，带来人气的同时让更多的人在休息之余自然而然地学习科普馆的展览信息。

二、按教育设施的展示内容分

教育设施本身要求内容丰富、形式多样，无法进行十分明确的分类。以下分类参考了世界动物园教育者协会网站（http://www.izea.net/）对教育设施的描述。

（一）动物说明牌

动物说明牌是动物园中最基本的教育设施。主要目的是让游客识别所展出的动物，说明动物的名称、基本的生物学知识。动物的名称通常要注上中文名、英文名、拉丁名，为满足小朋友的需求，最好还要注上拼音。基本的生物学知识通常包括分布、生活环境、食物、生活习性、寿命等。

除了文字说明，动物说明牌还应有动物的图片。尤其在有些展区是多种动物混养

的情况下，参观者更需要通过图片来识别说明牌所对应的展区内的动物。

对游客的研究表明，每个游客在动物园的景点前平均逗留时间仅有90秒，对动物说明牌的注意也只有10秒左右。这与说明牌通常是内容枯燥、形式单一不无关系。但说明牌却是展区前最受游客关注的牌子，因为游客的最低需求就是要知道动物的名称。为此，一块小小的说明牌，同样需要认真地组织内容、精心地设计版面。

考虑到大多游客在说明牌前停留时间较短，设置了“你知道吗”版块，让游客在最短时间里知道这种动物最有魅力之处。但过于统一的形式、规划如一的内容，使说明牌显得较单调。

（二）动物自然历史及其保护信息的深度展示

动物园里仅有说明牌是远远不够的，应该将动物自然历史及保护信息，通过各种形式的教育设施展示出来。要求内容丰富、形式多样，以便更好地达到展示目的。

这部分工作是教育设施制作中最富有挑战性的部分。保护教育部门的人员首先需要查阅各种资料，尽可能掌握有关该展区动物的丰富的生物学知识、生存状况等。并在此基础上，将各种知识点以多样化、互动性的形式制作出来。这是一个学习的过程，更是一个创新的过程。

此外，这部分内容的展示可以有多种形式，除了最常见的版面，还可以借助多媒体，或者绘画、雕塑等于艺术相结合的方式。

（三）导向牌

动物园里的导向牌从严格意义上来说，并不属于保护教育的范畴，但由于其制作时所用的材料、标识等与教育设施制作有相同之处，这项工作往往被交给保护教育部

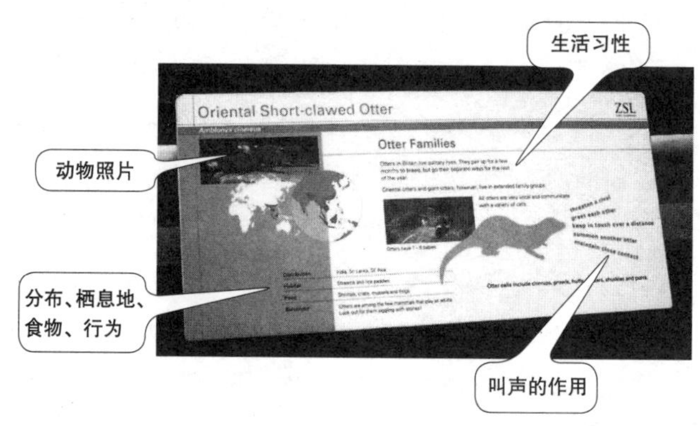

伦敦动物园的说明牌，同样讲述了动物最基本的内容，但以图表示地理分布让人一目了然，形象的声音作用的说明更能吸引游客驻足阅读。

树型指路牌

平板型指路牌

国内部分动物园安全标志之禁止喂食标志

新加坡动物园的请勿喂养标志

门来完成。动物园里的导向牌主要可分为指路牌、区域导向牌、服务信息牌三种。

指路牌是园区内为游客指路的标牌，指示的内容包括动物展区的分布、餐厅和厕所等服务设施以及出口等。其中动物展区的分布是动物园指路牌最主要的内容，需根据实际情况仔细考虑清楚，除了指示指路牌附近的动物展区，是否还需要指示出较远区域明星动物的前往方向。这一点可借鉴城市交通指路标志系统规划设计方法以及国家标准，让游客在动物园里可轻松地找到想去的地方。指路牌的形式有多种，常见的有树型、平板型两种。动物园为增加园林美感，路线往往是弯弯曲曲的，树型指路牌因为可以指多个方向，常被采用。也正因为可以指多个方向，树型指路牌一定要明确一点：所指的方向与路线一致，即仅指指路牌所在位置前往某种动物展区的路线，而非某种动物展区所在的方向。平板型指路牌则主要通过版面上的箭头来指明方向，适合在单一路线或路线正十字交叉时指向用。

区域导向牌通常设置在动物园某个区域的分界线或入口。这类标牌通常要求文字醒目，同时设计的图形及风格能让游客对这一区域特点有直观的了解。

服务信息牌：动物园为游客提供各类服务性信息的牌子，如动物园展区的讲解活动时间；展示动物行为训练时间，幕后活动时间等公告牌示。这类牌示是配合动物园活动的设施。

（四）警示牌

警示牌在动物园中主要用于提醒游客注意游园规则或避免伤害。在是否使用统一的警示标志的问题上，存在着两种争议，一种意见认为，应该使用统一的警示标志，人们可以清楚地理解标志所传达的信息。《动物园安全标志》GJ/T115-2017在国内多家动物园中得到了推广应用。另一种意见认为，动物园作为人与自然和谐共处的场所，不宜用生硬的“严禁”“禁止”等强烈否定语气，应当用肯定及建议性语气提醒游客该如何做，同时不一定要用统一的警示标志，用漫画等其他形式的提醒，往往更能让参观者留下深刻印象。在第一届亚洲动物园教育者研讨会上，新加坡动物园的教育者曾对此做了专门的陈述，得

到了与会者的一致赞同。以上两种意见均有可取之处，各园可根据自己的理解进行选取，但是不管采取哪种意见，警示牌必不可少，尤其与安全相关内容。近些年国内动物园发生的几起动物伤害游客的事件，也常常因为警示、提醒不到位而归责于园方。

三、按教育设施的展示形式分

教育设施的形式或者说载体本就多种多样，很难论述全面，本书罗列几种比较常见及实用的供大家参考。

（一）展板展牌

展板、展牌是最常见、应用最广泛的一类教育设施，制作简单，成本相对较低。为了增加美观性和互动性，可将展板做成异形的或是翻转的。此外，展板可选择的材质也很多，KT 板、雪弗板、亚克力、铝合金、木材等，价格高低不同，可根据经费预算灵活选择。

（二）多媒体

随着科技的飞速发展，多媒体技术不断成熟，应用更加广泛。当然，将多媒体技术应用于教育设施中的确存在优点，譬如集成性、控制性和实时性等，但是多媒体设备也存在一些不可避免的缺点，首先是制作成本高，软、硬件方面的投入都不少，其次环境要求高，户外、恶劣环境对其的破坏性很大，最后更新换代快，多媒体技术不断推陈出新，后期维护也是一个大问题。为此，正如本章节要点中提到了，多媒体技术和设备可适当应用于教育设施中，不推荐大规模广泛使用。

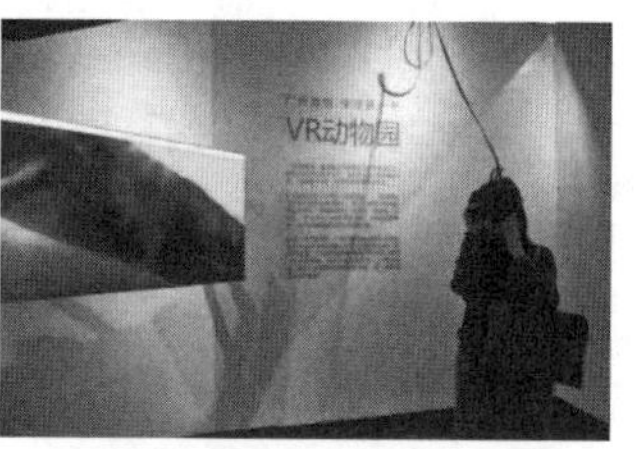

广州动物园的 VR 动物园项目

（三）艺术品

所谓的艺术品指的是雕塑、绘画等展示动物主题艺术形式。在第五届亚洲动物园教育者研讨会时，中国台湾台北动物园的保护教育人员介绍将艺术和保护教育巧妙的联系起来，动物园与当地艺术家合作通过绘画、雕塑、影像等方式将动物的美展示出来，受到民众的普遍关注。此外，动物雕塑，彩绘壁画不仅可以传递保护教育信息，还能美化展区环境，提升参观感受。

广州动物园科普长廊的 3D 壁画

首尔动物园惟妙惟肖的老虎雕塑、色彩丰富的鸟类雕塑，设计精巧，极具视觉震撼力。

第三节　教育设施制作的要点

一、教育设施的内容

本节重点围绕“动物知识及其保护信息的深度展示”之教育设施的内容进行讨论。这里所指的内容，不仅仅指版面文字所包含的知识点，同时也包括版面上图形。

（一）知识性、趣味性、人文性兼顾

教育设施的知识点主要包括动物的自然历史、保护信息。

挖掘每一种动物的自然历史，都可以找出其长期进化过程中“练就”的适应其生存环境的本领，这些即是保护教育要展示的知识点，亦是参观者感观的趣味点。也正是以此来补充动物魅力的展示，因为游客不可能在一次游园中观察到动物各个时期的生物学特征以及各种有趣的行为。

保护信息可以讲述动物在野外的生存状况、栖息地就地保护情况，也可以讲述动物园易地保护情况。后者由于就在游客身边，往往能激发游客更多的兴趣。易地保护的内容可以介绍动物园圈养群体的情况，也可以展现动物园饲养管理的幕后故事。如上海动物园大猩猩馆展示了大猩猩当时从荷兰来到上海的运输笼，并通过介绍了大猩猩从鹿特丹来到上海的故事，吸引了众多游客的注意。

“人文”也是教育设施必不可少的因素。当所讲述的内容与参观者已了解的东西有联系，在情感上亦发生关联时，保护教育所传递的信息最容易被人们所接受（认知地图理论、情感教育联系理论）。再者，人与动物共同生活在地球上，相互间影响深刻。在教育设施中加入与动物相关人文或是动物所在区域的特色人文，在丰富教育设施展

示内容的同时也丰富了动物园的文化内涵，并增加了游客体验的丰富度。

（二）图文并茂

版面式的教育设施设计要做到图文并茂，但要达到好的信息传递效果，应该要“图茂于文”。动物园游客观看教育设施通常是一个“短平快”的过程，与读图时代特征一致。动物园需要让游客在有限的时间里有效接收尽可能多的信息，更需要以大图吸引游客的目光，进而引导其进一步阅读文字。有时，一张精彩的图片即已清楚地表达了整个主题内容。

（三）标题明确

每个教育设施所讲述的主题必须是明确而突出的，内容表达必须精炼且充分体现主题思想。这样，一个简练而概括性的标题就显得十分重要，不仅让游客一目了然，知晓整个版面所要讲述的内容，同时也能吸引游客的眼球，引导其进一步阅读。

（四）注重可读性

1. 文字简洁。前面已提及，游客在动物园停留阅读文字的时间是有限的，因此文字要尽量精练简洁，通常每段文字数量不多于 50 个字。

2. 语言通俗。教育设施面对的是青少年及普通市民，所以尽量避免过于专业的用语，而尽量使用日常用语。遇到必须使用专业术语、专用名称的情况时，则尽可能在合适的地方作些解释。

3. 幽默性。用一些俏皮话、夸张的漫画，以传达动物知识、保护信息或游园提示，往往可以让游客留下深刻印象并易于接受。

（五）准确性

内容的准确性是教育设施最基础、最重要的要求之一。资料尽量引用有权威、信用度高的出版物。互联网上的资料要有鉴别地使用。

（六）多语言表达

这里的多语言表达，是指在教育设施中采用两种以上的语言进行表述，最常见的是中英双语。但这并不是每个动物园必须做的工作。在北京、上海、广州等国际化较强的城市建议采用双语版面，而一些中小城市，外国游客并不多，就显得没有多少必要性。根据某些城市外国游客主体来源的不同，有些地方甚至可以增加日文、韩文等。

另一方面，中国是多民族的国家，在内蒙古、新疆、西藏等拥有民族文字的地方，

按动不同黑色按钮，可听到隐士鹮在采食、警戒、求偶等不同情形下不同的鸣叫声。

侏儒河马排便时小尾巴快速摆动把粪便排散，以此标记领地。游客通过转动版面上的手轮，河马尾巴就会洒出水，让游客乐在其中，并深刻记住所传递的知识点。

飞去来器曾是澳大利亚土著人的传统狩猎工具。图中袋鼠的知识点放在飞去来器形状的版面上，富有特色。

动物园至少应该要采用当地主体民族文字及汉语双语表达。

二、形式与版面设计

教育设施的内容确定后，就需要以生动的形式展示给游客。

（一）展示形式多样性

教育设施展示的形式要求多种多样，除了主题鲜明、图文并茂的版面，还应该开发各种实物、模型、多媒体等形式，以吸引游客的参观和学习。

多媒体是近年来各种科普场馆采用得较多的表现形式，它具有内容丰富、声形兼备、互动性强等优点，但作为电子产品，其耐用性、稳定性较差。动物园可适当采用一些多媒体形式，以满足年轻一代的需求，但不宜过多，以免后期维护工作量很大，资金难以跟上。一些电子元件更新周期快，多媒体设施一旦某部件出现问题，相匹配的元件可能已不再生产，导致整个设施需要更新。

教育设施多样性的开发是一个创造的过程，也是一个学习的过程。看到同行好的设施，可以模仿，但不提倡照搬，否则动物园就会失去个性。

（二）展示方式的互动性（参与性）

通过图文版面描述动物的生物学知识及保护信息，通常只能调动游客中乐于阅读的人群，而如果将内容要点以互动的形式表现出来、让游客参与其中，游客必然更容易接受所传递的信息并留下深刻的印象。

互动性与多样性、趣味性其实是相辅相成密不可分的。一项教育设施如果有互动性，它一定采用了不同于一般的展示方式，必然具有趣味性。

开发富有互动性、多样性的教育设施，一方面如前所述，要尽可能全面地掌握动物的相关知识，挖掘出游客感兴趣的知识点，另一方面要尽可能触动人的所有感官，从听觉、视觉、触觉甚至是嗅觉上考虑如何表现知识点，能让游客全身动起来参与其中，

美洲狮展区内每个小版面设计风格一致。

更能让其留下深刻印象。

（三）展示设计的艺术性

为使动物园成为公众亲近自然的去处，各动物园都致力于建设优美的园容环境。教育设施作为动物园整体环境的一部分，同样要给游客带来美的享受。除了选材尽量与环境协调，教育设施的版面设计与装饰风格应富有特色与艺术美感。达到这一目标最常用的手法，就是在版面设计及装饰风格中大胆借用动物主要栖息地所在区域的人文艺术元素。

通常，同一个区域的教育设施可风格一致，让一个区域有一个整体的概念。

（四）展示内容的易读性

教育设施在内容上需要注重可读性，在版面设计上，则要注意易读性。

1. 大图少文：避免在一个版面上传递过多的信息。最好是简洁的语句加上精彩的、与内容对应的图片。一个版面仅传递 1 ~ 2 个知识点。

2. 适宜的字体与色彩配置

在版面中使用适合的字体及字号，不同的阅读距离应选用不同的字号，让参观者轻松阅读。色彩配置也要进行合理的搭配，尤其是在户外，字体与背景的颜色要采用较为强烈的对比色，如在户外采用白色字体时就不能用浅亮色背景。

3. 合理的视角

人体工程学的研究表明人体的最佳视觉区域是在水平视线高度以上 20cm、以下 40cm 之间这个 60cm 宽的水平区域。所以将版面安装在此范围之外，游客阅读起来会很吃力，甚至放弃阅读。

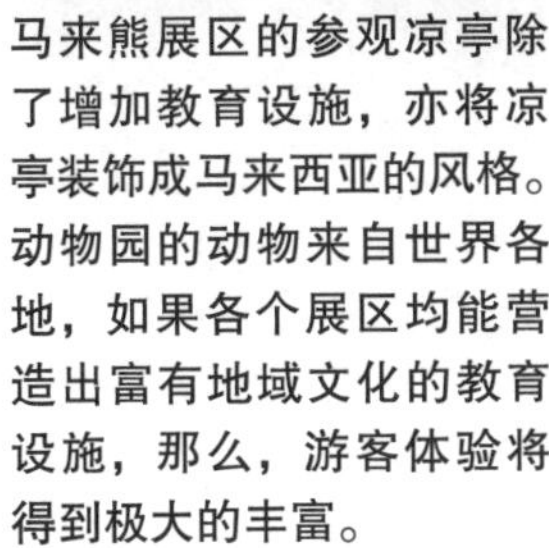

马来熊展区的参观凉亭除了增加教育设施，亦将凉亭装饰成马来西亚的风格。动物园的动物来自世界各地，如果各个展区均能营造出富有地域文化的教育设施，那么，游客体验将得到极大的丰富。

2001 年安装于黑猩猩馆前的“类人猿”版面介绍了四大类人猿及其主要特性，同一个版面上内容太多，反而让游客失去了阅读的耐心。

2011 年安装于狮虎山上的版面即采用了大图少文的形式，加上醒目的标题，让人一目了然。

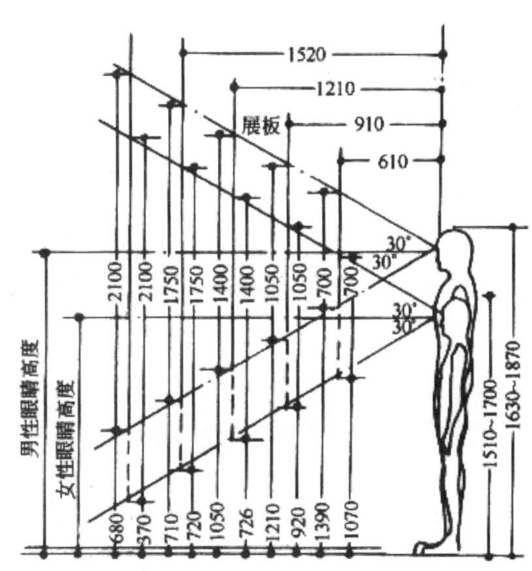

引自肖方《北京动物园牌示系统规划与应用》

三、应用材料

教育设施制作所用的材料多种多样。如模型，选材可用石膏、玻璃钢、不锈钢等；又如制作版面，可用 KT 版、雪弗板、不锈钢板、铝塑板、有机玻璃板、钢化玻璃板等；再如版面的框架，可用铁艺、不锈钢、防腐木等；还有版面的印刷因应用不同的颜料可分为室内写真、普通喷绘、高精喷绘等。

不同的情况下可选用不同的材料。如户外的教育设施，应选择防腐木、不锈钢等对风吹雨淋日晒耐受性较好的材料，版面印刷应采用户外喷绘（采用户外颜料、防紫

外线镀膜）。

选用的材料要符合动物园崇尚自然的风格。木材是所有材料中与自然环境最为融合的材料。但需经过防腐或碳烧处理。不锈钢材料因为耐用性好也常被采用，但它应用在设施中时较为生硬，如果能进行表面烤木纹漆或附以棕色、绿色系列，与环境的融合度会有很大的改善。此外，水泥仿木工艺也在迪士尼等大型乐园中广泛应用，优点是结实耐用，可能费用相对有点高，适用于长期固定类设施。考虑到游客的因素，设施的选材尽量要牢固，此外部分展品及设施还要考虑防盗因素。

四、工作团队

（一）保护教育部门

前面业已提及，教育设施的开发是保护教育部门责无旁贷的任务。这并不是一项简单的工作，需要保护教育部门的人员对设施所对应动物的自然历史及相关保护信息、人文背景作全面而深入的了解，只有这样才能提炼出展项的内容，进而设计展示的形式。

教育设施的开发与设计需要集合团队的智慧，保护教育部门所有成员都应在“头脑风暴”中提供每个人的“金点子”，“三个臭皮匠顶过一个诸葛亮”是千真万确的道理。

（二）设计制作公司

选择合适的公司往往也是教育设施是否成功的一个重要因素。社会上做版面设计与制作广告公司很多，但能理解动物园的需求，能辅助动物园进行创意设计的公司很少。

近几年，随着国务院《全民科学素质行动计划纲要》的颁布，各地兴建了各种科普场馆，相应产生了一些科普创意制作公司，这些公司中很大一部分做过经费充足的项目，对动物园经费较为紧张的小型教育设施往往“看不上眼”。如果能在这些富有教育设施建设经验的公司中找到满意的合作对象自然是件幸事。如果找不到有教育设施开发制作经验的公司，亦可通过与一些负责任及较有创新力公司合作，在合作中让其了解动物园教育设施建设的特点，增加配合的默契度。

考虑到动物园教育设施制作的特殊性，动物园最好有较为固定的合作公司。但合作公司应当有 2 所以上，一方面可汲取更多的创意，另一方面可以形成竞争，利于经费的控制。

这里还要强调的一点是，教育设施的设计并不能完全依赖于设计制作公司。毕竟，对动物及其保护理解最透彻还是动物园的保护教育人员，保护教育部门自身应承担起

主要的策划工作。

（三）园内其他部门

设计与制作教育设施还应积极争取园内其他部门的支持。比如，请饲养管理部门的饲养员或技术人员参与展区教育设施内容的规划，毕竟他们掌握的动物相关信息通常比保护教育人员全面。此外，还要与园内负责园容、规划建设等部门保持良好的沟通，他们往往会在设施与环境的协调性、设施的安全性等方面给出有益的建议。同时通过良好的沟通，保护教育部门也才能知晓园区的总体规划，让教育设施建设与展区建设同步。

五、其他

（一）安全保证

动物园作为一个公众场所，提供安全的游园环境是第一要素。面向公众的教育设施同样需要保证安全性。比如，展区外的科普展板立柱埋入土中的部分是否够深，可拨动的转盘是否会夹到手指，设置在展区内的教育设施对动物安全是否有影响。所有这些与人及动物安全相关的因素，都应该在设计、制作时予以充分的考虑。

（二）经费问题

建设一个系列或一个区域的教育设施，通常需要投入较多的经费。一方面，希望动物园管理层能充分认识到教育设施建设是动物园必不可少的工作，在预算经费上给予足够的支持。另一方面，动物园也可以寻求社会上的支持，无论是企业还是科委等相关政府部门。虽然难度很大，但还是应该去努力争取的。如果争取得到企业或个人的资金支持，通常应该在适当的版面作出感谢。这一小块版面不仅是对支持企业或个人的回报，同时也可鼓励更多的社会力量参与动物园公益事业的发展。

赤狐展区中放置了牛的头骨，意在于讲述赤狐的食腐性。原本牛角很尖，考虑到饲养员与动物在展区内走来走去，有一定的危险性，特意将尖角去除。

（三）科普馆与展区教育设施哪个优先

相对于建立科普馆，动物园应优先考虑在动物展区周围建设丰富的教育设施。因为当前，游客到动物园通常不会将科普馆作为非去不可的地方，而是更热衷于到动物展区欣赏各种各样的野生动物。一名游客在错过了大象馆时，他会回头再去参观，但错过科普馆，他可能就继续往前走了。因此，让游客在欣赏动物的同时借助教育设施进一步探索动物世

界，可以更有效地达到宣传与教育的效果。

优先考虑展区教育设施，不等于说明动物园科普馆的建设不重要。一个动物园如果没有专门的科普馆，但至少应该要有科普教室，用于科普活动的开展。

第四节 教育设施的日常管理

随着国内动物园越来越重视保护教育工作，对教育设施的建设投入越来越大，园区教育设施的数量、类型也越来越多，这必然会产生了一系列教育设施的日常管理问题，本文将从制度、保洁、维保和巡查等方面加以论述。

一、管理制度

为了更加规范、高效地对教育设施进行管理，有必要制订相应的制度，阐明设施管理的涉及范围、责任部门和操作流程等。上海动物园在 2016 年出台了《上海动物园教育设施管理办法》，对教育设施的新增、检查、维修、保洁、台账和资产管理方面有清楚明确的规定。

二、设施保洁

设施的保洁也是一个重要的问题，不洁的教育设施不仅使其作用大打折扣，而且严重影响园容园貌。此外，由于教育设施零散分布、户外环境、材质造型等因素，它的保洁又比较复杂。给出如下建议：当设施数目不多或设施安装在动物展区内时，建议由展区动物饲养人员进行保洁；当设施数目较多且分布在展区外时可考虑借助志愿者等人员进行定期清洁；当然在资金充足的情况下，请专业的保洁公司对设施进行定期的清洁也是非常高效的选择。

三、维护保养

教育设施的维护保养主要包括设施的小量新增和维修两大块内容。设施的新增通常由相关部门提出申请，主管部门进行审核，然后安排设计制作安装。教育设施的维修需进行分类处理，譬如多媒体类的设施就需要专业的电脑公司进行维保。找一家技术和业务比较全面的合作公司与之签订维保协议也是个不错的选择。

四、日常检查

定期对教育设施的情况进行检查有利于及时发现问题，做出应对措施。日常的检查可以委托相应展区的饲养人员进行，发现问题及时上报。定期巡查和专项检查需由责任部门牵头，专人负责，可邀请园内其他部门一起参与，互相监督。

教育设施是动物园必不可少的部分，是衡量动物园教育水平的一个重要指标。教育设施的开发与制作亦是一项富有创新性的工作，需要动物园尤其是保护教育部门不断的努力与拓展，让动物园成为人们乐于学习、勤于拜访的去处。

第十八章　展区解说与科普讲座

展区解说与科普讲座都是对动物园资源进行整合与创作的形式，在动物园的保护教育活动中经常单独或与其他形式结合使用。展区讲解更是保护教育工作者的基本功，也是日常工作之一。

第一节　解说系统及规划

解说是一种教育活动，旨在通过原始事物，凭借游客的亲身经历，借助于各种演示媒体，来揭示当地景物的意义及其相互关系，而非传达一些事实。

在过去的观念中，解说即人员讲解，其实不然。在一个动物园中，应树立解说系统规划的意识，将各种解说媒介整合成一体，更好地使用所有的展区、设施和资源。

一、何为解说系统

把所有和解说服务有关的要素组合成一个整体，以便清楚地显示各个要素之间的关系，并且说明每一个要素在解说服务上所扮演的角色，这样的整体就是一个解说系统。解说系统的建立是以后设计、实施各种解说方案的指导方针。

解说系统对特定解说区域内的自然资源、人力资源和物力资源等进行合理而有效的整合，实现解说区域内的所有相关解说资源的最优配置，以达到满足游客体验、强化游客生态意识和改变游客的环境行为。解说形式分为非人员解说和人员解说（间接教育与直接教育）。相关内容详见第八章。

二、解说系统规划的意义

1. 整合动物园的相关资源、设施、主题和故事等；

2. 可在区域或全园层面形成一根通用体验线，帮助游客形成多样的游览体验；

3. 有利于利用可能被忽略的资源和故事；

4. 扩大使用互联网在解说系统中表现方式的应用；

5. 强化区域的可利用物质、财政资源和自然资源的最佳使用；

6. 通过指出解说系统内过多的重复或省略，评估解说规划方案更容易和更富有意义；

7. 鼓励以更加有利和合理的方式去规划解说服务。

三、解说系统规划原则

普通的公众进入动物园在很大程度上是出于娱乐休闲的目的，前来观看形态各异的野生动物，人们前来动物园的这一出发点无可厚非。重要的是，动物园要努力让他们在园内度过寓教于乐的一天。但如果只是简单地在解说中罗列动物知识，游客是不可能从中得到乐趣的，也难以记住动物园想要他们记住的东西，更无法从中感受到野生动物世界的神奇所在，无法体味到人与动物及环境的和谐之美，当然也无法深刻意识到保护野生动物维护生态平衡的重要性。

动物园的解说工作应该是一个充满活力、充满趣味性、充满互动性的过程。每个动物园可结合自身的特点，充分利用各种资源，策划各种解说方案和路线，丰富游客的游园体验。

Beck& Cable 15 原则

贝克（Beck）与凯博（T. Cable）（2001）根据环境解说的发展历程与现实结合，在其著作《21 世纪的解说趋势：解说自然与文化的十五项指导原则》（*Interpretation for the 21st century*: *fifteen guiding principles for interpreting nature and culture*）中提出了 15 项解说原则，分别为：

1. 为了引起兴趣，解说员应将解说题材和游客的生活相结合；

2. 解说的目的不应只是提供信息，而应揭示更深层的意义与真理；

3. 解说的呈现如同一件艺术品，其设计应像故事一样有告知、取悦及教化的作用；

4. 解说的目的是激励和启发人们去扩展自己的视野；

5. 解说必须呈现一个完全的主旨或论点，并应满足全人类的需求；

6. 为儿童、青少年及老年人的团体做解说时，应分别采用完全不同的方式；

7. 每个地方都有其历史，解说员把过去的历史活生生地呈现出来，就能将现在变得更加欢乐，将未来变得更有意义；

8. 现代科技能将世界以一种令人兴奋的方式呈现出来，然而将科技和解说相结合时必须慎重和小心；

9. 解说员必须考虑解说内容的质与量（选择性与正确性），切中主题且经过审慎研究的解说将比冗长的赘述更加有力；

10. 在运用解说的技术之前，解说员必须熟悉基本的沟通技巧，解说质量的保障须依靠解说员不断地充实知识与技能；

11. 解说内容的撰写应考虑读者的需求，并以智慧、谦逊和关怀为出发点；

12. 解说活动若要成功必须获得财政、人力、政治及行政上的支持；

13. 解说应有灌输人们感受周围环境之美的能力与渴望，以提供心灵振奋并鼓励保护资源；

14. 透过解说员精心设计的活动与设施，游客将可获得最佳的游憩体验；

15. 对资源以及前来被启发的游客付出热诚，将是有效解说的必要条件。

对于这些原则，编者认为：

1. 解说的技术面上，知识与体验之间的均衡应适度搭配，各种方式应视时机使用。

2. 解说影响他人的效力，以建立良好的互动关系为前提。如果以敌对的立场来讲述和批评环境议题，对方就算觉得有一点点道理，配合的阻力仍然会很强。反之如果大家是朋友，一起做一些快乐而对环境有益的活动，自然也渐渐变成对方可接受的生活方式。所以解说的精神一直强调和伙伴做朋友、和自然做朋友。

3. 扩张解说的时间、空间和型态，可以引致更长远的影响力。很多人可以很快听懂一个新观念，但不会一下子突然全面改变生活。一场绝妙的解说演讲，没有后续的接触，大部分的人一时感动之后，很快又会回到原来的生活方式。解说如果是整个所属环保团体大策略的一环，并有后续的各种接触，才是确保成功的保障。

4. 解说人员应有学习和创新的准备、思考和酌情的涵养，不能只是依赖前人的教导和外在的规范来行动。

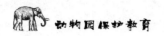

四、动物园解说系统规划流程

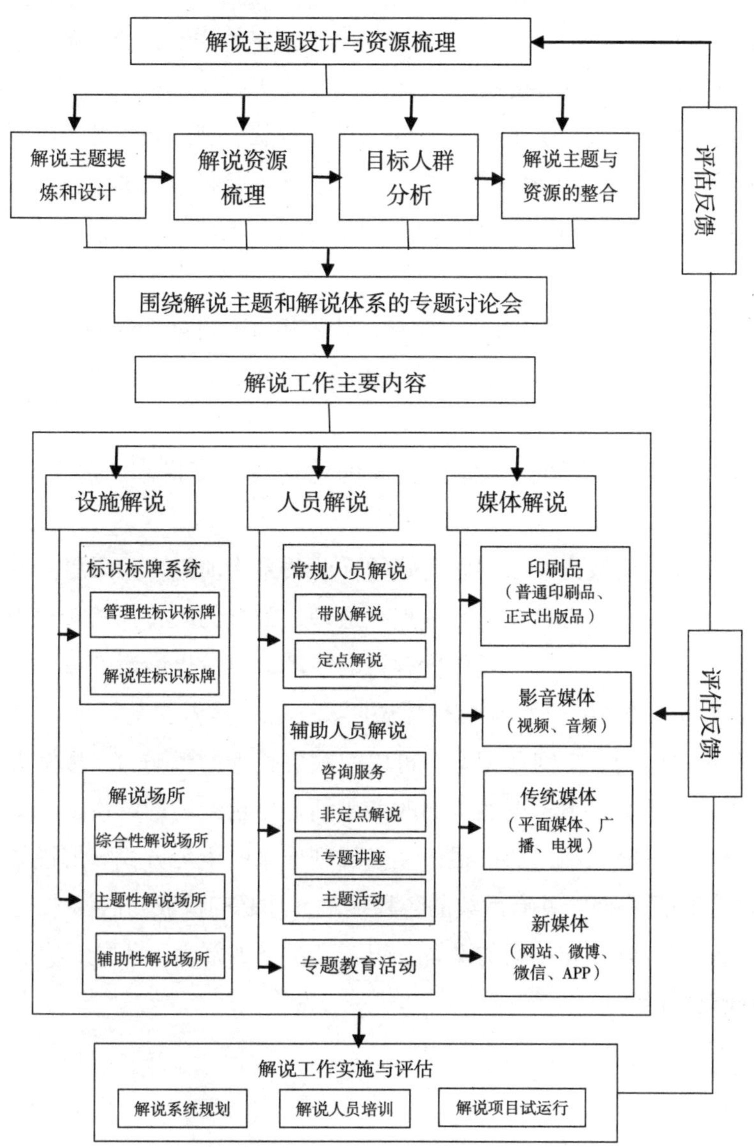

第二节　展区讲解及类型

展区讲解即人员解说，是解说系统中最常用的形式，以与游客面对面进行互动交流的解说方式为特点。

一方面人员解说提供双向的沟通联系，解说人员可以针对游客的要求，探讨解说

志愿者主持的科普小推车，流动的小讲台。

中国台湾台北动物园志愿者解说点，不只是单纯的讲解，还结合了游戏、竞答的环节，定时开展。

的主题，亦可随时回答问题；人员解说服务具有变通性，解说人员可根据不同的游客特性，而调整解说的内容；解说人员可以实际地诠释行为的规范，作为管理区域内游客的示范对象。但另一方面良好的解说人员训练不易，通常需要花费很多的时间与经费去培养。

人员解说按讲解地点划分为以下几种类型：

一、资讯服务

所谓的资讯服务是将解说人员安排于某些特殊而明显的地点，以提供游客相关的各类资讯，并解答游客的问题。此类解说服务的地点通常为入口处、游客服务中心等处。

这项解说服务的目的，除对游客表达欢迎之意外，最主要是利用解说人员良好的解说态度及亲和力，提供管理单位与游客间的第一次接触。藉此接触，给予游客有关的基本资讯，并回答游客的询问及抱怨，进而让游客了解动物园的设立目标及希望游客遵守的各项规定。

此类的解说人员与其他的人员解说服务不太相同，所接受质询的问题较容易重复且较简单，不具有专业性，但他们是游客最早接触到的动物园工作人员之一，和善的态度、良好的亲和力与不厌其烦的耐性是此类解说人员的基本素质，给刚入园的游客留下良好的印象。

二、解说站

虽然大多数游客是冲着观赏野生动物而来的，但如果有讲解员热心地讲述动物的各种故事，介绍动物的趣味知识，游客还是会乐得停下脚步好奇地倾听的。动物园可于开阔的小广场、展区周边等地设置解说站，与公众分享动物故事，用提问或标本吸

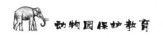

引游客，回答游客问题。属于定点解说。

这项活动开展起来并不难，重点注意以下几个方面的问题：

● 解说站的人员可以是动物园的保护教育人员，也可以是热爱动物的志愿者，如果是志愿者讲解，需为志愿者准备必要的背景资料、动物故事；

● 解说所要注意的事项与遵循的原则在第三部分已有详细的叙述，这些原则只有在实际开展这些活动项目的实践中，才会深刻地体会到这些指导原则其实非常实用。

● 如果讲解活动是基于动物标本开展的，要妥善保管好标本，并以尊重的态度对待标本。

● 讲解者应面对游客讲解，内容可包括与动物相关的故事、知识、人文等。而面对国内动物园较为普遍的游客随意投喂现象，解说站的讲解人员还需劝阻投喂，并解释为什么不能投喂。

三、与饲养员交谈 / 动物训练示范 / 动物饲喂

作为游客，能有机会与动物饲养管理人员交谈，看到饲养管理人员训练动物或者是在进餐时间看动物们大快朵颐，将让他们对动物园之行印象深刻。看过新加坡动物园红猩猩动物饲喂演示的人应该一辈子都不会忘记这个场景：红猩猩们从树上鱼贯而下，坐在路边的树桩上享受着饲养员给的美食，这一切就发生在离游客仅一二米的距离。而作为一名动物管理人员，能在公众面前展示自己的工作，展示自己与动物的情感亦是一件很值得骄傲的事情。

示例：

上海动物园从 2006 年开始饲养员讲解工作，最初通过行政要求与自主报名相结合，开设了 16 个解说岗位。虽然有些岗位讲解工作开展得并不好（讲解质量不好或不按时讲解），但经过 10 多年的努力，一小批乐于讲解的饲养员孕育而出。目前讲解岗位已上升到 24 个，参与人员 80 多位。2017 年鹦鹉岗位的饲养员参加全国科普讲解大赛，凭借丰富的讲解经验和熟练的讲解技巧，获得二等奖和“最佳口才奖”，极大鼓舞了饲养员参与讲解工作。

这是一项由饲养管理人员主导的解说活动。可以展示饲养管理人员对动物的照顾与关爱，是最受游客欢迎的讲解项目。

此类讲解服务在展区内或展区外围进行，可定时定点开展。

示例：

上海动物园动物饲喂演示活动：

1. 选择并鼓励具有较好的口头表达能力、乐于与人交流的饲养管理人员开展本项活动。

2. 对承担本项目的饲养管理人员进行培训工作，培训内容包括讲解技巧、讲解内容等。注意这里的讲解不希望是背书式的讲解，可随时根据动物的变化进行生动讲述。

3. 为参加讲解的饲养管理人员提供必要的设备，如扩声设备等，尤其当饲养管理员在离游客较远的地方讲解时。

4. 在条件允许的情况下，参与讲解的饲养员站在展区内和动物在一起时，讲解效果最佳。

5. 鼓励饲养管理人员丰富演示的内容，如动物训练的互动演示、动物饲喂的演示、动物丰容的演示，而不仅仅限于与游客的口头交流。

6. 鼓励饲养管理人员丰富讲解所需要的材料，如动物的食物、标本等。

走禽区的饲养管理人员在讲解时自主准备了鸸鹋的羽毛、鸵鸟蛋，一下子吸引了游客的注意力。

7. 在开展讲解工作的展区，设立明确的标牌提示，注明讲解时间与演示内容。同时，讲解的时间与地点最好在动物园门口或游客易于发现的其他地方进行公示，引导游客根据公示的时间赶往讲解地点。如活动能正常持续地开展，亦可将活动的时间、地点印制在游园指南或导游图上。

8. 制定一定的奖励措施鼓励活动的开展。

示例：

上海动物园动物饲喂演示活动解说方案：

一、要求

1. 解说地点：在安全前提下，在动物展区内讲解；如在展区外，需带上食物展示；

2. 准时到解说地点；

3. 面对游客讲解；

4. 鼓励提问、自问自答；

5. 时间至少 15 分钟，如暂时没有游客也请停留 15 分钟；

6. 讲解流程：欢迎词、动物讲解与演示、提问时间、解释不能投喂原因、引导下一步参观。

二、要点

1. 目前饲养群体介绍：

动物数量、群体结构、繁殖情况、雌雄的鉴别、体重、体长、脾气；尽量称呼动物个体的名字！

2. 所饲喂的食物：

食物的种类、采食量、食物的来源与加工、饲喂的次数、随季节与繁殖期的变化、动物如何采食，在野外环境下如何捕食……

3. 饲养故事：许多饲养员看来习以为常的事情，游客却十分感兴趣，如：清洁工作、幼仔成长故事、生病时的观察、保定、护理。

4. 有趣、特别的动物知识。

三、其他内容

动物园历史、概况、游园提示

……

四、舞台剧

动物园里更容易开展的是由人主导的“小剧场表演”。由受过表演技巧培训的员工或志愿者表演，传递有关野生动物保护信息的手偶剧、小话剧等表演形式同样吸引着众多游客，而在表演中融入的动物知识、动物情感、保护意识同样深化着游客的游园体验。

● 表演的人员可主要由志愿者担任。

● 剧本对于表演的成功至关重要。故事要吸引人，诙谐有趣，同时巧妙地融入动物的知识与保护意识的宣扬。亦可加入当地人文特点，博得观众的共鸣。

● 表演技巧同样重要，可有目的地招募具有表演经历与有才能的志愿者参加。

广州动物园网站为教育工作者创建的教育资源共享栏目下有不少剧本，为大家提供参考的同时，亦希望各动物园持续地将创造的剧本上传供大家分享。见广州动物园网站 / 中国动物园展示共享 / 科普设施（http：//www.gzzoo.com/）。

五、引导游览

引导游览是解说工作中最传统，也最被广为熟知的一种形式。可由动物园员工或者志愿者担当解说人员，引导游客参观。

在此活动规划中，解说人员伴随着游客，有秩序地造访经设计安排的地点、事物及现象，在解说人员的经验传递中，让游客获得实际的知识与体验。此类解说服务是某一段游览路线而非定点。

国内城市动物园中提供全程引导游览服务的单位很少。保护教育部门的人员则因工作需要，时常会为特定的人群进行动物园的游览讲解。在讲解结束时，讲解员通常会听到这样一句话，“听你讲解，这次游览动物园的感受和以前完全不一样啊！”从这句话可以知道，引导游览讲解的重要性。在动物园讲解员的引导下，游客可以听到生动的故事，了解到动物神奇与珍贵所在，观察到自行参观时不会了解的内容。如此难忘的体验，对于他们今后会更加关注野生动物的预期值会大大升高。

引导解说的最大好处是：在优秀解说人员的引导下，游客可同时得到“看、听、触、闻、尝”的实物解说体验，并藉与解说人员的双向沟通，提升个人在环境中的观察、欣赏能力。

引导游览讲解的技巧与要素在后文亦有详细的说明。

补充：

一位同仁曾到中国台湾台北动物园听了一位头发花白的动物园志愿者精彩的全程引导讲解，多年后，仍对其讲解印象深刻。那位老志愿者正如前文中所要求做到的讲解要素一样，亲切地记下听众的姓名、了解是否曾来过中国台湾台北动物园等。从中可以看到动物园对导览讲解人员培训做得非常细致。中国台湾台北动物园的导览队伍由志愿者组成，服务采取预约制，这亦是值得大家借鉴之处。

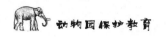

六、解说讲演

由专业的解说人员或专家学者，针对某个主题进行演讲。这类的解说服务，是希望能引导听众或游客产生对自然、环境的认识（敏感、认知、欣赏、热忱），所以它强调的是有效的解说，是一种心灵沟通的原则。在解说过程中，演讲者运用观察听众的注意力、良好的形象与亲和力和适当确切的沟通，以达成此原则。

解说讲演并非每天或固定时间举办，这类解说服务通常是针对某些节庆或特别事件，或举办训练营、讲座，而邀请相关专家学者或摊派具有专业素养的解说人员，开席担任讲演者。解说演讲因上述举办原因的不同，所针对的听众的差别，通常也有某些专业人员与一般游客的限制。此类解说服务通常在小剧场、科普教室等地开展。

第三节　展区讲解实践技巧

一、解说方案编写

下表是详说方案编写的一个范例（模板）。

解说方案编写表（模板）

解说资源		编号	统一编号 *
解说主题			
相关解说路线和解说点		解说时间	适宜的季节和时间
目标人群	明确本解说方案的针对人群，或根据不同人群灵活调整方案的建议		
主要知识点	本解说方案设计的相关知识点		
解说方案	记录完整、科学、生动介绍该资源的具体解说方案，含解说词及解说形式		
辅助工具	讲解人员是否需要准备照片、图鉴、道具、标本或实物样本等来辅助解说		
解说评估	列出解说评估工具，如现场问答、问卷调查、回访等		
拓展信息	与此资源解说相关的体验活动、教育活动或研究项目等延伸和拓展信息		

* 解说方案应根据主题编号并归档。编号可采用一级主题编号 - 二级主题编号 - 资源编号的形式，如 1-3-4（亚洲动物区 - 食肉动物 - 非洲狮），便于解说系统的规划与整理。

二、讲解词的编写

（一）结构

欢迎词（简洁、热情、自然、表达服务意愿及注意事项）

例：亲爱的游客，上午好。我是 ×××（单位名称）的科普教师 ×××（姓名），非常高兴能由我为大家介绍一下我们的 ×××（展区或展品）。在我的讲解开始之前，请大家注意 ×××（注意事项）。

展区或展品介绍

● 总分结构：最常用的结构。总说部分简明扼要，分述部分具体详尽。

● 并列结构：以游踪为序串联讲解内容。例如对鸟禽湖中多种鸟类的介绍。

● 递进结构：按逻辑或空间顺序层层递进的关系进行介绍。

● 对照结构：通过对两展品或两展区的对比，归纳出各自的异同和特点，令参观者产生深刻的印象。

这几种结构在同一篇讲解词内可以综合运用，以创作出变化多样的内容层次。

欢送词（感谢配合、征求建议、表达祝福）

例：感谢大家的到来，希望我的讲解能让大家有所收获，接下来请大家继续参观下面的几个展馆。

作为面向参观者的讲解词，欢迎词和欢送词都是必不可少的，这也是讲解词与展品说明词的区别。

（二）解说词的编写要求

明确的主题，具体的内容，丰富的信息，浓厚的文化，清晰的条理，生动的语言。

（三）解说词编写策略

讲解是知识和语言融合的艺术，其内涵与特点体现了讲解既要具备丰富的业务知识，又要具备语言和艺术的功底。讲解词在编写时应遵循思路清晰、语言流畅、内容生动、朗朗上口的原则。讲解词在具体内容编写上有以下几点技巧：

● 重点法：详略得当，主次分明。根据不同参观者的兴趣和爱好，选择适宜的讲解重点。如最具代表性的、最感兴趣的、与众不同的、“……之最，仅有的……”等。

● 类比法：有助于理解，加深印象。

● 问答法：彼此沟通，抓住参观者的注意点，增强参与性，使参观者产生强烈的现场感。这也是人工口头讲解的独特属性。常见互动方式：客问我答、我问客答、自问自答。

● 渗透法：融知识性、趣味性于一体。将科学知识巧用形象化的比喻、幽默的语言等诠释出来。同时使用口语化的讲解语言，会使人感到自然、随和、通俗易懂，能拉进与参观者的距离。

● 悬念法：在讲解之初设置疑团，不做解答，以唤起参观者“穷根究底”的欲望和急切期待的心理，借以激发参观者的兴趣。

亮点：

优秀讲解的三个核心原则：激发观众的注意，与观众的经验、直觉中的好奇心和对世界的认识产生连接，揭示意义。

——费里曼·提尔顿

● 虚实法：直观内容和非直观内容的结合。直观内容指参观者可以通过视觉和听觉获得的知识。非直观内容包括背景知识、小故事等。

出色的讲解词，在编写时还应灵活地安排若干兴奋点，以此来调动观众的参观情绪，减轻听众的参观疲劳。

三、讲解礼仪与讲解技巧

人员解说与观众之间所建立的感情交流是任何讲解工具都无法代替的，所以必须珍视和强化人员讲解的作用。

讲解员是口头讲解的实施者，是参观者直接面对的对象，讲解员的一举一动影响着参观者对讲解内容的兴趣，因此讲解员在亮相时，要十分重视自身的形象，以其特殊的魅力把参观者吸引住，从而使听众产生信任感、愉悦感，为随之而来的讲解工作起到积极的引导作用。

（一）讲解员的素质要求

● 良好的科学素养与思想品质。

● 健全、高尚的心理世界。

● 端庄的风度与仪表。

● 丰厚的科学文化知识。

● 熟练的沟通表达技巧。

● 灵活的现场应变能力。

（二）讲解员礼仪、形体规范

● 服饰：规范得体，制服平整。

● 仪容：清爽大方，稳重自然。

● 表情：真切诚恳，面带微笑。

● 态度：和蔼亲切、有问必答。

● 眼神：与全体游客保持目光交流，切忌专注于某一方向或某人。

● 站姿：体态舒展自然，与游客保持一米左右间距。

● 步态：步姿轻盈，疾徐有致，在参观队伍前进行引导，到达后等待后方参观者基本到齐才开始。

（三）解说语言规范

● 使用敬语：使用礼貌用语，不忘欢迎语、道别语。

● 微笑服务：讲解时面带微笑，给参观者亲切之感。

● 语言标准：讲标准普通话，吐字清楚。

● 音量适中：调节音量适应室内外不同环境，以每位参观者听清楚为准。

● 语速适当：快慢适当，有张有弛，产生节奏感。

（四）解说技巧

● 知己知彼。了解参观者的年龄、职业、文化背景、地域等，在事先准备的讲解词基础上有针对性地适当修改，遵循因人施讲的原则，使讲解的内容更符合参观者的需求，也更易被参观者接受。

● 有效控制游览时间。根据参观时间的长短，合理安排讲解重点。如有必要可事先练习。

● 了解一般的游客心理学。在讲解过程中善用游客心理，学会换位思考，根据参观者的反馈及时调整讲解策略与内容。

● 无声语言的运用。表情语言、形体语言、手势语言三者要巧妙地配合有声语言来综合运用，以产生最好的表现效果。

● 在讨论、提问或互动活动中，要把握方向，控制节奏，调节氛围，向着预期目标前进。

讲解过程中要把互动、提问、讨论等内容穿插其中，合理使用道具，既活跃气氛，又要掌握整个过程的节奏。

解说旨在沟通，而非说教
解说重在体验，而非介绍
解说贵在分享，而非灌输
解说期在启发，而非教导
解说难在行动，而非感动
解说强调过程，而非结果

（五）提问的技巧

对所有人提问而不只针对个人；一次只问一个问题；问题的难度恰当；给听众思考

的时间；欣赏听众的答案，不要让回答的人觉得自己的答案很愚蠢；不问或者少问只回答“是”或者“否”的问题；问题具有层次感。

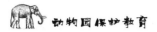

问题的类型：

焦点型问题：询问具体的信息，经常以“谁，什么或者哪里”开头。

“你知道什么萤火虫的知识？”

“青蛙摸上去是什么感觉？”

“猫头鹰的构造有什么特别的地方有利于它夜晚捕食？”

过程型问题：过程型的问题要求人们综合信息，而非简单地记忆或者描述。

“萤火虫为什么会发光？”

“青蛙为什么要保持低温？”

“为什么猫头鹰的脸庞是圆的？”

评价型问题：评价型问题往往涉及参与者的价值评估、选择和判断。它能给观众一个机会分享自己的感受。

“手电筒和路灯对萤火虫有什么影响？”

“为什么有人觉得青蛙挺可怕的？”

“如果老鼠和蛾子都改在白天活动，猫头鹰会怎么办？”

第四节 科普讲座编写与演讲技巧

科普讲座是保护教育工作中较为常用的一种方式，也是普及科学技术知识很重要的一种手段。相对科普报告，科普讲座更短小精悍，通俗易懂。动物园中常利用这一手段对社区居民、学校学生进行科学普及和保护教育。

一、科普讲座的特点

经济性：科普讲座占用时间短，而宣传普及面广，哪里需要就去哪里讲。一场科普讲座，可以在短短的一节课到一二小时内进行，少则几十人，多则数百乃至上千的听众，接受一个科学专题或一个科学领域方面的科普教育，是一种既经济又有效的科普宣传手段。

及时性：科学讲座犹如新闻报道一样，及时、迅速。科普讲座可以使广大听众及时了解和学习到许多新的知识，特别是对社会上出现的重大科学事件，应该及时举办讲座进行介绍，以引起公众的注意和重视，形成正确的科学思想。

深刻性：科普讲座给人的感受比读文章要来得更直接和深刻。对于听众（也就是读者）来说，听与看的感受是不一样的，尤其是科普讲座的内容是讲座者从事的专业，或者是他自己亲身的体验，讲起来会侃侃而谈、娓娓动听、绘声绘色，会使讲座获得良好的效果。

针对性：科普讲座易于帮助听众把握住科技知识的重点和要领。讲演者对于宣传内容可以有所取舍，重点部分可以较详细地加以阐述，广征博引，使听众接受更多方面的内容；对于次要部分则略加说明即可，这样在讲座过程中颇有"节奏性"。根据讲座内容时繁时简，时多时少，虽然这在写文章时亦可如此，但与口头宣传相比，效果却很不一样。

互动性：讲演者面对听众，可以直接交流，随时质疑，并能相互探讨问题。这种深刻的"互动性"是其他科普教育方式所缺乏的。在讲座过程中，听、讲双方通过沟通交流，及时获得解释与反馈，相互都有启发。

二、科普讲座的编写

（一）主题提炼和构思

刚开始编写科普讲座内容时，最初的主题往往会很大，例如"仿生学"。仿生学的范围很广，有动物仿生学，也有植物仿生学、有军事仿生、医学仿生，也有运动仿生、通信仿生等，有很多有趣的资料吸引人，不知如何取舍，这时就需要主题提炼。贴近听众需求的主题是最容易吸引听众的，还要考虑自己最擅长哪些方面。当对象是社区居民或学生时，在"仿生学"这个大主题下，就可以选择贴近生活的交通仿生、运动仿生作为讲座的主要内容，为保持完整性也可简介其他方面仿生发明。讲座的时间性决定了内容的局限性，主题宜小不宜大；以点带面，层层深入，在规定的时间内将一个主题内容讲透才是一堂出色的讲座。

构思是对整个作品的结构、内容作出全面安排。主题思想是一条中轴线，把形形色色的具体内容组合起来，靠文章结构严密的逻辑性，使各种具体材料得到恰当的取舍，并按照表现主题思想的要求而组织起来。在上例中，主线是仿生学，按逻辑结构，大纲列为奇妙的生物，仿生学的由来，仿生发明——交通仿生、运动仿生，仿生学的将来几部分，每个部分再分别扩展。这样，从内容的总体结构来看，充分发挥了逻辑思维的作用，从个别的具体材料来看，保持了形象思维的特点，便于受众接受，从而得到的不仅是材料的堆积，还能在科学思想上有所提高。

（二）搜集资料和资料的去伪存真

要编写一篇好的讲座内容，只有好的立意和构思是不够的，还必须搜集大量的资

料，并对资料进行精炼，核实，以去伪存真，使资料翔实可靠。资料的收集有多种渠道：图书馆、剪报、网络、工作记录、摄影、摄像等。对资料的来源要反复求证，特别是来源于网络的资料。自己掌握的第一手资料、数据最为可贵、真实，因此在工作中要留意和记录科普素材，以备编写之需。

收集资料的原则：及时性；广泛性；长期性；针对性；

收集资料的方法：结合专业处处留心；独具慧眼时时在意；实地考察动手实验；博览群书扩大视野。

（三）故事性与细节，思想性与创新

科普讲座要想讲得生动有趣、引人入胜，在讲座内容中就要具有故事性和节奏性。在叙述过程中，可利用提问、设问等方法，设置悬念，情节设计上跌宕起伏。

有了情节，没有好的细节，文章就会显得干巴巴的，没滋没味。在编写讲座过程中注意发掘奇特视角，用创新思维指导写作，也是成功的技巧之一。还以仿生学为例，大部分人都不喜欢苍蝇，认为它肮脏又无用，而仿生产品中恰恰有依据苍蝇的身体构造设计的发明，这就令听众很惊奇，觉得大开眼界。

讲座亦可通过科学故事，赋予哲理，使文章具有思想性。在讨论当代仿生发明的同时也预见仿生学的将来，给人启迪。但思想性要暗喻故事之中，不要变成说教，而要发人深省，使受众在调侃中受到美好情操的熏陶。

（四）PPT 编写要点

随着时代的发展，现如今的科普讲座通常会使用多媒体设备播放 PPT 配合演讲，这使得科普讲座这一形式更加直观。在制作 PPT 文档时，要注意以下几点：

● 逻辑合理，条理清晰。讲座内容以中心思想为主线，按逻辑顺序逐级排列。提炼关键字，将要点逐条显示，也可利用字体颜色将要点突出显示。

● 选择合适的背景模板。模板与主题有相关性。模板应与字体颜色反差大，使观众易于辨认。模板色调与图片色调和谐美观。

● 精图少文。不是放的信息越多，观众就越容易记住。在一页 PPT 中概念不宜超过 7 个，文字不超过 10 ~ 12 行，必须尽量让幻灯片看起来简洁。选择有真实感和冲击力的图片。

● 善用图表。在 PPT 展示中，文不如字、字不如表、表不如图，尽量使用图表来说明问题。

三、科普演讲技巧

进行科普讲座要注意哪些方面，才能获得较好效果呢？这就是所谓“技巧”问题，有如下几方面。

（一）生动活泼

科普讲座不宜过于严肃和刻板。这就要求科普讲演者语言简练、生动，最好是有一定的文学素养，能以文学语言来进行讲座。为了使听众易于了解和掌握讲座的内容，在有条件的情况下，还应配合实物、模型、图表和影视等辅助。

对于较为枯燥的内容，在讲座过程中，应有所穿插，譬如穿插一些小故事、典故和趣闻之类的东西。对于理论部分，说理固然要透彻，但应简明扼要。可从不同角度，从正反两方面来讲，但不要将同一内容同一说法，反反复复地讲个没完，以为这样才可以讲透，其实适得其反，反而使人生厌。

讲座的形式也可以灵活些。主讲人不一定要从头到尾一讲到底，可以设置问题请听众回答；或空出一段时间来让听众提问，答疑；或应听众要求，增加内容；对不同的看法相互探讨、简单辩论等，使会场气氛活跃一些。如果主讲人一味摆着说教的架势，会导致缺乏生气，效果欠佳。

（二）具有针对性

科普讲座要看对象，要有针对性。要使科普讲座取得较好效果，对各种听众不能讲得千篇一律，要考虑他们的要求和接受能力，以及通过科普讲座所希望达到的目的。因此同一内容，可以有不同的讲座方式、方法和不同的侧重点。

科普讲座还要善于抓住时机。在一些主题节日、新闻事件、科学事件后进行相关讲座是很受欢迎的。例如春节可以讲生肖动物；新闻报道“动物园动物因投喂造成死亡”的消息后可以讲讲动物的食性和文明游园的相关内容；云南、四川等地发生地震后也可以讲讲“地震与动物”“园林植物与防震减灾”。科普讲座还应该关心社会热点问题，如对一些自然保护区野生动物被偷猎捕食、城市中流浪猫狗带来的社会问题等主题，进行的科普讲座是非常有必要的，是引导公众采取正确行为的重要途径。

（三）内容的准确性

需要特别强调的是，不能认为讲座不见于文字，话说过了就一风吹了，不是“白纸黑字”有据可查，就可信口开河。讲座语言千万要严肃把关的，说话就是宣传。科普讲座讲得好，感染力很强，正确的东西使人深受教育，错误的概念也将会使人受害不浅，一定要慎重对待。

（四）开场白和结束语

完整的科普讲演应包含开场白与结束语，包括主讲人自我介绍、欢迎词、讲座提要、归纳总结等，以显示出讲演者良好的礼貌风范，承前启后，加深听众对讲座主题的记忆和理解。

第十九章　保护教育资源开发

第一节　内部资源整合

一项保护教育项目想要达到预期的效果，应有效整合内部资源，发挥团队协作精神，形成良性循环，突显品牌放大效应，从而吸引更多社会资源的合作。

一、团队协作

保护教育部门策划一项教育项目，无论是媒体部门的新闻稿发布，科普牌、海报、科普互动设施的设计、安装与摆放，活动场馆内营造活动气氛的装饰物的悬挂，活动用品及道具的采购，活动现场音响的安装与调试，还是活动过程中安保人员的参与，活动志愿者的协调等方方面面，无一不需要各部门及负责人员的配合，并发挥团队协作精神。一个成功的保护教育活动，不仅体现在成功传达保护信息，有效改变人们的态度和行为，同样工作团队各部门间的紧密配合，高效的团队协同作用，也能为访客创造的有魅力的体验。发挥良好的团队协作作用，能使团队整体的产出大于所有组成部分的产出的总和，即整体大于个体之和的 1+1 大于 2，能有效提高团队的生产力、工作效率、工作满意度、创造力和访客满意度。

（一）目标统一

学者曾仕强曾诠释过，团就是口搭一个才，队就是耳字旁加一个人，那么什么是团队呢，团队就是一个有口才的人带着一队听话的人。当这队人都很听话的时候，他们的劲就会往一处使。可见一个团队要有战斗力，首先要有一个大家都一致认可的目标，如果团队目标是大家共同追求的、有意义的目标，不仅能汇集团队智慧，更能激发团队的创造力、增强凝聚力、提供推动力。

保护教育职能部门有各种专业背景的工作人员，有的人是本行业专业人员，负责

教育项目的内容和讲解，有的人负责项目宣传推广，有的人负责项目策划，有的人负责组织实施，有的人负责对外联络……各有所长，各有所为。但这是一个团队，工作目标是一致的，每个人都是整个项目实施中关键的一环，发挥团队合作精神是项目成功的关键。

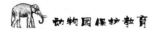

（二）制度完善

保护教育工作团队可建立严格、科学、完善的管理制度，保障活动项目的有效开展，成功创建保护教育品牌。制度完善可从制度构建、职责机制、激励机制、培训机制等方面入手。

1. 制度构建

古人云："小智者治事，大智者治人，睿智者治法。"古人所说的法，运用到团队管理中，指的就是管理制度。通过一系列的规章准则将各项活动联系起来，能调动员工积极性，保证团队良好运行。保护教育部门可通过制定科普活动参与人员接待制度、奖惩制度、合理化建议制度、安全制度及安全应急预案、科普设施设备管理制度、科普展品及教具资源包借用制度等方面完善制度建设。

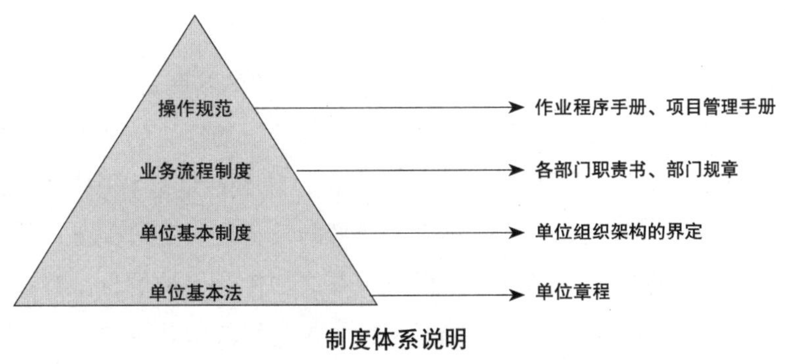

制度体系说明

2. 职责机制

在一个团队里，每个人的背景、资历都不同，每个成员所扮演的角色各有不同，要顺利达成团队目标，必须要做到角色清晰、职责明确。1976 年，英国人贝尔宾（Belbin）研究认为，一个成功的团队具备 6 种不同角色的人，分别为：实干者、协调者、推进者、创新者、监督者、凝聚者。一个人可承担多种角色，这个角色取决于个人的性格表现及在团队中与别人的比较。保护教育部门可通过制定讲解员职责、管理者职责等明确角色分工。

3. 激励机制

激励就是满足团队成员的需要作为一个管理者也好，团队成员也好，需要相互激励，就应该清楚他们各自的需要，了解这种需要然后满足他，这才是最好的激励。激

励是一种手段，其目的是调动队员的积极性和创造性，其核心取决于激励政策是否能满足团队成员的需要。可从物质奖励、精神奖励、团队气氛激励、队员参与管理激励、团队文化激励等入手。

4. 培训机制

高效的团队需要不断地学习，使团队不断完善、不断发展、不断与时俱进，这要求必须有完善的团队成员培训机制。一个团队只有建立起健全的培训发展机制，真正把团队的培训发展工作做透及完善，才能构建核心竞争力，真正实现高效。

（三）执行力

执行力可以理解为：有效利用资源，保质保量达成目标的能力。执行力指的是贯彻战略意图，完成预定目标的操作能力。而衡量执行力的标准，对个人而言是按时按质按量完成自己的工作任务；对单位而言就是在预定的时间内完成单位的战略目标。保护教育部门在分析、比较并明确可行教育项目方案后，在实施过程中：①明确相应的具体措施，保证方案的正确执行；②确保有关方案的各项内容被参与实施的人充分接受和彻底了解，可通过会议或口头沟通的形式，但最好有书面的形式明确责任，防止信息丢失；③运用目标管理方法把决策目标层层分解，落实到每一个执行单位和个人，如教育活动中需要采购的材料明细明确落实到负责采购的部门和个人，以便跟踪进展情况；④建立重要工作的报告制度，以便随时了解方案进展情况，及时调整行动。

（四）团队协作的本质

团队中有两个数字可以很直观地反映沟通在团队里面的重要性，就是两个 70%。第一个 70%，是指团队的管理者实际上有 70% 的时间用在沟通上。开会、谈话、商量、作报告等是常见的沟通形式。第二个 70%，是指团队中 70% 的问题是由于沟通障碍引起的。比如团队执行力差、领导力不强等问题，归根到底与缺乏沟通有关。

二、部门配合

保护教育职能部门是进行保护教育工作的主要部门，所有教育工作的牵头、策划、组织、实施、评估总结都是这个部门完成的，实际上也是在和其他部门紧密合作的过程中完成的。任何独立行事，闭门造车所进行的保护教育项目是无源之水，缺乏创新之源，可能会成为空洞的说教。好的教育项目是动物园整合各种资源、各部门协调配合共同完成的。

1. 项目设计中挖掘本单位可利用的各类资源，包括硬件、软件。动物园可用于进行教育项目开发的资源很多，挖掘资源的过程也是项目创新的过程，这样就需要教育

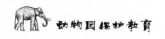

职能部门树立合作意识，需要与其他部门加强沟通，多多了解他们的工作，倾听他们的体会，请他们为教育项目出谋划策，这是产生灵感的途径之一。

2. 鼓励各部门积极参与教育项目实施，成果荣誉共享。很多教育项目需要其他部门的配合与参与，如幕后之旅——饲养员、讲解员、科技人员、后勤人员可能都有参与。教育职能部门要就项目实施进行经常性沟通，共同改进完善工作，维护良好的合作关系，成果荣誉共享。

第二节　保护教育文化资源挖掘与利用

文化资源就是人们从事文化生产和文化活动所利用的各种资源。人与自然的联系由来已久，由此产生的与动植物相关的文化积累和文化资源十分深厚。在中国的传统文化中，就有不少语言、文字、音乐、舞蹈、习俗、节庆等与动物相关，典型的例子如十二生肖。世界上其他国家也有着丰厚的动物文化资源，比如众多与动物相关的童话故事、卡通人物等。

随着保护教育事业的发展，如何发现、挖掘和利用动物园内的文化资源，以其鲜明的故事性、趣味性更好地融入保护教育项目，使保护教育项目更接地气，达成良好的项目目标，是目前保护教育工作者正在探索和实践的新课题。

一、动物园的文化资源

目前已有的文化资源的分类因其分类标准不一，产生了众多的分类系统，至少有17种之多。以下按不同主题对几种常见的文化资源进行分类。

（一）历史文化资源

1. 古迹文物

动物园不仅是一处展示野生动物的场所，往往还与旅游景区联系在一起，有的就是由历史古迹发展而来，这其中就有不少古迹文物。这些古迹文物或与本动物园的发展有关，或能展示地域历史。如北京动物园作为国内最早的城市动物园，园内就有“万牲园”大门、清农事试验场旧址、宋教仁纪念塔遗址等不少古迹建筑。

2. 历史名人

在中国古代历史上，动物与名人的经典故事也有不少，比较著名的有“梅妻鹤子”“武松打虎”“苏武牧羊”“闻鸡起舞”等。

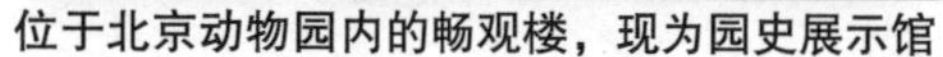

位于北京动物园内的畅观楼，现为园史展示馆

昆明动物园内的滇西抗战阵亡将士纪念碑

（二）文化资源

中国地域辽阔，民风民俗、民间文化异彩纷呈。动物与我国民俗文化结合最为常见的即十二生肖动物。古人不仅赋予生肖动物象征意义，同时融入了神话与传说，并衍生出一些民俗活动，如新年里贴十二生肖剪纸窗花，陕西有送布老虎的育儿风俗，农历二月二为汉族的“龙抬头节”等。

此外，国外的一些传统节日中，也活跃着动物们的身影，如复活节象征之一的复活节兔，圣诞节中为圣诞老人拉雪橇的麋鹿，感恩节晚宴上的火鸡等。

（三）宗教文化资源

动物在宗教中具有极其重要的地位。在基督教里，鸽子代表和平，绵羊代表善良可靠、正义无邪，蛇则代表邪恶、可恶。

动物形象在佛经文学中占据着十分重要的位置，常作为诸佛菩萨坐骑或手持物。狮子、象、大雁、牛、鹿和孔雀作为佛经文学中最常见的动物，有着深刻的佛教寓意。狮子常常用来比喻佛陀的无畏和巨大威力；象是皇室和寺庙的坐骑，是高贵的象征；佛陀有雁王之称，所以佛门也被称为雁门；牛仪态威猛，德行高大，在佛教中具有很高的地位；鹿有吉祥和幸福的寓意，在一些善相神的风景画中经常出现鹿的身影；孔雀能吃尽一切毒虫，常被用来形容能啖尽一切五毒烦恼。

（四）政治文化资源

动物常常被当作和平和友好的使者出现在各种外交政治舞台上，最著名的就是大熊猫。截至 2018 年底，我国与全球 17 个国家的 22 个动物园建立了大熊猫长期国际繁育合作研究关系。动物们还担任国家重大体育赛事的形象大使；或以“姐妹城市”“友好动物园”的名义，国内动物园也常与国外动物园进行动物友好交换。在赠送、出访、交换动物的过程中，动物们往往带有政治使命与意义，产生政治文化资源。

作为友好使者来到上海动物园的亚达伯拉象龟

（五）艺术文化资源

1. 文学

动物为文化作品赋予灵气，围绕动物亦产生了许多文学艺术作品。如名著《西游记》中的猪八戒、白龙马、孙悟空以及各路妖怪，无不与动物有关。此外古今诗词、小说散文、民谣、成语、谜语、寓言、绘本故事中都可以挖掘出不少动物素材。

2. 影视

此处的影视资源指纪录片以外的影片、动画片等。在此类影视作品中，动物常被拟人化，赋予情感、性格，角色深入人心。

3. 表演

在公众喜闻乐见的音乐、舞蹈、话剧、民间曲艺等艺术形式中也有动物的参与。如舞蹈《天鹅湖》、舞剧《朱鹮》，还有二胡《空山鸟语》、奥地利作曲家舒伯特创作的《听，听，云雀》等音乐。针对少儿群体，艺术团体排演的不少儿童剧、木偶剧里也有动物出现。

4. 其他

含有动物形象的书画、摄影作品、工艺品、邮票、LOGO 等都是可被开发与利用的保护教育文化资源。

二、保护教育文化资源的利用原则

（一）传承与创新原则

任何一个民族的文化都是一种历史的积累，其中体现着民族的特性，而这种特性是通过长期的文化创造反映出来的。具备地域特色的文化资源的形成存在着一个继承、发展、创新的过程。对于优秀的文化资源来说，有效的传承与创新是文化资源开发和利用的基础。

上海动物园鸟区的这幅壁画，是在画家张其翼《荣宝斋画谱－花鸟动物部分》画作的基础上再创作而来。在壁画设计之初，通过出版社与画家家属取得联系（画家本人已去世），并获得书面授权文件，方可利用。

（二）生态教育原则

文化资源那么多，当选择合适的文化资源与保护教育项目相结合时，就需要考虑其科学性及是否传递积极向上的信息。文化资源在教育项目中的开发与利用重在教育，必须体现正确的价值观，倡导环保生活方式，唤醒人类珍惜自然、爱护环境的家园意识。这应该是文化资源参与保护教育项目的先决条件。

（三）地方特色原则

独特性是文化资源赖以生存和发展的灵魂，文化资源的独特性愈鲜明突出，其吸引力就越大。对于保护教育中的文化资源而言，要实现这种独特性，重要的是将本地的自然生态环境与生态文化氛围融入新策划的保护教育项目中去，因为不同地域的资源条件的差异性是客观存在的。

（四）因人而异原则

文化资源的开发利用应以受众需求为导向，在充分进行受众调查与分析后，结合不同来访者的偏好，选择不同内容的文化资源利用到保护教育项目中。如前文所提到的宗教文化资源就较适合宗教人士或部分有宗教信仰的老年团体。

（五）资源保护原则

文化资源的开发不但要考虑满足来访者的需要，同时应符合管理及保护的要求。特别是对古迹文物资源进行利用时，充分考虑资源与环境的承载能力，采取相应的管理措施，防止对古迹和环境造成污染和破坏。对于创作类文化资源，则应考虑版权使用合理合规，避免不必要的法律问题。

三、文化资源在保护教育项目中的运用案例

文化资源几乎可以运用于所有的保护教育形式中，以下介绍几个成功案例供参考借鉴。

1. 解说活动：解说是教育项目结合文化资源最容易，也是最常用的一种形式，包括人员讲解、科普讲座与教育设施。在解说文案的信息传递中，融入相关文化资源，让游客将知识与实际的生活联系起来。

2. 表演、情景剧：改编源于文化资源的动物儿歌、故事等，将令受众感到熟悉与亲切，对动物保护的理念更加印象深刻。

3. 动物课堂活动：广州动物园“绘本大自然”课堂活动是一个很好的案例。通过结合科普与浸入式的绘本讲读，拉近人与动物的距离；通过不同的互动形式，结合童趣的问答对孩子们进行动物知识科普，从孩子们的视角解读动物的特色与习性，让孩子们更容易接受与理解。

4. 手工与游戏：在保护教育项目策划中运用生活中常见的民间手工与游戏文化元素，使活动项目增加互动性，提高公众的参与兴趣，如谜语、剪纸、年画、皮影、拼图、折纸、踢毽子等。

5. 民俗节庆主题活动：世界各地有各种不同的传统节日与民间活动，如巴西的嘉年华会、泰国的泼水节、欧美的万圣节、中国的春节等。目前民俗文化资源运用较多的是春节期间的生肖动物主题活动，保护教育工作者也可以挖掘其他节庆活动中的动物元素，开发更多的节庆主题活动。

如同保护教育形式的多种多样，保护教育项目中对文化资源的利用也是一个创新和开拓的过程，需要教育工作者不断地探索与实践。

上海动物园以“武松打虎”的故事为由头，讲解“老虎屁股摸不得”的科学原理及虎的保护理念

上海动物园兔年生肖游园会期间编排、表演的小话剧《小兔乖乖》

第三节　外部资源的利用与合作

一、教育项目外部资金申请

建立保护教育部门、开展保护教育项目需要投入大量的资金和人力。如果策划、运作得好，教育部门将会成为动物园最重要的部门之一。然而，这项投资数额不小，

而且需要付出很多努力，很长时间才能看到成效，这对动物园来说有一定风险，因此，动物园有时很难拨出专门资金用于保护教育。要降低动物园风险，建立一个强有力的教育部门，可以进行那些低开销或无开销的项目，或者寻求外来资金支持，这样教育部门将成为动物园的一个资产而不是负担。

争取外来资金是成功开展保护教育项目，扩大对外交流的重要手段。缺少具体的预算方案、预算不合理的项目申请书、缺乏新颖性和形式化的项目申请书，不仅得不到资助机构的青睐，而且可能会影响到下一次申请的成功概率。因而，本节提出一些建议，希望对申请资助项目的机构或单位会有所帮助。

（一）项目申请的关键步骤

（1）确定一个对动物园来说必要的、切实可行的教育项目。

（2）写一个该项目的草案或提纲，确定所需的财力和人力。

（3）寻找资助类似项目的机构。

（4）得到动物园领导的支持。

（5）根据资助机构的要求撰写项目书。可以一个项目同时向多个机构申请，以提高获得资助的可能性。

（6）按时提交项目申请书。

（7）根据资助机构要求，报告项目进展情况。

（二）撰写项目申请书注意事项

通常，资助机构都很严格，撰写项目书时要特别注意规范和细节，使用简明扼要、清晰有条理的语言。大多数资助方的资金都是有限的，他们只能将资助集中在真正需要和有用的项目与领域。通常限额已在申请要求中说明，需要特别注意，只申请合适的、需要的额度。在开始写项目书前要清楚地明白资助机构的方针政策，确保资助机构的目标与动物园的项目书一致。

申请项目资金过程中准备工作非常重要。可靠的计划和充分的调查研究会让项目书撰写变得更加容易。一个好的项目申请书通常遵循以下撰写要求：

（1）确定项目内容和该项目所要解决的教育问题。

（2）了解资助机构，包括资助目的和偏好、申请资格（比如有些机构不支持发达国家机构的项目申请）。

（3）确定资助机构的愿景、目标是否与本单位的项目一致。

（4）根据所申请的项目和领域，确定申请目标。不要局限于只向一家机构申请。

（5）如果可能，在撰写项目书前联系该机构，确保清楚地了解他们的方针。

（6）在项目书里，证明项目通过教育所针对的某个重大保护问题。

（7）在项目书中根据经验（通常从学术研究角度）、能力、逻辑和想象提出该问题的解决方法。确保项目书中阐明此项目能带来问题的改变。

（8）在项目书中详细说明实施计划、所作的调查研究和项目的愿景。

（9）保证申请书的格式适当、完整，包含资助机构要求的所有内容。

（10）简明扼要地陈述动物园的需求和目标。一份好的项目申请书应该内容清楚、有理有据，这是资助机构决策过程的关键影响因素。

（11）项目书要写得独特、有说服力，清楚表达为什么要申请资金，将用这笔资金做哪些事情，优势是什么？为什么资助机构要批准这个申请。

（12）项目书必须包括：项目目的，可行性，社区和全球需求，需要的资金，申请人职责和资历（简历）。

（13）项目书中需向资助机构道明如下问题：申请的介绍、资历，想做什么，希望通过项目解决的问题以及如何解决，想要达到什么目标，如何达到，如何评估结果，资金申请如何满足资助机构的目标和条件。

（14）充分描述项目理论基础和产出，资金的作用，社区支持。要特别注意广义目标和可评估目标。

（15）确保始终遵循资助机构的方针和对项目申请的要求。

（16）在提交申请后，随时与资助机构保持联系，了解进展情况。对资助机构提出的各种问题及时回复。

（三）项目资金申请需要遵循的道德原则和职业操守

● 按照项目书中的计划使用项目资金。有时因具体情况有所不同，资金的使用也会随之改变，必须事先与资助机构确认，得到他们的许可。

● 资金计划必须根据所在机构的具体情况，要确实可行。

● 好的项目申请，其质量和项目的设计是动物园的形象，也体现了对资助机构的尊重。

● 如果资助申请得到批准，要按照计划运作、完成项目，向资助机构提交完整的项目报告。余下的钱需退还给资助机构，或写一份新的项目申请，向资助机构申请将余下的资金用于其他保护教育项目。

向其他机构申请资金支持是一个长期的过程。须严格按照项目计划实施项目，按照预算开支经费，以便建立长期、互信的合作关系。

除了各类基金会和国际机构，各级科技、教育、环保等政府部门和相关协会、学会每年对科普项目的支持力度也非常大。努力创建科普基地，获得相应称号是获得这类资助申请资格的最快途径。

二、社会资源合作

（一）动物园与社会各界建立合作关系的重要性和可能性

根据《生物多样性公约》及《联合国千年发展目标》所述，全球自然环境的保护要世界各方的共同合作与努力。在这个共同合作相互联系形成的工作系统和网络中，动物园是其中的一环。动物园之间不仅要加强联系，还要和其他相关机构加强合作。《世界动物园保护策略（2005）》也阐明动物园只有和其他机构加强合作才能发挥自身的优势，实现动物园的社会功能，也只有这样，动物园才能寻找到更广阔、更光明的发展前景。动物园教育项目的实施也包括在其中。

自然保护需要各界的合作，这一点已经深入人心，每一个保护机构都越来越意识到合作的重要性，因此这也为动物园建立对外合作创造了条件，使它成为可能。

（二）动物园建立合作关系的类型和方式

动物园与其他机构建立合作关系的类型和方式多种多样，没有一定之规。近年来动物园员工总是在工作中不断拓展思路，寻求新的合作对象、寻求新的合作方式，优势互补，逐步形成良好的、不断发展的合作关系。就动物园现在的工作情况，根据不同的合作对象，归纳出这样几种类型：

1. 动物园与政府职能部门的合作

政府中许多职能部门，他们有科普教育、相关专业知识的宣传普及、政策法规宣传、社区居民服务等职能，有项目资金及影响力，但他们与公众沟通的渠道和方法单一，或者缺乏相关的设施设备，而动物园在这些方面有自己的优势，这样往往比较容易建立合作，产生很好的社会效益。如动物园与科协的合作，与当地地震局、林业局、环保局、旅游局、街道社区等的合作都可以归纳到这部分。动物园许多活动如“爱鸟周”“爱鸟月”等活动就是与当地林业局合作举办的。实际上，通过这些事例的分析，都体会出“优势互补”的作用。

2. 动物园与中小学的合作

中小学都设立有自然科学、生物学等课程，还要进行环境保护等相关内容的教育。学校课堂的理论知识是足够丰富的，但学生缺乏实践，缺乏与大自然的接触，那么学校与动物园的合作能创造出更有效的教育方式。这也体现了动物园公众教育的社会功能。近年已经有动物园开始研究中小学的相关课程，根据教学大纲要求，结合动物园现有条件和设施编写一系列、适合学生教育内容和实践的课程，这些内容已成为他们教学目标中的一部分。这样的合作能够把动物园的优势转化成学校的教学优势，实际上许多老师都表现出这种愿望，希望动物园在他们的教学中，根据教学需要有所作为。与中小学校建立良好的合作关系还有助于开展各种青少年保护教育活动，如青少年绘画比

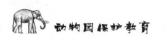

赛、摄影比赛、夏令营等活动，这些活动都可以通过学校组织到为数不少的参与者。

补充：

与学校合作方式：

请进来：组织接待学校到动物园开展教学实践课程、科普探究活动等。

走出去：科普进校园，将标本、版面、讲座带进校园，增进与学校的联系。

3. 动物园与大学、科研机构的合作

这方面的合作偏重于科学研究和大学生或研究生的教学实习方面。现在随着科学研究进程的发展，越来越多的大学教授、研究人员意识到动物园对于研究材料的获得和数据的采集起着至关重要的作用，越来越多的学生将实习地选择在动物园，动物园也要认识到了自身的价值，进一步加强与他们的合作，并且要在合作中占据主动地位，也就是从研究项目的立题开始就要发挥自身的作用，提出建议，使更多的科研成果能为动物园所用，而不仅仅是为他人提供科研成果，但与动物园的工作相距甚远。这方面成功的例子也是非常多的，如北京动物园与中国农业大学的合作、广州动物园与华南师范大学生命科学学院的合作等。

2018 年，全国 17 家动物园与绿色江河联合开展“美丽中国，我是行动者——守护斑头雁”活动，取得较好的活动效果。

4. 动物园与保护组织的合作

每个保护组织都有自己工作的侧重点和优势，但动物园有的优势是其他组织没有的，这就是合作的切入点。一些会员单位与保护组织的合作，如上海动物园和根与芽

合作开展黑猩猩的保护教育、北京动物园与野性中国工作室的合作等。影响力较大的环境保护组织有 WWF（世界自然基金会）、WCS（国际野生生物保护协会）、自然之友和根与芽等，他们在许多城市设有办公室或办事处。另外，也可以联系一些地区性的环境保护组织进行项目合作，如四川的绿色江河、云南的云山保护等。

5. 动物园与商业机构的合作

许多商业机构在发展自己企业的同时，也希望回报社会的支持，提升企业的社会形象。参加支持自然保护公益事业是这些企业热衷的项目之一。他们可以提供资金与物资，动物园可以为他们提供社会公益服务的机会，或策划提升企业文化的员工活动。动物园与他们建立合作关系，可以各取所长，产生很好的社会效益，媒体宣传往往是这些企业最看重的回报，动物园也可以借此提高保护教育活动的社会影响力。

示例：

2015 年 2 ~ 6 月，上海动物园与协鑫阳光慈善基金会、恒源祥（集团）有限公司、青海可可西里国家级自然保护区管理局等机构合作举办“地球的生命力”——藏羚羊保护教育项目，借助企业的宣传推广，邀请到世界体操冠军眭禄作为保护大使，录制宣传视频，深入藏羚羊保护区开展保护教育活动，取得极佳的活动效果和影响力。本项目也得到了上海“保护母亲河·绿色希望工程”领导小组办公室、长宁区科学技术委员会、长宁区旅游事业管理局、上海市公园事务管理中心、上海市野生动植物保护协会、上海市科普教育基地联合会、国际野生生物保护学会、上海市动物学会的大力支持。

6. 动物园与其他机构的合作

实际上动物园的合作关系类型很多，以上几个方面不可能全部概括归纳，合作对象、合作方式是由各种情况和条件决定的。例如有些动物园与野生动物保护区建立合作，以及与风景区、旅游部门、养老院、宗教组织、社会团体、俱乐部、基金会等建立合作。

7. 动物园与国际组织的合作

加强国际交流首先能够让动物园工作者了解世界自然保护的发展趋势、动物园行业的发展方向，更新观念，为提高工作水平打下思想基础。再者，与国外动物园、组织机构的直接交流学习，使动物园工作者掌握先进的技术和管理经验，为动物园的发展起到了直接的推动作用，减少摸索前进的时间、少走弯路。动物园和协会都希望广泛加强与国外动物园和国际组织的联系，动物园许多方面的发展得益于多年进行的国际合作项目，同时也证明了这一事实。

第四节　志愿者合作项目

当今，志愿服务已成为文明社会不可或缺的一部分。随着人类物质生活水平的提高，保护野生动物、关注环境逐渐成为全社会的共识，越来越多的人以志愿者的身份主动参与到动物园的管理中来，在保护教育工作中志愿者的作用也愈加重要。

志愿者能很好地解决动物园人力不足的困难，志愿者可以成为传递动物园信息的喉舌，志愿者也有可能带来动物园所需要的各种资源，但请记住志愿者不是无偿的劳动力，志愿服务也不是对他人的一种施舍，志愿者和服务对象之间应该是一种平等的服务与被服务的关系。为维持志愿者队伍的相对稳定，保证志愿者工作的顺利、持续开展，对志愿者队伍进行规范的管理是非常重要的。

一、志愿者管理制度

（一）工作计划

对于志愿者的管理虽然有别于固定员工，但招募、培训、服务、评估与激励等重要步骤都缺一不可，所以需要管理者在前期初步界定服务对象和范围，根据志愿者的特点和工作目标制定详细、明确的整体工作计划。

（二）招募工作

通过网站（或其他渠道）发布招募消息，进行面试后录取热心野生动物和环保事业，具有一定知识层次，语言表达能力和社交能力较强的志愿者。经录取的志愿者需与动物园签订服务协议。

（三）登记制度

建立志愿者信息资料登记制度，要为志愿者做好个人信息、服务、培训、活动等各项内容的登记记录工作。

（四）培训制度

建立不同阶段培训教案，为每位志愿者在上岗之前作一次岗位培训，之后根据工作进程安排培训及志愿者工作。

（五）上岗规范

志愿者在上岗时必须保持良好精神状态，热情礼貌，为方便辨识，需着装整齐，穿着统一志愿者马夹或佩戴统一标识。

（六）岗位设置

为满足志愿者不同的服务愿望，在不影响园内正常工作的情况下，努力开发志愿者服务岗位，如动物科普讲解、话剧表演、展区设计、资料翻译整理等工作都可纳入志愿者的工作范围内。

（七）工作补贴

动物园为志愿者提供工作午餐、交通费补贴等。

（八）管理督导

有专门的部门对志愿者队伍进行管理，负责志愿者的统一招募、登记、培训、接待、指导等工作，建立志愿者工作记录，提供志愿者休息场所。

制作《志愿者服务手册》（以下简称《手册》），便于志愿者了解工作意义与工作内容。《手册》可包括志愿者管理办法、志愿者工作范畴和职责、动物园简介、安全管理制度、志愿者服务记录表、动物园导游图等内容。

（九）激励制度

给予志愿者适当的激励，增强志愿者对所从事的志愿活动的热情与积极性，鼓励志愿者朝着单位所期待的目标前进。

激励形式包括：平时口头鼓励或表扬；对每年服务时间达标的志愿者颁发服务证书；召开志愿者联谊会；设立优秀志愿者示范岗位；年底优秀志愿者表彰；对有突出贡献的志愿者的事迹进行书面报道；设立积分制，鼓励志愿者持续服务；长期的优秀志愿者可被动物园录取成为正式员工。

示例：

志愿者报名申请表

编号：　　　　　　　　　　　　　　　　　　　　　　★报名日期：　　年　月　日

<table>
<tr><td>★姓名</td><td></td><td>★性别</td><td></td><td>★年龄</td><td></td><td>民族</td><td colspan="2"></td></tr>
<tr><td>★文化程度</td><td colspan="2"></td><td colspan="2">★职业（或专业）</td><td colspan="4"></td></tr>
<tr><td>个人特长</td><td colspan="8"></td></tr>
<tr><td colspan="2">★所在单位（或学校）</td><td colspan="7"></td></tr>
<tr><td colspan="2">参加社会团体名称</td><td colspan="2"></td><td colspan="2">★联系电话</td><td colspan="3"></td></tr>
<tr><td>身份证号码</td><td colspan="3"></td><td colspan="2">★电子邮件</td><td colspan="3"></td></tr>
<tr><td>★常住地址</td><td colspan="5"></td><td colspan="2">★邮政编码</td><td></td></tr>
<tr><td rowspan="2">★服务项目</td><td>讲解</td><td></td><td>资料翻译</td><td></td><td>活动策划</td><td></td><td>活动辅助</td><td></td></tr>
<tr><td>文图编创</td><td></td><td>资料整理</td><td></td><td>宣传咨询</td><td></td><td>不限</td><td></td></tr>
<tr><td rowspan="2">服务地点意向</td><td>两爬类</td><td></td><td>鸟类</td><td></td><td>食肉类</td><td></td><td>食草类</td><td></td></tr>
<tr><td>灵长类</td><td></td><td>剧团表演</td><td></td><td>科普车</td><td></td><td>不限</td><td></td></tr>
<tr><td>★服务时间</td><td>每月一次</td><td></td><td colspan="2">每月二次</td><td></td><td colspan="2">不定期</td><td></td></tr>
<tr><td rowspan="3">期望回报</td><td>学习知识</td><td></td><td colspan="2">获取证明</td><td></td><td colspan="2">奉献爱心</td><td></td></tr>
<tr><td>交到朋友</td><td></td><td colspan="2">获得认可</td><td></td><td colspan="2">影响别人</td><td></td></tr>
<tr><td>锻炼能力</td><td></td><td colspan="2">其他</td><td colspan="4"></td></tr>
<tr><td colspan="9">登记单位审核意见

（盖章）
年　月　日</td></tr>
</table>

* 为必填项。

示例：

志愿者服务协议

为保证志愿者服务工作有序进行，特制定如下协议：

一、______（志愿者姓名）志愿从____年__月__日起参加________（服务机构）的志愿服务工作，同意志愿者管理办法，与________（服务机构）签订协议，履行协议所列明权利义务。

二、志愿者服务时间为____上午____到下午____。本次服务期（____）内总工作时间不得低于__次。

三、志愿者需办理出入证方可进出。志愿者工作期满后，出入证收回并作废。

四、________（服务机构）负责对志愿者进行上岗培训。

五、________（服务机构）向志愿者提供工作午餐，每人每个工作日补贴费用为____元。

六、________（服务机构）可向每位志愿者提供服务证明，作为志愿者服务工作的记录与证明。

七、志愿者应积极维护动物园的形象，不得随意向外界发表有损于动物园名誉的言论。对外发表有关动物园消息时，需事先与园方联系，以取得许可及配合。

八、志愿者必须遵守动物园的规章制度。如因志愿者本人违反动物园的规章制度所发生的各类事故，由志愿者本人负责。

九、志愿者未经许可，不得擅自进入动物饲养后场。如因此所发生的各类事故，由志愿者本人负责。

十、志愿者不得借志愿者工作之名携带非志愿者入园，一经发现，取消志愿者资格。

十一、本协议一式两份，________（服务机构）和志愿者各持一份。

服务机构（盖章）：　　　　志愿者（签名）：

年　月　日　　　　　　　　年　月　日

示例：

志愿服务申请表（内部）

编号：__________

请填妥此表格并交回给__________________。

希望招募志愿者部门：__________________

联系人姓名：________________职位：__________________

联系电话：__________________传真号码：________________

要求志愿者工作日期：

□由____月____日至____月____日（共____月）

□弹性（与志愿者商议而定）

工作时间：

□逢星期____上/下午____时____分至上/下午____时____分

□弹性（与志愿者商议而定）

工作次数：

□____星期____次

□____月 ____次

□弹性（与志愿者商议而定）

所需志愿者年龄：____________所需志愿者性别：____________

所需志愿者人数：____________人　　服务对象：____________

志愿者工作性质及职责：

要求志愿者须具备的资格/技能：

服务部门是否准备提供培训或督导？

□有（请简述内容：____________）　　□没有

其他资料：____

填写人签字：________________日期：__________________

示例：

志愿者工作督导纪录

编号：____________

（此记录可由志愿者组长或服务负责人填写，填交报告期限及次数可按需要界定）

志愿者姓名（个人或组别）：______________________________

1. 志愿服务进展情况概略：

2. 志愿者所遇困难：

3. 志愿者的优点 / 仍需改善的地方：

4. 志愿者对服务安排的意见 / 建议：

督导组长 / 负责人评语 / 建议：

督导组长 / 负责人签字：____________________________

示例:

志愿者工作表现评估

编号:__________

志愿者姓名:__________所属组别/部门:__________

职位/工作性质:__________委任日期:__________

被评估日期:由__________至__________

工作表现(√):

	非常满意	满意	普通	不满意	非常不满意
出席率	____	____	____	____	____
守时	____	____	____	____	____
责任感	____	____	____	____	____
乐助性	____	____	____	____	____
主动性	____	____	____	____	____
投入感	____	____	____	____	____
工作效率	____	____	____	____	____
与机构职员关系	____	____	____	____	____
与其他志愿者关系	____	____	____	____	____
与服务对象关系	____	____	____	____	____

总评(督导员或志愿者的评语)

建议(继续现有工作及改善;调任/晋升其他工作岗位;培训机会)

评估员签名:__________日期:__________

示例：

志愿者对服务意见评估

编号：____________

为使动物园能对志愿者服务工作加以改善，请各志愿者填写本表格。填妥后，请于_____月_____日前交回。所有资料，绝对保密。

志愿者姓名：____________________志愿者编号：____________________

服务部门：____________________服务时期：____________________

志愿者职责：____

1. 您是否满意以下的安排？

	非常满意	满意	不满意	非常不满意
1.1 服务目的 / 内容 / 性质	______	____	______	________
1.2 工作安排及组织	______	____	______	________
1.3 志愿者培训及督导	______	____	______	________
1.4 沟通及支持系统	______	____	______	________

（不满意的原因：____）

2. 您认为机构应加强何类培训或参考资料以帮助您完善志愿者的工作？

____

3. 您现在的工作岗位是否符合您的个人期望、兴趣及能力？

□是 □否（原因：____）

4. 您从工作上能否找到趣味、挑战性及满足感？

□能够 □不能够（原因：____________________________________）

5. 您最喜爱 / 满意工作那些部分？

____

6. 您不喜爱 / 满意工作那些部分？

____

7. 您认为您的工作量是否适当？

□太多　　□适当　　□太少

8. 您认为您可否承担更多工作责任？

□可以　　□不可以　　□不知道

9. 您认为机构内的员工对志愿者参与工作的接受程度如何?

□非常接受　□普遍接受　□普遍不接受　□非常不接受

10. 您认为服务对象对志愿者参与工作的接受程度如何?

□非常接受　□普遍接受　□普遍不接受　□非常不接受

11. 您认为志愿者对服务机构是否有贡献及帮助?

□是　□否(原因:__________)

12. 您认为机构哪方面的服务范围可加强志愿者的参与?

____

13. 其他意见

____

志愿者签署:__________ 日期:__________

示例:

志愿者离职意见调查

编号:__________

为使动物园能不断改善志愿者管理制度,务请各离职志愿者填写本表格,以指出需要做出改善的地方。填妥后,请于______月______日前交回______。所有资料,绝对保密。

志愿者姓名:__________ 志愿者编号:__________

服务部门:__________ 服务时期:__________

离职原因:__________

1. 您在服务机构服务期间,在工作安排上感到满意及不满意的地方:

1.1 满意的地方及原因:__________

1.2 不满意的地方及原因:__________

2. 您是否满意您的工作表现？

□满意

□不满意（原因：____________________）

3. 您是否满意与其他志愿者或员工之间的工作关系？

□满意

□不满意（原因：____________________）

4. 您认为在工作上，您有没有得到足够的支持及督导？

□足够

□不足够（那方面：____________________）

5. 您认为您所得到的培训是否足够？

□足够

□不足够（那方面：____________________）

6. 您认为您在服务机构内的工作是否受到重视？

□是

□否（原因：____________________）

7. 您认为服务机构在推行志愿者服务计划上需要作出哪些改善？

8. 将来，您是否考虑返回服务机构服务？

□是

□否（原因：____________________）

9. 其他意见：____________________

志愿者签署：__________ 日期：______

第二十章　保护教育事业的发展

动物园保护教育和物种保护是动物园发展的核心目标。动物园保护教育的核心定位，要有与之相对应的组织管理机构、配套资金、设施建设等，以支持这一核心目标的实现。其中最重要的问题是组织管理机构中的专业人员，以及专业水平的提高，要建立一支专业化的队伍，这是发展的需要。

从社会分工的发展规律看，随着市场化程度的加深，社会分工越来越细。分工逐渐细化的好处是，他们的工作效率远高于其他不是长期从事这种工作的人员。效率包括两层含义：一方面是速度，另一方面是质量。这一类人长期从事同一种工作，积累了大量经验，通过不断地总结和学习，他们在某一方面的技能将会越来越高，专业能力将是他人难于替代的。我国动物园保护教育发展的初期印证了这种社会分工的发展和专业化、职业化进步的过程。

保护教育专业人员的培养、专业水平的发展和提升应包括四个阶段：学习交流、实践探索、总结提升、积淀传承。四个阶段相互重叠，相互作用。它即是每一个人知识积累或技能提升的过程，又是专业领域整体发展进步的过程。对四个阶段进行分析，可以看到专业人员与团队、动物园、国内外同行、社会各界之间的交流关系，明确专业发展脉络，使广大教育工作者自觉地融入专业进步的发展潮流中，进而推动行业保护教育水平的整体进步。

第一节　专业发展的学习交流途径

动物园保护教育工作人员有其特殊性，就一般落到人的身上而言，他们既不同于正规教育体系中的教师，又不同于科普场馆展陈展示的解说员。就任务而言，他们既是项目的策划者，又是实施者。就教育目的而言，既是知识的教化者，也是文化的培植者。因此，动物园教育人员不管是大学毕业生，还是动物园其他专业领域的转行者，

或者是其他行业的入职人员，都需要根据动物园的发展规律，逐步理解和掌握动物园发展的核心价值和发展目标。要从行业发展的大趋势出发，学习动物园保护教育专业的知识和实践技能。这种学习和交流的途径可以从三个方面进行：

一、行业内专业交流网络和平台

动物园保护教育的发展历经了十多年的工作实践，培养起一批动物园保护教育专业人员，他们既有理论基础，又有实践经验，这些人员在行业中发挥着重要的引领作用。同时行业协会为动物园广大教育工作者建立了有效的交流平台和网络。通过多年努力建立完善的基础教育培训体系（ACT）也发挥着重要的培训作用。

补充：

ACT（Academy for Conservation Training）：

是中国动物园协会动物园保护教育研修班英文简称。她是培养动物园保护教育专门人才的摇篮！近年来，许多保护组织还有政府有关部门了解到这个专业培训的优势，并重视其资源利用。

交流平台积累了多年的专业发展成就，不断注入社会发展的新理念、新思路。这种动态的、有效的学习交流形式是动物园保护教育者进行日常学习交流的重要途径。不管是专业领域的前辈，还是刚入行的新生力量，都是专业交流平台中的主力军。关键点是要保持交流平台共同奉献，共同分享的格局。

二、世界范围内组织和机构的研究成果和资源构成

动物园的保护教育需要很多知识体系和配套资源的支撑，例如关于各类物种的生物学、生态作用、环境条件、保护现状、保护政策等专业知识；还需要各种教育资源、公众推广、设施建设、公共关系、市场营销等实施手段。很多保护组织和一些科研机构都有各自的研究成果和可提供的共享资源。利用此类研究成果和共享资源，同时逐步建立自身的资源体系，总结成果对动物园保护教育事业的发展至关重要。因此这种借鉴和学习是一种有效的手段。

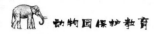

补充：

2013 年，欧洲动物园水族馆协会（EAZA）的生物多样性保护运动的主题是“从南极到北极”。旨在通过公众日常生活行为的改变，保护极地野生动物北极熊、企鹅和保护自然环境等。在活动实施初期，EAZA 邀请各类保护组织或机构参与运动。他们邀请加拿大等地的大学和研究机构的专家为活动提供极地动物的分类学、形态学、生态学、保护现状等各类生物学知识。同时与有关机构合作制作宣传片、录制主题曲、设计纪念品样板、提供脸谱图案、推荐活动方式等。把相关资源进行有效的组合，满足了动物园保护教育的特殊需求。

三、动物园行业自身的发展成果

动物园保护教育的主要内容还应该包括动物园的发展成果。动物园行业发展很快，新理念、新方式不断涌现，例如生态化展示、动物福利、物种种群管理、动物训练、环境丰容、保护文化的建设等，新理念的出现预示着新的发展。动物园保护教育的生命力来源于此，需要将动物园新的发展理念、新的发展成果传达给公众，这些是动物园特有的，不仅能展现动物园魅力，提高动物园的社会地位，得到各界认可，更主要是为动物园未来的发展培养支持者。

第二节　专业发展的实践探索

学习的目的是为了实践，实践是提高专业水平最重要的环节。随着各地动物园保护教育的发展，实践和创新纷至沓来，使这个领域气象万新。针对实践可以进行三方面的探讨。

一、团队建设与个人专业发展

动物园的保护教育工作依赖于团队建设。工作团队的成就依赖于成员的专业水平、合作精神，以及相互之间的专业互补性。因此在团队建设方面要吸纳不同专业的人才，不仅包括物种保护相关专业的人员，还要包含教育学、市场推广、项目策划、艺术设计等各类专业的人才参与。团队项目的策划与实施需要不同专业之间的巧妙衔接才能

完整地呈现给受众。因此团队的合作实践既是个人专业的提升过程，又是团队磨合成熟的过程，是一个相互促进的两方面。

二、团队发展与动物园的支持

从实践经验看，动物园对教育工作的重视程度影响其保护教育成就的大小。因此动物园和教育工作团队也是相互影响的两个方面。从动物园的发展趋势而论，动物园的管理者应该充分认识到保护教育的必然性，主动推进，使其成为促进动物园发展的中坚力量。这样自上而下的相互推进易于进入快速发展轨道。另外一种情况是，一些动物园保护教育团队需要更多地去争取动物园的支持和理解，创造条件发展教育工作。

三、动物园与合作机构的双赢

现代社会是一个讲究双赢的时代，动物园的保护教育发展不能闭门造车。因此与合作机构的关系既要相互促进，又要互补，这样才能发挥动物园的优势，形成双赢的局面。

因此，保护教育的实践中产生四个方面：动物园、工作团队、个人，还有合作机构。几个方面或者相互影响、相互制约，或者相互促进，相互带动。

第三节　实践探索的总结与提升

有很多项目管理理论探讨项目实施的评估总结与提升问题。本书推荐的是ADDIE的方式。评估的目的在于推进实践活动的螺旋式上升。针对评估和总结讨论如下两点：

一、信息数据的积累与实践研究

评估总结是需要对象的，一个项目实施的简单记录是不能满足评估需要的。因此在项目实施前，需要为未来的评估总结做好准备，要收集项目实施中各方面的信息数据。通过归纳分析，发现成功经验和教训，这是总结成果和提升专业水平的基础。实践中积累形成的分析研究成果将是指导今后实践的理论依据。因此要善于总结评估，善于发现教育工作的规律。

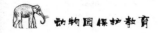

二、实践与市场开发共发展

动物园的教育项目是要接受市场检验的，公众的接受程度、实施效果、可持续性、经济效益等因素都在市场检验中得以呈现。动物园保护教育的优势和不可替代性是在多次的市场实践中才能磨炼出来的，因此采用新科技，接受新理念，顺应新发展，不断创新教育方式才能应对社会的需求和市场的竞争，这是动物园保护教育通过实践提升水平的必由之路。

实践的总结与提升是复杂的，是一个从实践到理论，从传统到创新的蜕变过程，应该是一个螺旋式上升的过程。在动物园保护教育的发展历程中，有时候出现发展的瓶颈期，一部分的原因就是总结提升的水平不够，致使工作循环往复，行而不进。因此关注实践的总结评估工作是动物园教育工作者提升专业水平的重要途径。

不断进行有效的实践评估，能够使教育项目焕然一新，开拓教育项目市场也是同步进行的。

第四节　动物园保护教育的积淀与传承

动物园保护教育工作是一项事业。事业的发展需要一代又一代人的传承和发展。前进的过程不再是单纯的技术进步，而是这个领域积淀形成了自我发展的文化内涵，这种文化内涵不断影响着后来者，也昭示着未来的发展方向。中国动物园保护教育领域经历多年的发展和积累，很多从业者秉承奉献精神，对教育事业投入无限激情。他们深刻认识到保护教育是动物园的中心使命，并且身体力行忠实于自己的使命，承担着动物园综合保护的职责，努力在中国生态文明教育中发挥特有作用。在这样文化氛围中成长起来的人才，才能够在动物园行业成为中流砥柱，在更广阔的范围展现动物园保护教育的魅力。形成这样的文化内涵是非常珍贵的，也是不容易的。因此这个领域的每个从业者都要珍惜这种文化氛围，用自己的专业精神和奉献精神使其文化内涵更加发扬光大。

动物园保护教育从业者的专业水平发展是现代动物园发展的要求和必然趋势，它不仅是一种观念，必将成为一种制度。

亮点：

专业工作者受到正规的基本知识和技术教育，掌握基本理论，能够解决实际问题，胜任工作，很好地运用理论知识，为维护前途而进行超越专业的自我提高，促进本专业的发展，强化专业特权，公众承认其独特性，处理道德问题的实践和程序，对不符合标准行为的惩罚，与其他职业的关系，与服务用户的关系。专业化的构成是由预备职业教育和继续教育两个系统组成的。

——美国成人教育专家 霍尔

主要参考文献

[1] 世界动物园与水族馆协会（WAZA）. 世界动物园与水族馆保护策略 . 1995.2005.2015 版

[2] Academy For Conservation Training 教材 2007 版（中、英文版）

[3] 史明铧 . 动物表演史 . 史明铧 . 济南：山东画报出版社 . 2005

[4] 邵瑞珍 . 教育心理学 . 上海：上海教育出版社 .1997

[5] 王道俊，郭文安 . 教育学 . 北京：人民教育出版社 .2016

[6] 刘梅 . 儿童发展心理学 . 北京：清华大学出版社 .2010

[7] 曹中平 . 幼儿教育心理学 . 大连：辽宁师范大学出版社 .2009

[8] 李燕 . 游戏与儿童发展 . 杭州：浙江教育出版社 .2008

[9] 吴志宏 . 多元智能：理论、方法与实践 . 上海：上海教育出版社 .2003

[10] 张咏梅等译 . 课堂中的多元智能 . 北京：中国轻工业出版社 . 2001

[11] 陈杰琦 . 多元智能在全球 . 北京：中国人民大学出版社 .2010

[12] 戴维 . 课堂管理技巧 . 上海：华东师范大学出版社 .2002

[13] 钟永德等 . 旅游解说规划 . 北京：中国林业出版社 .2008

[14] 马广仁 . 国家湿地公园宣教指南 . 北京：中国环境出版社 .2017

[15] 肖方 . 北京动物园牌示系统规划与应用 . 北京：中国社会出版社 .2009

[16] 张隆栋，姜克安，范东生 . 大众传播学总论 . 北京：中国人民大学出版社 .1993

[17] 美・史蒂夫・科恩著 . 胡洲译 . 营销制胜的秘密 . 北京：东方出版社 .2008

[18] 广播电视学 . 陈莉，苏宏元 . 南京：南京师范大学出版社 .2010

[19] 耿熠 . 最新新闻传媒写作技巧与范例 . 北京：企业管理出版社 .2006

[20] 戴鑫 . 新媒体营销 . 北京：机械工业出版社 .2017

[21] 金跃军，龚学刚 . 市场营销文案写作与范例赏析 . 北京：中华工商联合出版社 .2017

[22] 杰夫 编译 . 哈佛营销课 . 深圳：海天出版社 .2013

[23] 影响力 . 罗伯特・西奥迪尼 . 北京：中国人民大学出版社 . 2006

[24] 约瑟夫 . 格雷尼等著 . 毕崇毅译 . 关键影响力 . 北京：机械工业出版社 .2017

[25] 万斌 . 大型活动项目管理指导手册 . 合肥：安徽文化音像出版社 .2003

[26] 汪中求 . 细节决定成败 . 北京：新华出版社 .2007

[27] 埃里克 . 巴拉泰 . 动物园的历史 . 北京：中信出版社，2006